全国注册城乡规划师考试丛书

2

城乡规划相关知识
真题详解与考点速记

（第二版）

白莹　魏鹏　唐春荧　主编

中国建筑工业出版社

图书在版编目（CIP）数据

城乡规划相关知识真题详解与考点速记／白莹，魏鹏，唐春荧主编. — 2 版. — 北京：中国建筑工业出版社，2022.5

（全国注册城乡规划师考试丛书；2）

ISBN 978-7-112-27233-4

Ⅰ．①城… Ⅱ．①白… ②魏… ③唐… Ⅲ．①城乡规划—中国—资格考试—自学参考资料 Ⅳ．①TU984.2

中国版本图书馆 CIP 数据核字（2022）第 047675 号

责任编辑：陆新之
文字编辑：黄习习
责任校对：党　蕾

全国注册城乡规划师考试丛书
2　城乡规划相关知识真题详解与考点速记
（第二版）
白莹　魏鹏　唐春荧　主编

*

中国建筑工业出版社出版、发行（北京海淀三里河路 9 号）
各地新华书店、建筑书店经销
北京红光制版公司制版
北京圣夫亚美印刷有限公司印刷

*

开本：787 毫米×1092 毫米　1/16　印张：22¾　字数：551 千字
2022 年 5 月第二版　　2022 年 5 月第一次印刷
定价：**85.00** 元（含增值服务）
ISBN 978-7-112-27233-4
（39036）

本书编委会

编委会主任：宋晓龙

主　　　编：白　莹　魏　鹏　唐春茨

副 主 编：魏易芳　黄　玲　许　琳　彭雨晗
　　　　　　蔡昌秀　孙　易

编　　　委：成敏莹　宋晨怡　胡北杰　陶嘉敏
　　　　　　韩贞江　郑　星　吴　霜　李鹏南
　　　　　　谢雨宏

前　　言

自 1999 年原人事部、原建设部印发《注册城市规划师执业资格制度暂行规定》确定国家开始实施城市规划师执业资格制度，至今已有 22 年。2008 年《中华人民共和国城乡规划法》开始实施，2009 年《全国注册城市规划师职业资格考试大纲》修订工作启动，随后经历多次修订，从 2014 年至 2020 年考试一直沿用《全国注册城市规划师执业资格考试大纲》（2014 版）（以下简称"2014 版考试大纲"）。2014 版考试大纲中采用"掌握、熟悉、了解"三个不同要求程度的用词明确考试备考复习的侧重点，对考试备考辅助大。同时作为专业技术人员职业资格考试来说，每年考试会有 1～2 题考查国家新政策新动向，因此在大纲之外需要关注国家层面与规划相关的新政策和新动向。

2012 年，党的十八大从新的历史起点出发，提出大力推进生态文明建设，建设中国特色社会主义"五位一体"的总布局。2013 年，党的十八届三中全会通过《中共中央关于全面深化改革若干重大问题的决定》，提出"建立空间规划体系，划定生产、生活、生态空间开发管制界限，落实用途管制"。

2018 年，中共中央印发了《深化党和国家机构改革方案》，组建自然资源部，为统一履行全民所有自然资源资产所有者职责、国土空间用途管制和生态保护修复职责提供了制度基础。2019 年 1 月 17 日人力资源和社会保障部公布国家职业资格目录，明确注册城乡规划师职业资格实施单位为自然资源部、人力资源社会保障部、相关行业协会。同年 5 月《中共中央 国务院关于建立国土空间规划体系并监督实施的若干意见》《自然资源部关于全面开展国土空间规划工作的通知》发布，明确指出"按照自上而下、上下联动、压茬推进的原则，抓紧启动编制全国、省级、市县和乡镇国土空间规划（规划期至 2035 年，展望至 2050 年），尽快形成规划成果"，"各地不再新编和报批主体功能区规划、土地利用总体规划、城镇体系规划、城市（镇）总体规划、海洋功能区划等"。

为适应新时期新形式的要求，2019 年注册城乡规划师考试题目中出现若干关于国土空间规划政策或技术文件题目，题目整体沿用 2014 版考试大纲。2020 年，随着构建国土空间规划体系工作不断推进，相关政策、技术规范文件陆续颁布，8 月 3 日自然资源部国土空间规划局发布《关于增补注册城乡规划师职业资格考试大纲内容的函》（以下简称"增补大纲"），提出为深入贯彻党中央"多规合一"改革精神，进一步落实《中共中央 国务院关于建立国土空间规划体系并监督实施的若干意见》，推进注册城乡规划师职业资格考试与国土空间规划实践需求相适应，决定对注册城乡规划师职业资格考试大纲增补有关内容，明确要求：熟悉国土空间规划相关政策法规；掌握国土空间规划相关技术标准；了解国土空间规划与相关专项规划关系；掌握国土空间规划编制审批及实施监督有关要求。

2020 年注册城乡规划师职业资格考试正式进入国土空间规划时代，题目大部分跳出 2014 版考试大纲限定，规划原理、规划管理与法规、相关知识、规划实务题目均出现了 50％～70％的新考点新内容。由于当前国土空间规划编制工作仍在推进中，适应国土空间规划的相关政策法规、技术标准目前仍在推进完善中，一定程度上给备考带来了较大的难度。

2021年注规考试对大纲仍未做变动，继续延续2020年考试大纲即2014版考试大纲＋增补大纲，但实际上考题仍超出大纲范围。相比较2020年考试情况，2021年考题要稳定一些，四科考题有了相对清晰的区别：规划原理和规划实务出题考察"城乡规划"基础知识点，侧重于理解与运用；规划管理与法规考察法规政策文件，侧重于细节记忆，近三年新出法律法规政策文件出题量偏多；相关知识仍是考察规划相关学科的知识点，近几年行业应用新技术领域考点占比仍然较高。

因此，2020年与2021年两年真题对当前复习备考至关重要。丛书今年的修订着重对2020年真题进行整理和修订，补充部分缺失题目，修订相关题目的解析答案；同时对2021年全部真题进行整理，解析部分尽可能详尽，列明各题考查知识点出处，指明考题设置的错误陷阱，方便各位考生在复习备考时能快速抓住考题中的核心知识点与解题思路。

日常复习备考中，考生需要以2020、2021年真题为指引，构建起注规复习备考知识点体系。在2014版考试大纲的基础上，紧跟国土空间规划的知识体系新架构和政策标准新动向，识别出四科知识点中的变与不变是备考关键。

因此，关于注册城乡规划师考试的复习重点，有下列几项要着重说明。

1. 架构。充分了解国土空间规划体系建构要求，规划编制所涉及的不同学科跨度、理念、诉求，规划审批、实施监督方面改革，在城乡规划学科知识架构基础上，横向拓展主体功能区制度、土地管理、自然资源管理等学科知识，尤其要以近2~3年自然资源部出台的政策法规、技术标准中所涉及的内容为基准建构起国土空间规划知识架构。

规划原理、规划管理与法规、相关知识、规划实务四科的备考知识架构仍存在重合。在对这些重合内容进行整合的过程中，依据从基础理论到实际操作的层次进行分层排列，可以发现一个更清晰的架构，整体的架构分为三层：基础与相关理论、法律法规体系及工作体系。工作体系又分为编制体系和实施体系。读者在复习的过程中应重点围绕此架构对相关内容进行复习，以提高效率、加深理解。

注册城乡规划师考试的知识架构

层次		原理	相关	管理与法规	实务
基础与相关理论		城市与城市发展 城市规划的发展及主要理论与实践 国土空间规划体系 国土空间用途管制 土地管理 自然资源管理 双评价 双评估	建筑学 城市道路交通工程 城市市政公用设施 信息技术在城乡规划中的应用 城市经济学 城市地理学 城市社会学 城市生态与城市环境	国土空间规划体系 国土空间用途管制 土地管理 自然资源管理 双评价 双评估	—
工作体系	编制体系	省级国土空间总体规划 市级国土空间总体规划 详细规划 村庄规划及乡村振兴 城市综合交通规划、历史文化名城保护规划、市政公用设施规划等其他主要规划类型	第三次全国国土调查	省级国土空间总体规划 市级国土空间总体规划 详细规划 村庄规划及乡村振兴	市级国土空间总体规划 居住区规划 村庄规划 城市综合交通规划 历史文化名城保护规划

层次		原理	相关	管理与法规	实务
工作体系	实施体系	国土空间规划实施监督"多规合一""多证合一""多测合一"改革	土地利用计划管理、耕地保护占补平衡等土地资源管理工作，海洋资源管理工作等其他自然资源类型管理工作	国土空间规划实施监督 文化和自然遗产规划管理	国土空间规划实施监督 国土空间规划法律责任
法律法规体系		—	—	国土空间规划相关法律、法规 国土空间规划技术标准与规范 城乡规划法	—

2. 核心。 由于国土空间规划编制工作尚未结束，国土空间规划体系考试内容侧重考查新政策、规范和标准，而中心城区规划，城市综合交通规划、历史文化名城保护规划、市政公用设施等专项规划，控制性详细规划，居住区规划等编制技术仍为现有的城乡规划内容（教材及近十年新出技术标准导则），本书在后半部分增补了国土空间规划体系及其相关文件等内容，考生可以结合真题对其进行复习。

3. 真题。 对于任何考试，真题都是极为重要的，可以说知识架构是对考点的罗列，而考点的形式及重要性是在考题中具体呈现的。本书收集了包括最近三次大纲修订的历年真题（2011～2021 年，其中 2015～2016 年停考），将历年考试题目中涉及的考点进行表格化处理，放于真题后，并通过真题编号体系与考点表格建立检索关联，方便读者查阅考点表格时，直观看到真题出现的频率，了解其重要性，并可以即看即做，巩固所学考点，做到即时反馈、步步为营。

4. 互动。 为了能与读者形成良好的即时互动，本丛书建立了一个 QQ 群，用于交流读者在看书过程中产生的问题，收集读者发现的问题，以对本丛书进行迭代优化，并及时发布最新的考试动态，共享最新行业文件，欢迎大家加群，在讨论中发现问题、解决问题，相互交流并相互促进！

规划丛书交流QQ群
群号：648363244

微信服务号
微信号：JZGHZX

目　　录

第一章　考试趋势变化分析及复习建议

第二章　历年真题训练

第三章　考点速记

第一章

考试趋势变化分析及复习建议

早在 2000 年 4 月建设部组织编制的《全国注册城市规划师执业资格考试大纲》，设立四项考试科目，其中最初的《城市规划相关知识》考试内容涵盖了与城乡规划工作关系最为紧密的八个专业领域知识，包括建筑学、城市道路工程、城市市政公用设施、信息技术在城乡规划中的应用、城市经济学、城市地理学、城市社会学、城市生态与环境。目的是考核专业知识结构，即对各相关学科知识点掌握、熟悉与了解的程度，以及在城乡规划实践中运用相关专业知识的能力。

2019～2021 年的注规考试，学科及命题范围边界仍然处于"试水"的阶段，但已呈现出本门考试科目须继续承担学科"相关知识"的角色定位。在国土空间规划体系逐步建立的背景下，相关知识科目除了考核专业知识结构，即对于城乡规划工作关系最为密切的各相关学科知识点掌握、熟悉与了解的程度，以及在城乡规划实践中运用相关专业知识的能力外，还着重考查了在当前改革推进背景下，对于行业革新实践的参与度，对于学科边界拓展知识的敏感度。

一、相关科目特点

注册城乡规划师的考试共包括四门：原理、相关、法规、实务。与其他三门考试科目相比，相关科目有其本身的特点：

（1）知识庞杂、考点琐碎：在四门科目中，它的覆盖面广、考点最多。

（2）广而不深、相对独立：考查琐碎知识点和常识，各章相对独立，化整为零。

（3）耗时较多、先难后获：客观题背诵记忆时间长，考知识储备，是一门高性价比科目。

（4）政策导向、难度加大：相关知识较侧重考查行业内的最新政策文件，而且题量呈上涨趋势（也是 2021 年考查新增内容最多的科目），体现自然资源部特色以及综合性，着重行业热点。

二、考情变化分析

以往城乡规划相关知识是考生们公认的最简单的一门。然而随着近年来国家机构和空间规划体系的改革，城乡规划行业领域的背景发生了重大变化。最直接的影响就是，注册城乡规划师职业资格实施部门管理主体发生变化，由 2019 年以前的住房和城乡建设部与人力资源和社会保障部变为了现在的自然资源部、人力资源和社会保障部和行业协会。

新提出的国土空间规划学科内核和学科边界目前还在逐步建立，体现在注册城乡规划师的考试内容变化：一方面弱化了不符合国土空间规划导向的考点、删减了过时的考点；另一方面，增添了新内容，国土资源管理、自然资源领域、增补大纲等重要的规划政策、技术内容成为重点考查的部分。

这一变化趋势在 2019 年相关规划考试中有所试水，而 2020 及 2021 年相关规划考试中题目变化更多。鉴于此，教材（2011 版）和考试大纲（2014 版）已不能很好地应对接下来的考试，我们只有通过真题训练，凝练知识体系，把握热点考频，才能更好地抓住相关知识考试的突破点。

三、知识板块考频归纳

相关知识的考卷共 100 道选择题，每题 1 分，由 80 道单选题和 20 道多选题构成。从每道题的随机正确率来看，要想通过考试，主攻单选题，至少保证 57～60 题的正确率；

多选题要尽量得分，至少保证 5～10 题的正确率。

2019 年以前，考试内容基本都遵照城乡规划相关知识的考试大纲要求，包括建筑学、城市道路工程、城市基础设施工程、信息技术、城市经济学、城市地理学、城市社会学以及城市生态与城市环境八个方面的知识板块。2020 年新增了 10 份国土空间文件、规范作为增补大纲，还出现了对考纲材料以外的热点考查，考试内容仍为 100 道选择题，但对各节考点的出题数量进行了重新排布，如下表 1-1-1：

近年各知识板块单项选择题与多项选择题出题分布表　　　　　表 1-1-1

（注：加号后为多选题的数量；2020 年题量不全，不列入统计。）

	2017	2018	2019	2021	2021 真题涉及文件及热点备注
建筑学	13+5=18	13+5=18	10+4=14	10+2=12	—
城市道路工程	10+6=16	11+6=17	9+3=12	10+2=12	—
城市市政公用设施工程	14+6=20	14+6=20	13+2=15	10+2=12	
信息技术在城市规划中的应用	8	8	8+2=10	8+2=10	《智慧城市时空大数据平台建设技术大纲（2019）版》《国土空间规划城市体检评估规程》《自然资源调查监测体系构建总体方案》《第三次全国国土调查成果国家级核查方案》《第三次全国国土调查技术规程》《国土空间规划"一张图"实施监督信息系统技术规范》
城市经济学	12	12	6+2=8	8+2=10	—
城市地理学	9	9	9+2=11	7+2=9	"十四五"规划纲要、《关于培育发展现代化都市圈的指导意见》
城市社会学	8	8	10+2=12	8+2=10	共同富裕、《关于加强基层治理体系和治理能力现代化建设的意见》《城市居民委员会组织法》
城市生态与城市环境	6+3=9	5+3=8	6+2=8	11+3=14	生态保护红线、能效电厂、静脉产业（增加了自然资源板块的知识题量增长）
增补大纲国土空间文件	—	—	4	3	将《市级国土空间总体规划编制指南（试行）》归入统计为 3 题，按大纲 10 份文件范围仅考查 2 题
其他热点	—	—	6	6+2=8	《关于保障和规范农村一二三产业融合发展用地的通知》《土地管理法实施条例》《建设高标准市场体系行动方案》《关于加快发展保障性租赁住房的意见》《长江保护法》《海岛保护法》《关于构建更加完善的要素市场化配置体制机制的意见》《国土空间调查、规划、用途管制用地用海分类指南（试行）》

四、真题类型和出题思路

整体来看，真题可以分为两大类：

第一类，老题库知识点，出自教材。其中有的年年相见，难度变化不大，主要分布在建筑学、市政等板块，不过题量在逐年减少；也有的难度提升，如单选变多选或者不直接考查教材原文，主要出现在经济学、地理学、社会学板块，题量有所增加。

第二类，新增题目。一方面，包括超出了教材、但与原大纲范围还有关联的新增题。这些题目虽能被分入原来的八大知识板块，却也因为出题套路完全改变，难度大增，导致考生无从判断，主要出现在生态、道路交通、信息技术这三个知识板块中。另一方面，也包括超出 2014 年版大纲的新增题，如考查新增的国土空间规划大纲文件、其他相关行业热点文件等的题目，大部分不在传统章节。

对于第一类真题，考生可以做完历年真题训练后，对照考点速记精粹加强巩固。考点精粹表中加粗部分为近十年真题出处，要求熟记。但考生无须担心记忆的内容太多、太细碎，无论单选还是多选，本质上都是对选项的对错进行判断——正确选项即考点原话，错误选项往往也只是替换了部分关键信息，而这些关键信息正是出题者的考查思路。大家结合考点精粹表有针对性地记忆关键信息，可以做到事半功倍。

对于第二类真题，考生也不必畏惧，本书在考点速记精粹中以真题为纲，补充相关热点知识，只需加以了解，平时也稍加注意收集行业热点，到考场上方可灵活运用。重点关注 2019～2021 年的新增题目，细究考点，将其分为超教材和超大纲，可见下表 1-1-2～表 1-1-4：

2019 年新增题目分布表   表 1-1-2

知识板块	超教材	超大纲
建筑	—	—
道交	停车规范、公交首末站、综合交通体系、轨交规范、对外交通规范等	城市综合交通调查
市政	—	—
信息	坐标系、CAD	民用卫星导航
经济	交通污染经济干预	地方预算收入
地理	上海总规、新型城镇化	—
社会	福利依赖、社区规划	非正规就业
生态	隐藏流、一次人为物质流、生态环境材料、城市降雨、双向水环境	声景学、空气龄
其他热点	—	"三调"（全称为"第三次全国土地调查"）、集约节约土地利用、严控围海、耕地税法、占补平衡

2020 年新增题目分布表   表 1-1-3

知识板块	超教材	超大纲
建筑	额枋、高层建筑结构选型	—
道交	—	交通强国国际物流、各类码头陆域纵深控制、城市综合交通调查

知识板块	超教材	超大纲
市政	—	—
信息	高分 2 号、GeoEye-1 卫星多光谱	北斗、国土调查云、云计算大数据 5G
经济		
地理	—	都市圈
社会	—	社区文件
生态	海陆风、生物量、生物多样性	牵牛花、土壤碳汇植物固碳等
其他热点	—	三调、指标复垦费、养老用地文件、全国生态规划、土地管理法、雄安抗震、住房救助文件

2021 年新增题目分布表   表 1-1-4

知识板块	超教材	超大纲
建筑	国外绿色建筑评价标准、建筑涡流	热工分区、防烟楼梯间
道交	—	公路用地范围、城市综合交通调查、铁路线路设计
市政	用水效率、公厕设计	5G
信息	高分 7 号卫星、GeoEye-1 卫星光谱、大数据 GIS	智慧城市时空大数据、"三调"、城市体验评估基础数据、公共专题数据、自然资源信息分层分类、空间大数据、"一张图"系统
经济	集体建设用地使用权	项目融资方式、"污染者负担"、生产要素、房租收入比、成本概念、科斯定理
地理	自然地理格局、都市圈	—
社会	居民委员会、城市性、恩格尔系数	共同富裕
生态	温室气体、地下水污染、生态位、土地沙化、泥石流	地灾、土壤化学、可燃冰、生态保护红线、静脉产业、能效电厂
其他热点	—	土地调查、用地市场体系、保障性住房土地支持、长江流域集水区、海岛保护、全域土地综合整治等

五、备考建议

先看"概述"的"知识板块考频归纳",结合个人知识体系,合理分配复习时间,逐个击破。时间安排上,建议保证两个阶段:基础＋冲刺。因为人的记忆是有曲线规律的,所以最好在考前先把基础知识记忆好,再冲刺备考。整块时间建议用来刷"第二章历年真题训练",体验考试节奏,培养应试手感,发现知识点薄弱章节,进一步强化。碎片时间可以用来翻阅"第三章考点速记",明确各个知识板块不同考点的命题思路,有重点地记忆相关知识点,并结合考点思维导图索引对应真题,利用真题训练解题技巧,进一步体会命题思路,完善知识点记忆网络。

对于新考生,要注意协调安排备考门数,一般先原理和相关,再法规,最后实务。因为有知识点跨科目出题的趋势,所以在有时间的情况下建议多门复习。

总而言之,关键的技术方法就是真题练习、知识点梳理和关注热点,而这些你想要的,这本书都能给你。祝各位考生旗开得胜!

第二章

历 年 真 题 训 练

第一节 2011年城乡规划相关知识考试真题

一、单选题（每题四个选项，其中一个选项为正确答案）

2011-001. 下列关于我国古建筑斗栱的表述，哪项是错误的？（　　）

 A. 斗栱由方形的斗、升和矩形的栱组成的

 B. 斗栱可作为屋顶梁架与柱子间的过渡构件

 C. 斗栱可以传递屋面荷载，并有一定的装饰作用

 D. 明清时期斗栱的结构作用减弱，装饰作用增强

【答案】A

【解析】考查木构架体系的类型记忆和时期变化。斗栱是我国木构架建筑特有的结构构件，由方形的斗、升和矩形的栱、斜的昂组成，因此选项A错误。在结构上挑出承重，并将屋面的大面积荷载经斗栱传递到柱上；斗栱有一定的装饰作用，又是屋顶梁架与柱子间在结构与外观上的过渡构件；选项BC正确。斗栱还作为封建社会中森严的等级制度的象征和重要建筑模数。到了明清时期，斗栱尺寸变小，受力作用减少，逐渐演变为装饰性构件，选项D正确。

2011-002. 下列关于我国古代宫殿建筑特点的表述，哪项是错误的？（　　）

 A. 汉代宫殿开始设立"东西堂制" B. 隋唐宫殿出现了"三朝五门"

 C. 宋代宫殿发展了御街千步廊制度 D. 清代宫殿装饰特点是雄伟与宏大

【答案】D

【解析】考查宫殿的时期变化。在汉代首开"东西堂制"，即大朝居中，两侧为常朝。晋、南北朝（北周除外）均行东西堂制，选项A正确。隋及以后均行三朝纵列之周制，隋、唐出现了"三朝五门"：承天门、太极门、朱明门、两仪门、甘露门，其中，外朝承天门、中朝太极殿、内朝两仪殿，B选项正确。宋代宫殿的创造性发展是御街千步廊制度，另一特点是使用丁字形殿，选项C正确。此外，唐代宫殿雄伟，尺度大，例如，大明宫主殿含元殿建于龙首原上，前有长达75m的龙尾道；麟德殿面积达5000余平方米，约为清太和殿的3倍，选项D错误。

2011-003. 我国古典园林发展的转折期出现在（　　）时期。

 A. 秦、汉   B. 魏、晋、南北朝

 C. 隋、唐   D. 明、清

【答案】B

【解析】考查园林的时期变化。中国古典园林的分期包括：生成期（殷、周、秦、汉）、转折期（魏、晋、南北朝）、全盛期（隋、唐）、成熟时期（两宋到清初）和成熟后期（清中叶到清末），因此选项B正确。

2011-004. 下列关于古埃及建筑演变的表述，哪项是错误的？（　　）

 A. 金字塔陵墓是由圆锥转化为方锥体

 B. 古王国时期的代表性建筑是陵墓

C. 中王国时期祭祀厅堂成为陵墓建筑的主体

D. 新王国时期代表性建筑是太阳神庙

【答案】A

【解析】考查古埃及的特征理解。古王国时期的代表性建筑是陵墓，经多层阶梯状金字塔逐渐演化为方锥体式的金字塔陵墓，因此选项 A 错误、选项 B 正确。中王国时期，祭祀厅堂成为陵墓建筑的主体，选项 C 正确。新王国时期，形成适应专制制度的宗教，太阳神庙代替陵墓成为主要建筑类型，选项 D 正确。

2011-005. 下列关于西方古典主义建筑的表述，哪项是错误的？（　　　）

A. 强调轴线对称 　　　　　　　　　B. 排斥民族传统与地方特色

C. 讲究多中心构图 　　　　　　　　D. 内部空间常有巴洛克特征

【答案】C

【解析】考查法国古典主义＋洛可可的特征理解。西方古典主义建筑的风格特征：推崇古典柱式，排斥民族传统与地方特色，选项 B 正确。在建筑平面布局、立面造型中以古典柱式为构图基础，强调轴线对称，注意比例，讲求主从关系，突出中心与规则的几何形体，运用三段式构图手法，追求外形端庄与雄伟完整统一和稳定感，选项 A 正确、选项 C 错误。而内部空间与表饰上常有巴洛克特征，选项 D 正确。

2011-006. 下列关于建筑中交通空间的表述，哪项是正确的？（　　　）

A. 交通空间不能兼有其他功能

B. 走道宽度与走道两侧门窗的开启方向无关

C. 走道宽度与走道两侧门窗位置有关

D. 走道宽度与建筑的耐火等级无关

【答案】C

【解析】考查公共建筑交通联系空间的类型记忆和特征理解。水平交通空间即指联系同一标高上的各部分的交通空间，有些还附带等候、休息、观赏等功能要求；公共建筑的通道宽度和长度，主要根据功能需要、防火规定及空间感受等来确定；走道的宽度还与走道两侧门窗位置开启方向有关，因此只有选项 C 正确。

2011-007. 下列哪类建筑人流疏散一般兼有集中疏散和连续疏散两种类型？（　　　）

A. 医院 　　　　　　　　　　　　　B. 教学楼、展览馆

C. 剧院、体育馆 　　　　　　　　　D. 工厂、旅馆

【答案】B

【解析】考查公共建筑流线组织的类型记忆和代表记忆。人流疏散大体上可以分为正常和紧急两种情况。一般正常情况下的人流疏散有连续的（如医院、商店、旅馆等）和集中的（如剧院、体育馆等）两种，有的公共建筑则属于两者兼有（如学校教学楼、展览馆等），因此选项 B 符合题意。

2011-008. 当前我国建筑抗震设防基准为（　　　）。

A. 30 年 　　　　　B. 50 年 　　　　　C. 70 年 　　　　　D. 90 年

【答案】B

【解析】考查城市抗震设防标准的数字记忆。现阶段我国地震区的城市建（构）筑物应按照《中国地震烈度区划图（1990）》划定的基本烈度和"建筑抗震设防等级分类"所规定的建（构）筑物重要性等级来确定其抗震设防烈度，以此为依据进行设计和施工，建筑抗震设防以50年为基准期。选项B正确。

2011-009. 下列关于工业建筑功能单元组织的主要依据，哪项是错误的？（   ）

A. 功能单元前后工艺流程要求 　　　B. 物料与人员流动特点

C. 功能单元相连最小损耗的原则 　　D. 建筑形式的艺术要求

【答案】D

【解析】考查工业建筑功能组织的类型记忆。功能单元组织依据的原则有：①依据功能单元前后工艺流程要求；②依据物料与人员流动特点，合理确定道路断面与其他技术要求；③依据功能单元相连最小损耗的原则；④依据功能单元的环境要求，因此选项ABC正确、选项D错误。

2011-010. 供残疾人轮椅通行的门，净宽最小尺寸不应小于(   )。

A. 0.6m 　　　　B. 0.8m 　　　　C. 1.0m 　　　　D. 1.2m

【答案】B

【解析】考查住宅建筑设计要点的数字记忆。住宅建筑的无障碍要求：供轮椅通行的门净宽不应小于0.80m。选项B符合题意。

2011-011. 下列关于砖混结构横向承重体系特点的表述，哪项是正确的？（   ）

A. 横墙起围护、隔断和将纵墙连成整体的作用

B. 横墙的设置间距可以比较大

C. 不利于调整地基的不均匀沉降

D. 房屋的空间刚度比纵向承重体系好

【答案】D

【解析】考查砖混结构的特征理解。砖混结构横向承重体系的特点：横墙是主要承重墙，纵墙起围护、隔断和将横墙连成整体的作用。由于横墙间距很短（一般在3～5m之间），每一开间有一道横墙，又有纵墙在纵向拉结，因此房屋的空间刚度很大，整体性很好，这种承重体系对抵抗风力、地震作用等水平荷载的作用和调整地基的不均匀沉降比纵墙承重体系有利得多。选项D符合题意。

2011-012. 下列关于色彩特性的表述，哪项是错误的？（   ）

A. 色彩具有色相、彩度及明度三个属性

B. 色彩的明暗程度称为明度

C. 色彩的饱和度称为彩度

D. 彩度对色彩的距离感影响最大

【答案】D

【解析】考查色彩的基本知识的特征理解，选项D错误。彩度又叫纯度、艳度、饱和度，也就是色彩纯净和鲜艳的程度，色相和明度对色彩的距离感影响最大，而非彩度。

2011-013. 下列哪项不属于建筑工程项目建议书的内容？（   ）

  A. 拟建规模和建设地点初步设想论证   B. 建设项目提出的依据和缘由

  C. 项目的工程预算   D. 项目施工进程安排

【答案】C

【解析】考查项目建议书的类型记忆。项目建议书的内容有以下六条：①建设项目提出依据和缘由；②拟建规模和建设地点初步设想论证；③资源情况、建设条件可行性及协作可靠性；④投资估算和资金筹措设想；⑤设计、施工项目进程安排；⑥经济效果和社会效益的分析与初估。投资估算和资金筹措设想，不等于项目的工程预算，选项C错误。

2011-014. 下列哪项不属于城市总体规划阶段道路规划设计的基本内容？（   ）

  A. 道路横断面组织设计   B. 交通管理设施设计

  C. 道路交叉口选型   D. 路线设计

【答案】B

【解析】考查道路规划设计的基本内容的类型记忆。城市道路规划设计一般包括路线设计、交叉口设计、道路附属设施设计、路面设计和交通管理设施设计五个部分。其中道路选线、道路横断面组合、道路交叉口选型等属于城市总体规划和详细规划的重要内容。选项B不属于总体规划内容。

2011-015. 在进行城市道路桥涵设计时，桥下通行公共汽车的高度限界为（   ）。

  A. 2.5m   B. 3.0m   C. 3.5m   D. 4.0m

【答案】C

【解析】考查道路桥洞通行限界的数字记忆。桥下通行公共汽车的高度限界为3.5m，故选C。

2011-016. 根据实际经验，停车视距与会车视距的比值一般为（   ）。

  A. 2.0   B. 1.5   C. 1.0   D. 0.5

【答案】D

【解析】考查行车视距的数字记忆。会车视距＝停车视距×2，因而选项D正确。

2011-017. 下列有关城市主干路机动车车道宽度的选择，哪项是错误的？（   ）

  A. 大型车道宽度选用3.75m   B. 混合行驶车道宽度选用3.75m

  C. 公交车道宽度选用3.50m   D. 小型车车道宽度选用3.50m

【答案】C

【解析】考查机动车道的数字记忆。一般城市主干路小型车车道宽度选用3.5m。大型车车道或混合行驶车道选用3.75m，支路车道最窄不宜小于3.0m。公交车属于大型车，所以宽度应选用3.75m。C选项错误。

2011-018. 如果一条自行车道的路段通行能力为1000辆/小时，那么，当自行车道的设计宽度为4.5m时，其总的通行能力为（   ）。

  A. 3500辆/小时   B. 4000辆/小时

  C. 4500辆/小时   D. 5000辆/小时

【答案】B

【解析】考查非机动车道设计的计算题。一般推荐，1条自行车带的宽度为1.5m，2条自行车带的宽度为2.5m，3条自行车带的宽度为3.5m，依此类推，自行车道的通行能力为所有自行车带通行能力之和。在该题目中，4.5m宽的自行车道为4条自行车带，所以该路段的通行能力为4×1000辆/小时＝4000辆/小时。

2011-019. 城市道路人行道的组成部分不包括下列哪项？（　　　）

    A. 绿化种植空间　　　　　　　　　B. 城市管道敷设空间

    C. 路边停车带　　　　　　　　　　D. 拓宽车行道的备用地

【答案】C

【解析】考查人行道的特征理解。人行道的主要功能是为满足步行交通的需要，同时也用来布置绿化和道路附属设施，有时还作为拓宽车行道的备用地，人行道不能作为路边的停车带。因此不包括C选项路边停车带。

2011-020. 下列哪项不属于城市主干路横断面设计需要考虑的内容？（　　　）

    A. 满足机动车交通量发展的需求

    B. 满足公共汽车港湾式停车站设置的需要

    C. 满足交叉口拓宽的需要

    D. 满足路边停车的需要

【答案】D

【解析】考查城市道路横断面形式选择考虑因素的类型记忆。道路横断面设计首先要满足道路上通行各类交通的流量及其发展的需求。既要考虑现代化城市道路机动车的快速发展，又要考虑目前我国城市道路非机动车和行人流量都很大的实际情况，对机动车专用系统的发展、机动车与非机动车的分离和分流、非机动车车道的设置、混行道路向机动车和非机动车专用道过渡的可能、人行安全的考虑、公共汽车港湾式停靠站的设置、交叉口的拓宽等都应加以综合分析与研究。选项D符合题意。

2011-021. 下列有关交叉口交通组织方式的表述，哪项是错误的？（　　　）

    A. 在交通量较大的交叉口，可以采用渠化交通加信号灯控制的方式

    B. 一般的平面交叉口可由交通警察来指挥

    C. 交通量较小的主干路交叉口可采用无交通管制的方式

    D. 交通量较大的快速路交叉口应设置立体交叉

【答案】C

【解析】考查交叉口交通组织方式的特征理解。交叉口的交通组织方式有：①无交通管制：适用于交通量很小的次要道路交叉口。②采用渠化交通：使用各种交通管理标线及设置交通岛，用以组织不同类型、不同方向车流分道行驶，适用于交通量较小的次要交叉口、交通组织复杂的异形交叉口和城市边缘地区的道路交叉口。在交通量比较大的交叉口，配合信号灯组织渠化交通，有利于交叉口的交通秩序，增大交叉口的通行能力。③实施交通指挥（信号灯控制或交通警察指挥）：常用于一般平面十字交叉口。④设置立体交叉：适用于快速、有连续交通要求的大交通量交叉口。因此选项C错误。

2011-022. 按照规范，当人行横道达到(　　)m时，就应在道路中央设置安全岛。

A. 20　　　　　　B. 25　　　　　　C. 30　　　　　　D. 35

【答案】C

【解析】考查人行横道的数字记忆。规范规定机动车车道数大于等于 6 条或人行横道大于 30m 时，应在道路中央设置安全岛（最小宽度为 1m）。

2011-023. 当主干路交叉口高峰小时流量超过(　　)时，应设置立体交叉。

A. 4000PCU/h　　B. 5000PCU/h　　C. 6000PCU/h　　D. 7000PCU/h

【答案】C

【解析】考查立体交叉设置条件的数字记忆。设置立体交叉的条件：①快速道路（速度≥80km/h 的城市快速路、高速公路）与其他道路相交；②主干公路交叉口高峰小时流量超过 6000 辆当量小汽车（PCU）时；③城市干路与铁路干线交叉；④具有其他安全等特殊要求的交叉口和桥头；⑤具有用地和高差条件。

2011-024. 一般情况下，当主干路与支路相交时，可采用下列哪种交通控制方式?(　　)

A. 多路停车　　　B. 二路停车　　　C. 让路标志　　　D. 不设管制

【答案】B

【解析】考查平交的交通控制的特征理解。不同交叉口的交通控制类型如下：（交叉口类型：建议交通控制类型）①主干路与主干路交叉：交通信号灯；②主干路与次干路交叉：交通信号灯、多路停车或二路停车；③主干路与支路交叉：二路停车；④次干路与次干路交叉：交通信号灯、多路停车、二路停车或让路；⑤次干路与支路交叉：二路停车或让路；⑥支路与支路交叉：二路停车、让路或不设管制。

2011-025. 根据规范，中运量城市轨道交通系统的单向运输能力为(　　)。

A. 5 万～7 万人次/小时

B. 3 万～5 万人次/小时

C. 1 万～3 万人次/小时

D. 小于 1 万人次/小时

【答案】C

【解析】考查城市轨道交通的分类的数字记忆。我国现行的《城市轨道交通工程项目建设标准》建标 104—2008 和《城市公共交通分类标准》CJJ/T 114—2007 把城市轨道交通按系统运输能力划分为高运量、大运量、中运量和低运量四个量级。高运量系统：单向运输能力为 4.5 万～7 万人·次/小时。大运量系统：单向运输能力为 2.5 万～5 万人·次/小时。中运量系统：单向运输能力为 1 万～3 万人·次/小时。低运量系统：单向运输能力小于 1 万人·次/小时。因此 C 选项符合题意。

2011-026. 下列关于城市供水规划内容的表述，哪项是正确的?(　　)

A. 水资源供需平衡分析，一般采用最高日需水量

B. 城市供水设施规模应按照平均日用水量确定

C. 城市配水管网的设计流量应按照城市最高日最高时用水量确定

D. 在地表水水源一级保护区内可以安排污染小、产值高的高新技术产业

【答案】C

【解析】综合考查城市供水工程规划量的预测和水源保护要求的特征理解。城市用水量有平均日用水量、最高日用水量、年用水量三种表达形式。城市供水工程规划中，城市供水设施应该按最高日用水量配置。因此，无论采用哪种方法预测城市用水量，最终都要明确城市的最高日用水量，所以选项B错误。水资源供需平衡分析，一般采用年用水量，所以选项A错误。配水管网的设计流量应该按城市最高日最高时用水量计算，所以选项C正确。在地表水源一级保护区内应执行下列规定：①禁止向水体排放污水；②禁止从事旅游、游泳等其他可能污染水体的活动；③禁止新建、扩建与供水设施和保护水源无关的建设项目；④保护区内现有排污口应限期拆除或限期治理，选项D错误。

2011-027. 下列关于城市排水系统规划内容的表述，哪项是正确的？（　　）

    A. 城市不同区域的雨水系统宜采用统一的设计重现期

    B. 建筑物屋面、混凝土路面的径流系数低于绿地的径流系数

    C. 降雨量稀少，地面渗水性强的新建城市可以考虑不建设雨水系统

    D. 分流制的环境保护效果优于截流式合流制

【答案】C

【解析】选项ABC考查雨水排放的排水分区划分及水力计算的特征理解。设计重现期应当根据排水区域的重要性、地形和气象特点等因素确定，不同的区域应采用不同的设计重现期，选项A错误。建筑物屋面、混凝土和沥青路面等不透水材料覆盖的地面，径流系数最大，公园绿地等透水面积较多的地面，径流系数最小，选项B错误。对于降雨量稀少，地面渗水性强的新建城市没有必要建设雨水系统，所以可以考虑不建设雨水系统，选项C正确。选项D考查合流制和分流制优缺点比对。在环境影响方面，合流制系统雨水和污水共用一套管网，污水产生的气味会通过雨水口散发到空气中，对大气环境有一定影响，而在水环境保护方面，截流式合流制与分流制各有利弊。截流式合流制能够将污染物浓度较高的初期雨水截入污水处理厂处理，是对水环境保护有利的一面，但降雨量超过截流管道截流能力后，多余部分将以混合污水的形式进入水环境，是对水环境保护不利的一面。至于是初期雨水影响大还是混合污水影响大，要根据城市的降雨特征、水环境容量进行具体分析，不能一概而论，选项D错误。

2011-028. 下列哪项不属于城市总体规划阶段供电工程规划的主要内容？（　　）

    A. 预测城市供电负荷   B. 选择城市供电电源

    C. 确定城市变电站容量和数量   D. 确定开闭所容量和数量

【答案】D

【解析】考查城市供电工程规划的主要内容的特征理解。城市总体规划阶段的主要内容：①预测城市规划目标年的用电负荷水平；②预测市域和市区（或市中心区）规划用电负荷；③电力平衡；④确定城市供电电源种类和布局；⑤确定城网供电电压等级和层次；⑥确定城网中的主网布局及其变电所（站）容量、数量；⑦确定35kV及以上高压送、配电线路走向及其防护范围；⑧提出城市规划区内的重大电力设施近期建设项目及进度安排；⑨绘制市域和市区（或市中心区）电力总体规划图；⑩编写电力总体规划说明书。D选项的开闭所容量和数量属于详细规划的内容。

2011-029. 下列关于城市燃气规划内容的表述，哪项是正确的？（　　）

    A. 液化石油气储配站应尽量靠近居民区   B. 小城镇应采用高压三级管网系统

    C. 城市气源应尽可能选择单一气源   D. 燃气调压站应尽可能布置在负荷中心

【答案】D

【解析】综合考查气源选择和输配系统规划的特征理解。液化石油气储配站属于甲类火灾危险性企业，站址应选择在城市边缘，与服务站之间的平均距离不宜超过 10km，故选项 A 错误。三级管网适用于特大城市，故选项 B 错误。将在规划期内可以稳定供应的燃气来源作为城市主气源；在城市存在多种燃气气源联合供气的情况下，应考虑城市各种燃气互换性或确定合理的混配燃气方案，故选项 C 错误。调压站应尽量布置在负荷中心，因而选项 D 正确。

2011-030. 下列关于城市供热规划的描述，哪项是错误的？（　　）

    A. 集中供热系统的热源有热电厂、专用锅炉房等

    B. 热电厂热效率高于集中锅炉房和分散小锅炉

    C. 依据热源的供热范围，划分城市供热分区

    D. 热电厂应尽量靠近热负荷中心

【答案】A

【解析】综合考查城市集中供热系统的类型记忆和特征理解，BCD 正确。集中供热系统热源有热电厂、集中锅炉房、低温核能供热站等，专用锅炉属于分散供热系统，选项 A 错误。

2011-031. 单回 500kV 电力架空线路走廊宽度控制指标为（　　）。

    A. 30～45m   B. 45～60m

    C. 60～75m   D. 75～90m

【答案】C

【解析】考查架空电力线路的设置的数字记忆。市区 35～500kV 高压（单杆单回水平排列或单杆多回垂直排列）架空电力线路规划走廊宽度如下：

线路电压等级（kV）	500	330	220	66、110	35
高压线走廊宽度（m）	60～75	35～45	30～40	15～25	15～20

2011-032. 下列关于城市环卫设施规划的表述，哪项是错误的？（　　）

    A. 中心城市垃圾焚烧厂可以邻近污水处理厂布置

    B. 大中城市环卫设施总体规划中应包括公厕布局规划

    C. 大中城市生活垃圾填埋场应布置在建成区 5km 以外

    D. 建筑垃圾应与生活垃圾分类收集、分类处理

【答案】B

【解析】考查城市环境卫生设施规划的主要内容的特征理解。公厕布局规划属于城市详细规划的内容。城市详细规划的主要内容包括：①估算规划范围内固体废物产量；②提出规划区的环境卫生控制要求；③确定垃圾收运方式；④布局废物箱、垃圾箱、垃圾收集

点、垃圾转运点、公厕、环卫管理机构等,确定其位置、服务半径、用地、防护隔离措施等。

2011-033. 下列城市地下工程管线避让原则,哪项表述是错误的?(　　)

A. 新建的让现有的　　　　　　　　　B. 重力流让压力流

C. 临时的让永久的　　　　　　　　　D. 易弯曲的让不易弯曲的

【答案】B

【解析】考查城市地下工程管线避让原则的特征理解,包括:①压力管让自流管;②管径小的让管径大的;③易弯曲的让不易弯曲的;④临时性的让永久性的;⑤工程量小的让工程量大的;⑥新建的让现有的;⑦检修次数少的、方便的,让检修次数多的、不方便的,选项ACD正确。重力流让压力流不属于城市地下工程管线避让原则,选项B错误,此题选B。

2011-034. 下列哪项属于城市总体规划阶段竖向规划主要内容?(　　)

A. 确定挡土墙、护坡等室外防护工程的类型

B. 确定防洪(湖、浪)堤顶及堤内地面最低控制标高

C. 确定街坊的规划控制标高

D. 确定建筑室外地坪规划控制标高

【答案】B

【解析】考查城市用地竖向工程规划内容与深度的特征理解。城市总体规划阶段竖向规划主要内容包括:①确定城市规划建设用地;②确定防洪排涝及排水方式;③确定防洪堤顶及堤内江河湖海岸最低的控制标高;④根据排洪通行需要,确定大桥、港口、码头的控制高程;⑤确定城市主干道与公路、铁路交叉口的控制标高;⑥确定道路及控制标高;⑦选择城市主要景观控制特点,确定其控制标高,因而选项B正确。ACD项皆属于修建性详细规划阶段,故选项ACD排除。

2011-035. 在城乡规划体系中,下列哪项防灾规划应当进行灾害风险评估?(　　)

A. 城市总体规划中的防灾规划　　　　B. 城市分区规划中的防灾规划

C. 城市详细规划中的防灾规划　　　　D. 城市防灾专项规划

【答案】D

【解析】考查城市防灾规划的主要内容的特征理解。城市防灾专项规划内容一般都比总体规划中的防灾专业规划丰富,规划深度在其他条件具备的情况下还可能达到详细规划的深度。例如,在城市防洪、抗震防灾、消防等专项规划中,通常都要进行灾害风险分析评估;要考虑防灾专业队伍建设和必要的器材装备配置。D选项符合题意。

2011-036. 在城市消防规划中,下列哪项不属于消防安全布局的内容?(　　)

A. 消防站布置　　　　　　　　　　　B. 危险化学品储存设施布置

C. 避难场地布置　　　　　　　　　　D. 建筑物耐火等级

【答案】A

【解析】考查消防安全布局的特征理解。消防安全布局涉及危险化学物品生产、储存设施布局,危险化学物品运输,建筑物耐火等级,避难场地规划等。因此A选项符合题意。

2011-037. 下列哪类地区应当设置特勤消防站？（　　）

　　A. 国家级风景名胜区　　　　　　　B. 国家级历史文化名镇

　　C. 经济发达的县级市　　　　　　　D. 重要的工矿区

【答案】C

【解析】考查城市消防站设置基本要求的特征理解。中等及中等以上城市、经济发达的县级市和经济发达且有特勤需要的城镇应设置特勤消防站，因而选项 C 正确。

2011-038. 重现期为 100 年一遇的洪水，是指这个量级的洪水在 100 年（　　）。

　　A. 至少出现一次　　　　　　　　　B. 必然出现一次

　　C. 可能出现一次　　　　　　　　　D. 最多出现一次

【答案】C

【解析】考查防洪排涝标准的特征理解。洪水发生频率和重现期是互为倒数的关系，洪水频率是依靠历史洪水资料，采用统计分析方法进行分析计算，反映的只是洪水发生的概率，而不是必然结果。例如 100 年一遇的洪水，并不表示在 100 年中必然发生一次或必然只发生一次，而是表示在这 100 年中可能出现一次。

2011-039. 从抗震防灾的角度考虑，城市建设必须避开下列哪类用地？（　　）

　　A. 地震时可能受崩塌威胁的用地　　B. 软弱地基用地

　　C. 地震时可能发生砂土液化的用地　D. 位于古河道上的用地

【答案】A

【解析】考查抗震防灾规划措施的特征理解。避免将城市建设用地选择在地震危险地段，重要建筑尽量避开对抗震不利的地段、地震危险地段。地震危险地段包括：①地震时可能发生滑坡、崩塌、地陷、地裂、泥石流的地段；②活动型断裂带附近，地震随时可能发生地表错位的部位。对抗震不利的地段包括：①软弱土、河岸和边坡边缘；②平面上成因、岩性、状态明显不均匀的土层，如古河道、断层破碎带、暗埋的湖塘沟谷、填方较厚的地基等。B、C、D 选项是应该尽量避开的地段，选项 A 是必须避开的地段。

2011-040. 下列哪个字符串是一个域名？（　　）

　　A. pku. edu. cn　　　　　　　　　　B. abc@gmail. com

　　C. 162. 105. 19. J　　　　　　　　　D. http：//www.

【答案】A

【解析】考查互联网技术的特征理解。在因特网中，通过 IP 地址标识一台计算机，通常 IP 地址的形式如 162. 105. 19. 100；由于数字型标识对使用网络的人来说有不便记忆的缺点，因而提出了字符型的域名标识，一个域名形如 pKU. ecl. t. cn。域名采用树状结构组织，最右侧的段为顶级域名，通常表示国家，如 cn 表示中国。因此 A 选项符合题意。

2011-041. 用于社会经济指标的分析，资源环境指标的评价的分析方法是（　　）。

　　A. 叠加复合分析　　　　　　　　　B. 几何量算分析

　　C. 缓冲区分析　　　　　　　　　　D. 网络分析

【答案】A

【解析】 考查地理信息的分析的特征理解。栅格和栅格的叠合是最简单的叠合，在叠合的同时还可加入栅格之间的算术运算，这种方法常用于社会、经济指标的分析，资源、环境指标的评价。因此选项A符合题意。

2011-042. 下列哪项属于CAD软件的主要功能(   )。

  A. 几何纠正   B. 可视化表达与景观仿真

  C. 叠加复合分析   D. DEM分析

【答案】B

【解析】 考查CAD系统功能的特征理解。CAD系统主要具有以下功能：①交互式图形输入、编辑与生成；②CAD数据储存与管理；③图形计算与分析；④可视化表现与景观仿真，因此选项B正确。选项A是遥感图像预处理的方法，选项CD都是GIS的分析功能。

2011-043. 下列哪种传感器提供了高光谱分辨率影像？(   )

  A. Landsat卫星的专题制图仪TM

  B. Terra卫星的中分辨率成像光谱仪MODIS

  C. QuickBird卫星上的多光谱传感器

  D. NOAA气象卫星的传感器

【答案】B

【解析】 考查常用遥感影像的特征理解。高光谱遥感是高光谱分辨率遥感的简称。它是在电磁波谱的可见光、近红外、中红外和热红外波段范围内，获取许多非常窄的、光谱连续的影像数据的技术。1999年美国地球观测计划（EOS）的Terra综合平台上的中分辨率成像光谱仪（MODIS）提供了这种技术。选项B符合题意。

2011-044. 下列关于数据采集的表述哪项是错误的？(   )

  A. 遥感数据总是具有精度问题   B. GPS适合于野外移动物体的测量

  C. 摄影测量和遥感在原理上是一致的   D. GIS应用项目所需信息必须从头收集

【答案】D

【解析】 考查数据来源与输入的特征理解。随着社会各领域逐渐向信息化迈进，现有的、历史的资料将成为实用地理信息系统的主要信息来源，这一趋势在发达国家已经显现。因此，GIS应用项目所需的信息并非都要从头收集，而是尽量利用已有的或外单位提供的数据。

2011-045. 下图所示的遥感影像最有可能是哪种影像图？(   )

  A. 雷达影像   B. TM影像

  C. LDAR影像   D. 高分辨率卫星影像

【答案】D

【解析】 考查常用遥感影像的特征理解。从题目中的遥感影像可知，该图像分辨率较高，而高分辨率卫星影像的全色分辨率可达0.41m，多光谱分辨率为1.65m，所以可知该图像为高分辨率卫星影像。

2011-046. 各部门之间利用互联网，采用合适的软件共同完成某项设计属于(   )。

　　A. 协同工作　　　　　　　　　　B. 设备资源共享
　　C. 数据共享　　　　　　　　　　D. 功能共享

【答案】A

【解析】考查网络通信技术和计算机相结合的典型作用的特征理解。网络通信技术和计算机相结合，是人类走向信息社会的重要标志，它对城市规划业务的影响也将是深刻的，它在城市规划中的典型作用之一是分散而协同地工作，其表现如下：在网络的基础上，规划工作将越来越多地以数字为媒体，许多面对面的工作方式可由文件传送、信息发布、数据共享、视频会议等途径代替。建设单位可以远程报建，规划管理人员可以远程批案，规划编制单位可以远程汇报方案等。因此题干属于协同工作，选项A符合题意。

2011-047. 下列哪项系统必须借助于三维GIS实现？(   )

　　A. 城市规划系统　　　　　　　　B. 交通管理系统
　　C. 地下管网系统　　　　　　　　D. 城市拆迁管理系统

【答案】A

【解析】考查地理信息系统概念及功能的特征理解。地理信息系统（简称GIS）是一种以计算机为基础、处理地理空间信息的综合技术，通常的地理信息系统实现中，将点、线、面等实体的文件方式储存在计算机中，称为空间数据。点：客户分布、环保监测站、交通分析用的通路交叉口站点。线：街道、地下管线。面：行政区域、房屋基底、规划地块。此外，在城市规划等信息系统中，需要表现建筑物的三维模型，以达到更好的模拟效果。综上所述可知，城市规划系统必须借助于三维GIS实现。因此A选项符合题意。

2011-048. 下列哪项不是城市经济学关注的重点问题？(   )

　　A. 市场中的土地资源配置　　　　B. 经济活动的空间分布与结构
　　C. 大城市中的"城市病"　　　　　D. 社会收入分配与社会公平

【答案】D

【解析】考查城市经济学学科性质的特征理解。城市经济学首先是经济学的一门分支学科，由于经济学研究的核心问题是市场中的资源配置问题，所以城市经济学也是以城市中最稀缺的资源——土地资源的分配问题开始着手，论证了经济活动在空间上如何配置可以使土地资源得到最高效率的利用；城市经济学又是经济学中具有独特特征的一门分支学科，其特征表现在对经济活动空间关系的分析；城市经济学还是一门应用型经济学，为医治"城市病"提供了基本思路。选项D符合题意。

2011-049. 下列哪种情况会产生外部效应？(   )

　　A. 工人罢工要求提高工资　　　　B. 矿难造成矿山停产
　　C. 交通事故造成交通拥堵　　　　D. 生产过剩造成价格下降

【答案】D

【解析】考查外部效应（外部性）的特征理解。外部效应指在实际经济活动中，生产者或者消费者的活动对其他生产者或消费者带来的非市场性影响。这种影响可能是有益的，也可能是有害的。有益的影响被称为外部效益、外部经济性，或正外部性；有害的影响被称为外部成本、外部不经济性，或负的外部性。通常指厂商或个人在正常交易以外为其他厂商或个人提供的便利或施加的成本。ABC选项均不是正常的经济活动，而是事故或者灾难。

2011-050. 根据城市经济学原理，城市最佳规模是指(　　)。

A. 平均成本等于平均收益的规模　　　B. 边际成本等于边际收益的规模

C. 平均成本等于边际收益的规模　　　D. 边际成本等于平均收益的规模

【答案】B

【解析】考查城市规模与最佳规模的特征理解。从经济学的理论上来说，"最佳"是在边际成本等于边际收益的规模上实现的，而均衡规模是平均成本等于平均收益的规模。因此B选项符合题意。

2011-051. 土地作为一个生产要素具有下列哪些属性？(　　)

A. 可再生性、可流动性　　　　　　　B. 可再生性、不可流动性

C. 不可再生性、可流动性　　　　　　D. 不可再生性、不可流动性

【答案】D

【解析】考查城市经济增长及其调控中生产要素的特征理解。土地一般具有不可再生性和不可流动性。

2011-052. 下列哪个行业的空间集聚度最高？(　　)

A. 生产者服务业　　　　　　　　　　B. 消费者服务业

C. 行政管理业　　　　　　　　　　　D. 制造业

【答案】A

【解析】考查城市产业发展与产业结构的特征理解。生产者服务业是指为各种生产活动提供服务的行业，包括金融、保险、法律、会计、广告、咨询等各种服务业，这些服务业的特点是需要大量面对面的活动，其收益也高，可以支付较高的地价，所以往往在空间上高度集聚，形成了城市的中心商务区。A选项符合题意。

2011-053. 按照城市经济学原理，居民对住房的竞标租金与下列哪项因素无关？(　　)

A. 收入　　　　　　　　　　　　　　B. 利率

C. 消费偏好　　　　　　　　　　　　D. 交通成本

【答案】B

【解析】考查竞标租金与价格空间变化的特征理解。使用土地的厂商的出价与运输成本有关，运输成本越高，厂商能够支付的土地租金就越低，即"竞标租金越低"。而住户的出价与其收入、消费偏好和通勤成本有关，市场上的情况是在城市中心的每个区位上，住房都被出租给租金最高的住户。利率全国通用，所以与竞标租金无关，B选项符合题意。

2011-054. 下列哪项替代关系不是人口密度从城市中心区向外递减的决定因素？(　　)

A. 地租与交通成本的替代　　　　　　B. 资本与土地的替代

C. 住房与其他消费品的替代　　　　　D. 收入与住房面积的替代

【答案】D

【解析】考查替代效应与土地利用强度的特征理解。在城市土地市场与城市空间结构中，存在三种替代关系，分别是：地租与交通成本的替代、资本与土地的替代和住房与其他消费品的替代。这三种替代模式决定了人口密度从城市中心区向外递减。收入和住房面积呈一致性，不具替代性。因此选项D符合题意。

2011-055. 中国城市土地市场建设在下列哪项权利的基础之上？（　　）

　　A. 土地所有权　　　　　　　　　B. 土地使用权

　　C. 租赁权　　　　　　　　　　　D. 抵押权

【答案】A

【解析】考查城市土地制度的特征理解。市场的形成和运作需要具备三个条件：明晰的产权、完善的规则和监督机制。一个国家土地制度的首要内容就是对土地产权的规定。因此A选项符合题意。

2011-056. 从交通拥堵的成本分析，解决城市交通拥堵的方法有（　　）。

　　A. 大幅度提高中心区停车费　　　　B. 提高地铁高峰时段票价

　　C. 征收汽油税　　　　　　　　　　D. 实行公交优先

【答案】C

【解析】考查城市交通个人成本与社会成本的错位的特征理解。解决城市交通拥堵常用的方法包括对拥堵路段收费，如对进入城市中心区的车辆收费，从而把驾车者的成本由平均成本提高到边际成本；或是通过征收汽油税的办法，提高所有驾车者的出行成本，来使得他们减少自驾车出行。因此，C选项符合题意。

2011-057. 从城市经济学的角度看，为缓解城市道路交通过度拥挤，应着重提高驾车者的（　　）。

　　A. 边际成本　　　　B. 平均成本　　　　C. 时间成本　　　　D. 货币成本

【答案】B

【解析】考查城市交通个人成本与社会成本的错位的特征理解。时间成本难以通过政策来调整，只能用货币成本来调控。常用的方法包括对拥堵路段收费，如对进入城市中心区的车辆收费，从而把驾车者的成本由平均成本提高到边际成本。B选项符合题意。

2011-058. 下列哪项税收可以同时实现公平与效率两个目标？（　　）

　　A. 增值税　　　　B. 所得税　　　　C. 消费税　　　　D. 土地税

【答案】D

【解析】考查"单一土地税"理论的特征理解。征收土地税既可以实现社会公平，也可以减少土地闲置，提高土地的利用效率，是一种可以同时达到公平与效率两个目标的方法，因而选项D正确。

2011-059. 根据经济学中以竞争性和排他性对物品的划分，不拥挤的城市道路属于（　　）。

　　A. 私人物品　　　　　　　　　　B. 公共品

　　C. 自然垄断物品　　　　　　　　D. 共有资源

【答案】 B

【解析】 考查公共品的概念的特征理解。社会的消费物品的分类如下：（竞争性、非竞争性、排他性）私人物品：如面包；自然垄断物品：如供水管网；非排他性共有资源：如水资源；公共品：如不拥挤的城市道路。

2011-060. 某地区 2009 年末区域总人口为 1000 万人，其中城镇人口为 490 万人；2010 年末区域总人口为 1100 万人，其中城镇总人口为 550 万人。下列关于该地区城镇化率变化的表述，哪项是正确的？（   ）

    A. 增加一个百分点   B. 增加 5%

    C. 增加 6%   D. 增加 2.04 百分点

【答案】 A

【解析】 考查城镇化的概念的计算题。2009 年的城镇化率＝490/1000＝0.49，2010 年的城镇化率＝550/1100＝0.5，所以城镇化率增加了一个百分点。

2011-061. 下列关于世界城镇化进程的表述，哪项是错误的？（   ）

    A. 工业化带动城镇化是近代城市发展中的一个重要特点

    B. 从 19 世纪起城镇化进程在西方国家大范围展开

    C. 随着经济全球化世界城市体系逐步形成

    D. 当前"世界城市"的人口集聚主要依赖工业发展

【答案】 D

【解析】 考查当代世界城镇化特点的特征理解。在工业革命时期，工业发展极大地促进了城镇化的进程，但当前人口的集聚已经不主要依靠工业的发展，当前城市是经济活动的主要载体，新技术革命使城市的区位因素发生变化。因此选项 D 符合题意。

2011-062. 下列哪种方法，不能应用于大城市周边小城镇的规模预测？（   ）

    A. 区域人口分配法   B. 回归模型

    C. 类比法   D. 区位法

【答案】 B

【解析】 考查人口预测方法的类型记忆。在小城镇人口规模预测过程中，常采用定性分析方法从区域层面估测小城镇的人口规模，其中包括区域人口分配法、类比法、区位法。因此选项 B 符合题意。

2011-063. 下列物品类型，具有排他性而不具有竞争性的是(   )。

    A. 私人物品   B. 自然垄断物品

    C. 共有资源   D. 公共品

【答案】 B

【解析】 考查公共品的概念的特征理解。根据是否具有竞争性和排他性，经济学家把所有的物品分成了四种类型。第一种是既具有竞争性又具有排他性的物品，属于个人消费品，称之为"私人物品"；第二种是不具有竞争性但具有排他性的产品，如城市供水管网、电网等设施，这种产品当整个城市统一建设一套系统时成本最低，且具有很好的排他性，被称为"自然垄断"商品；第三种是具有竞争性但不具有排他性的物品，大家都可以消费，但一个人的消费又会影响到其他人的消费量，即竞争性带来外部效应，这类物品被称为"共有资源"；第四种是既不具有竞争性也不具有排他性的物品，如不拥挤的城市道路、街头绿地等，属于社会共同消费的物品，称为"公共品"。由以上分析可知，B选项符合题意。

2011-064. 下列关于城镇化率概念的表述，正确的是( )。
A. 城镇常住人口占城镇总人口的百分比
B. 城镇流动人口占城镇总人口的百分比
C. 城镇户籍人口占城镇总人口的百分比
D. 城镇常住人口占区域总人口的百分比
【答案】D
【解析】考查城镇化的概念的特征理解。城镇化率（城镇化水平）通常用市人口和镇驻地聚集区人口占全部人口（人口数据均用常住人口而非户籍人口）的百分比来表示，用于反映人口向城市聚集的过程和聚集程度。选项D符合题意。

2011-065. 下列关于城镇体系规划或区域规划中城镇发展条件评价的表述，错误的是( )。
A. 评价中应假定规划期内区域发展条件相对不变
B. 选取的评价标准必须具有比较意义
C. 指示体系要反映城市所在区域整体特征
D. 指标体系要考虑城市建设发展条件
【答案】A
【解析】考查城市发展条件综合评价原则的特征理解。条件评价应有动态的眼光，指标赋值时不仅应考查城乡的现状特征，也应将规划中可能对城市发展起重大作用的变动纳入评价体系。因此选项A错误。

2011-066. 下列关于城市区域关系的表述，错误的是( )。
A. 区域地理条件是影响城市形成发展的根本要素
B. 城市是区域的中心和支撑
C. 区域城镇化和人口聚集的发展趋势对城市发展规模有重要影响
D. 区域内部城镇之间的职能分工格局对城市职能有重要影响
【答案】B
【解析】考查地理条件的影响作用的特征理解。城市与区域经济地理条件的关系，主要表现为城市是区域的中心、对区域具有辐射带动作用，而区域是城市发展的腹地和支撑，区域是城市生产的原料供应地和产品市场。因此选项B符合题意。

2011-067. 某区域有城市人口分别为100万人、50万人、30万人、20万人的4座城市，该区域的城市首位度为( )。
A. 0.5   B. 1   C. 2   D. 5
【答案】C
【解析】考查城市规模等级体系的计算题。首位度是指一国或某一区域最大城市与第二位城市人口的比值。在该题目中，城市首位度为 $100/50＝2$，故而选C。

2011-068. 下列关于城镇化的表述，错误的是( )。

A. 先于经济发展水平的城镇化称为过度城镇化

B. 滞后于经济发展水平的城镇化称为低度城镇化

C. 与经济发展无关的城镇化称为虚假城镇化

D. 与经济发展同步的城镇化称为积极型城镇化

【答案】C

【解析】考查城镇化与经济发展的相关关系的概念对比。与经济发展同步的城镇化称为积极型城镇化（又称健康的城镇化）。反之，先于经济发展水平的城镇化，称为假城镇化或过度城镇化；滞后于经济发展水平需要的城镇化则为低度城镇化。过度城镇化和低度城镇化都属于消极型城镇化（又称"病态城镇化"）。选项C符合题意。

2011-069. 下列关于城市经济区的表述，错误的是( )。

A. 中心城市在经济区形成中具有决定作用

B. 城市经济区的范围就是中心城市的腹地范围

C. 空间通道是城市经济区形成的支撑系统

D. 经济联系方向和程度的变化影响到城市经济区的发展变动

【答案】B

【解析】考查城市经济区的概念和原则的特征理解。经济区的范围不能与中心城市腹地范围完全一致，城市腹地范围主要是对城市影响现状的分析和界定，城市经济区则具有一定的规划意义，强调根据现状联系，对国家、区域经济地域的组织。而且中心城市在不同职能上的影响范围可能会有明显差异，不同城市的影响范围还可能相互重叠。因此，在城市经济区具体组织中，对腹地范围进行综合评价，不一定就是中心城市的腹地范围，选项B错误。

2011-070. 下列关于城市地域概念的表述，错误的是( )。

A. 城市建成区是城市研究中最基本的城市地域概念

B. 城市实体地域的边界是明确的

C. 城市实体地域的边界随着城市的发展不断向外拓展

D. 城市实体地域一般比功能地域要大

【答案】D

【解析】考查城市地域空间类型的特征理解。与城市实体区域和行政区域都可以在现实中找到明确的界限不同，城市功能地域一般比实体地域要大，包括了连续的建成区外缘以外的一些城镇和城郊，也可能包括一部分乡村地域，选项D错误。

2011-071. 下列预测方法，不适用于城镇化水平预测的是( )。

A. 综合增长率法　　　　　　　　B. 联合国法

C. 潜力模型法　　　　　　　　　D. 时间趋势外推法

【答案】C

【解析】考查区域城镇化水平预测的特征理解。城镇化水平预测的主要方法有综合增长率法、时间趋势外推法、相关分析和回归分析法、联合国法等。因此选项C符合题意。

2011-072. 下列关于社会调查中常用的问卷调查的表述，正确的是(　　)。

    A. 调查问卷可随意发放

    B. 问卷调查过程中可以修改问卷继续调查

    C. 问卷的"有效率"是指回收问卷占所有发放问卷数量的比重

    D. 问卷设计要考虑到被调查者的填写时间

【答案】D

【解析】考查问卷调查方法的特征理解。任何调查都应围绕研究者需要，要有针对性和目的性，而不能"漫无边际"。在问卷调查过程中，不能修改问卷后继续调查，因为这样将导致同一项调查中使用两种问卷，从而会给将来问卷的统计带来麻烦。有效率是指有效的问卷数量占所有回收问卷数量的比重，而回收率是指回收来的问卷数量占总发放问卷数量的比重。因此ABC选项错误。

2011-073. 下列关于人口性别结构的表述，错误的是(　　)。

    A. 性别比大于100，则说明女性人口多于男性人口

    B. "重男轻女"的陋习会影响人口的性别比

    C. 人口迁移或流动会导致人口性别比发生变化

    D. 人口性别比失常可能会导致"婚姻挤压"现象

【答案】A

【解析】考查人口性别结构的特征理解。人口性别比一般以女性人口为100时相应的男性人口数来定义。性别比大于100，则说明男性人口多于女性人口，性别比越大，男性的比重越大。因此选项A错误。

2011-074. 与西方国家相比，下列哪项不是当前中国老龄化社会的特点？(　　)

    A. 轻负担老龄化　　　　　　　　　B. 快速老龄化

    C. 短寿老龄化　　　　　　　　　　D. 少子老龄化

【答案】C

【解析】考查人口老龄化问题的特征理解。与发达国家相比，中国的老龄化存在四个显著特点：少子老龄化、轻负担老龄化、长寿老龄化、快速老龄化，选项C符合题意。

2011-075. 下列哪项不是城市阶层分异的基本动力？(　　)

    A. 职业的分化　　　　　　　　　　B. 收入差异

    C. 居民个体的偏好　　　　　　　　D. 劳动力市场的分割

【答案】C

【解析】考查城市社会阶层分异动力的类型记忆。城市阶层分异的基本动力是收入差异与贫富分化、职业的分化、分割的劳动力市场、权利的作用和精英的产生，不包括选项C，此题选C。

2011-076. 下列哪项属于伯吉斯的同心圆模型描述的城市社会空间结构模式？(　　)

    A. 高租金的居住区沿着交通线由中心向外发展

B. 工业由内域转移到离中央商务区最近的过渡地带

C. 大城市的生长是综合了多个中心的作用

D. 住房向低级阶层居民过滤，居民向高级居住区过滤

【答案】B

【解析】考查城市社会空间结构的特征理解。选项B属于伯吉斯的同心圆模型，选项A、选项D属于霍伊特的扇形模型，选项C属于哈里斯和乌尔曼的城市土地利用多核心模型。

2011-077. 下列哪项不属于社区形成的基本要素？（　　　）

A. 社会互动　　　　　　　　　B. 共同纽带

C. 均质邻里　　　　　　　　　D. 有明确边界的地域

【答案】C

【解析】考查社区的概念、特征、权力和归属感的特征理解。社区有三大构成要素，即地区、共同纽带和社会互动。在社区的三个构成要素中，"地区"代表了社区的"物质尺度"，它是一个有明确边界的地理区域。选项C符合题意。

2011-078. 下列关于城市规划公众参与要点的表述，错误的是（　　　）。

A. 强调市民社会的作用　　　　B. 个人利益应服从集体利益

C. 重视城市管治和协调　　　　D. 注重发挥非政府组织的作用

【答案】B

【解析】考查城市规划的公众参与的特征理解。城市规划公众参与的要点包括：①重视城市管治和协调思路的运用；②强调市民社会的作用；③发挥各种非政府组织的作用并重视保障其利益。选项B符合题意。

2011-079. 下列哪项不属于城市规划公众参与的形式？（　　　）

A. 规划编制过程的民意调查　　B. 城市规划展览

C. 规划方案专家评审会　　　　D. 规划听证会

【答案】C

【解析】考查城市规划的公众参与的特征理解。公众参与城市规划的形式主要包括：城市规划展览系统，规划方案听证会、研讨会，规划过程中的民意调查，规划成果网上咨询等。因此C选项符合题意。

2011-080. 下列关于生态系统服务的表述，错误的是（　　　）。

A. 生态系统服务在人类产生之前就客观存在

B. 生态系统服务与生态过程密不可分

C. 生态系统服务伴随着自然生态系统的进化而变得丰富

D. 生态系统服务影响全球经济运行

【答案】C

【解析】自然生态系统服务性能的四条基本原则：①生态系统服务性能是客观的存在；②系统服务性能与生态过程密不可分地结合在一起，它们都是自然生态系统的属性；③自然作为进化的整体，是生产服务性功能的源泉；④自然生态系统是多种性能的转换。生态

系统服务具有十分重要的意义，人类的生存依赖于生态系统服务。离开了生态系统这种生命支持系统的服务，人类的生存就会受到威胁，全球经济的运行将会停滞。由以上分析可知，C选项符合题意。

二、多选题（每题五个选项，每题正确答案不少于两项，多选或漏选不得分）

2011-081. 全球气候变暖导致的结果有（　　）。

A. 海平面上升　　　　　　　　　B. 洪涝、干旱等气候灾害加剧

C. 生态系统紊乱　　　　　　　　D. 人类身体健康受到不良影响

E. 城市及其周边地区地下水污染

【答案】ABCD

【解析】全球气候变暖将可能导致严峻的人类生存危机：①海平面上升；②加剧洪涝、干旱和其他气候灾害；③影响生态系统和人类身体健康。因此ABCD选项符合题意。

2011-082. 下列关于生态恢复的表述，正确的是（　　）。

A. 本质上是生物物种和生物量的重建以及生态系统基本功能的重建

B. 可以应用于自然或者人为影响下的生态破坏、被污染土地的治理

C. 强调对生态系统的结构、功能、生物多样性和持续性的恢复

D. 是完全的、自然的生态系统次生演替过程

E. 人类可以有目的地对受损生态系统进行干预

【答案】ABCE

【解析】生态恢复强调受损的生态系统要恢复到具有生态意义的理想状态。生态恢复并不完全是自然的生态系统次生演替，人类可以有目的地对受损生态系统进行干预；生态恢复并不是对某个物种的简单恢复，而是对系统的结构、功能、生物多样性和持续性进行全面的恢复；演替是生态系统的基本过程和特征，生态恢复本质上是生物物种和生物量的重建，以及生态系统基本功能恢复的过程。生态恢复可以应用于自然或者人为影响下的生态破坏、被污染土地的治理、湿地保护等。由以上可知，ABCE选项符合题意。

2011-083. 下列选项中哪些有利于加强城市雨洪利用（　　）。

A. 河道渠化　　　　　　　　　　B. 采用可渗透铺装

C. 建设屋顶花园　　　　　　　　D. 种植乡土植物

E. 建设雨水收集设施

【答案】BCDE

【解析】雨洪水利用的具体措施包括：城市自然排水系统、雨水花园、生物净化池、绿色街道、可渗透铺装、雨水收集、屋顶花园、乡土植物、雨洪水再利用和管理等。

2011-084. 下列选项中属于飘尘的典型特征的是（　　）。

A. 粒径变化大　　　　　　　　　B. 不易沉降

C. 成分复杂　　　　　　　　　　D. 粒径变化小

E. 对其他有害物质吸附能力小

【答案】BCD

【解析】飘尘亦称"可吸入颗粒物"或"可吸入尘"。指粒径小于 $10\mu m$ 的悬浮颗粒物，其中相当大部分比细菌（$0.75\mu m$）还小。粒径在 $0.1\sim1.0\mu m$ 之间的悬浮微粒很难沉降，可以数年甚至几十年在大气中飘浮。飘尘能吸附致癌性很强的苯并芘等碳氢化合物，在无风或风速很大、逆温等不利于稀释、扩散的气象条件下，在大气中聚集，使大气污染程度增大，从而大大增强其危害。

2011-085. 下列关于西方古典建筑的表述，正确的是（ 　　）。

A. 雅典卫城是古希腊时期的建筑

B. 圣索菲亚大教堂是罗马风的建筑

C. 巴黎圣母院是哥特式的建筑

D. 图拉真纪功柱是古典主义建筑

E. 圣彼得大教堂是意大利文艺复兴时期的建筑

【答案】ACE

【解析】综合考查不同时期的代表记忆，选项 ACE 正确。圣索菲亚大教堂是拜占庭建筑，选项 B 错误。图拉真纪功柱是古罗马建筑，选项 D 错误。

2011-086. 下列关于框架结构的表述，错误的是（ 　　）。

A. 墙体不起承重作用　　　　　　　　B. 抗震性能较好

C. 结构延性差　　　　　　　　　　　D. 属于空间结构体系

E. 承重构件包括楼板、梁、柱三种

【答案】CE

【解析】考查框架结构的特征理解。框架结构工艺布置灵活，抗震结构良好，具有良好的结构延性。框架结构的体系由楼板、梁、柱及基础 4 种承重构件组成。因此 CE 选项符合题意。

2011-087. 下列关于建筑防水构造的表述，错误的是（ 　　）。

A. 建筑的内外防水构造是针对地下水和雨水设置的

B. 最高地下水位高于地下室地面时，必须考虑地下室防水

C. 目前采用防水方式有材料防水和混凝土自防水两种

D. 材料防水是在外墙体和底板中敷设防水材料

E. 屋面坡度大时屋面的防水要求应提高

【答案】ADE

【解析】考查建筑构造防水构造的特征理解。侵入房间的水的水源有地下水、天落水及用水房间（厨房、卫生间等）的溢水，选项 A 不完整。当设计最高水位高于地下室地面时，必须考虑地下室防水，选项 B 正确。目前采用的防水方式有材料防水和混凝土自防水两种，选项 C 正确。材料防水是在外墙和底板表面敷设防水材料，借助材料的高效防水特性阻止水的渗入，选项 D 错误。屋面坡度大则排水快，对屋面的防水要求可降低，选项 E 错误。由以上分析可知此题选 ADE。

2011-088. 下列关于色光与色彩的表述，错误的是（ 　　）。

A. 色光三原色是红色、黄色和蓝色

B. 色光三原色的每一种都可以由其他色彩混合而成

C. 色彩有色相、彩度及明度三个属性

D. 色彩的鲜艳程度称为明度

E. 冷色系色彩给人凸出和扩大感

【答案】ABDE

【解析】考查色彩的基本知识的特征理解。色光三原色是红色、绿色和蓝色。色光三原色具有独立性，其中一种原色不能由另外的原色混合而成。色彩三要素：色相、明度、彩度，其中色彩的明暗程度称为明度，色彩的纯净和鲜艳程度称为彩度。冷色系色彩给人凹进和收缩感。ABDE 选项符合题意。

2011-089. 下列哪项属于建筑工程项目建议书编制的内容？（   ）.

A. 建设项目提出的必要性和依据　　　B. 工程投资估算

C. 研究建筑的平面布局、立面造型　　　D. 拟建规模和建设地点的初步设想

E. 施工组织计划

【答案】ABD

【解析】考查项目建议书的类型记忆。项目建议书的内容包括：①建设项目提出依据和缘由，背景资料，拟建地点的长远规划，行业及地区规划资料；②拟建规模和建设地点初步设想论证；③资源情况、建设条件可行性及协作可靠性；④投资估算和资金筹措设想；⑤设计、施工项目进程安排；⑥经济效果和社会效益的分析与初估。选项 CE 均不属于项目建议书的内容。

2011-090. 下列关于站前广场规划设计的表述，正确的是（   ）。

A. 各类停车场地规划布局是静态交通组织的主要内容

B. 景观设计也是站前广场规划设计的内容

C. 出租车停车场不应采用与接送站台相结合的方式布置

D. 应协调好与周边集散道路的关系

E. 行人路线应当尽量曲折，避免集中客流的冲击

【答案】ABD

【解析】考查站前广场规划设计的特征理解。站前广场的静态交通组织中最主要的就是各类停车场地的规划布局；出租车辆在站前广场的布置形式可考虑采用停车场与接送站台相结合的方式。小城市的站前广场，因其配置的公交线路不多，都采用路边港湾式停靠站，但是，大、中城市的站前广场因其庞大的公交线网，需要把公交站点布置在广场的内部，以充分体现换乘的便捷性。广场上的行人应该有明确的通行空间。由人行道砖铺砌的地面应该连续，跨越道路时应设置人行横道。广场上的行人流线应尽量直接、简单。站前广场是交通枢纽的集散地，需要协调好和周边集散道路的关系。站前广场交通功能是第一位的，也是城市的窗口，因此景观设计也是站前广场规划设计的内容。由以上分析可知ABD 选项符合题意。

2011-091. 下列交通控制形式，适用于平面交叉口交通控制的是（   ）。

A. 交通信号灯　　　　　　　　　　　B. 多路停车

C. 交叉口渠化　　　　　　　　　　D. 让路标志

E. 不设管制

【答案】ABDE

【解析】考查平交的交通控制的类型记忆。平面交叉口的交通控制一般采用以下几种形式：①交通信号灯法；②多路停车法；③二路停车法；④让路标志法；⑤不设管制。

2011-092. 下列关于停车设施的表述，正确的是（　　　）。

A. 机动车停车设施停车面积规划指标是按中小型汽车进行估算的

B. 自行车停车场一般以中小型分散就近布置为主

C. 螺旋坡道式机车停车库的用地比直坡道式节省

D. 错层式（半坡道式）机动车停车库用地比斜楼板式节省

E. 斜楼板式机动车停车库必须设置专用坡道

【答案】BC

【解析】考查机动车停车库的特征理解。停车设施的停车面积规划指标是按当量小汽车进行估算的，选项A错误。螺旋式停车库交通线路明确，速度快，但是造价高，用地稍比直行坡道节省，选项C正确；错层式停车库用地较节省，但进出有干扰；斜楼板式停车库利用通道的倾斜作为楼层的转换，因而无需再设置专用坡道，所以用地最为节省，单位停车面积最少，选项D错误，选项BC正确。

2011-093. 下列哪些项是在交叉口合理组织自行车交通时通常采用的措施?（　　　）

A. 设置自行车右转车道　　　　　　B. 设置自行车左转等待区

C. 设置自行车横道　　　　　　　　D. 将自行车停车线前置

E. 将自行车道设置在人行道上

【答案】ABCD

【解析】考查自行车交通组织方法的类型记忆。自行车交通的组织有5种方法：设置自行车右转专用车道；设置左转候车区，停车线提前法；两次绿灯法；设置自行车横道，选项ABCD正确。

2011-094. 下列关于城市轨道交通线路走向选择的表述，正确的是（　　　）。

A. 应当沿主客流方向布设

B. 应当考虑全日客流和通勤客流的规模

C. 线路的起终点应设在大客流断面位置

D. 支线宜选在客流断面较大的地段

E. 应当考虑车辆基地和联络线的位置

【答案】ABE

【解析】考查线路走向的选择的特征理解。城市轨道交通的线路走向选择主要考虑以下几个方面：①线路应根据在线网中功能定位和客流预测分析，沿主客流方向选择；②线路应考虑全日客流效益、通勤客流规模，宜有大型客流点的支撑；③线路起、终点不要设在市区内大客流断面位置；④超长线路一般以最长交路运行1h为目标，旅行速度达到最高运行速度的45%～50%为宜；⑤对设置支线的运行线路，支线长度不宜过长，宜选在客流断面较小的地段；⑥当采用全封闭方式时，在城市中心区宜采用地下线，但应注意对地面建筑、地下资源和文物的保护；⑦在线路长的大陡坡地段，不宜与平面小半径曲线重叠；⑧充分考虑停车场和车辆基地的位置与联络线。因此选项 ABE 符合题意。

2011-095. 下列哪些措施适用于解决资源性缺水地区的水资源供需矛盾？（   ）

    A. 调整产业和行业结构，将高耗水产业逐步搬迁

    B. 推广城市污水再生利用

    C. 推广农业滴灌、喷灌

    D. 控制城市发展规模

    E. 改进城市自来水厂净水工艺

【答案】ABC

【解析】考查解决水资源供需矛盾的措施的特征理解。资源型缺水的对策和措施为开源和节流。编制城市规划，要研究城市的用水构成、用水效率和节水潜力，通过调整产业结构，限制高耗水工业发展，推广使用先进的节水技术、工艺和节水器具，加强输配水管网建设和改造等措施，提高用水效率，减少用水量，因而选项 ABC 正确。

2011-096. 下列哪些项不属于可再生能源？（   ）

    A. 风能   B. 石油

    C. 沼气   D. 煤炭

    E. 核能

【答案】BDE

【解析】考查可再生能源和非再生能源的类型记忆。可再生能源包括太阳能、风能、水能、生物质能、海洋能、潮汐能、地热能等，其中沼气属于生物质能，排除选项 AC。非再生能源包括煤、原油、天然气、油页岩、核能等，此题选 BDE。

2011-097. 下列关于城市工程管线综合布置原则的表述，正确的是（   ）。

    A. 城市各种管线的位置应采用统一的坐标系统

    B. 腐蚀介质管道与其他工程管道共沟敷设时，腐蚀性介质应布置在管沟底部

    C. 重力流管线与压力管线高程冲突时，压力管线应避让重力流管线

    D. 电信线路、有线电视线路与供电线路通常合杆架设

    E. 管线覆土深度指地面到管顶内壁的距离

【答案】ABC

【解析】选项 ABCD 综合考查城市工程管线综合布置的原则的特征理解，ABC 正确。电信线路与供电线路通常不合杆架设；在特殊情况下，征得有关部门同意，采取相应措施后，可合杆架设，选项 D 错误。选项 E 考查城市工程管线综合术语的概念对比，管线覆土深度指地面到管道顶（外壁）的距离，而地面到管道底（内壁）的距离是指管线埋设深度，选项 E 错误。

2011-098. 下列关于城市用地竖向规划的表述，正确的是（   ）。

    A. 规划地面形式可分为平原、山区、丘陵三种类型

    B. 道路竖向规划应与道路两侧用地的控制高程、地形地物等相结合

C. 地块规划高程应比周边道路高程最低的路段高出 0.2m 以上

D. 应在用地竖向规划基础上进行用地排水规划

E. 山区竖向规划关键在于合理划分台地并确定台地的高度、宽度及长度

【答案】BCDE

【解析】考查城市用地台地划分的特征理解。规划地面形式可以分为平坡、台阶、混合三种类型，选项 A 错误。道路竖向规划应结合城市用地的控制高程、沿线地形地物、地下管线、地质和水文条件等作综合考虑，选项 B 正确。地块的规划高程应比周边道路的最低路段高程高出 0.2m 以上，利于排水，选项 C 正确。城市排水规划应在用地竖向规划的基础上进行合理安排，选项 D 正确。合理划分台地、确定台地的高度、宽度、长度是山区竖向规划的关键，选项 E 正确。

2011-099. 当河流的防洪设计流量确定后，影响河流某一断面防洪堤堤顶设计标高的因素有( )。

A. 洪水过程线形状   B. 堤防结构

C. 堤距   D. 该断面上下游一定距离的河底纵坡

E. 河水含沙量

【答案】BC

【解析】考查防洪排涝设施的特征理解。堤距是指河流两岸堤防的间距，将影响堤顶标高，另外在城市建成区内，可采用在堤顶设防浪墙的方式降低堤顶标高，在坡度顶设置防浪墙属于堤防结构的一种。选项 BC 符合题意。

2011-100. 下列关于防洪安全布局原则的表述，正确的是( )。

A. 城市建设用地应避开洪涝、泥石流灾害高风险区

B. 在流域规划中确定的蓄滞洪区，应作为禁建区

C. 城市建设用地应根据洪涝风险差异，合理布局

D. 在城市建设中，应根据防洪需要，为行洪留出足够的用地

E. 多年没有发生洪水的河道可以作为建设用地逐步开发利用

【答案】ACD

【解析】考查防洪排涝措施的特征理解。防洪安全布局，是指在城市规划中，根据不同地段洪涝灾害的风险差异，通过合理的城市建设用地选择和用地布局来提高城市防洪排涝安全度，其综合效益往往不亚于工程措施。防洪安全布局的基本原则是：

① 城市建设用地应避开洪涝、泥石流灾害高风险区。

② 城市建设用地应根据洪涝风险差异，合理布局。城市建设用地类型多样，不同用地的重要性、人员聚集程度不同，受灾后的损失和影响程度也不同。通过合理的用地布局，将城市中心区、居住区、重要的工业仓储区、重要的基础设施和公共设施布置在洪涝风险相对较小的地段，而将生态湿地、公园绿地、广场、运动场等重要设施，以及便于人员疏散的用地布置在洪涝风险相对较高的地段，既能够减少灾害损失，也体现了尊重自然规律的现代治水新理念，必须在城市用地布局中高度重视。

③ 在城市建设中，应当根据防洪排涝需要，为行洪和雨水调蓄留出足够的用地。

④ 在流域规划中确定的蓄滞洪区应作为限制建设区，限制人口及经济向该区域集中。

只要存在行洪的河道，即使多年没发洪水，也不得作为建设用地利用。

第二节　2012年城乡规划相关知识考试真题

一、单选题（每题四个选项，其中一个选项为正确答案）

2012-001. 下列关于中国古代建筑特点的描述，哪项是错误的？（　　）

　　A. 建筑类型丰富　　　　　　　　B. 单体建筑结构构成复杂

　　C. 建筑群的组合多样　　　　　　D. 与环境结合紧密

　　【答案】B

　　【解析】考查中国古代建筑特点的特征理解。中国古代建筑单体构成简洁，建筑群组合方式多样，建筑类型丰富，与环境结合紧密，选项 B 错误、选项 ACD 正确。

2012-002. 下列关于中国古代宗教建筑平面布局特点的表述，哪项是错误的？（　　）

　　A. 汉代佛寺布局是前塔后殿

　　B. 永济县永乐宫中轴对称、纵深布局

　　C. 五台山佛光寺大殿平面为"金厢斗底槽"

　　D. 蓟县独乐寺平面为"分心槽"

　　【答案】A

　　【解析】考查宗教建筑的类型和时期变化，选项 BCD 正确。汉传佛教建筑由塔、殿和廊院组成，其布局的演变由以塔为主，到前殿后塔，再到塔殿并列、塔另设别院或在山门前，最后变成塔可有可无，因此选项 A 错误。

2012-003. 下列关于西方古代建筑材料与技术的表述，哪项是错误的？（　　）

　　A. 古希腊庙宇除屋架外，全部用石材建造

　　B. 古罗马建筑材料中出现了火山灰制的天然混凝土

　　C. 古希腊创造了券柱式结构

　　D. 古罗马发展了叠柱式结构

　　【答案】C

　　【解析】综合考查不同时期的特征理解，选项 ABD 正确。古代罗马建筑解决了拱券结构的笨重墙体与柱式艺术风格的矛盾，创造了券柱式结构，选项 C 古希腊创造了券柱式结构是错误的。

2012-004. 下列关于 19 至 20 世纪新建筑运动初期代表人物建筑主张的表述，哪项是错误的？（　　）

　　A. 拉斯金：热衷于手工艺效果

　　B. 贝伦斯：提倡运用多种材料

　　C. 路斯：主张造型简洁与集中装饰

　　D. 沙利文：强调艺术形式在设计中占主要地位

　　【答案】D

　　【解析】考查新建筑运动的代表记忆和特征理解，选项 ABC 正确。美国芝加哥学派的代

表人物沙利文强调"形式服从功能"，突出了功能在设计中的主要地位，因此选项 D 错误。

2012-005. 下列哪项不属于 20 世纪 20 年代提出的新建筑主张？（ ）
    A. 注重建筑的经济性   B. 灵活处理建筑造型
    C. 表现建筑的地域特点   D. 发挥新型材料和建筑结构的性能
【答案】C
【解析】考查现代主义的特征理解。第一次世界大战后的 20 世纪 20 年代，出现了现代建筑运动，其代表人物建筑主张的共同特点为：①设计以功能为出发点；②发挥新型材料和建筑结构的性能；③注重建筑的经济性；④强调建筑形式与功能、材料、结构、工艺的一致性，灵活处理建筑造型，突破传统的建筑构图格式；⑤认为建筑空间是建筑的主角；⑥反对表面的外在装饰。

2012-006. 下列关于建筑选址的表述，哪项是正确的？（ ）
    A. 儿童剧场应设于公共交通便利的繁华市区
    B. 剧场与其他类型建筑合建时，应有公用的疏散通道
    C. 档案馆一般应考虑布置在远离市区的安静场所
    D. 展览馆可以利用荒废建筑加以改造或扩建
【答案】D
【解析】综合考查公共建筑场地选址要求的特征理解。展览馆的选址要求如下：①基地的位置、规模应符合城市规划要求；②应位于城市社会活动的中心地区或城市近郊、利于人流集散的地方；③交通便捷且与航空港、港口或火车站有良好的联系；④大型展览馆宜与江湖水泊、公园绿地结合，充分利用周围现有的公共服务设施和旅馆、文化娱乐场所等；⑤基地须具备齐全的市政配套设施（包括水、电、煤气等）；⑥利用荒废建筑改造或扩建也是馆址选择的途径之一。因此，选项 D 正确。儿童剧场应位置适中，环境安静，选项 A 错误。剧场与其他类型建筑合建时，应有专用的疏散通道，选项 B 错误。档案馆一般应考虑远离污染区、场地干燥、排水通畅、环境安静，不宜建在城市的闹市区，但不应远离市区，选项 C 错误。

2012-007. 建筑场地设为平坡时的最大允许自然地形坡度是（ ）。
    A. 3%   B. 4%   C. 5%   D. 6%
【答案】C
【解析】考查竖向设计形式的数字记忆。用地自然坡度小于 5% 时，宜规划为平坡式；用地自然坡度大于 8% 时，宜规划为台阶式。C 选项符合题意。

2012-008. 单栋住宅的长度大于（ ）时，建筑物底层设人行通道。
    A. 200m   B. 160m   C. 120m   D. 80m
【答案】D
【解析】考查住宅建筑设计要点的数字记忆。单栋住宅的长度大于 160m 时应设 4m×4m 高的消防车通道，大于 80m 时应在建筑物底层设人行通道。

2012-009. 按使用性质划分，建筑可分为（ ）两大类。

A. 工业建筑和农业建筑　　　　　B. 生产建筑和非生产建筑
C. 公共建筑和居住建筑　　　　　D. 民用建筑和工业建筑

【答案】B

【解析】考查建筑分类的类型记忆。按建筑的使用性质来分，分为两大类：生产性建筑与非生产性建筑。其中生产性建筑包括工业建筑和农业建筑，非生产性建筑包括居住建筑和公共建筑。因此B选项符合题意。

2012-010. 下列关于 **8 层住宅建筑的电梯设置，哪项是错误的？（　　　）**

　　A. 电梯与楼梯同等重要　　　　　B. 电梯与楼梯宜相邻布置
　　C. 至少设置一台电梯　　　　　　D. 单侧排列的电梯不应超过 3 台

【答案】D

【解析】考查公共建筑交通联系空间的数字记忆和特征理解。在 8 层左右的多层建筑中，电梯与楼梯同等重要，二者要靠近布置，选项 ABC 正确。当住宅建筑为 8 层以上、公共建筑为 24m 以上时，电梯就成为主要交通工具；以电梯为主要垂直交通的建筑物内，每个服务区的电梯不宜少于 2 台；单侧排列的电梯不应超过 4 台，双侧排列的电梯不应超过 8 台，选项 D 符合题意。

2012-011. 石棉水泥瓦的缺点是(　　　)。

　　A. 质重　　　　　B. 易燃　　　　　C. 易腐蚀　　　　　D. 有毒

【答案】D

【解析】考查建筑材料常识的代表记忆。石棉水泥瓦以水泥与温石棉为原料，分为大波瓦、中波瓦、小波瓦和脊瓦四种。其单张面积大，质轻，防火性、防腐性、耐热耐寒性均较好。但石棉对人体健康有害，用耐碱玻璃纤维和有机纤维则较好。由以上分析知道，有毒是石棉瓦的缺点，因此选项 D 符合题意。

2012-012. 低层、多层建筑常用的结构形式不包括(　　　)。

　　A. 砖混　　　　　B. 框架　　　　　C. 排架　　　　　D. 框筒

【答案】D

【解析】考查低层、多层建筑结构选型的类型记忆。低层、多层建筑常用的结构形式有砖混、框架、排架，选项 D 符合题意。

2012-013. 下列哪项不属于建筑投资的内容？（　　　）

　　A. 动迁费　　　　　B. 建筑直接费　　　　　C. 施工管理费　　　　　D. 税金

【答案】A

【解析】考查建筑策划内容中建筑工程造价的估算的类型记忆。建筑投资费，由实际建设直接费、人工费、各种调增费、施工管理费、临时设施费、劳保基金、贷款差价、税金乃至地方规定等费用构成。

2012-014. 城市道路规划设计的基本内容不包括(　　　)。

　　A. 道路附属设施设计　　　　　B. 交通管理设施设计
　　C. 沿道路建筑立面设计　　　　　D. 道路横断面组合设计

【答案】C

【解析】 考查道路规划设计的基本内容的类型记忆。城市道路规划设计一般包括路线设计、交叉口设计、道路附属设施设计、路面设计和交通管理设施设计五个部分，其中道路选线、道路横断面组合、道路交叉口选型等都属于城市总体规划和详细规划的重要内容。选项C符合题意。

2012-015. 下列关于铁路通行高度限界的表述，哪项是正确的?(　　　)

A. 通行内燃机车时为 5.00m

B. 通行电力机车时为 6.00m

C. 通行高速列车时为 7.25m

D. 通行双层集装箱列车时为 7.45m

【答案】C

【解析】 考查净空与限界的数字记忆。铁路通行限界要求为，高度限界：内燃机车为5.5m；电力机车为6.55m（时速小于160km/h）、7.50m（时速在160~200km/h之间，客货混行）；高速列车为7.25m；通行双层集装箱时为7.96m；宽度限界：4.88m。

2012-016. 城市道路平面弯道视距限界内障碍物的限高是(　　　)。

A.1.0m　　　　　　B.1.2m　　　　　　C.1.4m　　　　　　D.1.6m

【答案】B

【解析】 考查车辆视距与视距界限的数字记忆。设计时要求在限界内必须清除高于1.2m的障碍物，包括高于1.2m的灌木和乔木。

2012-017. 在计算多条机动车道的通行能力时，假定最靠中线的一条车道为1，那么同侧第四条车道的折减系数应为(　　　)。

A.0.90~0.98　　　B.0.80~0.89　　　C.0.65~0.78　　　D.0.50~0.65

【答案】D

【解析】 考查机动车道的数字记忆。多条机动车道上的车辆从一个车道转入另一个车道（超车、转弯、绕越、停车等）时，会影响另一车道的通行能力。因此，靠近中线的车道通行能力最大，右侧同向车道通行能力将依次有所折减，最右侧车道的通行能力最小。假定最靠中线的一条车道为1，则同侧右方向第二条车道通行能力的折减系数为0.80~0.89，第三条车道的折减系数0.65~0.78，第四条车道的折减系数为0.50~0.65。

2012-018. 如果1条自行车带的路段通行能力为1000辆/小时，当自行车道的设计宽度为5.5m时，其通行能力为(　　　)。

A.4000辆/小时　　B.4500辆/小时　　C.5000辆/小时　　D.5500辆/小时

【答案】C

【解析】 考查非机动车道的计算题。自行车道宽度的确定：宽度＝1.5m＋（n－1）m，n为车带条数。由此公式可以算出5.5m宽的自行车道，n＝5，即有5条自行车带。所以其通行能力为1000×5＝5000辆/小时，选项C正确。

2012-019. 城市道路平面设计的主要内容不包括(　　　)。

A. 确定道路中心线的位置   B. 设置缓和曲线

C. 确定路面荷载等级   D. 设计超高

【答案】C

【解析】考查城市道路平面设计主要内容的类型记忆。道路平面设计的主要内容是依据城市道路系统规划、详细规划及城市用地现状（地形、地质、水文条件和现状地物以及临街建筑布局等），确定道路中心线的具体位置，选定合理的平曲线，论证设置必要的超高、加宽和缓和路段；进行必要的行车安全视距验算；按照道路标准横断面和道路两旁的地形、用地、建筑、管线要求，详细布置道路红线范围内道路各组成部分，包括道路排水设施（雨水进水口等）、公共交通停靠站和交通标识标线等；确定与两侧用地联系的各路口、相交道路交叉口、桥涵等的具体位置和设计标准、选型、控制尺寸等。确定路面荷载等级不属于道路平面设计的内容，此题选 C。

2012-020. 符合下列哪项条件时，应该设置立体交叉？（   ）

A. 城市主干路与次干路交叉口高峰小时流量超过 5000PCU 时

B. 城市主干路与支路交叉口高峰小时流量超过 5000PCU 时

C. 城市主干路与主干路交叉口高峰小时流量超过 6000PCU 时

D. 城市次干路与铁路专用线相交时

【答案】C

【解析】考查立体交叉设置条件的特征理解。设置立体交叉的条件：①快速道路（速度≥80km/h 的城市快速路、高速公路）与其他道路相交；②主干路交叉口高峰小时流量超过 6000 辆当量小汽车（PCU）时；③城市干路与铁路干线交叉；④其他安全等特殊要求的交叉口和桥头；⑤具有用地和高差条件。C 选项符合题意。

2012-021. 立交上如考虑设置自行车道时，混行车道的最大纵坡应为（   ）。

A. 4%   B. 3.5%   C. 3%   D. 2.5%

【答案】D

【解析】考查道路纵坡的确定的特征理解。对于平原城市，机动车道路的最大纵坡宜控制在 5% 以下，非机动车道的最大纵坡控制在 2.5% 以下为宜，所以考虑设置自行车道时，混行车道的最大纵坡应为 2.5%，此题选 D。

2012-022. 在城市道路纵断面设计时，设置凹形竖曲线主要应满足（   ）。

A. 车辆紧急制动距离的要求   B. 车辆行驶平稳的要求

C. 驾驶者的视距要求   D. 驾驶者的视线要求

【答案】B

【解析】考查竖曲线分类的概念对比。曲线分为凸形与凹形两种，凸形竖曲线的设置主要满足视线视距的要求，凹形竖曲线的设置主要满足车辆行驶平稳（离心力）的要求，选项 B 符合题意。

2012-023. 下列有关停车设施的停车面积规划指标中，哪项是错误的？（   ）

A. 路边停车带为 $16\sim20\text{m}^2$/停车位

B. 地面停车场为 $25\sim30\text{m}^2$/停车位

C. 建筑物地下停车库为 $30\sim35m^2$/停车位

D. 机械提升式的多层停车库为 $35\sim40m^2$/停车位

【答案】D

【解析】 考查城市公共停车设施的数字记忆。停车设施的停车面积规划指标是按当量小汽车进行估算的，露天地面停车场为 $25\sim30m^2$/停车位，路边停车带为 $16\sim20m^2$/停车位，室内停车库为 $30\sim35m^2$/停车位，故选项 ABC 正确、选项 D 错误。

2012-024. 根据现行的《城市道路交通规划设计规范》，当停车场的泊位数最少达到( )需设置三个以上的出入口。

A. 300 　　　　　B. 400 　　　　　C. 500 　　　　　D. 600

【答案】C

【解析】《城市道路交通规划设计规范》GB 50220—1995 规定，500 个车位以上的停车场，出入口数不得少于两个。(该规范已废止，替代标准《城市综合交通体系规划标准》GB/T 51328—2018 条文 13.3.5 4 单个公共停车场规模不宜大于 500 个车位，题干的情形已不提倡建设。另可参照《民用建筑设计统一标准》GB 50352—2019 条文 5.2.6，4 当停车数大于 500 辆时，应设置 3 个出入口，宜为双向行驶的出入口)。

2012-025. 在城市中心的客运交通枢纽中，一般不设置的交通方式是( )。

A. 地铁 　　　　B. 轻轨 　　　　C. 有轨电车 　　　　D. 长途汽车

【答案】D

【解析】 考查城市交通枢纽设计的主要内容的类型记忆。城市中心附近的客运交通枢纽中，主要的交通方式包括轨道交通线路、公交线路、小汽车、自行车和步行等。长途汽车属于对外客运枢纽，因此选项 D 符合题意。

2012-026. 下列关于城市供水规划内容的表述，哪项是正确的? ( )

A. 水资源供需平衡分析一般采用平均日用水量

B. 城市供水设施规模应按照平均日用水量确定

C. 城市配水管网的设计流量应按照城市最高日最高时用水量确定

D. 城市水资源总量越大，相应的供水保证率越高

【答案】C

【解析】 综合考查城市供水工程规划量的预测的特征理解。配水管网的设计流量应该按城市最高日最高时用水量计算；水资源供需平衡一般采用年用水量；城市供水设施应按最高日用水量配置。城市水资源越大，保证率越低；保证率越高，水资源越小。选项 C 符合题意。

2012-027. 下列关于城市排水系统规划内容的表述，哪项是错误的? ( )

A. 重要地区雨水管道设计宜采用 0.5~1 年一遇重现期标准

B. 道路路面的径流系数高于绿地径流系数

C. 为减少投资，应将地势较高区域和地势低洼区划在不同的雨水分区

D. 在水环境保护方面，截流式合流制与分流制各有利弊

【答案】A

【解析】选项 ABC 考查雨水排放的排水分区划分及水力计算的特征理解。根据《城乡排水工程项目规范》GB 55027—2022，中心城区的重要地区雨水管渠设计重现期，在中等城市和小城市为 3～5 年，在超大城市、特大城市和大城市为 5～10 年，选项 A 错误。影响径流系数的因素有地面渗水性、植物和洼地的截流量、集流时间和暴雨雨型等，道路路面的径流系数高于绿地径流系数，选项 B 正确。雨水排水分区原则讲究高水高排，低水低排，避免将地势较高、易于排水的地段与低洼区划分在同一排水分区，选项 C 正确。选项 D 考查合流制和分流制优缺点比对，在环境影响方面，合流制与分流制各有利弊，选项 D 正确。

2012-028. 下列哪项负荷预测方法适合应用在城市电力详细规划阶段？（   ）

    A. 人均综合用电量指标法   B. 单位建设用地负荷指标法

    C. 单位建筑面积负荷指标法   D. 电力弹性系数法

【答案】C

【解析】考查负荷预测的类型记忆。城市电力总体规划阶段的负荷预测，宜选用电力弹性系数法、回归分析法、增长率法、人均用电指标法、横向比较法、负荷密度法以及单耗法等。城市电力详细规划阶段的负荷预测方法选用原则为：①一般负荷宜选用单位建筑面积负荷指标法等；②点负荷宜选用单耗法，或由有关专业部门、设计单位提供负荷、电量资料。选项 C 符合题意。

2012-029. 下列关于城市燃气规划的表述，哪项是错误的？（   ）

    A. 液化石油气储备站应远离集中居民区

    B. 特大城市燃气管网应采取一级管网系统

    C. 城市气源应尽可能选择多种气源

    D. 燃气调压站应尽量布置在负荷中心

【答案】B

【解析】综合考查气源选择和输配系统规划的特征理解。特大城市需要多压力级制的管网，而一级压力级制不适用于特大城市，因此选项 B 错误。

2012-030. 下列关于城市环卫设施的表述，哪项是正确的？（   ）

    A. 生活垃圾填埋场应远离污水处理厂，以避免对周边环境双重影响

    B. 生活垃圾堆肥场应与填埋或焚烧工艺相结合，便于垃圾综合处理

    C. 生活垃圾填埋场距大中城市规划建成区至少 1km

    D. 建筑垃圾可以与工业固体废物混合储运、堆放

【答案】B

【解析】综合考查生活垃圾填埋场、生活垃圾堆肥场的特征理解和数字记忆，以及城市固体废物处理方式的特征理解。生活垃圾填埋场不得在水源保护区内建设，但可以靠近污水处理厂，便于综合处理垃圾渗滤液堆肥，选项 A 错误。堆肥只是减少体积，转变为稳定的有机质，但最终的处理方式是填埋或者焚烧，选项 B 正确。生活垃圾填埋场距大、中城市规划建成区应大于 5km，选项 C 错误。部分建筑垃圾可采用自然堆存的处理方式，但工业固体废物具有巨大的资源潜力，应该作为二次资源综合利用，选项 D 错误。

2012-031. 下列关于城市通信工程规划内容的表述，哪项是错误的？（　　）

  A. 邮政通信枢纽优先考虑在客运火车站附近选址

  B. 电信局所优先考虑与变电站等设施合建以便于集约利用土地

  C. 无线电收、发信区一般选择在大城市两侧的远郊区

  D. 通信管道集中建设、集约使用是目前国内外通信行业发展的主流

  【答案】B

  【解析】考查电信局所规划的特征理解。电信局应避开变电站和电力线路，以避免强电对弱电的干扰，选项B错误。

2012-032. 下列哪项属于城市黄线？（　　）

  A. 城市排洪沟与截洪沟控制线   B. 城市河湖水体控制线

  C. 历史文化街区的保护范围线   D. 城市河湖两侧绿化带控制线

  【答案】A

  【解析】考查城市黄线的特征理解。城市防洪排涝设施主要有防洪堤、截洪沟、排涝泵站等，是城市重要的基础设施，防洪堤墙、排洪沟与截洪沟、防洪闸等城市防洪设施应纳入城市黄线，按城市黄线管理办法进行控制和管理，因此选项A符合题意。

2012-033. 当工程管线交叉时，应根据（　　）的高程确定交叉点的高程。

  A. 电力管线   B. 热力管线   C. 排水管线   D. 供水管线

  【答案】C

  【解析】考查工程管线综合布置设计原则的特征理解。根据《城市工程管线综合规划规范》GB 50838—2015中2.2.12条：工程管线交叉点的高程应根据排水管线的高程确定，选项C正确。

2012-034. 下列关于城市用地竖向规划的表述，哪项是错误的？（　　）

  A. 划分并确定台地的高度、宽度、长度是山区竖线规划的关键

  B. 台地的长边宜平行于等高线布置

  C. 地面自然坡度小于5％时一般规划为台地式

  D. 丘陵地随起伏规划成平坡与台地相间的混合式

  【答案】C

  【解析】合理划分台地，确定台地的高度、宽度、长度是山区竖向规划的关键，选项A正确；在竖向台地划分中，台地的长边宜平行等高线布置，减少土方量，选项B正确。用地自然坡度小于5％时，宜规划为平坡式；用地自然坡度大于8％时，宜规划为台阶式，因此选项C错误。丘陵地介于平原与山区之间，宜结合地形规划为平坡与台地相间的混合式，选项D正确。

2012-035. 下列哪项属于总体规划阶段防灾规划的内容？（　　）

  A. 确定防洪标准   B. 确定截洪沟纵坡

  C. 确定防洪堤横断面   D. 确定排涝泵所占位置和用地

  【答案】A

【解析】考查城市防灾规划的主要内容的特征理解。总体规划阶段，防洪规划的主要内容是：①确定防洪和抗震设防标准；②提出防洪对策措施；③布局防灾设施；④提出防灾设施规划建设标准。选项 A 符合题意。

2012-036. 在城市消防规划中，下列哪项不属于消防安全布局的内容？（　　）

    A. 划分消防区责任   B. 布置危险化学物品储存设施

    C. 布置避难场地   D. 规划新建建筑耐火等级

【答案】A

【解析】考查消防安全布局的特征理解。消防安全布局涉及危险化学物品生产、储存设施布局，危险化学物品运输，建筑物耐火等级，避难场地规划等，目的是通过合理的城市布局和设施建设，降低火灾风险，减少火灾损失。选项 A 符合题意。

2012-037. 根据现行《防洪标准》GB 50201—2014，如果一个城市分为几个独立的防护分区，各防护分区的防洪标准应（　　）。

    A. 按照各分区人口密度确定   B. 按照人口规模最大的分区确定

    C. 按照各分区平均人口规模确定   D. 按照各分区相应人口规模确定

【答案】D

【解析】考查防洪排涝标准的特征理解。应当注意的是，如果城市分为几个独立的防护分区，应根据各防护分区的重要程度和人口规模确定防洪标准。因此选项 D 符合题意。

2012-038. 下列哪项对策措施不属于防洪安全布局的内容？（　　）

    A. 合理选择城市建设用地

    B. 城市重要功能区布置在洪水风险相对较小的地段

    C. 预留足够的行洪通道

    D. 建设高标准的防洪工程

【答案】D

【解析】考查防洪排涝措施的特征理解。防洪安全布局，是指在城市规划中，根据不同地段洪涝灾害的风险差异，通过合理的城市建设用地选择和用地布局来提高城市防洪排涝安全度，其综合效益往往不亚于工程措施。防洪安全布局的基本原则是：①城市建设用地应避开洪涝、泥石流灾害高风险区。②城市建设用地应根据洪涝风险差异，合理布局。城市建设用地类型多样，不同用地的重要性、人员聚集程度不同，受灾后的损失和影响程度也不同。通过合理的用地布局，将城市中心区、居住区、重要的工业仓储区、重要的基础设施和公共设施布置在洪涝风险相对较小的地段，而将生态湿地、公园绿地、广场、运动场等重要设施，以及便于人员疏散的用地布置在洪涝风险相对较高的地段，既能够减少灾害损失，也体现了尊重自然规律的现代治水新理念，必须在城市用地布局中进行高度重视。③在城市建设中，应当根据防洪排涝需要，为行洪和雨水调蓄留出足够的用地。建设高标准的防洪工程属于工程措施，而不属于城市规划安全布局的内容。由以上分析可知，选项 D 符合题意。

2012-039. 下列哪项不能作为紧急避难场地？（　　）

    A. 小区绿地   B. 学校操场

C. 高架桥下   D. 体育场

【答案】C

【解析】考查抗震防灾规划措施的特征理解。适宜用作防灾避难疏散的场地为：具有安全保障，不会发生次生灾害的广场、运动场、公园、绿地等开放空间。而高架桥下明显具有二次灾害发生的危险，因此选项 C 符合题意。

2012-040. 下列哪类用地最有利于抗震?(　　)

A. 古河道   B. 沙土液化区

C. 风化层比较薄弱   D. 填土厚度较大的填方区

【答案】C

【解析】考查抗震防灾规划措施的特征理解。①对抗震有利的地段包括：坚硬土或开阔、平坦、密实、均匀的中硬土。②地震危险地段包括：地震时可能发生滑坡、崩塌、地陷、地裂、泥石流的地段；活动型断裂带附近，地震时可能发生地表错位的部位。③对地震不利的地段包括：软弱土、液化土、河岸和边坡边缘；平面上成因、岩性、状态明显不均匀的土层，如古河道、断层破碎带、暗埋的湖塘沟谷、填方较厚的地基等。

2012-041. 位于抗震设防区的城市可能发生严重次生灾害的建设工程，应根据(　　)确定设防标准。

A. 建设场地地质条件

B. 未来 50～100 年可能发生的最大地震震级

C. 次生灾害的类型

D. 地震安全评价结果

【答案】D

【解析】考查抗震设防标准的特征理解。《防震减灾法》第三十五条：新建、扩建、改建建设工程，应当达到抗震设防要求。重大建设工程和可能发生严重次生灾害的建设工程，应当按照国务院有关规定进行地震安全性评价，并按照经审定的安全性评价报告所确定的抗震设防要求进行抗震设防，因而选项 D 正确。

2012-042. WWW 页面所采用的超文本标记语言 HTML 中，超文本主要是指(　　)。

A. 功能强大的文本   B. 带有超链接的文本

C. 能够支持各种格式的文本   D. 能够支持嵌入图像的文本

【答案】B

【解析】考查互联网技术的特征理解。HTML，超文本标记语言，是一种专门用于创建 Web 超文本文档的编程语言，它能告诉 Web 浏览程序如何显示 Web 文档（即网页）的信息，如何链接各种信息。使用 HTML 语言可以在其生成的文档中含有其他文档，或者含有图像、声音、视频等，从而形成超文本。超文本文档本身并不真正含有其他的文档，它仅仅含有指向这些文档的指针，这些指针就是超链接。因此 B 选项符合题意。

2012-043. 为了描述城市土地利用的情况，可以采用的空间数据方式为(　　)。

A. 离散点   B. 等值线   C. 三角网   D. 多边形

【答案】D

【解析】考查空间数据和属性数据的特征理解。空间数据对地理实体最基本的表示方法是点、线、面和三维体。所谓点是指该事物有确切的位置,但大小、长度可以忽略不计,如客户分布、环保监测站、交通分析用的道路交叉口;所谓线是指该事物的面积可以忽略不计,但长度、走向很重要,如街道、地下管线;所谓面是指该事物具有封闭的边界、确定的面积,一般为不规则的多边形,如行政区域、房屋基底、规划地块。而城市土地利用情况是用面来表示空间数据的。由以上分析可知D选项符合题意。

2012-044. 遥感影像获取过程中的大气窗口是指(   )。

A. 时间窗口　　　　B. 空间窗口　　　　C. 波长窗口　　　　D. 温度窗口

【答案】C

【解析】考查遥感影像的获取的特征理解。由于大气对电磁波具有吸收、散射、反射的作用,影响到传感器对地物观察的透明度,因此应根据应用的要求,选择合适的电磁波波长范围,减轻大气的干扰,这种经选择的波长范围称为"大气窗口"。

2012-045. 当城市用配备GPS的出租车获取城市实时路况时,其所获取数据存在的主要质量问题是(   )。

A. 位置精度,因为GPS定位不准确

B. 完整性,因为出租车反映的路况并不全面

C. 属性精度,因为无法获取每辆出租车的属性

D. 时间精度,因为时间记录存在误差

【答案】B

【解析】考查数据质量问题的特征理解。因为出租车不能把所有的路段都跑到,所以出租车反映的路况并不全面,容易造成所获取的数据存在问题或质量误差。出租车的位置精度、车辆属性及时间精度都是实时精确数据,不存在精度误差或质量问题。

2012-046. 为了定量分析采取某项措施对于减少城市污染的效果,所开发的系统属于(   )。

A. 事务管理系统　　　　　　　　B. 管理信息系统

C. 决策支持系统　　　　　　　　D. 专家系统

【答案】A

【解析】考查常见信息系统的特征理解和概念对比。决策支持系统能从管理信息系统中获得信息,帮助管理者制定好的决策;事务处理系统主要用以支持操作人员日常活动;管理信息系统主要组织中的事务处理系统,并提供了内部综合形势的数据;人工智能系统主用于专家系统,是模仿人工决策的基于计算机的信息系统,故选项A符合题意。

2012-047. 在制图输入中,下列哪项不是必须的输出要素(   )。

A. 比例尺　　　　B. 指北针　　　　C. 图例　　　　D. 统计图表

【答案】D

【解析】考查地理信息的分析的特征理解。图纸输出主要是书面化,包括解析整个图纸的必需元素,如比例尺、指北针、图例等;也可添上标题、说明、统计报表、文字标记、图框、辅助线和背景图案等打印成正式图纸。统计图表不属于输出要素。

2012-048. 与 CAD 软件相比，GIS 所具有的主要优势是( )。

    A. 能提高图形编辑修改的效率   B. 实现图形属性的一体化管理

    C. 便于资料保存   D. 成果表达更为直观丰富

【答案】B

【解析】考查信息技术综合应用的优势的特征理解。虽然 CAD 也用于地图绘制，但在专题地图的表达上，GIS 比一般的 CAD 灵活性大，可以将不同的数据源产生的图形和文本信息更好地结合在一起，实现图形属性的一体化管理，并且通过一种良好的用户界面提供给业务人员，所以选项 B 是正确的。

2012-049. 为了提高城市路面车辆分布状况的分析精度，应采用下列哪种遥感影像数据? ( )

    A. LandsatTM   B. NOAA 气象卫星数据

    C. 中巴资源卫星影像   D. 高分辨率航片数据

【答案】D

【解析】考查常用遥感图像的特征理解。中国与巴西合作的 CBERS-1 和 CBERS-2 分别于 1999 年和 2003 年发射成功，除带有 19.5m 的中分辨率多光谱 CCD 相机外，还首次搭载了一台自主研制的高分辨率 HR 相机，地面分辨率高达 2.36m；NOAA 气象卫星主要用于进行宏观计算，分辨率在 1km 以上；LandsatTM 的分辨率在 30m×30m 左右；高空分辨率卫星的全色分辨率均达到 1.0m 以下级别，美国 GeoEye 的全色分辨率达到 0.41m。综上可知，分析精度最高的为选项 D。

2012-050. 下列哪两者之间的经济关系属于公共经济关系? ( )

    A. 政府与企业   B. 企业与企业   C. 企业与个人   D. 个人与个人

【答案】A

【解析】考查城市经济学研究的三种经济关系的特征理解。公共经济关系是指政府与社会之间的经济关系。因此 A 选项正确。

2012-051. 根据城市经济学的原理，造成城市均衡规模大于最佳规模的原因是( )。

    A. 集聚效应   B. 分散效应   C. 边际效应   D. 外部效应

【答案】D

【解析】考查城市规模与最佳规模的特征理解。边际成本与边际收益相等的点对应的城市规模为 N_1，是最佳城市规模；而平均成本与平均收益相等的点对应的城市规模为 N_2，是城市的均衡规模。城市的规模不会在最佳规模上稳定下来，因为过了 N_1 规模之后，平均收益仍然高于平均成本，就还会有企业或个人愿意迁入进来，直到达到 N_2 的规模。而过了 N_2 规模之后，再进来的企业或个人负担的平均成本高于其得到的平均收益，经济上是不合算的，就不会有人愿意进来了，城市规模也就稳定下来了。由此可见，城市的均衡规模是大于最佳规模的。造成两个规模不相等的重要原因之一是城市中有大量的外部效应存在。因此 D 选项符合题意。

2012-052. 根据城市经济学增长理论，建设用地增长率与( )成正比。

A. 资本增长率　　　B. 资本密度　　　C. 资本产出比　　　D. 资本丰裕度

【答案】A

【解析】考查替代效应与土地利用强度的特征理解。城市经济学中用"资本密度"来代替容积率，定义为单位土地面积上的资本投入量。资本密度越高，表现为建筑的高度越高。城市中心区寸土寸金，因此就有大量的摩天大楼。对于整个城市的建设用地来说，其增长率就与资本的增长率有了下面的关系：建设用地增长率＝资本增长率÷资本密度。因此 A 选项符合题意。

2012-053. 根据城市经济学的定价曲线，下列哪种情况会导致城市中心区地价和郊区地价发生逆向变化？（　　　）

A. 人口增长　　　B. 投资增长　　　C. 产出增长　　　D. 收入增长

【答案】D

【解析】考查竞标租金与价格空间变化的特征理解。根据房价曲线我们知道，离中心区越远，房价越低，所以出于对大房子的需要使得人们向外迁移，而收入的增长也使得人们可以支付由于外迁带来的通勤交通成本的上升。这样的行为就导致了接近中心区房价的下降和外围地区房价的上升，即价格曲线发生了扭转。选项 D 符合题意。

2012-054. 下列哪项不属于城市规划的功能？（　　　）

A. 保护社会的长远利益　　　　　B. 安排基础设施用地
C. 减小市场的外部效应　　　　　D. 维护市场的运行秩序

【答案】D

【解析】考查城市土地制度的特征理解。城市规划是处理城市及其邻近区域的工程建设、经济、社会、土地利用布局以及对未来发展预测的学科，保证社会长远利益，A 选项正确；针对各类用地的布局，城市规划在技术上主要是让用地之间彼此会产生外部负效应的产业尽量分开，彼此之间有外部正效应的尽量集中，从而使整个城市规划用地结构合理，BC 选项正确；维护市场秩序是政府经济管理手段，不属于城市规划的功能，D 选项错误。

2012-055. 根据城市经济的替代原理，城市土地利用强度与下列哪项因素无关？（　　　）

A. 区位条件　　　B. 贷款利率　　　C. 环境质量　　　D. 交通设施

【答案】B

【解析】考查替代效应与土地利用强度的特征理解。从中心区向外，人口密度、建筑高度是下降的，而家庭住房面积是增加的，也就是土地利用强度从中心区向外递减。中心区的土地利用强度应交由市场决定，而交通条件决定了土地价格，从而决定土地利用强度。容积率一定程度上体现了土地的利用强度。与容积率有关系的有总人口容量、地块的用地性质、地块的区位、地块的基础设施条件、地块的空间环境条件、地块的出让价格。贷款利率属于全国统一性规定，与土地利用强度没有关系。因此选项 B 符合题意。

2012-056. 下列权属中，在中国土地一级市场上交易的是（　　　）。

A. 土地所有权　　　B. 土地使用权　　　C. 土地开放权　　　D. 土地收益权

【答案】B

【解析】考查城市土地制度的特征理解。土地一级市场交易的是土地使用权。

2012-057. 某城市为了缓解地铁的拥挤，提高出行高峰时段的票价，下列哪种情况会影响这一措施的效果？（　　）

    A. 需求弹性大　　　B. 需求弹性小　　　C. 供给弹性大　　　D. 供给弹性小

【答案】B

【解析】考查城市交通供求的时间不均衡及其调控的特征理解。提高高峰时段的票价，本质是利用价格杠杆来调节乘车人数，但因为上班需求是刚需，弹性小，因此措施效果不好。由于大部分人的上班时间具有刚性，所以需求曲线的弹性较小，靠价格调整到供求完全平衡是困难的。

2012-058. 征收城市交通拥堵税（费）依据的原理是（　　）。

    A. 让驾车者承担边际成本　　　　　　B. 让驾车者承担平均成本

    C. 让社会承担边际成本　　　　　　　D. 让社会承担平均成本

【答案】A

【解析】考查城市交通个人成本与社会成本的错位的特征理解。根据交通拥堵的成本分析图可知，当驾车者支付的是平均成本时，需求曲线与平均成本曲线的交点就是均衡点，它决定了均衡流量 Q_1，即道路中实际存在的流量。由于 Q_1 大于 Q_0，所以这时存在交通拥堵。如果由驾车者个人来承担边际成本，均衡点就会移到需求曲线与边际成本曲线相交的点，均衡流量就会下降到 Q_2，意味着拥堵状况会缓和一些。

2012-059. 在时间和货币可以相互替代的情况下，下列哪项措施有利于出行者实现各自的效用最大化？（　　）

    A. 扩大公共交通供给规模　　　　　　B. 提供多种交通方式

    C. 对拥堵路段收费　　　　　　　　　D. 对驾车者征收汽油税

【答案】B

【解析】考查城市交通效率提高途径的特征理解。效用最大化可以通过货币和时间的相互替代来实现，不同的交通方式需要人们支付的时间成本和货币成本也是不同的，所以为了保证出行者实现各自的效用最大化可以提供多种交通方式。因此选项B符合题意。

2012-060. 下列税收中，可以避免社会福利"无谓损失"的是（　　）。

    A. 消费税　　　　　B. 增值税　　　　　C. 土地税　　　　　D. 房产税

【答案】C

【解析】考查税收效率与土地税的特征理解。学者们发现，对土地征税可以避免"无谓损失"，因为土地是一种自然生成物，不能通过人类的劳动生产出来，所以其总量是给定不变的，称为供给无弹性。对于城市来说，当行政边界划定了之后，其土地总量就给定了，不管地价发生什么样的变化，其总供给量都不会变。因此C选项符合题意。

2012-061. 下列哪种情况下"用脚投票"会提高资源利用效率？（　　）

    A. 消费者偏好差异大　　　　　　　　B. 公共品具有规模经济

    C. 政府征收累进税　　　　　　　　　D. 公共服务溢出效应大

【答案】A

【解析】考查"用脚投票"的类型记忆。"用脚投票"可以实现比"用手投票"更高的经济效率。也就是说，如果我们有很多个地方政府，每个地方政府都提供各具特色的公共品，这样给那些对公共品具有不同需求的居民选择的可能，我们就可以提高公共品供给中的经济效率。这就像是形成了一个产品有差异的市场一样，消费者可以根据自己的偏好来选择购买哪一家的产品。当消费者偏好差异较大时，"用脚投票"可以提高资源的利用效率。由以上分析知，A 选项符合题意。

2012-062. 下列关于城市化的表述哪项是错误的？（　　　）

A. 城市化就是工业化

B. 城市化水平与经济发展水平之间有关系密切

C. 发展中国家逐渐成为世界城市化的主体

D. 流动人口已成为中国城镇人口增长的主体

【答案】A

【解析】考查当代世界城镇化特点的特征理解。工业化和城市化是同一个发展过程的两个不同侧面，从产业角度看就是工业化，从地域空间的角度看就是城市化，显然，城市化不等同于工业化，选项 A 错误。城市化水平与经济发展水平之间具有正相关性，罗瑟姆进一步发现二者之间不是简单的正相关关系，而是成对数相关关系；当代城镇化进程中，发展中国家逐渐成为城镇化的主体；而在我国，流动人口中有 1.24 亿在城镇，已经成为我国城镇人口增长的主体，选项 BCD 正确。

2012-063. 在研究贫穷问题时，一些研究者企图制定一个比较固定的标尺以衡量贫穷，这就是所谓（　　　）。

A. 失业率　　　　　　　　B. 基本生活保障

C. 贫穷线　　　　　　　　D. 救济金

【答案】C

【解析】考查人口就业、贫穷问题的特征理解。资本主义国家的学者，自 19 世纪开始，对贫穷进行了比较认真、严谨的调查研究。一些研究者企图制定一个比较固定的标尺以衡量贫穷，这就是所谓的"贫穷线"。在这条线之下，就属于贫穷；在这条线之上，就不属于贫穷。因而选项 C 正确。

2012-064. 下列哪项不符合克里斯泰勒的中心地理论？（　　　）

A. 中心地具有不同等级

B. 不同等级的中心地职能具有不同的市场区

C. 中心地与市场区之间是核心区与边缘区的关系

D. 中心地之间构成一个等级体系

【答案】C

【解析】考查中心地理论的特征理解。克里斯泰勒的中心理论是在理想地表上的聚落分布模式，各级供应点必须达到最低数量以使商人的利润最大化；一个地区的所有人口都应得到每一种货物的提供或服务。衡量中心地重要性，确定其等级的指标是中心度。显然，选项 C 不属于中心地理论而属于核心边缘理论。

2012-065. 下列关于城市首位度的表述，哪项是正确的？（　　　）

A. 首位城市人口占区域总人口的比例

B. 首位城市人口占城市总人口的比例

C. 首位城市人口与第二位城市人口的比例

D. 首位城市人口的年均增长速度

【答案】C

【解析】考查城市规模等级体系的特征理解。一国最大城市与第二位城市人口的比值，即首位度，已成为衡量城市规模分布状况的一种常用指标，首位度大的城市规模分布，就叫首位分布，选项C正确。

2012-066. 下列关于当代中国城市化的表述，哪项是错误的？（　　　）

A. 当代中国城市化进程波动大　　　　B. 城市化动力机制由一元转变为多元

C. 城市规模结构变化明显　　　　　　D. 城市化水平的省际差异不大

【答案】D

【解析】考查当代世界城镇化特点的特征理解。当代中国城市化程度出现了地域差异，东部沿海城市发展迅速，而西部偏远地区发展缓慢，省际差异大，选项D错误。

2012-067. 下列关于城镇体系的表述，哪项是错误的？（　　　）

A. 城镇体系把一座城市当作一个区域系统来研究

B. 城镇体系以一个区域内的城镇群体为研究对象

C. 城镇体系具有整体性

D. 城镇体系具有层次性

【答案】A

【解析】考查城镇体系基本概念的特征理解。城镇体系也称为城市体系或城市系统，指的是在一个相对完整的区域或国家中，由不同职能分工，不同等级规模、联系密切、互相依存的城镇的集合。城镇体系以一个区域内的城镇群体为研究对象，而不是把一座城市当作一个区域系统来研究，选项B正确，选项A错误。

2012-068. 下列关于城镇边缘区的表述，哪项是错误的？（　　　）

A. 城市景观向乡村景观转化的过渡地带

B. 城市建设区外围变化相对迟缓的地区

C. 城区和郊区交错分布的接触地带

D. 城市和农村的接合部

【答案】B

【解析】考查当代世界城镇化特点的特征理解。显然城市建设区外围变化相对迟缓的地区不一定是城镇边缘区，比如城市呈多极点开发，但是在极点中间形成的城中村已经属于城市区域甚至是城市的中心区，选项B错误。

2012-069. 下列哪项不属于城镇体系规划的基本内容？（　　　）

A. 城镇综合承载能力　　　　　　　　B. 城镇规模等级

C. 城镇职能分工　　　　　　　　　　D. 城镇空间组织

【答案】A

【解析】考查城镇体系规划的基本内容的类型记忆，选项BCD包含在城镇体系规划的基本内容中，故此题选A。

2012-070. 下列有关城市规划公众参与的表述，哪项是错误的？（　　）

A. 公众参与有利于实现城市空间利益公平

B. 公众参与促进城市规划的社会化

C. 公众参与不是城市规划的法定程序

D. 公众参与体现了协调解决问题的思路

【答案】C

【解析】考查城市规划的公众参与的特征理解。城市规划公众参与的作用：公众参与使城市规划有效应对利益主体的多元化；公众参与能够有效体现城市规划的民主化和法制化；公众参与将导致城市规划的社会化；公众参与可以保障城市空间实现利益的最大化。在现代城市规划法律法规体系下，公众参与是法定程序中不可缺少的一个环节。选项C符合题意。

2012-071. 社区自治的主体是？（　　）

A. 居民　　　　B. 居民委员会　　　C. 物业管理机构　　　D. 业主委员会

【答案】A

【解析】考查社区自治的特征理解。社区自治的主体是居民，因而选项A正确。

2012-072. 下列有关社区的表述，哪项是错误的？（　　）

A. "社区"与"邻里"是既有区别又有联系的两个概念

B. 地区、共同纽带、社会责任感是构成社区最重要的三个要素

C. 精英论和多元论是西方城市社区权力研究学者的两大阵营

D. 社区居民自治形式是中国城市社区组织管理体制的重大创新

【答案】B

【解析】考查社区的概念、特征、权力和归属感的特征理解。社区的概念可以概括为：存在于以相互依赖为基础的具有一定程度社会内聚力的地区，指代与社会组织特定方面有关的内部相关条件的集合。它具有三大构成要素，即地区、共同纽带和社会互动。因此B选项的社会责任感是错误的。

2012-073. 下列哪项不是伯吉斯同心圆模型的特征？（　　）

A. 模型呈现环带分布特征

B. 通勤地带位于城市外围

C. 过渡地带有黑社会寄宿者

D. "独立的工人居住地带"精神疾病比例最高

【答案】D

【解析】考查伯吉斯同心圆模型的特征理解。环带Ⅱ是离中央商务区最近的过渡地带，这里的居民差别较大，既有老居民，也有第一代迁居户，既有游民也有罪犯，这里的犯罪率及精神疾病比例全市最高，拥有较多的流动人口是本区的特征。当人们经济富裕时，他们倾向于向环带Ⅲ迁移，而留下那些年老的、孤立无助的人在此居住。环带Ⅲ是独立的工

人居住地带，环带Ⅱ才是精神疾病比例最高的，选项D符合题意。

2012-074. 下列有关流动人口的人口学特征表述，哪项是错误的？（   ）
   A. 各行业的流动人口总是男性多于女性
   B. 流动人口的年龄结构总体上以青壮年为主
   C. 与常住户籍人口相比，流动人口的刑事犯罪率相对较高
   D. 流动人口会增加流入城市计划生育管理的难度
   【答案】A
   【解析】考查流动人口问题的特征理解。从性别特点上看，流动人口总体上以男性为主，因而性别比较高，但是在不同的行业中有不同的表现，在个别行业中女性数量可能还多于男性。从长期发展趋势来看，女性的流动人口在逐渐增多。因此选项A符合题意。

2012-075. 下列哪项不是衡量一个城市老龄化程度的指标？（   ）
   A. 老龄化人口比重   B. 年龄中位数
   C. 老龄人口的健康状况   D. 少年儿童比重
   【答案】C
   【解析】考查人口年龄结构的类型记忆。衡量人口老龄化程度或人口老化程度的指标很多，较常用的包括：老龄化人口比重、高龄人口比重、老少比、少年儿童比重、年龄中位数、少年儿童抚养比和老年人口抚养比，选项C符合题意。

2012-076. 下列有关"问卷调查"方法的表述，哪项是正确的？（   ）
   A. 由于着重的是群体统计特征，对被调查者个人的属性一般不予调查
   B. 在调查过程中，可以根据需要调整问卷内容
   C. 有些问题可以采用填空式方法进行开放式调查
   D. 问卷的"有效率"是指回收来的问卷数量占总发放问卷数量的比重
   【答案】C
   【解析】考查问卷调查方法的特征理解。对少数问题，也可以采取填空式方法进行调查，即所谓的开放式调查。调查者的属性决定群体的统计特征，必须给予登记，而一旦调查开始，则不得调整问卷的内容，因为若一个调查采用两种问卷，会给统计带来困难。问卷的有效率是指有效问卷数占回收问卷数的比例。因此C选项符合题意。

2012-077. 下列有关城市社会学与城市规划关系的表述，哪项是错误的？（   ）
   A. 城市社会学与城市规划都以"城市"作为研究对象
   B. 城市社会学比城市规划更关注城市空间形态
   C. 城市社会学的理论可以丰富规划师的思路和理念
   D. 城市社会学与城市规划都关注最新的社会现象和社会问题
   【答案】B
   【解析】考查城市社会学与城市规划的关系的特征理解。城市规划与城市社会学关系密切，主要表现在以下几个方面：①城市规划与城市社会学的研究对象和研究载体有共同性，都是城市，这样势必导致一些城市现象和问题成为两个学科共同关注的问题。②每一个时代的每一个阶段都会有新的社会问题出现，一个合格的城市规划必须反映出这些新的

社会问题及其空间表现，并在规划中提出适宜的解决方案。规划师要有"规划当随时代"的意识，因此，规划师有必要了解一些城市社会学的基本原理和分析方法并在规划中加以运用，及时地关注新的社会问题。③在城市规划实践中，"理念"非常重要，如果没有一定的理念、思想和分析思路，一个规划就缺乏"灵魂"。城市社会学经过百年发展，产生了很多的理论和学派，这些理论在当时都是最先进的理念，即使在今天看来，对于扩展认识城市的角度也有好处，规划师适当地了解和掌握一些城市社会学的理论和基本知识，会丰富其规划思路。而城市社会学更加关注城市社会方面的问题，城市规划则从空间形态方面着手解决城市中的问题。因此选项 B 符合题意。

2012-078. 下列关于生态因子的表述，哪项是错误的？（　　　）

　　A. 是组成生境的因素　　　　　　　B. 影响生物的生长和发育

　　C. 影响生物的群落特征　　　　　　D. 由生产者、消费者构成

【答案】D

【解析】组成生境的因素称生态因子。生态因子影响动物、植物、微生物的生长、发育和分布，影响群落的特征。

2012-079. 下列关于生态系统的表述，哪项是错误的？（　　　）

　　A. 包括特定地段中的全部生物和物理环境

　　B. 边界都是模糊的

　　C. 基本功能由生物群落实现

　　D. 信息流双向运行

【答案】B

【解析】生态系统的边界有的是比较明确的，有的则是模糊的，其大小和空间范围通常根据人们的研究对象、研究内容、研究目的或地理条件等因素确定。因此选项 B 的边界模糊是错误的。

2012-080. 下列关于城市生态系统能量的表述，哪项是错误的？（　　　）

　　A. 来源包括非生物能源

　　B. 能量流动是自发的

　　C. 可以多级利用

　　D. 能量的产生和消费活动会造成环境污染

【答案】B

【解析】在能量流运行机制上，自然生产系统的能量流动是自发的，而城市生态系统的能量流动以人工为主，如一次能源转换成二次能源、有用能源等皆依靠人工。因此 B 选项符合题意。

二、多选题（每题五个选项，每题正确答案不少于两项，多选或漏选不得分）

2012-081. 下列关于厂区场地交通组织的表述，哪些是正确的(　　　)。

　　A. 应尽量避免将社会车辆导入厂区

　　B. 场地道路设计应结合地形

C. 场地出入口宜布置在城市主、次干道上

D. 主要物流与人流宜一线多用

E. 场地道路坡度较大时应设缓冲段

【答案】ABE

【解析】考查工业建筑交通组织的特征理解，选项 ABE 正确。场地出入口不宜布置在城市主、次干道，这样会影响城市主、次干道交通，选项 C 错误。"一线多用"是指物流与人流分开后的一线应该多用。比如物流线可以走物料、燃料、加工品运输等，而不是物流与人流合并一线的多用，因为这样会大大降低生产效率，容易造成生产事故，选项 D 错误。

2012-082. 场地设计一般有平坡式、台阶式和混合式，在选择这些类型时，哪些是主要的考虑因素？（　　）

A. 自然植被生长情况　　　　　　B. 建筑物的使用要求

C. 地下水位高低　　　　　　　　D. 场地面积大小

E. 土石方工程量的多少

【答案】BDE

【解析】考查竖向设计形式的特征理解。场地设计地面连接形式的选择，应综合考虑以下因素：自然地形的坡度大小、建筑物的使用要求及运输方式、场地面积大小、土石方工程量等，因此选项 BDE 符合题意。

2012-083. 下列关于色彩特征的表述，哪些选项是正确的？（　　）

A. 色彩的重量感以彩度的影响最大

B. 色彩的诱惑性主要受其明度的影响

C. 照亮高的地方，色彩的彩度将增强

D. 色彩的彩度愈强，就愈易使人疲劳

E. 一般冷色系的色彩，疲劳感较暖色的色彩小

【答案】BDE

【解析】考查色彩的基本知识的特征理解。色彩的重量感主要取决于明度和纯度，明度和纯度高的显得轻，如淡黄色、草青色。色彩的诱目性主要受其明度的影响。色彩的彩度越强，对人的刺激性越大，就越容易使人疲劳。暖色系的色彩疲劳感强于冷色系，如绿色在这方面就非常好，可以显著缓解压力，消除疲劳感。因此 BDE 选项符合题意。

2012-084. 下列关于内框架承重体系的特点，哪些是正确的？（　　）

A. 墙和柱都是主要承重构件　　　B. 结构容易产生不均匀变形

C. 施工工序搭接方便　　　　　　D. 房屋的刚度较差

E. 在使用上便于提供较大的空间

【答案】ABDE

【解析】考查砖混结构的特征理解。内框架承重体系的特点如下：①墙和柱都是主要承重构件，由于取消了承重内墙由柱代替，在使用上可以有较大的空间，而不增加梁的跨度。②在受力性能上有以下缺点：由于横墙较少，房屋的空间刚度较差；由于柱基础和墙

基础的形式不同，沉降量不一致，以及钢筋混凝土和砖墙的压缩性不同，结构容易产生不均匀变形，使构件中产生较大的内应力。③由于柱和墙的材料不同，施工方法不同，给施工工序的搭接带来一定麻烦。

2012-085. 下列哪些建筑保温材料是不燃材料？（　　）

    A. 岩棉　　　　　　　　　　　　B. 保温砂浆

    C. 合成高分子材料　　　　　　　D. 聚苯板

    E. 玻璃棉

【答案】ABE

【解析】考查建筑材料常识的代表记忆。岩棉产品均采用优质玄武岩、白云石等为主要原材料，经1450℃以上高温熔化后采用国际先进的四轴离心机高速离心成纤维，其不可燃。玻璃棉属玻璃类，是一种无机质纤维，不可燃。保温砂浆主要由混凝土组成，防火保温性能好，不可燃。高分子材料，包括塑料、橡胶、纤维、薄膜、胶黏剂和涂料等许多种类，其中塑料、合成橡胶和合成纤维被称为现代三大高分子材料，具有可燃性。聚苯板为有机物加工化合而成，是可燃材料。由以上分析可知，ABE选项符合题意。

2012-086. 根据我国《道路交通标志和标线》的规定，下列有关交通标识形状的表述，哪些是错误的？（　　）

    A. 指示标识为矩形　　　　　　　B. 禁令标识为圆形

    C. 警告标识为三角形　　　　　　D. 旅游区标识为菱形

    E. 道路施工标识为正方形

【答案】DE

【解析】考查道路交通标识的特征理解。我国交通标识的形状主要有三角形、倒三角形、圆形、正方形、长方形、菱形、五角箭头形和八角形8种，另有长方形的道路编号和六边形的里程牌。①警告标识为等边三角形；②禁令标识为圆形；③指示标识为圆形或矩形；④指路标识为矩形；⑤旅游区标识为方形或长方形；⑥道路施工安全标识为长方形；⑦辅助标识为矩形。

2012-087. 下列有关交叉口交通控制类型的表述，哪些是错误的？（　　）

    A. 主干路与次干路相交时，可采用多路停车

    B. 次干路与支路相交时，可不设管制

    C. 进入交叉口的交通量小于200PCU/h，可不设管制

    D. 进入交叉口的交通量大于300PCU/h，应设二路停车

    E. 入交叉口的交通量大于600PCU/h，应设多路停车

【答案】BDE

【解析】考查平交的交通控制的特征理解。根据控制类型的选择可知，次干路与支路相交时，采用二路停车或让路的形式。进入交叉口的交通量大于300PCU/h，应设置多路停车；大于600PCU/h，应设交通信号灯。因此BDE选项符合题意。

2012-088. 下列缓解城市中心区停车矛盾的措施，哪些是正确的？（　　）

    A. 设置地下停车库

B. 在中心区建立停车诱导系统

C. 结合公共交通枢纽设置停车设施

D. 在中心区附近的步行街或广场上设置机动车停车场

E. 提高中心区停车泊位的收费标准，以加快停车泊位的周转

【答案】ABCE

【解析】考查城市中心商业区停车问题的措施的类型记忆。为了缓解城市中心地段的交通压力，实现城市中心地段对机动车的交通管制，规划可以考虑在城市中心地段交通限制区边缘干路附近设置截流性的停车设施，可以结合公共交通换乘枢纽，形成包括小汽车停车功能在内的小汽车与中心地段内部交通工具的换乘设施。中心区附近的步行街或广场多为城市繁华地段，会吸引大量的人流及车流，为避免造成中心区的拥堵，应加大地下停车库的建设和设置停车诱导系统，引导车流；其次，增加中心区停车泊位收费标准、提高中心区停车库的周转率也是改善停车矛盾的良好措施。由以上分析可知，ABCE 选项符合题意。

2012-089. 下列哪些属于物流中心规划设计的主要内容？（　　　）

A. 物流中心的功能定位　　　　　　　B. 物流中心货物管理信息系统设计

C. 物流中心的内部交通组织　　　　　D. 物流中心的平面设计

E. 物流中心周边配套市政工程设计

【答案】ACD

【解析】考查城市交通枢纽设计的主要内容的类型记忆。物流中心规划设计的主要内容包括：①选址和功能定位；②规模的确定与运量预测；③平面设计与空间设计；④内部交通组织；⑤外部交通组织，此题选 ACD。

2012-090. 下列关于城市轨道交通线网形态的表述，哪些是错误的？（　　　）

A. 单点放射式　　　　　　　　　　　B. 多点放射式

C. 无环放射式　　　　　　　　　　　D. 有环放射式

E. 棋盘式

【答案】AB

【解析】考查线网形态的特征理解。城市轨道交通最基本的线网形态有网格式（又称"棋盘式"）、无环放射式和有环放射式三种。

2012-091. 根据《中华人民共和国城乡规划法》下列哪些是城市总体规划的强制性内容（　　　）。

A. 基础设施和公共服务设施用地　　　B. 水源地保护

C. 防灾减灾　　　　　　　　　　　　D. 环境保护

E. 功能分区

【答案】ABCD

【解析】考查其他热点的特征理解。《中华人民共和国城乡规划法》第十七条规定：规划区范围、规划区内建设用地规模、基础设施和公共服务设施用地、水源地和水系、基本农田和绿化用地、环境保护、自然与历史文化遗产保护以及防灾减灾等内容，应当作为城

市总体规划、镇总体规划的强制性内容。因此 ABCD 选项符合题意。

2012-092. 下列哪些项不属于可再生能源？（   ）

    A. 风能　　　　　　　　　　　　　B. 石油

    C. 沼气　　　　　　　　　　　　　D. 煤炭

    E. 核能

【答案】BDE

【解析】考查可再生能源和非再生能源的类型记忆。可再生能源包括太阳能、风能、水能、生物质能、海洋能、潮汐能、地热能等，其中沼气属于生物质能，排除选项 AC。非再生能源包括煤、原油、天然气、油页岩、核能等，此题选 BDE。

2012-093. 下列关于城市供电规划的表述，哪些是正确的？（   ）

    A. 变电站应接近负荷中心

    B. 市区内新建变电站应采用户外式

    C. 变电站可以与其他建筑物混合建设

    D. 电信线路、有线电视线路与供电线路通常应合杆架设

    E. 人均综合用电量指标法常用于城市详细规划阶段的负荷预测

【答案】AC

【解析】选项 ABC 考查变电站的特征理解。变电所（站）应接近负荷中心或网络中心。城市变电所（站）的结构形式选择原则为：①布设在市区边缘或郊区、县的变电所（站），可采用布置紧凑、占地较少的全户外式或半户外式结构；②市区内规划新建的变电所（站），宜采用户内式或半户外式结构；③市中心地区规划新建的变电所（站），宜采用户内式结构；④在大、中城市的超高层公共建筑群、中心商务区及繁华金融、商贸街区规划新建的变电所（站），宜采用小型户内式结构；⑤变电所（站）可与其他建筑物混合建设，或建设地下变电所（站）。选项 D 考查电力线路及电力电缆敷设与保护的特征理解。电信线路与供电线路通常不合杆架设。选项 E 考查负荷预测的特征理解。城市电力总体规划阶段负荷预测方法宜选用电力弹性系数法、回归分析法、增长率法、人均用电指标法、横向比较法、负荷密度法、单耗法等。城市电力详细规划阶段的负荷预测方法选用原则：①一般负荷宜选用单位建筑面积负荷指标法等；②点负荷宜选用单耗法，或由有关专业部门、设计单位提供负荷、电量资料。由以上几点分析可知，选项 AC 符合题意。

2012-094. 下列关于城市用地竖向工程规划设计方法，哪些表述是正确的？（   ）

    A. 高程箭头法中的箭头表示各类用地的排水方向

    B. 纵横断面法多用于地形变化不太复杂的丘陵地区

    C. 设计等高线法多用于地形比较复杂的地区

    D. 纵横断面法需在规划区平面图上根据需要的精度绘制方格网

    E. 高程箭头法工作量较小，易于变动与修改

【答案】ADE

【解析】考查城市用地竖向工程规划方法的特征理解。城市用地竖向工程规划的设计方法，一般采用高程箭头法、纵横断面法、设计等高线法等。①高程箭头法：根据竖向工

程规划原则，确定出区内各种建筑物、构筑物的地面标高，道路交叉点、变坡点的标高，以及区内地形控制点的标高，将这些点的标高标注在竖向工程规划图上，并以箭头表示各类用地的排水方向。高程箭头法的规划工作量较小，图纸制作快，易于变动与修改，为竖向规划的常用方法。②纵横断面法：在规划区平面图上根据需要的精度绘出方格网，然后在方格网的每一交点上注明原地面标高和设计地面标高。沿方格网长轴方向者称为纵断面，沿短轴方向者称为横断面。该法多用于地形比较复杂地区的规划。③设计等高线法：该法多用于地形变化不太复杂的丘陵地区的规划，能较完整地将任何一块规划用地或一条道路与原来的自然地貌做比较并反映填挖方情况，易于调整。

2012-095. 下列哪些不是地形和洪水水位变化较大的山地城市常用的防洪工程措施？（　　）

    A. 在上游建设具有防洪功能的水库　　　B. 在上游设置分滞洪区

    C. 沿江河干流修建堤防　　　D. 疏导城市周边山洪

    E. 在下游开辟分洪河道

【答案】CE

【解析】考查防洪排涝措施的特征理解。山区和丘陵地区的城市，地形和洪水位变化较大，防洪工程重点是河道整治和山洪防治，应加强河道护岸工程和进行山洪疏导，防止河岸坍塌和山洪对城市的危害。根据建设条件，在城市上游建设具有防洪功能的水库，对于削减洪峰流量、降低洪水位可发挥重要作用，也是常见的防洪工程措施。在地形变化较大且无法改变的河流地区，上游增设分滞洪区是常用方法，因此CE选项符合题意。

2012-096. 下列有关地震烈度的表述，哪些是正确的？（　　）

    A. 地震烈度是反映地震对地面和建筑物造成的破坏程度

    B. 我国地震区划图上标示的是地震基本烈度

    C. 地震基本烈度是按一定的风险水平确定

    D. 同一次地震，形成的地震烈度在空间上呈现差异

    E. 工程上采用的设防烈度必须大于基本烈度

【答案】ABD

【解析】考查地震强度与灾害形式、城市抗震设防标准的特征理解。地震震级是反映地震过程中释放能量大小的指标，释放能量越多，震级越高，强度越大。到目前为止，世界上记录到的最大地震震级为8.9级。地震烈度是反映地震对地面和建筑物造成破坏的指标，烈度越高，破坏力越大，选项A正确。地震烈度与地质条件、距震源的距离、震源深度等多种因素有关。同一次地震，主震震级只有一个，而烈度在空间上呈现明显差异，选项D正确。一般建设工程应按照基本烈度进行设防，选项E错误。重大建设工程和可能发生严重次生灾害的建设工程，必须进行地震安全性评价，并根据地震安全性评价结果确定抗震设防标准。地震烈度区划图采用了地震危险性分析的概率方法，并直接考虑了一般建设工程应遵循的防震标准，确定以50年超越概率10%的风险水准编制而成。

2012-097. 下列哪些是实施生态工程的目的？（　　）

    A. 促进资源合理利用与生态保护

B. 追求生态效益、社会效益和经济效益相协调

C. 体现人类对待自然的伦理关怀

D. 实现工业生产系统向人工生态系统的转变

E. 恢复被人类活动严重干扰的生态系统

【答案】ABCE

【解析】实施生态工程的目的：①恢复已经被人类活动严重干扰的生态系统，如环境污染、气候变化和土地退化；②利用生态系统自我维护的功能建立具有人类和生态价值的持久性生态系统，如居住系统、湿地污水处理系统；③通过维护生态系统的生命支持功能保护生态系统。分段生态工程是综合效益的，是经济效益、生态效益和社会效益相协调的综合效益，具有鲜明的伦理学特征，体现人类对自然的关怀而作出的精明选择。因此ABCE选项符合题意。

2012-098. 下列关于大气臭氧层的表述，哪些是正确的？（　　　　）

A. 臭氧层在地球空间中主要起保温作用

B. 臭氧层能阻挡太阳紫外线

C. 臭氧层破坏是当今影响全球的环境问题

D. 臭氧层破坏与汽车尾气排放有关

E. 臭氧层破坏将导致农作物减产

【答案】BCDE

【解析】臭氧的危害包括：①威胁包括人类在内的地球生命安全。大气臭氧层遭到严重破坏后，强大的紫外线不仅可长驱直射地球表面，而且还能穿透$2m$厚的冰层及水体，人类和其他生物将暴露在包括高能紫外线在内的各种辐射中，轻则损伤人体的免疫系统，诱发二十余种疾病，重则毁灭地球上的一切生物。②破坏生态系统。臭氧层被破坏，紫外线增加，将对自然生态系统的物种生存与繁衍造成危害，从而破坏生态系统；将破坏农业生态系统，导致农作物（特别是水稻、小麦等）减产，威胁人类食物安全。汽车中的有害气体氮氧化合物中的氮离子和臭氧层的氧离子产生化学反应造成臭氧层分解，从而导致臭氧层空洞现象。

2012-099. 下列哪些因素有利于光化学烟雾的形成（　　　　）。

A. 大气湿度相对较低　　　　　　　B. 阴天

C. 微风　　　　　　　　　　　　　D. 气温高于$32℃$

E. 近地逆温

【答案】ACE

【解析】光化学烟雾是一次污染物和二次污染物的混合物所形成的空气污染现象。它一般最易发生在大气相对湿度较低、微风、日照强、气温为$24\sim32℃$的夏季晴天，并有近地逆温的天气，光化学烟雾是一种循环过程，白天生成，傍晚消失。因此ACE选项符合题意。

2012-100. 下列关于城市垃圾综合整治的表述，哪些是正确的（　　　　）。

A. 主要目标是无害化、减量化和资源化

B. 垃圾综合利用包括分选、回收、转化三个过程

C. 卫生填埋需要解决垃圾渗滤液和生产沼气的问题

D. 生活垃圾卫生填埋必须进行分类

E. 垃圾焚烧不会生产新的污染

【答案】ABC

【解析】城市垃圾综合整治的主要目标是无害化、减量化和资源化。城市垃圾综合利用包括分选、回收、转化三个过程。卫生填埋存在两个问题，一是渗滤液渗漏问题，二是填埋地层中的废物经生物分解会产生大量气体（沼气）。垃圾焚烧是把有机物变成无机物，仍会产生新的污染物。焚烧垃圾需要垃圾有一定热值，必须进行一定分类，而填埋不必须分类。

第三节　2013年城乡规划相关知识考试真题

一、单选题（每题四个选项，其中一个选项为正确答案）

2013-001. 下列关于中国古代木构建筑的表述，哪项是错误的？（　　）

A. 木构架体系包括抬梁式、穿斗式、井干式三种形式

B. 木构架体系中承重的梁柱结构部分称为大木作

C. 斗栱由矩形的斗和升、方形的栱、斜的昂组成

D. 清代用"斗口"作为建筑的模数

【答案】C

【解析】考查木构架体系的类型记忆和时期变化，ABD正确。斗栱由方形的斗、升和矩形的栱、斜的昂组成，因而选项C错误。

2013-002. 下列关于中国古建空间度量单位的表述，哪项是错误的？（　　）

A. 平面布置以"间"和"步"为单位

B. 正面两柱间的水平距离称为"开间"

C. 屋架上的檩与檩中心线间的水平距离，称为"步"

D. 各开间宽度的总和称为"通进深"

【答案】D

【解析】考查平面布置以"间"和"步"为单位的概念对比。各开间宽度的总和称为"通面阔"，"通进深"应该是各步距离的总和或侧面各开间宽度的总和，因而选项D错误。

2013-003. 下列关于西方古代建筑风格特点的表述，哪项是错误的？（　　）

A. 古埃及建筑追求雄伟、庄严、神秘、震撼人心的艺术效果

B. 古希腊建筑风格特征为庄严、典雅、精致、有性格、有活力

C. 巴洛克建筑应用纤巧的装饰，具有妖媚柔靡的贵族气息

D. 古典主义建筑立面造型强调轴线对称和比例关系

【答案】C

【解析】综合考查不同时期的特征理解。巴洛克建筑的风格特征包括：①追求新奇；

②追求建筑形体和空间的动态；③喜好富丽的装饰；④趋向自然，选项 C 错误。应用纤巧的装饰，具有妖媚柔靡的贵族气息的是洛可可风格。

2013-004. 下列关于近现代西方建筑流派创作特征和建筑主张的表述，哪项是错误的？（   ）

　　A. 工艺美术运动热衷于手工艺效果与自然材料的美

　　B. 新艺术运动热衷于模仿自然界草木形态的曲线

　　C. 维也纳分离派主张结合传统和地域文化

　　D. 德意志制造联盟主张建筑和工业相结合

【答案】C

【解析】考查新建筑运动的特征理解，ABD 正确。维也纳分离派声称要和过去的传统决裂，选项 C 错误。

2013-005. 下列关于公共建筑人流疏散的表述，哪项是错误的？（   ）

　　A. 医院属于连续疏散人流　　　　　　B. 旅馆属于集中疏散人流

　　C. 剧院属于集中疏散人流　　　　　　D. 教学楼兼有集中和连续疏散人流

【答案】B

【解析】考查公共建筑流线组织的类型记忆和代表记忆。一般正常情况下的人流疏散，有连续的（如医院、商店、旅馆等）和集中的（如剧院、体育馆等），有的公共建筑则属于两者兼有（如学校教学楼、展览馆等），ACD 正确。旅馆属于连续疏散人流，因而选项 B 错误，此题选 B。

2013-006. 下列关于住宅无障碍设计做法的表述，哪项是错误的？（   ）

　　A. 建筑入口设台阶时，应设轮椅坡道和扶手

　　B. 旋转门一侧应设供残疾人使用的强力弹簧门

　　C. 轮椅通行的门净宽不应小于 0.80m

　　D. 轮椅通行的走道宽度不应小于 1.20m

【答案】B

【解析】考查住宅建筑设计要点的数字记忆和特征理解，ACD 正确。建筑入口的门不应采用力度大的弹簧门，在旋转门一侧应另设残疾人使用的门，选项 B 错误。

2013-007. 下列关于中型轻工业工厂一般道路运输系统设计技术要求的表述，哪项是错误的？（   ）

　　A. 主要运输道路的宽度为 7m 左右

　　B. 功能单元之间辅助道路的宽度为 3～4.5m

　　C. 行驶拖车的道路转弯半径为 9m

　　D. 交叉口视距大于等于 20m

【答案】C

【解析】考查工业建筑交通组织的数字记忆，ABD 正确。最小转弯半径：单车 9m；带拖车 12m，因而选项 C 错误，此题选 C。

2013-008. 下列关于旅馆建筑选址与布局原则的表述，哪项是错误的？（   ）

    A. 旅馆应方便与车站、码头、航空港等交通设施的联系

    B. 旅馆的基地应至少一面邻接城市道路

    C. 旅馆可以选址于自然保护区的核心区

    D. 旅馆应尽量考虑使用原有的市政设施

【答案】C

【解析】考查商业、办公服务类公共建筑场地选址要求的特征理解，ABD 正确。旅馆的选址中，位于历史文化名城、休养、疗养、观光、运动等旅馆应与风景区、海滨及周围的环境相协调，应符合国家和地方的有关管理条例和保护规划的要求，因而选项 C 错误，此题选 C。

2013-009. 内框架承重体系荷载的主要传递路线是？（   ）。

    A. 屋顶—板—梁—柱—基础—地基

    B. 地基—基础—柱—梁—板

    C. 地基—基础—外纵墙—梁—板

    D. 板—梁—外纵墙—基础—地基

【答案】D

【解析】考查砖混结构内框架承重体系的荷载传递路线的排序记忆。内框架承重体系的外墙和框架柱都是主要承重构件。其荷载的主要传递路线是："板—梁—外纵墙—外纵墙基础—地基"或者"板—梁—柱—柱基础—地基"，此题选 D。

2013-010. 下列哪项不属于大跨度建筑结构？（   ）

    A. 单层钢架   B. 栱式结构

    C. 旋转曲面   D. 框架结构

【答案】D

【解析】考查大跨度结构选型的类型记忆。大跨度建筑结构包括：平面体系大跨度空间结构（单层钢架、栱式结构、简支梁结构、屋架）、空间结构体系（网架、薄壳、折板、悬索），其中薄壳的曲面形式又分为旋转曲面、平移曲面、直纹曲面，此题选项 D 符合题意。

2013-011. 下列关于形式美法则的描述，哪项是错误的？（   ）

    A. 是关于艺术构成要素普遍组合规律的抽象概括

    B. 研究内容包括点、线、面、体以及色彩和质感

    C. 研究历史可追溯到古希腊时期

    D. 在现代建筑运动中受到大师们的质疑

【答案】D

【解析】考查建筑形式美法则的特征理解。建筑的形式美法则是传统的建筑美学观念中的重要内容。人们认为，一个建筑给人们以美或不美的感受，在人们心理上，情绪上产生某种反应，存在着某种规律，建筑形式美法则就表述了这种规律，因而选项 D 错误，此题选 D。

2013-012. 下列建筑材料中，保温性能最好的是？（　　　）。

    A. 矿棉   B. 加气混凝土

    C. 抹面砂浆   D. 硅酸盐砌块

    【答案】B

    【解析】考查建筑材料常识的代表记忆。一种材料往往具有多种功能，例如混凝土是典型的结构材料，但装饰混凝土（露骨料混凝土、彩色混凝土等）则具有很好的装饰效果，加气混凝土又是很好的绝热材料，选项B正确。

2013-013. 下列哪项不属于项目建议书编制的内容？（　　　）

    A. 项目建设必要性   B. 项目资金筹措

    C. 项目建设预算   D. 项目施工进程安排

    【答案】C

    【解析】考查项目建议书的类型记忆和概念对比。同 2019-010 及 2018-085，对照项目建议书的 6 点内容，ABD 正确。投资估算和资金筹措设想，不等于要做预算，选项 C 错误，此题选 C。

2013-014. 在下列城市道路规划设计应该遵循的原则中，哪项是错误的？（　　　）

    A. 应符合城市总体规划

    B. 应考虑城市道路建设的近、远期结合

    C. 应满足一定时期内交通发展的需要

    D. 应尽量满足临时性建设的需要

    【答案】D

    【解析】考查道路规划设计原则的类型记忆和特征理解。设计原则：①符合上位规划，A 正确；②考虑道路建设的远近结合、分期实施，尽量避免不符合规划的临时性建设，B 正确，D 错误；③满足一定时期内交通发展需求，C 正确；④综合考虑道路平面线形、纵断面线形、横断面组合、道路交叉口等方面要求；⑤兼顾道路两侧城市用地及与周边环境协调；⑥合理使用各项技术标准。

2013-015. 通行公共汽车的最小净宽要求为？（　　　）m。

    A. 2.0   B. 2.6   C. 3.0   D. 3.75

    【答案】B

    【解析】考查净空要求的数字记忆。机动车净宽要求：小汽车为 2.0m；公共汽车为 2.6m；大货车为 3.0m，因而选项 B 正确。

2013-016. 当机动车辆的行车速度达到 80km/h 时，其停车视距至少应为？（　　　）m。

    A. 95   B. 105

    C. 115   D. 125

    【答案】C

    【解析】考查行车视距的数字记忆。当机动车辆的行车速度达到 80km/h 时，其停车视距至少应为 115m，选项 C 正确。

2013-017. 城市道路中，一条公交专用车道的平均最大通行能力为？（   ）车辆/小时。

    A. 200～250   B. 150～200   C. 100～150   D. 50～100

【答案】D

【解析】考查机动车道的数字记忆。一条车道不同车辆类型每小时最大通行车辆数如上表所示。一条公共汽（电）车车道的平均最大通行能力为 50～100 车辆/小时，选项 D 正确。

2013-018. 下列有关城市机动车车行道宽度的表述，哪项是正确的？（   ）

    A. 大型车车道或混合行驶车道的宽度一般选用 3.5m

    B. 两块板道路的单向机动车车道数不得少于 2 条

    C. 四块板道路的单向机动车车道数至少为 3 条

    D. 行驶公共交通车辆的次干路必须是两块板以上的道路

【答案】B

【解析】考查机动车道的数字记忆。大型车车道或混合行驶车道宽度一般选用 3.75m，选项 A 错误；两块板道路的单向机动车车道数不得少于 2 条，选项 B 正确，四块板道路的单向机动车车道数至少为 2 条，选项 C 错误，一块板次干路也可以行驶公共交通车辆，选项 D 错误。

2013-019. 在城市道路上，一条人行带的最大通行能力为？（   ）人/h。

    A. 1200   B. 1400   C. 1600   D. 1800

【答案】D

【解析】考查人行道的数字记忆。在城市道路上，一条人行带的最大通行能力为 1800 人/h，选项 D 正确。

2013-020. 下列有关确定城市道路横断面形式应该遵循的基本原则的表述，哪项是错误的？（   ）

    A. 要符合规划城市道路性质及其红线宽度的要求

    B. 要满足城市道路绿化布置的要求

    C. 在城市中心区，应基本满足路边临时停车的要求

    D. 应满足各种工程管线敷设的要求

【答案】C

【解析】考查城市道路横断面设计原则的类型记忆。城市道路横断面形式不要考虑路边停车，选项 C 错误，此题选 C。

2013-021. 下列有关"渠化交通"的表述，哪项是错误的？（   ）

    A. 适用于交通组织复杂的异性交叉口

    B. 适用于交通量较大的次要路口

    C. 适用于城市边缘地区的交叉口

    D. 可以配合信号灯使用

【答案】B

【解析】考查交叉口交通组织方式的特征理解。渠化交通适用于交通量较小的次要交叉口、交通组织复杂的异形交叉口和城市边缘地区的道路交叉口，而不是交通量较大的次要道路，选项 AC 正确、B 错误。在交通量比较大的交叉口，配合信号灯组织渠化交通，有利于交叉口的交通秩序，增大交叉口的通行能力，选项 D 正确。

2013-022. 在设计车速为 80km/h 的城市快速路上，设置互通式立交的最小净距为（　　）m。

  A. 500   B. 1000   C. 1500   D. 2000

【答案】B

【解析】考查互通式立交的数字记忆。两座互通式立交相邻出入口之间的间距称为互通式立交的净距，在设计车速为 80km/h 的城市快速路上，互通式立交的最小净距为 1000m，B 正确。

2013-023. 在选择交通控制类型时，"多路停车"一般适用于（　　）相交的路口。

  A. 主干路与主干路   B. 主干路与支路

  C. 次干路与次干路   D. 支路与支路

【答案】C

【解析】考查平面交叉口设计的特征理解。平面交叉口的交通控制类型：①交通信号灯法：红黄绿灯；②多路停车法：在交叉口所有引导入口的右侧设立停车标识；③二路停车法：在次要道路进入交叉口的引导上设立停车标识；④让路停车法：在进入交叉口的引导上设立停车标识，车辆进入交叉口前必须放慢车速，伺机通过；⑤不设管制：交通量很小的交叉口。"多路停车"一般用于主干路与次干路、次干路与次干路相交的路口，此题选 C。

2013-024. 下列有关城市有轨电车路权的表述，哪项是正确的？（　　）

  A. 与其他地面交通方式完全隔离

  B. 在线路区间与其他交通方式隔离，在交叉口混行

  C. 在交叉口与其他交通方式隔离，在线路区间混行

  D. 与其他地面交通方式完全混行

【答案】D

【解析】考查城市轨道交通系统的技术特征的特征理解。城市轨道交通按路权可分为三种类型：完全封闭系统、不封闭系统、部分封闭系统。不封闭系统也称"开放式系统"，不实行物理上的封闭，轨道交通与路面交通混合行驶，在交叉口遵循道路交通信号或享有一定的优先权，有轨电车就属于此类，因此选项 D 正确。

2013-025. 路边停车带按当量小汽车估算，规划面积指标为（　　）m²/停车位。

  A. 16～20   B. 21～25   C. 26～30   D. 31～35

【答案】A

【解析】考查路边停车带的数字记忆。停车设施的停车面积规划指标是按当量小汽车进行估算的。路边停车带为 16～20m²/停车位，露天地面停车场为 25～30m²/停车位，室内停车库为 30～35m²/停车位，因而选项 A 正确。

2013-026. 下列关于城市供水规划内容的表述，哪项是正确的?(   )

　　A. 非传统水资源包括污水、雨水，但不包括海水

　　B. 城市供水设施规模应按照平均日用水量确定最高日用水量

　　C. 划定城市水源地保护区范围是供水总体规划阶段的内容

　　D. 城市水资源总量越大，相应的供水保证率越高

【答案】C

【解析】选项A考查解决水资源供需矛盾的措施的特征理解，非传统水资源是指江河水系和浅层地下含水层中的淡水资源之外的水资源，包括雨水、污水、微咸水、海水等，故选项A错误。选项B考查城市用水量的概念对比，城市供水工程规划中，城市供水设施应该按最高日用水量配置，故选项B错误。选项C考查城市供水工程规划的主要内容的特征理解，总体规划阶段，供水工程规划的主要内容包括划定城市水源保护区范围，提出水源保护措施，因而选项C正确。选项D考查供水条件的特征理解，城市水资源总量越大，相应的保证率就越小，选项D错误。

2013-027. 下列关于城市排水系统规划内容的表述，哪项是错误的?(   )

　　A. 重要地区雨水管道设计宜采用3~5年一遇重现期标准

　　B. 道路路面的径流系数高于绿地的径流系数

　　C. 为减少投资，应将地势较高区域和地势低洼区域划在同一雨水分区

　　D. 在水环境保护方面，截流式合流制与分流制各有利弊

【答案】C

【解析】选项ABC考查雨水排放的排水分区划分及水力计算的特征理解，选项D考查合流制和分流制优缺点比对，同2017-093、2014-025、2012-027，选项ABD正确。排水分区划分基本原则是高水高排，低水低排，避免将地势较高、易于排水的地段与低洼区划分在同一排水分区，选项C错误，此题选C。

2013-028. 下列关于城市供电规划的表述，正确的是?(   )。

　　A. 变电站选址应尽量靠近负荷中心

　　B. 单位建筑面积负荷指标法是总体规划阶段常用的负荷预测方法

　　C. 城市供电系统包括城市电源和配电网两部分

　　D. 城市道路可以布置在220kV供电架空走廊下

【答案】A

【解析】选项A考查变电所选址的特征理解，变电所（站）接近负荷中心或网络中心，选项A正确。选项B考查电力负荷预测方法选择的概念对比，单位建筑面积负荷指标法是详细规划阶段常用的负荷预测方法，选项B错误。选项C考查城市供电系统的类型记忆，城市供电系统包括城市电源、送电网、配电网，选项C错误。选项D考查城市架空电力线路的特征理解，35kV及以上高压架空电力线路应规划专用通道，并应加以保护；规划新建的66kV及以上高压架空电力线路，不应穿越市中心地区或重要风景旅游区。

2013-029. 下列关于城市燃气规划内容的表述，哪项是正确的?(   )

　　A. 液化石油气储配站应尽量靠近居民区

B. 小城镇应采用高压三级管网系统

C. 城市气源应尽可能选择单一气源

D. 燃气调压站应尽可能布置在负荷中心

【答案】D

【解析】综合考查气源选择和输配系统规划的特征理解。液化石油气储配站属于甲类火灾危险性企业，站址应选择在城市边缘，与服务站之间的平均距离不宜超过10km，故选项A错误。三级管网适用于特大城市，故选项B错误。将在规划期内可以稳定供应的燃气来源作为城市主气源；在城市存在多种燃气气源联合供气的情况下，应考虑城市各种燃气互换性或确定合理的混配燃气方案，故选项C错误。调压站应尽量布置在负荷中心，因而选项D正确。

2013-030. 下列关于城市环卫设施的表述，哪项是正确的？（　　　）

A. 城市固体废物分为生活垃圾、建筑垃圾、一般工业固体废物三类

B. 固体废物处理应考虑减量化、资源化、无害化

C. 生活垃圾填埋场距大中城市规划建设区应大于1km

D. 常用的生活垃圾产生量预测方法有万元产值法

【答案】B

【解析】选项A考查城市固体废弃物种类的类型记忆，城市固体废物分为生活垃圾、建筑垃圾、一般工业固体废物、危险固体废物4类，选项A错误。选项BCD综合考查城市固体废物处理原则的特征理解、生活垃圾填埋场的数字记忆、城市固体废物量预测方法的特征理解，同2019-025解析。固体废物处理的总原则应优先考虑减量化、资源化，尽量回收利用，无法回收利用的固体废物或其他处理方式产生的残留物进行最终无害化处理，选项B正确。生活垃圾填埋场距大、中城市规划建成区应大于5km，而不是大于1km，选项C错误。万元产值法常用于工业固体废物产生量预测，常用的生活垃圾产生量预测方法是人均指标法和增长率法，选项D错误。

2013-031. 下列关于城市通信工程规划内容的表述，哪项是正确的？（　　　）

A. 总体规划阶段应考虑邮政支局所的分布位置和规模

B. 架空电话线可与电力线合杆架设，但是要保证一定的距离

C. 无线电收、发信区的通信主向应直对城市市区

D. 不同类型的通信管道分建分管是目前国内外通信行业发展的主流

【答案】B

【解析】综合考查城市通信工程规划的主要内容的概念对比；架空电话线路的设置、城市无线通信设施和管道建设发展趋势的特征理解。在城市总体规划阶段，研究确定近远期邮政、电话局所的分区范围和规模；落实总体规划在规划区内布置的通信设施，考虑邮政支局所的分布位置是城市详细规划阶段的内容，故选项A错误。选项B同2014-029，正确。收、发信场一般选择在大、中城市两侧的远郊区，并使通信主向避开市区，故选项C错误。管道集中建设是主流趋势，选项D错误。

2013-032. 下列哪项属于城市黄线？（　　　）

A. 城市变电站用地边界线　　　B. 城市道路边界线
C. 文物保护范围界线　　　　　D. 城市河湖两侧绿化带控制线

【答案】A

【解析】 考查城市黄线的特征理解。《城市黄线管理办法》规定：城市发电厂、区域变电所、市区变电所、高压线走廊等城市供电设施用地的控制界线属于城市黄线，因而选项A正确。选项B为道路红线，选项C属于城市紫线，选项D属于城市蓝线。需要注意的是，规划蓝线一般称"河道蓝线"，是指水域保护区，包括河道水体的宽度、两侧绿化带以及清淤路。

2013-033. 下列关于城市工程管线综合规划的表述，哪项是正确的？（　　　）
A. 管线交叉时，自流管道应避让压力管道
B. 布置综合管廊时，燃气管通常与电力管合舱敷设
C. 管线覆土深度指地面到管顶（外壁）的距离
D. 工程管线综合主要考虑管线之间的水平净距

【答案】C

【解析】 选项ABD综合考查城市工程管线综合布置的原则的特征理解。根据城市地下工程管线避让原则，压力管让自流管，故选项A错误。根据城市工程管线共沟敷设原则，热力管不应与电力、通信电缆和压力管道共沟，故选项B错误。综合布置管线时，应考虑管线之间或管线与建筑物、构筑物之间的水平距离，除了要满足技术、卫生、安全等要求外，还需符合国防的有关规定，故选项D错误。选项C考查城市工程管线综合术语的概念对比，管线覆土深度指地面到管道顶（外壁）的距离，选项C正确。

2013-034. 下列关于城市用地竖向规划的表述，哪项是错误的？（　　　）
A. 总体规划阶段需要确定防洪排涝及排水方式
B. 纵横断面法多用于地形不太复杂地区
C. 地面规划形式包括平坡、台阶、混合三种形式
D. 台地的长边应平行于等高线布置

【答案】B

【解析】 综合考查城市用地竖向工程规划内容与深度、城市用地竖向工程规划方法和城市用地台地划分的特征理解，选项ACD正确。城市用地竖向工程规划的设计方法，一般采用高程箭头法、纵横断面法、设计等高线法等，其中，纵横断面法多用于地形比较复杂地区的规划，因而选项B错误。

2013-035. 与城市总体规划中的防灾专业规划相比，城市防灾专项规划的特征是？（　　　）。
A. 规划内容更细　　　　　　　B. 规划范围更大
C. 涉及灾种更多　　　　　　　D. 设防标准更高

【答案】A

【解析】 考查城市防灾规划的内容的特征理解。专项规划内容一般都比总体规划中的防灾专业规划丰富，规划深度在其他条件具备的情况下还可能达到详细规划的深度，因而选项A正确。

2013-036. 城市陆上消防站责任区面积不宜大于 $7km^2$，主要是考虑下列哪项因素？（   ）

    A. 平时的防火管理

    B. 消防站的人员和装备配置

    C. 火灾发生后消防车到达现场的时间

    D. 城市火灾危险性

【答案】C

【解析】考查消防站责任区划分的基本原则的特征理解。在城区内辖区面积不大于 $7km^2$，在郊区辖区面积不大于 $15km^2$，主要考虑火灾发生后消防车到达现场的时间，因而选项 C 正确。

2013-037. 消防安全局主要是通过下列哪项措施来降低火灾风险？（   ）

    A. 按照标准配置消防站   B. 消防站选址远离危险源

    C. 构建合理的城市布局   D. 建设完善的消防基础设施

【答案】C

【解析】考查消防安全布局目的的特征理解。消防安全布局目的是通过合理的城市布局和设施建设，降低火灾风险，减少火灾损失，因而选项 C 正确。

2013-038. 在地形和洪水位变化较大的丘陵地区，正确的城市防洪措施是？（   ）

    A. 在河流两岸预留蓄滞洪区

    B. 在河流支流与干流汇合处建设控制闸

    C. 在地势比较低的地段建设排水泵站

    D. 在设计洪水位以上选择城市建设用地

【答案】A

【解析】考查防洪排涝工程措施的特征理解。山区和丘陵地区的城市：地形和洪水位变化较大，防洪工程重点是河道整治和山洪防治，应加强河道护岸工程和山洪疏导，防止河岸坍塌和山洪对城市的危害，选项 A 正确。

2013-039. 按照我国现行地震区划图，下列关于地震基本烈度的表述，哪项是错误的？（   ）

    A. 我国地震基本烈度最小为Ⅵ度

    B. 地震基本烈度代表的是一般场地条件下的破坏程度

    C. 未来 50 年内达到或超过基本烈度的概率为 10%

    D. 基本烈度是一般建筑物应达到的地震设防烈度

【答案】A

【解析】考查地震强度与灾害形式的特征理解，选项 BCD 正确。地震烈度是指地震引起的地面震动及其影响的强弱程度。我国地震基本烈度有小于Ⅵ度的，其对应的地震动峰值加速度 $<0.05g$，选项 A 错误，此题选 A。

2013-040. 用于工厂选址的信息系统属于？（   ）

    A. 事务处理系统   B. 管理信息系统

C. 决策支持系统　　　　　　　　D. 人工智能系统

【答案】C

【解析】考查常见信息系统的特征理解和概念对比。决策支持系统能从管理信息系统中获得信息，帮助管理者制定好的决策，选项 C 正确。事务处理系统主要用以支持操作人员日常活动，故选项 A 错误。管理信息系统主要包含组织中的事务处理系统，并提供了内部综合形势的数据，故选项 B 错误。人工智能系统主要用于专家系统，是基于计算机模仿人工决策的信息系统，故选项 D 错误。

2013-041. 在域名定义中，除美国外通常次级域名表示机构类型，下列代表政府机构类型的域名是？（　　）。

A. org　　　　　B. com　　　　　C. gov　　　　　D. edu

【答案】C

【解析】考查互联网技术的特征理解。用于工商金融企业的 com；用于教育机构的 edu；用于政府部门的 gov；用于非营利组织的 org，选项 C 正确。

2013-042. 在 GIS 数据管理中，下列哪项属于非空间属性数据？（　　）

A. 抽象为点的建筑物坐标　　　B. 湖泊面积

C. 河流走向　　　　　　　　　D. 城市人口

【答案】D

【解析】考查属性数据的类型记忆。典型的属性数据如环保监测站的各种监测资料，道路交叉口的交通流量，道路路段的通行能力、路面质量，地下管线的用途、管径、埋深，行政区的常住人口，人均收入，房屋的产权人、质量、层数等，因而选项 D 正确。选项 ABC 分别为空间数据中的点、面、线。

2013-043. 基于地形数据，下列哪项内容不能分析计算？（　　）

A. 坡度　　　　　　　　　　　B. 坡向

C. 最短距离　　　　　　　　　D. 可视域

【答案】D

【解析】考查地理信息的分析的特征理解。坡度、坡向、根据点状样本产生距离图是比较常用的栅格分析功能，网络分析也可以寻找最近的服务设施，故选项 ABC 排除。而可视域不能分析计算，此题选 D。

2013-044. 在地震发生后云层较厚、天气不好的情况下，为了尽快获取灾区的受灾情况，合适的遥感数据是？（　　）。

A. 可见光遥感数据　　　　　　B. 微波雷达遥感数据

C. 热红外遥感数据　　　　　　D. 激光雷达遥感数据

【答案】B

【解析】综合考查常用遥感图像的特征理解。微波可穿透云层，能分辨地物的含水量、植物长势、洪水淹没范围等情况，具有全天候的特点，因而选项 B 正确。选项 AC 属于高光谱遥感卫星影像，可以获取许多非常窄的光谱连续的影像数据技术。选项 D 激光雷达 LiDAR 数据可直接获取对象表面点三维坐标。

2013-045. 为了消除大气吸收和散射对遥感图像电磁辐射水平的影响，可以采取的措施是?（   ）

A. 图像增强
B. 几何校正
C. 辐射校正
D. 图像分类

【答案】C

【解析】考查辐射校正的特征理解。受大气环境、传感器性能、投影方式、成像过程等因素的影响，会造成同一景物图像上电磁辐射水平的不均匀或局部失真，同一观察范围但不同时相的图像之间更有辐射水平的差异。辐射差异带来的图像色调的差异，往往需要辐射校正后才能正常使用，因而选项C正确。选项A是为了某种应用上的需要，用光学或数学的方法，使某类地物在图像上的信息得到增强。选项B是几何坐标的校正。选项D是借助计算机或目视的方法对图像单元或图像中的地物进行分类。

2013-046. 在高分辨率遥感图像解译中，判读建筑物高度的根据是?（   ）

A. 阴影长度
B. 形状特征
C. 光谱特征
D. 顶部几何特征

【答案】A

【解析】考查图像解译的主要依据的特征理解。利用建筑物立面的成像，可以输出建筑的层数，利用阳光的阴影，可估计建筑物的大致高度等，因而选项A正确。

2013-047. CAD 的含义是?（   ）

A. 计算机辅助制图
B. 计算机辅助教学
C. 计算机辅助软件开发
D. 计算机辅助设计

【答案】D

【解析】考查CAD概念的特征理解。计算机辅助设计（简称"CAD"），是指利用电子计算机系统具备的图形功能来帮助设计人员进行设计，它能提高设计工作的自动化程度，缩短设计时间，因而选项D正确。

2013-048. 城市经济学分析城市问题的出发点是?（   ）

A. 资源利用效率
B. 社会公平
C. 政府相关政策
D. 国家法律法规

【答案】A

【解析】考查城市经济学学科性质的特征理解。城市经济学是以城市中最稀缺的资源——土地资源的分配问题开始着手，因此选项A正确。

2013-049. 政府对居民用水收费属于下列哪种关系?（   ）

A. 市场经济关系
B. 公共经济关系
C. 外部效应关系
D. 社会交换关系

【答案】B

【解析】考查城市经济学研究的三种经济关系的特征理解。选项A的市场经济关系，效率是市场经济学中价值判断的评断标准。选项B的公共经济关系是指政府与社会之间的经济关系。有些产品与服务大家都需要，但市场不能够有效地提供，如城市中的供水、道路、消防、交通管理等，只能由政府来提供。而政府提供这些产品与服务也需要资金的投入，政府的钱是通过税收从居民和企业的手中拿来的，这种政府和社会成员之间的经济关系称为公共经济关系。故而选项 B 正确。选项 C 的外部效应关系是指由于外部效应的存在使得经济活动主体之间发生的经济关系。选项 D 不属于城市经济学研究的三种经济关系。

2013-050. 城市规模难以在最佳规模上稳定下来的原因是?（　　）

    A. 边际收益高于边际成本　　　　B. 边际收益低于边际成本

    C. 平均收益高于平均成本　　　　D. 平均收益低于平均成本

【答案】C

【解析】考查均衡规模与最佳规模的特征理解。图中城市的规模不会在最佳规模上稳定下来，因为过了最佳规模之后，平均收益仍然高于平均成本，就还会有企业或个人愿意迁入进来，直到平均成本等于平均效益，达到了均衡规模，因而选项 C 正确。

2013-051. 下列哪项因素会直接影响城市建设用地的资本密度?（　　）

    A. 住房价格　　　　　　　　　　B. 劳动力价格

    C. 土地价格　　　　　　　　　　D. 房地产税

【答案】C

【解析】考查替代效应与土地利用强度的特征理解。单位土地上投入的资本量称为资本密度，所以土地价格会直接影响城市建设用地的资本密度，此题选 C。

2013-052. 下列哪项因素会影响到地租与地价的关系?（　　）

    A. 税收　　　　　　　　　　　　B. 利率

    C. 房价　　　　　　　　　　　　D. 利润

【答案】B

【解析】考查地租与地价的特征理解。由租用价格（R）和购买价格（P）之间的基本关系公式可知，利率和年份是会影响到地租与地价的关系，因而选项 B 正确。

2013-053. 在单中心城市中，下列哪种现象不符合城市经济学原理?（　　）

    A. 地价由中心向外递减　　　　　B. 房价由中心向外递减

    C. 住房面积由中心向外递减　　　D. 资本密度由中心向外递减

【答案】C

【解析】考查替代效应与土地利用强度和住房与其他生活品的替代的特征理解。替代效应导致地价、房价、资本密度由中心向外递减，住房面积由中心向外递增，此题选 C。

2013-054. 根据城市经济学原理，下列哪项变化不会带来城市边界的扩展?（　　）

    A. 城市人口增加　　　　　　　　B. 居民收入上升

    C. 农业地租上升　　　　　　　　D. 交通成本下降

【答案】C

【解析】考查导致城市空间扩展的两种理论情况的特征理解。城市人口增加、经济发展、交通成本下降和城市居民收入的上升都会带来城市边界的扩展，选项 ABD 排除，此题选 C。

2013-055. 下列哪项措施可以缓解城市交通供求的空间不均衡？（　　　）

A. 对拥堵路段收费　　　　　　　　B. 征收汽油税

C. 提高高峰小时出行成本　　　　　D. 实行弹性工作时间

【答案】A

【解析】考查交通供求空间不均衡的解决措施的特征理解。城市交通供求的空间不均衡从调控需求的方向来说，可以采用价格的杠杆，对进入拥堵区的车辆收费，减少车辆进入拥堵区，因而选项 A 正确。选项 B 是针对私家车出行的负外部性问题。选项 CD 是缓解城市交通供求的时间不均衡。

2013-056. 下列哪项措施可以把交通拥堵的外部性内部化？（　　　）

A. 限行　　　　　　　　　　　　　B. 限购

C. 拍卖车牌　　　　　　　　　　　D. 征收拥堵费

【答案】D

【解析】考查货币成本调控的特征理解。征收拥堵费可以把驾车者的成本由平均成本提高到边际成本，从而将交通拥堵的外部性内部化，因而选项 D 正确。

2013-057. 土地税成为效率最高税种的原因是？（　　　）。

A. 土地供给有弹性　　　　　　　　B. 土地需求有弹性

C. 土地供给无弹性　　　　　　　　D. 土地需求无弹性

【答案】C

【解析】考查"单一土地税"理论的特征理解。土地是一种自然生成物，不能通过人类的劳动生产出来，其总量不变，称为供给无弹性，选项 C 正确。

2013-058. 拥挤的城市道路具有下列哪种属性？（　　　）

A. 竞争性与排他性　　　　　　　　B. 竞争性与非排他性

C. 非竞争性与排他性　　　　　　　D. 非竞争性与非排他性

【答案】B

【解析】考查社会消费物品分类的特征理解。具有竞争性但不具有排他性的物品，如河湖中的水资源和拥挤的城市道路，大家都可以消费，但一个人的消费又会影响到其他人消费量，因而选项 B 正确。

2013-059. 下列哪种情况下，"用脚投票"不能带来效率的提高？（　　　）

A. 政府征收人头税　　　　　　　　B. 迁移成本很低

C. 居民消费偏好差异大　　　　　　D. 公共服务溢出效应大

【答案】D

【解析】考查"用脚投票"的类型记忆。政府征收人头税、迁移成本很低、居民消费偏好差异大，"用脚投票"都能带来效率的提高，故排除选项 ABC，因而选项 D 正确。

2013-060. 下列哪种现象，不属于过度城镇化？（　　）

    A. 人口过多涌进城市　　　　　　B. 城市基础设施不堪重负

    C. 城市就业不充分　　　　　　　D. 乡村劳动力得不到充分转移

【答案】D

【解析】考查消极型城镇化问题的特征理解和概念对比。先于经济发展水平的城镇化，称之为"假城镇化"或"过度城镇化"，这种城镇化往往会导致人口过多涌进城市，城市基础设施不堪重负，城市就业不充分等一系列问题，因而选项ABC属于。选项D属于低度城镇化，故此题选D。

2013-061. 北京提出建设中国特色世界城市主要是指？（　　）

    A. 扩大城市规模　　　　　　　　B. 提升城市职能

    C. 优化城市区位　　　　　　　　D. 构建城市体系

【答案】B

【解析】考查世界城市体系的特征理解，类似于2019-051中对全球城市的考查。北京作为中国的首都，提出建设中国特色世界城市主要是指提升城市职能，选项B正确。

2013-062. 下列省区中，城市首位度最高的是（　　）。

    A. 浙江　　　　　B. 辽宁　　　　　C. 江西　　　　　D. 新疆

【答案】C

【解析】考查城市首位度的特征理解。一国最大城市与第二位城市人口的比重即首位度，已成为衡量城市规模分布状况的一种常用指标。据我国相关统计数据，2013年上述省区中城市首位度最高的是江西。

2013-063. 按照世界城市化进程的一般规律，当城市化率超过50%时，城市化速度呈现哪种特征？（　　）

    A. 缓慢增长　　　　　　　　　　B. 匀速增长

    C. 增速逐渐放缓　　　　　　　　D. 增速持续增加

【答案】C

【解析】考查城镇化曲线的特征理解。当城市化率超过50%时，进入S形曲线的后半段，城镇人口比重提高速度趋缓，到后期阶段甚至趋于停滞，选项C正确。

2013-064. 下列哪项规划建设与中心地理论无关？（　　）

    A. 村镇体系规划　　　　　　　　B. 商业零售业布点

    C. 城市历史街区保护　　　　　　D. 城市公共服务设施配置

【答案】C

【解析】考查克里斯塔勒中心地理论的特征理解。中心地理论推导的是在理想地表上的聚落分布模式，不适用于城市历史街区保护，选项C错误，此题选C。

2013-065. 下列哪种方法不适用于大城市郊区的小城镇人口预测？（　　）

    A. 区域人口分配法　　　　　　　B. 类比法

    C. 区位法　　　　　　　　　　　D. 增长率法

【答案】D

【解析】考查适用于小城镇规模的预测方法的类型记忆，同 2018-053、2017-065。在小城镇人口规模预测过程中，常采用定性分析方法，包括区位人口分配法、类比法、区位法，增长率法适用于大中城市规模预测，因而此题选 D。

2013-066. 下列关于城市地理位置的表述，哪项是错误的？（   ）

A. 中心位置有利于区域内部的联系和管理

B. 门户位置有利于区域与外部的联系

C. 矿业城市位于矿区的邻接位置

D. 河港城市是典型的重心位置

【答案】D

【解析】考查城市空间分布地理特征的特征理解，选项 ABC 正确。河口港是最典型的门户位置，而不是重心位置，选项 D 错误，此题选 D。

2013-067. 下列哪种方法适用于城市吸引范围的分析？（   ）

A. 回归分析   B. 潜力分析

C. 聚类分析   D. 联合国法

【答案】B

【解析】考查城市吸引范围分析方法的类型记忆，同 2019-056 和 2017-066。城市吸引范围的分析理论的方法有"断裂点公式"和"潜力模型"两种，因而选项 B 正确。选项 AD 用于区域城镇化水平预测。选项 C 聚类分析是将物理或抽象对象的集合分组为由类似的对象组成的多个类的分析过程。

2013-068. 下列哪个学派与城市社会学发展无关？（   ）

A. 芝加哥学派   B. 奥地利学派

C. 韦伯学派   D. 马克思主义学派

【答案】B

【解析】考查城市社会学的主要理论的类型记忆。城市社会学的系统研究起源于美国，芝加哥大学是城市社会学的发源地，以帕克为首的芝加哥学派把人类对城市的理论研究提高到了学科化的水平，经过芝加哥学派对城市理论的发展，城市社会学完成了创立阶段。后来，又出现了人类生态学派、社区学派、结构功能学派、政治经济学派、马克思主义学派、新韦伯主义学派等，使得城市社会学不断获得发展。由以上分析可知，选项 B 符合题意。

2013-069. 下列哪项表述不是伯吉斯城市土地利用同心圆模型的特征？（   ）

A. 中央商务区是城市商业、社会和文化生活的焦点

B. 在离中央商务区最近的过渡地带犯罪率最高

C. 交通线对城市结构产生影响

D. 符合人口迁居的侵入——演替原理

【答案】C

【解析】考查伯吉斯：同心圆模型的特征理解以及与霍伊特扇形模型的概念对比。伯

吉斯城市土地利用同心圆模型的特征包括：环带Ⅰ代表中央商务区，是城市商业、社会和文化生活的焦点，选项A排除；环带Ⅱ是离中央商务区最近的过渡地带，居民差距较大，既有老居民也有第一代迁居户，既有游民也有罪犯，这里的犯罪率及精神疾病比例全市最高，选项B排除；大量的外来移民最初进城时居住在求职及生活便利的中央商务区；随着人口压力的增大、房租上升、居住环境恶化，市中心区的人口纷纷向外迁移；低收入住户向较高级的住宅地带入侵而较高级的住户则向外迁移并入侵一个更高级的住宅地带，迁居就像波浪一样向外传开，这就是著名的人口迁居的侵入——演替理论，选项D错误。交通线对城市结构产生影响是霍伊特的扇形模型的特征，此题选C。

2013-070. 下列关于社区的表述，哪项是正确的？（　　　）
　　A. 邻里和社区的概念相同
　　B. 社区与地域空间无关
　　C. 互联网时代社区的归属感变得不重要
　　D. "单位社区化"是中国城市社区的重要特点
【答案】D
【解析】综合考查社区的概念、特征、归属感的特征理解和中国城市社区组织的演变的时期变化。"邻里"和"社区"的一个最大的区别就在于有没有形成"社会互动"，选项A错误。社区要素包括三个方面，即：①地区；②共同纽带；③社会互动，选项B错误。随着信息时代，尤其是互联网时代的到来，城市社区的空间趣味开始变得相对次要，而心理的归属变得愈发重要，选项C错误。"社区单位化"和"单位社区化"是20世纪60～70年代城市社区的演变特征，因而选项D正确。

2013-071. 下列关于中国城市内部空间结构的表述，哪项是错误的？（　　　）
　　A. 计划经济时代，中国城市内部空间结构趋同性明显
　　B. 改革开放后，郊区化在中国大城市的空间重构进程中扮演了重要角色
　　C. 近20年来，中国大城市的中心区走向衰败
　　D. 改革开放后，中国城市社会空间重构的动力表现出多元化的特点
【答案】C
【解析】综合考查中国城市内部空间结构模式特点和中国城市社会空间结构动力的特征理解。计划经济时期中国城市社会空间结构模式的最大特点是相似性大于差异性，整体上带有一定的同质性色彩，选项A正确。20世纪90年代以来我国一些特大城市的实证研究报道，如北京、上海、广州、沈阳、大连等都表明，这些城市已经进入了典型的郊区化过程，这是中国城市发展进程中的一个重要转折，选项B正确。市场转型时期复杂得多，差异性大于相似性，带有多中心结构的特点，整体上表现出明显的异质性特征，但最中心仍然是中心商业区或中央商务区，因而选项C错误。改革开放以后，中国城市社会空间结构的形成和发展，既有来自经济层面的动力，也有来自社会、政府和居民个体层面的动力，动力表现出多元化的特点，选项D正确。

2013-072. 下列关于"老龄化"的表述，哪项是正确的？（　　　）
　　A. 人口的年龄结构金字塔不直接反映老龄化程度

B. 老龄化的国际标准是 60 岁以上人口占总人口的比例超过 7 ％
C. 少年儿童比重与老龄化程度无关
D. 老龄化负担的轻重与老龄化程度无关

【答案】D

【解析】考查人口年龄结构的类型记忆和数字记忆。人口的年龄结构金字塔，它反映了不同时期人口的年龄构成特点，直接反映老龄化程度，选项 A 错误。按照国际标准，65 岁以上人口比重超过 7％就意味着进入老年社会（若按 60 岁以上人口比重来衡量，则要超过 10％），选项 B 错误。少年儿童比重，即 0～14 岁人口数量占人口数量的比重小于 30％即可认为符合老年社会标准，选项 C 错误。衡量老龄化社会负担指标是老年抚养比，与老龄化程度无关，因而选项 D 正确。

2013-073. 下列有关问卷调查的表述，哪项是正确的?（　　　）

A. 调查样本的选择采用判断抽样最为科学
B. 最好是边调查边修正问卷
C. 问卷的"回收率"是指有效问卷占所有发放问卷数量的比例
D. 问卷设计要考虑到被调查者的填写时间

【答案】D

【解析】综合考查问卷调查方法的特征理解。分层配比抽样更为科学，也更常用，因而选项 A 错误。问卷一经确定最好不要改变，如果确要改变，应使用改变后的问卷重新开始调查，因而选项 B 错误。问卷回收率指回收来的问卷数量占总发放问卷数量的比重，因而选项 C 错误。问卷设计要考虑到被调查者的填写时间，大多数应该采取"选择题"的形式进行调查，对少数问题也可以采取填空式方法进行调查，选项 D 正确。

2013-074. 下列有关人口素质的表述，哪项是错误的?（　　　）

A. 人口的受教育水平可以反映人口的素质结构特点
B. 地区人口的素质结构对地区的发展产生影响
C. 人口的年龄结构决定了人口的素质结构
D. 人口质量即人口素质

【答案】C

【解析】考查人口素质结构的特征理解，选项 ABD 正确。人口素质一般指的是狭义的"人口素质"概念，即居民的科学文化素质，一般用居民的文化教育水平来衡量，与人口的年龄结构无关，因而选项 C 错误，此题选 C。

2013-075. 下列关于城市规划公众参与的表述，哪项是错误的?（　　　）

A. 可有效地应对利益主体的多元化
B. 有助于不同类型规划的协调
C. 可体现城市管治和协调发展的思路
D. 可推进城市规划的民主化和法制化

【答案】B

【解析】综合考查城市规划公众参与的作用、要点的特征理解。城市规划公众参与的作用：公众参与使城市规划有效应对利益主体的多元化；公众参与能够有效体现城市规划的民主化和法制化；公众参与将导致城市规划的社会化；公众参与可以保障城市空间实现利益的最大化，选项 AD 正确。城市规划公众参与要点包括重视城市管制和协调思路的运用，选项 C 正确。公众参与其实增加了协调成本，并不能有助于不同类型规划的协调，因而选项 B 错误，此题选 B。

2013-076. 下列关于自然净化功能人工调节措施的表述，哪项是错误的？（   ）

    A. 综合治理城市水体、大气和土壤环境污染

    B. 建设城乡一体化的城市绿地与开放空间系统

    C. 引进外来植物提高城市生物多样性

    D. 改善城市周围区域的环境质量

【答案】C

【解析】考查还原功能中人工调节措施的类型记忆。由于城市人工干扰的范围十分大，城市的自然净化功能脆弱而且有限，必须进行人工的调节，措施包括：综合治理城市水体、大气和土壤环境污染；建设城乡一体化的城市绿地与开放空间系统；改善城市周围区域的环境质量；保护乡土植被和乡土生物多样性，选项 ABD 正确，选项 C 错误，此题选 C。

2013-077. 下列关于城市"热岛效应"的表述，哪项是错误的？（   ）

    A. 与大量生产、生活燃烧放热有关

    B. 与城市建成区地面硬化率高有关

    C. 与空气中存在大量污染物有关

    D. "热岛效应"对大气污染物浓度没有影响

【答案】D

【解析】考查城市污染源的特征理解。城市热岛效应对大气污染物有影响，会引起城乡间的局地环流，使四周的空气向中心辐合，尤其在夜间易导致污染物浓度的增大，因而选项 D 错误，此题选 D。

2013-078. 下列关于光污染的表述，哪项是错误的？（   ）

    A. 钢化玻璃反射的强光会增加白内障的发病率

    B. 镜面玻璃的反射系数比绿草地约大十倍

    C. 光污染误导飞行的鸟类，危害其生存

    D. 光污染对城市植物没有影响

【答案】D

【解析】光污染会改变城市植物和动物生活节律，误导飞行的鸟类，对城市动植物的生存造成危害，选项 D 错误，此题选 D。

2013-079. 下列关于当今环境问题的表述，哪项是错误的？（   ）

    A. 环境问题从城市扩展到全球范围

    B. 地球生物圈出现不利于人类生存的征兆

    C. 城市环境问题是贫困化造成的

D. 海平面上升和海洋污染是全球性环境问题

【答案】C

【解析】考查环境问题的成因的类型记忆。城市环境问题的成因：①人类自身发展膨胀；②人类活动过程规模巨大；③生物地球化学循环过程变化效应；④人类影响的自然过程不可逆改变或者恢复缓慢。城市环境问题的成因不包含贫困化，因而选项 C 错误，此题选 C。

2013-080. 下列关于生态恢复的表述，哪项是错误的？（　　）

　　A. 生态恢复不是物种的简单恢复

　　B. 生态恢复是自然生态系统的次生演替

　　C. 生态恢复本质上是生物物种和生物量的重建

　　D. 人类可以通过生态恢复对受损生物系统进行干预

【答案】B

【解析】考查生态恢复的概念与主要方法的特征理解。生态恢复并不完全是指生态系统次生演替，人类可以有目的地对受损生态系统进行干预，因而选项 B 错误，此题选 B。

二、多选题（每题五个选项，每题正确答案不少于两项，多选或漏选不得分）

2013-081. 下列关于住宅设计的表述，哪些项是错误的？（　　）

　　A. 单栋住宅的长度大于 160m 时，应设消防车通道

　　B. 高层住宅一般应有 2 部以上的电梯

　　C. 单栋住宅的长度小于 100m 时，应设消防车通道

　　D. 7 层以上的住宅为高层住宅

　　E. 12 层以上的住宅每栋楼电梯不应少于 2 部

【答案】CD

【解析】考查住宅建筑的类型、功能和交通组织的数字记忆和特征理解。根据《建筑设计防火规范》GB 50016—2014，当建筑物沿街道部分的长度＞150m 或总长度＞220m 时，应设穿过建筑物的消防车通道，选项 A 正确、选项 C 错误。根据《住宅设计规范》GB 50096—2011，高层住宅以电梯为主、以楼梯为辅，12 层以上住宅设置电梯应不少于 2 部，选项 BE 正确。根据《城市居住区规划设计标准》GB 50180—2018，高层住宅是指 10～26 层的住宅，选项 D 错误。此题选 CDE。

2013-082. 下列关于综合医院选址的表述，哪些是错误的？（　　）

　　A. 应符合医疗卫生网址的布局要求

　　B. 宜面临两条城市道路

　　C. 应布置在城市基础设施便利处

　　D. 场地选择应临近儿童密集的场所

　　E. 宜选用不规则地形，以解决多功能分区问题

【答案】DE

【解析】考查医院类公共建筑场地选址要求的特征理解，ABC 正确。综合医院选址的要求：地形力求规整，以解决多功能分区和多出入口的合理布局，故选项 E 错误；不应

邻近少年儿童活动密集的场所，故选项 D 错误。

2013-083. 下列关于建筑保温和节能措施的表述，哪些是正确的？（ ）

  A. 平屋顶保温层必须将保温层设置在防水层之下

  B. 平屋顶保温层必须将保温层设置在防水层之上

  C. 平屋顶保温层可将保温层设置在防水层之上或防水层之下

  D. 建筑隔热可采用浅色外饰面

  E. 利用地热是建筑节能的有效措施

【答案】CDE

【解析】考查建筑构造保温构造和隔热构造的特征理解。平屋顶保温层有两种位置：①将保温层放在结构层之上，防水层下，成为内置式保温层；②将保温层放在防水层之上，称为外置式保温层。因而选项 A、B 错误，选项 C 正确；隔热的主要手段为：①采用浅色光洁的外饰面；②采用遮阳——通风构造；③合理利用封闭空气间层；④绿化植被隔热选项 D 正确；利用太阳能、地热是建筑节能的有效措施，选项 E 正确，因此选 CDE。

2013-084. 下列关于色彩特征的表述，哪些是正确的？（ ）

  A. 每一种色彩都可以由色相、彩度及明度三个属性表示

  B. 红、橙、黄等色调称为彩度

  C. 色彩的明暗程度称为明度

  D. 不同的色彩易产生不同的温度感

  E. 色彩的距离感，以彩度影响最大

【答案】ACD

【解析】考查色彩三要素的特征理解。每一个色彩都可由色相、彩度及明度三个属性组合而成，通常将色彩三属性以空间的三个方向的坐标表示各种不同的色彩，选项 A 正确。彩度又叫纯度、艳度，也就是色彩纯净和鲜艳的程度，选项 B 错误。明度指色彩的明暗程度，选项 C 正确。不同的色彩常易产生不同的温度感，选项 D 正确。色彩的重量感觉以明度影响最大，彩度对色彩的重量感和距离感都没有显著影响，选项 E 错误。

2013-085. 下列关于艺术处理手法的表述，哪些是正确的？（ ）

  A. 均衡的方式包括重复均衡、渐变均衡和动态均衡

  B. 均衡着重处理构图要素的左右或前后之间的轻重关系

  C. 稳定着重考虑构图中整体上下之间的轻重关系

  D. 再现的手法往往同对比和变化结合在一起使用

  E. 母题的重复可以增强整体的对比效果

【答案】BCD

【解析】考查建筑形式美法则的类型记忆和概念对比。均衡的方式包括对称均衡、不对称均衡和动态均衡，选项 A 错误。均衡着重处理建筑构图中各要素左右或前后之间的轻重关系，选项 B 正确。稳定则着重考虑建筑整体上下之间的轻重关系，选项 C 正确。一般说来，重复或再现总是同对比和变化结合在一起，这样才能获得良好的效果，选项 D 正确，母题的重复可以增强整体的统一性，不是对比效果，选项 E 错误；因而选项 BCD

符合题意。

2013-086. 下列有关"环形交叉口"的表述，哪些是正确的？（　　）

A. 平面环形交叉口不适用于城市主干路

B. 平面环形交叉口适用于左转交通量较大的交叉口

C. 一般应布置3条以上的机动车道

D. 比其他平面交叉口具有更好的车流通行连续性

E. 机动车和非机动车可以混合行驶

【答案】ABDE

【解析】考查环形交叉口的特征理解。平面环形交叉口的通行能力较低，一般不适用于快速路和主干路，但适用于：①多条道路交汇的交叉口；②左转交通量较大的交叉口；③畸形交叉口，选项AB正确；环道上一般布置3条机动车道（1条车道绕行，1条车道交织，1条作为右转车道），同时还应设置一条专用的非机动车道，选项C错误。环形交叉口在中央设置中心岛，车辆环绕中心岛做逆时针单向行驶，连续不断地通过交叉口，这样所有直行和左、右转弯车辆均能在交叉口沿同一方向顺序前进，相对于红绿灯管制来说避免了周期性的交通阻滞，并且消灭了交叉口上的冲突点，仅存在车辆进出路口的交织点，从而提高了行车安全和交叉口通行的连续性，选项D正确。环道车行道可根据交通流的情况布置为机动车与非机动车混合行驶或分道行驶，选项E正确。

2013-087. 下列哪些项是实施现代化城市道路交通管理的目的？（　　）

A. 减少交通延误　　　　　　　　B. 提高通行能力

C. 降低环境污染　　　　　　　　D. 实现最高行驶车速

E. 提升安全性

【答案】ABE

【解析】考查道路交通管理的特征理解。城市道路交通管理是城市交通系统的重要组成部分。现代化的道路交通建设，只有具备了科学的管理与控制条件，才能获得最好的交通安全性、最少的交通延误、最高的运输效率、最大的通行能力、最低的运营费用，从而取得更好的运输经济效益、社会效益和环境效益。选项ABE符合题意。

2013-088. 下列哪些项属于城市轨道交通线网规划的主要内容？（　　）

A. 交通需求预测　　　　　　　　B. 线网方案与评价

C. 运营组织规划　　　　　　　　D. 用地控制规划

E. 可行性研究

【答案】ABCD

【解析】考查城市轨道交通线网规划主要任务和内容的类型记忆。城市轨道交通线网规划的主要内容一般包括：①城市和城市交通现状；②交通需求预测；③城市轨道交通建设的必要性；④城市轨道交通发展目标与功能定位；⑤线网方案与评价；⑥车辆基地、主变电站等主要设施的布局与规模；⑦运营组织规划；⑧资源共享研究；⑨用地控制规划。故而此题选ABCD。

2013-089. 下列关于缓解城市中心区交通拥堵状况的措施，哪些项是比较有效的？（　　）

A. 在中心区建立智能交通系统

B. 在中心区结合公共枢纽，设置大量的机动车停车设施

C. 在高峰时段，提供免费的公共交通服务

D. 提高中心区停车泊位的收费标准

E. 在中心区实施拥堵收费政策

【答案】ACDE

【解析】考查城市交通供求的空间不均衡及其调整的类型记忆。在中心区建立智能交通系统，借助各种先进的技术和设备对交通状况进行处理，从而使道路变得"聪明"起来，使车辆变得具有"头脑"，通过人、车、路的密切配合，达到和谐的统一，对缓解中心区交通的拥堵有一定的作用，选项A正确。在中心区外围公共交通枢纽位置，设置机动车停车设施，能有较好的截流效果，减少进入中心城区的车辆，对交通拥堵有一定的缓解，选项B错误。高峰时段提供免费公共交通服务，可以让一部分上班人群选择免费公交，能减少私家车的使用，从而减少进入城市中心的车辆，选项C正确。提高中心区的停车泊位收费标准，能加快停车位的周转速度，从而能让路上需要停车的车辆快速停车，减少道路占有率，选项D正确。对拥堵路段收费，如对进入城市中心区的车辆收费，从而把驾车者的成本由平均成本提高到边际成本，或是通过征收汽油税的办法，提高所有驾车者的出行成本，来使得他们减少自驾车出行，选项E正确。

2013-090. 下列关于城市道路交叉口常用的改善方法，哪些项是正确的？（　　　）

A. 渠化和拓宽路口　　　　　　B. 错口交叉改为十字交叉

C. 斜角交叉改为正交叉　　　　D. 环形交叉改为多路交叉

E. 合并次要道路，再与主路相交

【答案】ABCE

【解析】考查常用交叉口改善方法的类型记忆。改善的方法主要有：①渠化、拓宽路口、组织环形交叉和立体交叉；②错口交叉改为十字交叉；③斜角交叉改为正交交叉；④多路交叉改为十字交叉；⑤合并次要道路，再与主要道路相交。选项D不属于改善方法的内容，因而选项ABCE正确。

2013-091. 站前广场的基本功能包括（　　　）。

A. 交通　　　　　　　　　　　B. 集会

C. 景观　　　　　　　　　　　D. 防火

E. 商业

【答案】ACE

【解析】考查城市广场的功能的类型记忆。城市广场按照其性质、用途及其在路网中的地位可以分为公共活动广场、集散广场、交通广场、纪念性广场与商业广场等几类。城市中的广场有时兼有多种功能。站前广场综合了轨道交通（包括火车、地铁、轻轨等）、公交车、长途汽车、出租车、私人小汽车及自行车等多种交通方式并在换乘枢纽前供各种车辆停靠以及乘客利用的空间，实现了多种交通方式之间客货流的转换与流动；此外，站前广场还兼有防灾（紧急避难）、环境景观等多种功能，有的还承担着某些商业功能，而且还是体现城市面貌的窗口，因此选项ACE正确。集会不是站前广场的基本功能，选项

B 错误。防火不是防灾，选项 D 错误。

2013-092. 下列关于城市工程管线综合布置原则的表述，哪些是错误的？（   ）

A. 城市各种管线的位置应采用统一的城市坐标系统及标高系统

B. 燃气管道一般不与进入市政综合管沟与其他市政管道共沟敷设

C. 当新建管线与现状管线冲突时，现状管线应避让新建管线

D. 交叉管线垂直净距指上面管道内底（内壁）到下面管道顶（外壁）之间的距离

E. 管线埋设深度指地面到管道底（内壁）的距离

【答案】CD

【解析】选项 ABC 综合考查城市工程管线综合布置的原则的特征理解，AB 正确；根据城市地下工程管线避让原则，新建的让现有的，选项 C 错误。选项 DE 考查城市工程管线综合术语的概念对比，管线垂直净距指两条管线上下交叉敷设时，从上面管道外壁最低点到下面管道外壁最高点之间的垂直距离；管线埋设深度指地面到管到底（内壁）的距离，即地面标高减去管底标高，因而选项 D 错误、选项 E 正确。

2013-093. 下列哪些项不属于可再生能源？（   ）

A. 风能   B. 石油

C. 沼气   D. 煤炭

E. 核能

【答案】BDE

【解析】考查可再生能源和非再生能源的类型记忆。可再生能源包括太阳能、风能、水能、生物质能、海洋能、潮汐能、地热能等，其中沼气属于生物质能，排除选项 AC。非再生能源包括煤、原油、天然气、油页岩、核能等，此题选 BDE。

2013-094. 下列关于城市供电规划的表述，哪些项是正确的？（   ）

A. 大型燃煤发电厂应尽量靠近水源

B. 市区内新建变电站应采用全户外式结构

C. 变电站可以与其他建筑物合建

D. 有稳定冷、热需求的公共建筑区应建设燃气热电冷三联供设施

E. 核电厂限制区半径一般不得小于 3km

【答案】ACD

【解析】选项 AE 考查发电厂布局的特征理解，大型电厂首先应考虑靠近水源，直流供水，选项 A 正确；核电厂厂址要求在人口密度较低的地方，以核电厂为中心，半径 1km 内为隔离区，在隔离区外围，人口密度也要适当，选项 E 错误。选项 BC 考查变电所结构型式选择的概念对比和特征理解，市区内规划新建的变电所（站），宜采用户内式或半户外式结构，选项 B 错误；变电所（站）可与其他建筑物混合建设，或建设地下变电所（站），选项 C 正确。选项 D 考查常识，有稳定冷、热需求的公共建筑区应建设三联供（热、电、冷）设施，选项 D 正确。

2013-095. 下列哪些措施适用于解决资源性缺水地区的水资源供需矛盾？（   ）

A. 调整产业和行业结构，将高耗水产业逐步搬迁

B. 推广城市污水再生利用

C. 推广农业滴灌、喷灌

D. 控制城市发展规模

E. 改进城市自来水厂净水工艺

【答案】 ABC

【解析】 考查解决水资源供需矛盾的措施的特征理解。资源型缺水的对策和措施为开源和节流。编制城市规划，要研究城市的用水构成、用水效率和节水潜力，通过调整产业结构，限制高耗水工业发展，推广使用先进的节水技术、工艺和节水器具，加强输配水管网建设和改造等措施，提高用水效率，减少用水量，因而选项 ABC 正确。

2013-096. 在现状建成区内按照一定标准建设防洪堤，当堤防高度与景观保护发生矛盾时，下列哪些措施可以降低堤顶设计高程？（ ）

A. 扩大堤距　　　　　　　　　　B. 在堤顶设置防浪墙

C. 提高城市排水标准　　　　　　D. 增加城市透水面积

E. 在上游建设具有防洪功能的水库

【答案】 ABE

【解析】 考查防洪堤的特征理解。堤距是指河流两岸堤防的间距，将影响堤顶标高，选项 A 正确。在城市建成区内，可采用在堤顶设置防浪墙的方式降低堤顶标高。在堤顶设置防浪墙属于堤防结构的一种，选项 B 正确。选项 C 属于防洪排涝标准的内容，与本题不符，选项 C 错误。增加城市透水面积与堤顶设计高程的关联不大，选项 D 错误。设计洪水位还与防洪标准、相应洪峰流量、河道断面分析计算有关，在上游建设具有防洪功能的水库会改变相应洪峰流量，选项 E 正确。

2013-097. 下列抗震防灾规划措施中，哪些项是正确的？（ ）

A. 应尽量选择对抗震有利的地段建设

B. 现有未采取抗震措施的建筑应提出加固、改造计划

C. 将河流岸边的绿地作为避震疏散场地

D. 城市生命线工程抗震设防标准应达到一般建筑物水平

E. 合理布置可能产生次生灾害的设施

【答案】 ABE

【解析】 综合考查抗震防灾规划措施的特征理解，选项 ABE 正确。对地震不利的地段包括：软弱土、液化土、河岸和边坡边缘，故河流岸边的绿地不适合作为避震疏散场地，选项 C 错误。生命线工程是指地震发生后，保障紧急救援所需的交通、通信、消防、医疗救护设施和维持居民生活所需的供水、供电等设施，而非抗震设防标准应达到一般建筑物水平，故选项 D 错误。

2013-098. 下列关于城市生态系统物质循环的表述，哪些是正确的？（ ）

A. 城市生态系统所需物质对外界有依赖性

B. 生活性物质远远多于生产性物质

C. 城市生态系统物质既有输入又有输出

D. 城市生态系统的物质循环活泼

E. 物质循环在人为干预状态下进行

【答案】ACE

【解析】考查城市生态系统的物质循环的特征理解。城市生态系统物质循环的特点包括：所需物质对外界有依赖性；物质既有输入又有输出；物质循环过程中产生大量废物；生产性物质远远大于生活性物质；城市生态系统的物质流缺乏循环；物质循环在人为状态下进行，因此选项ACE正确，选项BD错误。

2013-099. 根据《中华人民共和国环境影响评价法》，规划环境影响评价范围包括下列哪些?（   ）

A. 土地利用规划

B. 区域、流域、海域开发规划

C. 工业、农业、水利、交通、城市建设等10类专项规划

D. 环境整治规划

E. 宏观经济规划

【答案】ABC

【解析】考查规划环境影响评价范围的类型记忆。《中华人民共和国环境影响评价法》明确要求对土地利用规划，区域、流域、海域开发规划和工业、农业、畜牧业、林业、能源、水利、交通、城市建设、旅游、自然资源开发等十类专项规划进行环境影响评价，因而选项ABC正确。

2013-100. 下列哪些是实现区域生态安全格局的途径?（   ）

A. 协调城市发展、农业与自然保护用地之间的关系

B. 优化城乡绿化与开放空间系统

C. 制定城市生态灾害防治技术措施

D. 维护生物栖息地的整体共建格局

E. 维护生态过程和人文过程的完整性

【答案】ABCE

【解析】考查区域生态安全格局的构建的特征理解。实现区域生态安全格局的途径包括使用现有各类孤立分布的自保护地，通过尽可能少的投入形成最优的整体空间格局，以保障物种的空间迁徙和保护生物多样性，这不等同于维护生物栖息地的整体共建格局，因而选项D错误，此题选D。

第四节　2014年城乡规划相关知识考试真题

一、单选题（每题四个选项，其中一个选项为正确答案）

2014-001. 下列关于中国古典园林的表述，哪项是错误的?（   ）

A. 按照园林基址的开发方式可分为人工山水园和天然山水园

B. 按照园林的隶属关系可分为皇家园林、私家园林、寺观园林

C. 秦、汉时期的园林主要是尺度较小的私家园林

D. 中国古典造园活动从生成到全盛的转折期是魏、晋、南北朝时期

【答案】C

【解析】考查园林的类型记忆和时期变化，ABD 正确。中国古典园林的生成期（殷、周、秦、汉）以规模宏大的贵族宫苑和皇家宫廷园林为主流，选项 C 错误。

2014-002. 下列关于我国古代宫殿形制发展历史的表述，哪项是错误的？（　　）

A. 周代宫殿的形制为"三朝五门"

B. 汉代首创"东西堂制"

C. 宋代设立了宫殿的"御街千步廊"制度

D. 元代宫殿多用回字形大殿形式

【答案】D

【解析】考查宫殿的时期变化，ABC 正确。元代宫殿喜用工字形殿，选项 D 错误。

2014-003. 下列关于古希腊建筑美学思想风格的表述，哪项是错误的？（　　）

A. 体现人本主义世界观 　　　　　B. 具有强烈的浪漫主义色彩

C. 追求度量和秩序所构成的"美" 　D. 风格特征为庄重、典雅、精致

【答案】B

【解析】考查古典时代古希腊的特征理解。古希腊建筑中体现着严谨的理性精神，追求一般的理想的美，而不是浪漫主义色彩，选项 B 错误。

2014-004. 下列哪项不属于勒·柯布西耶提出的新建筑五点设计原则？（　　）

A. 屋顶花园　　B. 底层架空　　　C. 纵向长窗　　　　D. 自由平面

【答案】C

【解析】考查现代主义的代表记忆。勒·柯布西耶"新建筑五点"原则：底层架空、屋顶花园、自由平面、横向长窗（不是纵向）、自由立面，因而 C 选项错误。

2014-005. 依据国家现行《住宅设计规范》，下列关于住宅建筑套内空间低限面积的表述，哪项是错误的？（　　）

A. 单人卧室为 $6m^2$ 　　　　　　B. 双人卧室为 $10m^2$

C. 卫生间为 $2m^2$ 　　　　　　　D. 起居室为 $12m^2$

【答案】C

【解析】考查住宅建筑设计要点的数字记忆。同 2019-005，根据《住宅设计规范》GB 50096—2011，最低限面积：卫生间为 $2.5 m^2$，选项 C 错误。

2014-006. 下列关于工业建筑中化工厂功能单元的表述，哪项是错误的？（　　）

A. 生产单元：包括车间、实验楼等

B. 动力单元：包括锅炉房、变电间、空气压缩车间等

C. 生活单元：包括宿舍、食堂、浴室等

D. 管理单元：包括办公楼等

【答案】A

【解析】考查工业建筑功能组织的类型记忆，BCD正确。生产单元是直接从事产品的加工装配，车间属于生产单元，但实验楼属于管理单元。因而选项A错误，此题选A。

2014-007. 关于建筑选址与布局的表述，下列哪项是正确的？（　　）

A. 停车库出入口应置于主要道路交叉口

B. 旅游宾馆宜置于风貌保护区

C. 电视台尽可能远离高频发生器

D. 档案馆应尽量远离市区

【答案】C

【解析】综合考查公共建筑场地选址要求的特征理解。停车库避免城市主干道及交叉路，A错误；旅馆要与风景区及周边环境相协调，但应符合保护规划的要求，不宜置于风貌保护区，B错误；电台、电视台应尽可能考虑环境比较安静，并尽可能远离高压架空输电线和高频发生器，选项C正确；档案馆环境安静，不宜建在城市的闹市区，但不是远离市区，D错误。

2014-008. 下列哪项不是确定场地设计标高的主要考虑因素？（　　）

A. 建设项目性质 　　　　　　B. 场地植被状况

C. 交通联系条件 　　　　　　D. 地下水位高低

【答案】B

【解析】考查竖向设计标高的类型记忆。设计标高确定的主要考虑因素：①建设项目性质；②用地不被水淹，雨水能顺利排出。③地下水、地质条件影响。④交通联系的可能性。⑤减少土石方工程量，ACD正确，B是无关选项，此题选B。

2014-009. 下列哪项不属于建筑的空间结构体系？（　　）

A. 折板结构 　　　　　　　　B. 薄壳结构

C. 简支结构 　　　　　　　　D. 悬索结构

【答案】C

【解析】考查空间结构体系类型的类型记忆。建筑的空间结构体系包含网架、薄壳、折板、悬索等结构形式，简支结构属于平面结构体系，选项C符合题意。

2014-010. 下列哪项为一般建筑工程的三大材料？（　　）

A. 木材、水泥、钢材

B. 无机材料、有机材料、复合材料

C. 结构材料、围护和隔绝材料、装饰材料

D. 混凝土材料、金属材料、砖石材料

【答案】A

【解析】考查建筑材料常识的代表记忆。从应用的广泛性及重要性来说，通常将水泥、钢材及木材称为一般建筑工程的三大材料，选项A正确。

2014-011. 南方地区夏季24小时的太阳辐射对(　　)的辐射量最大。

A. 东墙 　　　　B. 屋顶 　　　　C. 西墙 　　　　D. 南墙

【答案】B

【解析】考查建筑组合布局的特征理解。由于南方地区和北方地区相比太阳入射角较大，夏季太阳入射角更高，故屋顶的辐射量最大。

2014-012. 下列关于色彩的表述，哪项是错误的？（　　）

　　A. 色彩的原色纯度最高　　　　　　B. 红、黄、蓝为色光三原色

　　C. 青、品红、黄为色料三原色　　　D. 固有色指的是物体的本色

【答案】B

【解析】考查色彩三原色的类型记忆，ACD正确。色光中存在三种最基本的色光，它们的颜色分别为红色、绿色和蓝色。由此，我们称红、绿、蓝为色光三原色，因而选项B错误。

2014-013. 下列关于建筑设计工作的表述，哪项是错误的？（　　）

　　A. 大型建筑设计可以划分为方案设计、初步设计、施工图设计三个阶段

　　B. 小型建筑设计可以用方案设计阶段代替初步设计阶段

　　C. 施工单位可以根据施工中的具体情况修改设计文件

　　D. 方案设计的编制深度，应满足编制初步设计文件和控制概算的需求

【答案】C

【解析】考查设计工作程序和有关修改设计文件方面的规定的类型记忆和特征理解，ABD正确。依据《建设工程勘察设计管理条例》第二十八条，建设单位、施工单位、监理单位不得修改建设工程勘察、设计文件；确需修改建设工程勘察、设计文件的，应当由原建设工程勘察、设计单位修改。经原建设工程勘察、设计单位书面同意，建设单位也可以委托其他具有相应资质的建设工程勘察、设计单位修改。修改单位对修改的勘察设计、文件中的修改部分承担相应责任，选项C错误，此题选C。

2014-014. 根据实际经验，停车视距与会车视距的比值一般为？（　　）

　　A. 20　　　　　　B. 1.5　　　　　　C. 1.0　　　　　　D. 0.5

【答案】D

【解析】考查行车视距的数字记忆。会车视距＝停车视距×2，因而选项D正确。

2014-015. 在城市道路设计中，支路的车道宽度一般不小于？（　　）m。

　　A. 3. 00　　　　B. 3. 25　　　　　C. 3. 50　　　　　D. 3. 75

【答案】A

【解析】考查机动车道的数字记忆。一般城市主干路小型车车道宽度选用3.50m，大型车车道或混合行驶车道选用3.75m，支路车道最窄不宜小于3.00m，选项A正确。

2014-016. 下列哪项属于城市道路平面设计的内容？（　　）

　　A. 行车安全视距验算　　　　　　　B. 街头绿地绿化设计

　　C. 雨水管干管平面布置　　　　　　D. 人行道铺地图案设计

【答案】A

【解析】考查城市道路平面设计主要内容的类型记忆，同2017-016。对照道路平面设

计的 6 项主要内容，包括进行必要的行车安全视距验算，选项 A 正确。街头绿地绿化设计、人行道铺地图案设计属于景观设计，BD 错误；雨水管干管平面布置属于市政设计，C 错误。

2014-017. 下列关于道路交叉口交通组织方式的表述，哪项是错误的？（ ）
　　A. 无交通管制适用于交通量很小的次要交叉口
　　B. 渠化交通适用于交通量较小的次要交叉口
　　C. 实施交通指挥常用于平面十字交叉口
　　D. 立体交叉适用于交通复杂的异形交叉口
　　【答案】D
　　【解析】考查交叉口交通组织方式的特征理解，ABC 正确。立体交叉适用于快速、有连续交通要求的大交通量交叉口，而渠化交通才适用于交通量较小的次要交叉口、交通组织复杂的异形交叉口，选项 D 错误，此题选 D。

2014-018. 下列关于城市道路平曲线与竖曲线设计的表述，哪项是正确的？（ ）
　　A. 凸形竖曲线的设置主要满足车辆行驶平稳的要求
　　B. 平曲线与竖曲线不应有交错现象
　　C. 平曲线应在竖曲线内
　　D. 小半径曲线应设在长的直线段上
　　【答案】B
　　【解析】综合考查竖曲线分类的概念对比和设置要求的特征理解。凸形竖曲线的设置主要满足视线视距的要求，而满足车辆行驶平稳的要求的是凹形竖曲线，选项 A 错误。城市道路设计时一般希望将平曲线与竖曲线分开设置。如果确实需要重合设置时，通常要求将竖曲线在平曲线内设置，而不应有交叉现象，选项 B 正确、C 错误。竖曲线设置要求应避免将小半径的竖曲线设在长的直线段上，选项 D 错误。

2014-019. 下列关于环形交叉口中心岛设计的表述，哪项是错误的？（ ）
　　A. 主次干路相交的椭圆形中心岛的长轴应沿次干路方向布置
　　B. 中心岛的半径与车辆进出交叉口的交织距离有关
　　C. 中心岛上不应设置人行道
　　D. 中心岛上的绿化不应影响绕行车辆的视距
　　【答案】A
　　【解析】考查环形交叉口中心岛设计的特征理解，BCD 正确。环形交叉口中心岛多采用圆形，主、次干路相交的环形交叉口也可采用椭圆形的中心岛，并使其长轴沿主干路的方向，不是沿次干路方向，选项 A 错误，此题选 A。

2014-020. 城市公共停车设施可分为？（ ）
　　A. 路边停车带和路外停车带
　　B. 路边停车带和路外停车场
　　C. 露天停车场和封闭式停车场
　　D. 路边停车带、露天停车场和封闭式停车场

【答案】B

【解析】考查城市公共停车设施分类的类型记忆。城市公共停车设施可分为路边停车带和路外停车场，选项 B 正确。不存在路外停车带这种说法，选项 A 错误。从停车场的形式来看，可以分为封闭式、半封闭式和露天三种形式停车场，而城市公共停车场和建筑物配建停车场是停车场从规划管理方式来看的另一种分类，露天停车场和封闭式停车场与城市公共停车设施不可混为一谈，选项 CD 错误。

2014-021. 下列哪项不是错层式（半坡道式）停车库的特点？（   ）

A. 停车楼面之间用短坡道相连

B. 停车楼面采用错开半层的两段或三段布置

C. 行车路线对停车泊位无干扰

D. 用地较为节省

【答案】C

【解析】考查机动车停车库的特征理解。错层式是由直坡道式发展而形成的，停车楼面分为错开半层的两段或三段楼面，楼面之间用短坡道相连，因而大大缩短了坡道长度，坡度也可适当加大。错层式停车库用地较节省，单位停车面积较少，但交通路线对部分停车位的进出有干扰，建筑外立面呈错层形式，因而选项 ABD 正确，选项 C 错误，此题选 C。

2014-022. 站前广场的主要功能是？（   ）。

A. 集会　　　B. 交通　　　　C. 商业　　　　D. 休憩

【答案】B

【解析】考查站前广场的功能的类型记忆。站前广场的功能是多方面的，但最主要的是其交通功能，故选 B。

2014-023. 下列哪项不属于城市轨道交通线网规划的主要内容？（   ）

A. 确定线路大致的走向和起讫点　　　B. 确定换乘车站的功能定位

C. 确定联络线的分布　　　　　　　　D. 确定车站规模

【答案】D

【解析】考查线网规划布局主要内容的类型记忆，同 2018-015，对照 5 点主要内容，线网规划不需要考虑车站的具体设计，此题选 D。

2014-024. 下列关于城市供水规划内容的表述，哪项是正确的？（   ）

A. 非传统水资源包括污水、雨水，但不包括海水

B. 城市供水设施规模应按照平均日用水量确定最高日用水量

C. 划定城市水源地保护区范围是供水总体规划阶段的内容

D. 城市水资源总量越大，相应的供水保证率越高

【答案】C

【解析】选项 A 考查解决水资源供需矛盾的措施的特征理解，非传统水资源是指江河水系和浅层地下含水层中的淡水资源之外的水资源，包括雨水、污水、微咸水、海水等，故选项 A 错误。选项 B 考查城市用水量的概念对比，城市供水工程规划中，城市供水设

施应该按最高日用水量配置，故选项 B 错误。选项 C 考查城市供水工程规划的主要内容的特征理解，总体规划阶段，供水工程规划的主要内容包括划定城市水源保护区范围，提出水源保护措施，因而选项 C 正确。选项 D 考查供水条件的特征理解，城市水资源总量越大，相应的保证率就越小，选项 D 错误。

2014-025. 下列关于城市排水系统规划内容的表述，哪项是错误的？（　　）

A. 重要地区雨水管道设计宜采用 0.5~1 年一遇重现期标准

B. 道路路面的径流系数高于绿地径流系数

C. 为减少投资，应将地势较高区域和地势低洼区划在不同的雨水分区

D. 在水环境保护方面，截流式合流制与分流制各有利弊

【答案】 A

【解析】 选项 ABC 考查雨水排放的排水分区划分及水力计算的特征理解。根据《城乡排水工程项目规范》GB 55027—2022，中心城区的重要地区雨水管渠设计重现期，在中等城市和小城市为 3~5 年，在超大城市、特大城市和大城市为 5~10 年，选项 A 错误。影响径流系数的因素有地面渗水性、植物和洼地的截流量、集流时间和暴雨雨型等，道路路面的径流系数高于绿地径流系数，选项 B 正确。雨水排水分区原则讲究高水高排，低水低排，避免将地势较高、易于排水的地段与低洼区划分在同一排水分区，选项 C 正确。选项 D 考查合流制和分流制优缺点比对，在环境影响方面，合流制与分流制各有利弊，选项 D 正确。

2014-026. 下列关于城市供电规划内容的表述，哪项是正确的？（　　）

A. 容载比过大将使电网适应性变差

B. 单位建筑面积负荷指标法是总体规划阶段常用的负荷预测方法

C. 城市供电系统包括城市电源、输电网和配电网

D. 城市管道可以布置在 220kV 供电架空走廊下

【答案】 C

【解析】 综合考查城市供电工程规划的特征理解。容载比过大将使电网建设投资增大，电能成本增加；容载比过小将使电网适应性差，调度不灵，甚至发生"卡脖子"现象，选项 A 错误。单位建筑面积负荷指标法是详细阶段常用负荷预测方法，B 选项错误。城市供电系统分为城市电源、送电网（输电网）、配电网，故选项 C 正确。220kV 供电架空走廊下不得布置城市管道，以免管道物质挥发造成灾害，D 选项错误。

2014-027. 下列关于城市燃气规划内容的表述，哪项是正确的？（　　）

A. 液化石油气储配站应尽量靠近居民区

B. 小城镇应采用高压三级管网系统

C. 城市气源应尽可能选择单一气源

D. 燃气调压站应尽可能布置在负荷中心

【答案】 D

【解析】 综合考查气源选择和输配系统规划的特征理解。液化石油气储配站属于甲类火灾危险性企业，站址应选择在城市边缘，与服务站之间的平均距离不宜超过 10km，故

选项 A 错误。三级管网适用于特大城市，故选项 B 错误。将在规划期内可以稳定供应的燃气来源作为城市主气源；在城市存在多种燃气气源联合供气的情况下，应考虑城市各种燃气互换性或确定合理的混配燃气方案，故选项 C 错误。调压站应尽量布置在负荷中心，因而选项 D 正确。

2014-028. 下列关于城市环卫规划的表述，哪项是正确的？（　　　）

    A. 医疗垃圾可以与生活垃圾混合进行填埋处理

    B. 固体废物处理应考虑减量化、资源化、无害化

    C. 生活垃圾填埋场距大中城市规划建成区不应小于 3km

    D. 万元产值法常用于生活垃圾产生量预测

【答案】B

【解析】综合考查城市固体废物处理原则和处理方式的特征理解、生活垃圾填埋场的数字记忆、城市固体废物量预测方法的特征理解，同 2019-025 解析。医疗垃圾属于危险固体废物，危险固体废物应采用焚烧方式，选项 A 错误。固体废物处理的总原则应优先考虑减量化、资源化，尽量回收利用，无法回收利用的固体废物或其他处理方式产生的残留物进行最终无害化处理，选项 B 正确。生活垃圾填埋场距大、中城市规划建成区应大于 5km，而不是 3km，选项 C 错误。万元产值法常用于工业固体废物产生量预测，常用的生活垃圾产生量预测方法是人均指标法和增长率法，选项 D 错误。

2014-029. 下列关于城市通信工程规划内容的表述，哪项是错误的？（　　　）

    A. 研究确定城市微波通道

    B. 架空电话线可与电力线合杆架设，但是要保证一定的距离

    C. 确定电信局的位置和用地面积

    D. 不同类型的通信管道分建分管是目前国外通信行业发展的主流

【答案】D

【解析】综合考查城市通信工程规划的主要内容、架空电话线路的设置和管道建设发展趋势的特征理解。总体规划阶段要确定城市电信局数量、规模及面积，确定城市微波通道等，详细规划阶段要落实总体规划在规划区内布置的通信设施，选项 AC 正确。架空电话线路不应与电力线路、广播明线线路合杆架设；如果必须与 1~10kV 电力线合杆时，电力线与电信电缆之间的距离不应小于 2.5m；与 1kV 电力线合杆时，电力线与电信电缆之间的距离不应小于 1.5m，选项 B 正确。不同类型的通信管道应该集中建设，集约使用，管道费用差异化管理，选项 D 错误，因而此题选 D。

2014-030. 下列哪项属于城市蓝线？（　　　）

    A. 城市变电站用地边界线   B. 城市道路边界线

    C. 文物保护范围界线   D. 城市湿地控制线

【答案】D

【解析】考查城市蓝线的特征理解。《城市蓝线管理办法》第二条规定，本办法所称城市蓝线，是指城市规划确定的江、河、湖、库、渠和湿地等城市地表水体保护和控制的地域界线，因而选项 D 正确。选项 A 属于城市黄线，选项 B 为道路红线，选项 C 属于城市

紫线。

2014-031. 下列关于城市工程管线综合规划的表述，哪项是正确的？（　　）
　　A. 管线交叉时，自流管道应避让压力管道
　　B. 布置综合管廊时，燃气管通常与电力管合舱敷设
　　C. 管线覆土深度指地面到管顶（外壁）的距离
　　D. 工程管线综合主要考虑管线之间的水平净距
　　【答案】C
　　【解析】选项 ABD 综合考查城市工程管线综合布置的原则的特征理解。根据城市地下工程管线避让原则，压力管让自流管，故选项 A 错误。根据城市工程管线共沟敷设原则，热力管不应与电力、通信电缆和压力管道共沟，故选项 B 错误。综合布置管线时，应考虑管线之间或管线与建筑物、构筑物之间的水平距离，除了要满足技术、卫生、安全等要求外，还必须符合国防的有关规定，故选项 D 错误。选项 C 考查城市工程管线综合术语的概念对比，管线覆土深度指地面到管道顶（外壁）的距离，选项 C 正确。

2014-032. 下列关于城市用地竖向规划的表述，哪项是错误的？（　　）
　　A. 总体规划阶段需要确定防洪排涝及排水方式
　　B. 纵横断面法多用于地形不太复杂地区
　　C. 地面规划形式包括平坡、台阶、混合三种形式
　　D. 台地的长边应平行于等高线布置
　　【答案】B
　　【解析】综合考查城市用地竖向工程规划内容与深度、城市用地竖向工程规划方法和城市用地台地划分的特征理解，选项 ACD 正确。城市用地竖向工程规划的设计方法，一般采用高程箭头法、纵横断面法、设计等高线法等，其中，纵横断面法多用于地形比较复杂地区的规划，因而选项 B 错误。

2014-033. 在详细规划阶段，防灾规划的主要任务是？（　　）
　　A. 研究城市灾害类型
　　B. 确定城市设防标准
　　C. 提出防灾措施
　　D. 落实总体规划确定的防灾设施位置和用地
　　【答案】D
　　【解析】考查城市防灾规划的内容的特征理解，同 2019-029。详细规划阶段，需要在规划中落实的防灾内容有：（1）总体规划布置的防灾设施位置、用地；（2）按照防灾要求合理布置建筑、道路，合理配置防灾基础设施，因而选项 D 正确。

2014-034. 承担危险化学物品事故处置的主要消防力量是？（　　）
　　A. 航空消防站　　　　　　　　　B. 陆上普通消防站
　　C. 特勤消防站　　　　　　　　　D. 水上消防站
　　【答案】C
　　【解析】考查城市消防站分类的特征理解。特勤消防站除一般性火灾扑救外，还要承

担高层建筑火灾扑救和危险化学物品事故处置的任务，因而选项 C 正确。

2014-035. 城市排涝泵站排水能力确定与下列哪项因素无关？（　　）

　　A. 排涝标准　　　　　　　　　B. 服务区面积

　　C. 服务区平均地面高程　　　　D. 服务区内水体调蓄能力

【答案】C

【解析】考查排涝泵站的特征理解。排涝泵站规模（即排水能力）根据排涝标准、服务面积和排水分区内水体调蓄能力确定，选项 ABD 均有关，因而此题选 C。

2014-036. 通过控制地下水开采量，可以有效地防治下列哪类地质灾害？（　　）

　　A. 滑坡　　　　　　　　　　　B. 崩塌

　　C. 地面塌陷　　　　　　　　　D. 地面沉降

【答案】D

【解析】考查地质灾害防治的特征理解。地面沉降，成因多种多样，例如地壳运动、地下矿藏开采、地下水开采等，因此通过控制地下水开采量，可以有效防止地面沉降，选项 D 正确。

2014-037. 下列有关地震烈度的表述，哪项是错误的？（　　）

　　A. 地震烈度是反映地震对地面和建筑物造成破坏的指标

　　B. 地震烈度与震级具有一一对应关系

　　C. 我国地震烈度区划图是各地确定抗震设防烈度的依据

　　D. 在抗震设防区一般建设工程应按地震基本烈度设防

【答案】B

【解析】考查地震强度与灾害形式的特征理解，选项 ACD 正确。地震烈度与地质条件、距震源距离、震源深度等多种因素有关。同一次地震，主震震级只有一个，而烈度在空间上呈现明显差异，因而选项 B 错误，此题选 B。

2014-038. 在数据库管理系统中，某个数据表有 20 个字段，1000 条记录，如果只选择其中符合某条件的 200 条记录的 5 个字段，应进行哪项操作？（　　）

　　A. 投影＋选择　　　　　　　　B. 选择

　　C. 投影　　　　　　　　　　　D. 选择＋删除列

【答案】A

【解析】考查数据库管理系统的特点的特征理解。去除关系表的某些部分的操作，包括选择和投影，前者去除某些元组，后者则用于除去某些属性，故选项 A 正确。选择、投影、选择＋删除列说法都较为片面，选项 BCD 错误。

2014-039. 在因特网中，能够定位一份文档或数据（如主机中一个文件）的是？（　　）

　　A. 邮件地址　　　　　　　　　B. IP 地址

　　C. 域名　　　　　　　　　　　D. 通用资源标识符

【答案】D

【解析】考查互联网技术的特征理解。通用资源标识符，用于定位因特网上的文档或数据资源，故选项 D 正确。

2014-040. 下面哪种空间关系属于拓扑关系？（　　）

    A. 远近　　　　　B. 包含　　　　　C. 南北　　　　　D. 角度

【答案】B

【解析】拓扑关系指满足拓扑几何学原理的各空间数据间的相互关系。即用结点、弧段和多边形所表示的实体之间的邻接、关联、包含和连通关系，因而选项 B 正确。

2014-041. 下面哪项空间分析结果受地图比例尺影响最大？（　　）

    A. 抛物线长度　　　　　　　　B. 面状地物面积

    C. 两点间距离　　　　　　　　D. 两点间方向

【答案】B

【解析】考查空间数据的特征理解。一般情况下，地图比例尺越大误差越小，图上测量精度越高。地图比例尺影响地图内容的详细程度。面状地物面积受地图比例尺相对影响最大，故选项 B 正确。

2014-042. 在城市人口疏散规划中，通常采用下列哪种分析方法？（　　）

    A. 网络分析　　　　　　　　B. 栅格分析

    C. 缓冲区分析　　　　　　　D. 叠加分析

【答案】A

【解析】考查地理信息的分析的特征理解。网络分析是 GIS 典型的网络分析功能。危机状况下人口的疏散也是网络分析的应用之一，因而选项 A 正确。栅格分析主要用于坡度、坡向、日照强度的分析，故选项 B 错误。缓冲区分析主要是用来解决邻近度问题的空间分析工具之一，故选项 C 错误。叠加分析也是格网分析的一种。主要用于一些专业模型计算得到相应专题信息，如大气污染的空间扩散，也通常采用栅格的途径实现，故选项 D 错误。

2014-043. 如图所示，为了计算道路红线拓展涉及的房屋拆迁面积，需要利用下列哪项空间分析方法组合？（　　）

    A. 叠合分析＋邻近分析＋几何量算

    B. 叠合分析＋网络分析＋格网分析

    C. 几何量算＋邻近分析

    D. 网络分析＋几何量算＋叠合分析

【答案】A

【解析】考查地理信息的分析的特征理解。对红线扩展之后涉及的房屋拆迁面积进行量算，需要通过以下三个步骤：通过邻近分析得出涉及的包络区；再对地形图上的房屋建筑进行叠合分析；最后进行几何量算，选项 A 正确。其他几个选项用排除法来看，首先，需分析计算的是道路红线同现行地貌图的叠合部分面积，肯定需要叠合分析，排除 C。几何量算计算不规则图形的边长、面积，不规则地形的填挖方量等，需计算的图形不规则，需要几何量算法，排除 B。网络分析主要是选择最佳路径和选择最佳布局中心的位置，邻近分析研究的是某特定要素对其周围环境所产生作用以及影响的空间范围等，所以本题选邻近分析，故选项 D 错误。

2014-044. 下列关于遥感数据在城市规划研究中应用的表述，哪项是错误的？（　　）

  A. 遥感数据可以用于监测城市大气污染

  B. 遥感数据可以直接获取地物的社会属性

  C. 气象卫星数据可以用于监测城市热岛效应

  D. 高分辨率影像可以用于分析城市道路交通状况

  【答案】B

  【解析】 综合考查常用遥感图像和遥感信息在城市规划中的典型用途举例的特征理解，选项 ACD 正确。城市规划中需要获取地物的社会属性，但靠遥感数据只能获取范围等，社会属性主要还得靠实地调查得到，因此 B 选项错误，此题选 B。

2014-045. 下列哪项几何遥感影像数据适用于林火监测？（　　）

  A. Landsat TM 影像   B. SPOT HRV 数据

  C. 风云气象卫星影像   D. MODIS 影像

  【答案】C

  【解析】 综合考查常用遥感图像的特征理解。风云气象卫星影像会提供空前准确的数据，其中包括温度、湿度、风速、海洋风向、臭氧和痕量气体，为全球天气预测和气候监测，准确地对天气情况进行预测并可 以预防频发的恶劣天气情况，因而选项 C 正确。Landsat TM 影像主要针对图像扫描的处理，故选项 A 错误。SOPT HRV 数据在制图、虚拟现实等许多领域能得到广泛的应用，故选项 B 错误。MODIS 影响属于高光谱遥感卫星影像，可用于地物波谱测量和成像、海平水包安素测量及大气水汽、气溶胶、云参软调量等，故选项 D 错误。

2014-046. 下列哪项研究内容是城市经济学的主要研究内容？（　　）

  A. 市场的供求平衡   B. 政府的运行效率

  C. 经济的稳定增长   D. 土地利用的空间结构

  【答案】D

  【解析】 考查城市经济学具体研究内容的特征理解。城市经济学主要表现在对经济活动空间关系的分析，由于这种分析是基于对土地市场的分析，所以城市经济学的前身又被看作是土地经济学。城市内部空间结构理论是城市经济学的核心理论，以土地市场中的资源配置机制推导出了城市经济活动的空间分布规律。选项 D 正确。

2014-047. 下列哪项是经济学研究的核心问题？（　　）

  A. 资源配置效率   B. 社会公平程度

  C. 公众行为规范   D. 政府组织在结构

  【答案】A

  【解析】 考查城市经济学学科性质的特征理解，同 2017-047。由于经济学研究的核心问题是市场中的资源配置问题，所以城市经济学也是以城市中最稀缺的资源——土地资源的分配问题开始着手，因而选项 A 正确。

2014-048. 下列哪项政府行为有利于控制城市中的外部性？（   ）

　　A. 投资改善城市交通　　　　　　B. 对排污企业征收污染费

　　C. 制定最低工资法　　　　　　　D. 完善社会福利制度

　　【答案】B

　　【解析】考查正负外部性的特征理解。城市中环境污染问题就是典型的外部负效应。简单来说，政府鼓励企业改善环境，限制污染环境便有利控制城市中的外部性，因而选项B正确。

2014-049. 根据城市经济学基本原理，下图中哪个城市规模是最佳规模？（   ）

　　A. N_0　　　　　　　　　B. N_1

　　C. N_2　　　　　　　　　D. N_3

　　【答案】C

　　【解析】考查均衡规模与最佳规模的特征理解。边际成本与边际收益相等的点（N_2）对应的城市规模为最佳规模，因而选项C正确。

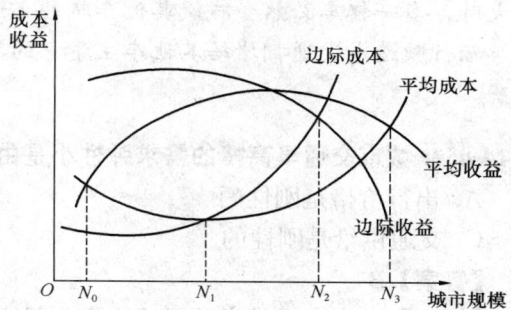

2014-050. 下列哪项是单中心城市中住房面积从中心向外递增的原因？（   ）

　　A. 建筑高度递减　　　　　　　　B. 交通成本递减

　　C. 住房价格递减　　　　　　　　D. 日用消费价格递减

　　【答案】B

　　【解析】考查交通、住房、生活品替代的特征理解。居民向外搬迁，交通成本递增而单位住房价格递减，居住面积不变减少居住支出以补贴交通支出；居民搬迁后单位面积住房价格下降导致边际效用上升，使居民再次减少生活品支出补贴住房支出，增加住房面积。因而根本原因是因为交通成本递增，选项B正确。

2014-051. 在市场中，下列哪项变化会导致资本密度上升？（   ）

　　A. 利率上升　　　　　　　　　　B. 地价上升

　　C. 工资上升　　　　　　　　　　D. 建筑技术提高

　　【答案】B

　　【解析】考查替代效应与土地利用强度的特征理解。单位土地上投入的资本量称为资本密度，地价上升必然带来土地上投入的资本量上升，从而导致资本密度上升，选项B正确。

2014-052. 根据城市经济学理论，下列哪项因素会引发城市的郊区化？（   ）

　　A. 城市人口增长　　　　　　　　B. 城市产业升级

　　C. 交通成本上升　　　　　　　　D. 收入水平上升

　　【答案】D

　　【解析】考查导致城市空间扩展的两种理论情况的特征理解。地租曲线斜率变化导致的城市空间扩展是郊区化的现象，城市交通的改善带来的交通成本下降和城市居民收入的上升是引发郊区化现象的原因，因而选项 C 错误、选项 D 正确。选项 AB 也可能导致城市空间扩展，但是由城市地租曲线平行上移引发的不是郊区化现象，故排除。

2014-053. 下列哪项是外部负效应导致的结果？（　　）

    A. 零售业集聚形成商业中心　　　　　B. 工业企业扩大生产规模

    C. 小企业集聚形成产业集群　　　　　D. 道路上车辆过多造成交通拥堵

【答案】D

【解析】考查外部效应的特征理解。外部负效应是指某项经济活动使其他人受损，而受损者无法得到任何补偿。选项 ABC 的经济活动并未使其他人受损，故排除。当交通量很大时，多一辆车必然会减缓其他车辆的车速，增加其他车辆的行驶时间成本，即由于自己车辆行驶造成交通拥堵给其他车主带来的额外费用，是外部负效应导致的结果，选项 D 正确。

2014-054. 城市交通早高峰的需求弹性小是由于（　　）。

    A. 出行价格是刚性的　　　　　　　　B. 上班时间是刚性的

    C. 交通供给是刚性的　　　　　　　　D. 就业中心是刚性的

【答案】B

【解析】考查交通供求时间不均衡的解决措施的特征理解。大城市中的交通拥堵有一个明显的特征，就是存在着两个拥堵的高峰时段，即早高峰和晚高峰，发生在早晨的上班时间和晚上的下班时间。由于大部分人的上班时间具有刚性，所以需求曲线的弹性较小，因而选项 B 正确。

2014-055. 大城市采用公共交通的合理性在于（　　）。

    A. 初始成本低　　　　　　　　　　　B. 平均成本低

    C. 时间成本低　　　　　　　　　　　D. 价格低

【答案】B

【解析】考查公共交通的合理性表现的特征理解。随着客流量的增加，交通工具运行的平均成本是下降的，但不同的交通方式初始成本不同，平均成本下降的速度也不同。城市越大，公共交通的平均成本就越低，优越性就会越加显示出来，因而选项 B 正确。

2014-056. 下列哪项税收可以同时实现公平与效率两个目标？（　　）

    A. 增值税　　　　　　　　　　　　　B. 所得税

    C. 消费税　　　　　　　　　　　　　D. 土地税

【答案】D

【解析】考查"单一土地税"理论的特征理解。征收土地税既可以实现社会公平，也可以减少土地闲置，提高土地的利用效率，是一种可以同时达到公平与效率两个目标的方法，因而选项 D 正确。

2014-057. 居民"用脚投票"来选择公共品会形成下列哪种社区？（　　）

    A. 收入相同社区　　　　　　　　　　B. 年龄相同社区

    C. 消费偏好相同社区　　　　　　　　D. 教育水平相同社区

【答案】C

【解析】考查"用脚投票"的特征理解。"用脚投票"可以实现比"用手投票"更高的经济效率，消费者可以根据自己的偏好来选择购买哪一家的产品，因此形成消费偏好相同的社区，因而选项 C 正确。

2014-058. 下列关于城市空间分布地理特征的表述，哪项是错误的？（　　）

A. 世界大城市分布向中纬度地带集中

B. 中国的城市分布向沿海低海拔地区集中

C. 世界多数国家城市空间分布属于典型的集聚分布

D. 中国小城市分布具有明显的均衡分布特征

【答案】D

【解析】考查城市空间分布地理特征的特征理解，选择 ABC 正确。城市的空间分布具有典型的不均匀性，且中国的城市分布具有明显的东密西疏的整体性空间特征，选项 D 错误。

2014-059. 下列关于城镇化的表述，哪项是错误的？（　　）

A. 区域城镇化水平与经济水平之间呈对数相关关系

B. 工业化带动城镇化是近现代城镇化快速推进的一个重要特点

C. 发展中国家的城镇化已经构成当今世界城镇化的主体

D. 当代发展中国家的城镇化速度低于发达国家的城镇化速度

【答案】D

【解析】考查当代世界城镇化特点的特征理解，选项 ABC 正确。发展中国家的城镇化已构成当今世界城镇化的主体，选项 D 错误，此题选 D。

2014-060. 从城镇化进程与经济社会发展之间是否同步的角度，可以将城镇化分为？（　　）

A. 积极型城镇化与消极型城镇化　　　B. 向心型城镇化与离心型城镇化

C. 外延型城镇化与飞地型城镇化　　　D. 新型城镇化与旧型城镇化

【答案】A

【解析】考查城镇化现象的空间类型的特征理解。从城镇化进程与经济社会发展之间是否同步的角度，可以考查城镇化的发展效果，可以分为积极型城镇化与消极型城镇化两种类型，因而选项 A 正确。选项 B 是以大城市为中心来考查城镇化现象，选项 C 是按照城市扩展形式的不同来划分的。选项 D 的新型城镇化是我国的政策概念，没有旧型城镇化的说法。

2014-061. 下列哪项不属于世界城市体系的主要层次？（　　）

A. 全球城市　　　　　　　　　　　　B. 具有全球服务功能的专业化城市

C. 有较高国际性的生产和装配城市　　D. 具有世界自然与文化遗产的城市

【答案】D

【解析】考查世界城市体系的类型记忆。世界城市体系的层次包括：①全球城市：为范围非常大的全球性领土服务，如伦敦、巴黎、纽约、东京；②亚全球城市：在某些专业化服务（银行业务、时装、文化、媒体等）中发挥全球性服务功能，如欧洲的"商业首都"米兰、巴塞罗那，以及发达大国的一些主要城市等；③有较高国际性的大量具体进行生产和装配的城市，如大多数发展中国家的大城市，选项ABC均属于，此题选D。

2014-062. 下列关于城市地域概念的表述，哪项是错误的？（ ）

A. 城市建成区是城市研究中最基本的城市地域概念

B. 区域经济社会越发达，城市地域的边界越模糊

C. 城市实体地域一般比功能地域大

D. 随着城市的发展，城市实体地域的边界是动态变化的

【答案】C

【解析】考查城市地域类型的特征理解，选项ABD正确。城市功能地域一般比实体地域要大，包括了连续的建成区外缘以外的一些城镇和城郊，也可能包括一部分乡村地域，选项C错误，此题选C。

2014-063. 下列关于城市经济活动的基本部分与非基本部分比例关系（B/N）的表述，哪项正确的？（ ）

A. 综合性大城市通常B/N大

B. 专业化程度低的城市通常B/N大

C. 地方性中心城市通常B/N小

D. 大城市郊区开发区通常B/N小

【答案】C

【解析】考查城市的基本—非基本理论的特征理解。城市越大，城市内部各种经济活动之间的依存关系越密切，城市内的交换量越多，城市居民对各种消费和服务的要求也越高，通常B/N小，选项A错误。大城市郊区开发区可以依附于母城，从母城取得本身需要的大量服务，非基本部分就可能较小，B/N大，因而选项D错误。在规模相似的城市，B/N也会有差异，专业化程度高的城市B/N大，而地方性的中心一般B/N小，选项B错误，选项C正确。

2014-064. 在克里斯塔勒中心地理论中，下列哪项不属于支配中心地体系形成的原则？（ ）

A. 交通原则

B. 市场原则

C. 行政原则

D. 就业原则

【答案】D

【解析】考查克里斯塔勒中心地体系原则的类型记忆，支配中心地体系形成的三个原则：市场原则、交通原则、行政原则，此题选D。

2014-065. 下列哪项规划建设可以用增长极理论来解释？（ ）

A. 开发区建设

B. 旧城改造

C. 新农村建设

D. 风景名胜区保护

【答案】A

【解析】考查增长极理论的特征理解。增长极是否存在决定于有无发动型工业，选项BCD排除；开发区建设也符合增长极理论的边缘效应，因而选项A正确。

2014-066. 下列哪种方法适用于城市吸引范围的分析？（   ）

    A. 回归分析　　　　　　　　　　B. 潜力分析

    C. 聚类分析　　　　　　　　　　D. 联合国法

    【答案】B

    【解析】考查城市吸引范围分析方法的类型记忆。城市吸引范围的分析理论的方法有断裂点公式和潜力模型两种，因而选项 B 正确。选项 AD 用于区域城镇化水平预测。选项 C 聚类分析是将物理或抽象对象的集合分组为由类似的对象组成的多个类的分析过程。

2014-067. 下列关于城市社会学各学派的描述，哪项是错误的？（   ）

    A. 芝加哥学派创建了古典城市生态学理论

    B. 哈维是马克思主义学派的代表人物

    C. 全球化是信息化城市发展的重要动力

    D. 政治经济学无法应用于城市空间研究

    【答案】D

    【解析】综合考查城市社会学的主要理论的特征理解和代表记忆，选项 ABC 正确。城市空间政治经济学理论反映了第二次世界大战后西方城市社会变化的现实，对于城市社会学理论的发展作出了重要贡献，而且列斐伏尔认为城市空间是政治的，是资本主义的产物，应该考虑一种在资本主义社会里空间被生产以及生产过程中矛盾是如何产生的理论，因而选项 D 错误，此题选 D。

2014-068. 下列关于社会调查方法的表述，哪项是错误的？（   ）

    A. 部门访谈和针对居民个体的深度访谈在访谈方法上有一定的差别

    B. 质性方法和定性方法是两回事

    C. 质性方法强调在访谈过程中建构研究者的理论

    D. 问卷调查方法有抽样的要求和数量要求

    【答案】B

    【解析】综合考查质性研究方法和问卷调查方法的特征理解，选项 ACD 正确。定性方法是根据社会现象或事物所具有的属性和在运动中的矛盾变化，从事物的内在规定性来研究事物的一种方法或角度，质性研究方法是属于定性研究的一种，选项 B 错误，此题选 B。

2014-069. 下列关于城市人口结构的描述，哪项是正确的？（   ）

    A. 人口性别比与城市或区域的发展没有关系

    B. 人口的素质结构一直未有合适的指标和数据来度量

    C. 一个地区社会的老龄化程度与少年儿童的比重有关

    D. 人口普查中的行业人口是按就业地进行统计的

    【答案】C

    【解析】综合考查城市人口结构的特征理解。较高的出生人口性别比反映了区域不同程度的"重男轻女"的陋习衡量，选项 A 错误。衡量人口素质的指标包括：PQLI 指数，即人口素质指数；ASHA 指数，反映社会经济水平在满足人民基本需要方面的成就；

HDI 指数，即人类发展指数，选项 B 错误。人口老龄化程度或人口老化程度有很多指标，较常用的包括：老龄人口比重、高龄人口比重、老少比、少年儿童比重、年龄中位数、少年儿童抚养比和老年人口抚养比，因而选项 C 正确。普查人口是按照居住所在地进行统计的，因此，它反映的是城市的居住人口状况，选项 D 错误。

2014-070. 我国东部地区某城市，按第六次人口普查数据，60 岁以上人口占总人口的比重为 13%；而按 2010 年本市公安系统提供的户籍数据，60 岁以上人口占总人口的比重为 21%。以下哪项对上述现象的解读有误？（　　）

    A. 不同的人口统计口径造成上述结果差异

    B. 比较而言，户籍人口的老年负担系数更大

    C. 外来人口总体带眷系数大

    D. 外来人口延缓了人口老龄化进程

【答案】C

【解析】综合考查城市人口结构的特征理解。第六次人口普查针对户籍人口、流动人口等；而公安系统中的主要是户籍人口，因而选项 AB 正确。从年龄结构上看，普查的老年人口比重小于户籍的老年人口比重，说明流动人口的加入在一定程度上延缓了城市的老龄化步伐，且流动人口以青壮年为主，他们的带眷系数较小，因而选项 D 正确、选项 C 错误。

2014-071. 下列关于流动人口的表述，哪项是正确的？（　　）

    A. 按照第六次人口普查数据，"常住人口"包括了在当地居住一定时间的外来人口

    B. 就近年我国的情况而言，每个行业的流动人口的性别比都大于 100

    C. 公安系统的"暂住人口"与人口普查中的"迁移人口"采用了统一的统计标准

    D. 一般意义上，一个城市的"流动人口"数量既包括了流入人口数量，也包括了流出人口数量

【答案】D

【解析】考查流动人口的人口学特征的特征理解，选项 D 正确。第六次全国人口普查使用的常住人口＝户口在本辖区人也在本辖区居住＋户口在本辖区之外但在户口登记地半年以上的人＋户口待定（无户口和口袋户口）＋户口在本辖区但离开本辖区半年以下的人，选项 A 错误。流动人口总体上以男性为主，但并非每个行业的流动人口的性别比都大于 100，选项 B 错误。公安系统中采用的户籍统计，而人口普查采用的是居住地统计，有不同的统计标准，选项 C 错误。

2014-072. 市场转型时期中国大城市内部空间结构模式的特点表现为（　　）。

    A. 差异性大于相似性   B. 城乡接合部绅士化

    C. 城市中心区衰落   D. 单位社区的强化

【答案】A

【解析】考查中国城市内部空间结构模式特点的特征理解。市场转型时期中国城市内部空间结构模式复杂得多，差异性大于相似性，带有多中心结构的特点，整体上表现出明显的异质性特征，选项 A 正确。

2014-073. 下列关于社区归属感的表述，哪项是错误的？（　　）

A. 近年学术界讨论热烈的"门禁社区"也存在归属感

B. 社会现代化水平的提高一定程度上削弱了社区归属感

C. 归属感在实体社区和虚拟社区中都扮演了重要角色

D. 现代社会中，城市社区的空间区位会影响归属感

【答案】D

【解析】考查社区归属感的特征理解，选项ABC正确。社区归属感的影响因素有：居民对社区生活条件的满意程度、居民的社区认同程度、居民在社区内的社会关系、在社区内的居住年限，随着城市建设的发展，社区空间区位变迁会影响居民归属感，但可通过现代网络的社区互动增强归属感；因而选项D错误，此题选D。

2014-074. 下列哪项不是城市规划公众参与的要点？（　　）

A. 发挥各种非政府组织的作用并重视保障其利益

B. 强调政府的权力主导和规划的空间调控属性

C. 强调市民社会的作用

D. 重视城市管治和协调思路的运用

【答案】B

【解析】考查城市规划公众参与的要点的特征理解。城市规划公众参与要点包括：重视城市管制和协调思路的运用；强调市民社会的作用；发挥各种非政府组织的作用并重视保障其利益，排除选项ACD，此题选B。

2014-075. 下列关于生物与生物之间关系的表述，哪项是错误的？（　　）

A. 种群是物种存在的基本单元

B. 群落是生态系统中有生命的部分

C. 生物个体与种群既相互联系又相互区别

D. 群落一般保持稳定的外貌特征

【答案】D

【解析】综合考查种群和群落的特征理解，选项ABC正确。群落具有发展和演变的动态特征，在随时间的变化过程中，生物群落经常改变其外貌，并具有一定的顺序状态，选项D错误，此题选D。

2014-076. 下列关于城市生态系统基本特征的表述，哪项是正确的？（　　）

A. 绿色植物和动物在城市中占主体地位

B. 城市中的山体、河流和沼泽等的形态与功能发生了巨大变化

C. 城市生态系统是流量大、容量大、密度高、运转快的封闭系统

D. 通过自然调节维持系统的平衡

【答案】B

【解析】考查城市生态系统的基本特征的特征理解。城市是以人为主体的生态系统，选项A错误。城市是具有人工化环境的生态系统，城市中的自然，如山体、河流、湖泊和沼泽等受到人类建设活动的严重影响，形态和功能都发生了巨大变化，选项B正确。

城市是流量大、容量大、密度高、运转快的开放系统，不是封闭系统，选项 C 错误。城市是依赖性很强，独创性很差的生态系统，需要不断地人为干预来维持系统的平衡，选项 D 错误。

2014-077. 下列关于城市能量流动与环境问题的表述，哪项是错误的？（　　　）

    A. 每个能源使用环节都会释放一定的热量进入环境

    B. 有效能源包括原生能源和次生能源

    C. 减少化石能源消耗能够减轻整体环境污染

    D. 减少生物能源的消耗能够减轻整体环境污染

【答案】D

【解析】生物能源是指通过生物的活动，将生物质、水或其他无机物转化为沼气等可燃气体或乙醇、油脂类可燃液体等可再生能源。减少生物能源的消耗并不能从根本上减轻整体环境污染，因此选项 D 错误，此题选 D。

2014-078. 下列关于我国当前环境问题主要成因的表述，哪项是错误的？（　　　）

    A. 原生环境问题频发

    B. 人类自身发展膨胀

    C. 生物地球化学循环过程变化的环境负效应

    D. 人类活动过程规模巨大

【答案】A

【解析】环境问题的成因主要有：人类自身发展膨胀；人类活动过程规模巨大；生物地球化学循环过程变化效应；人类影响的自然过程不可逆改变或者恢复缓慢，因而选项 A 错误，此题选 A。

2014-079. 下列关于环境保护工程措施的表述，哪项是错误的？（　　　）

    A. 目的是减少环境污染和生态影响　　　B. 关闭矿山、报废工厂属于生物工程措施

    C. 植树造林属于生物性生态工程　　　D. 地下水回灌属于工程性生态工程

【答案】B

【解析】考查基于工程建设特点的舒缓措施中环境保护工程措施的特征理解，选项 ACD 正确。生态工程措施只有生物性生态工程和生态工程措施两种概念，没有生物工程措施，因而选项 B 错误，此题选 B。

2014-080. 下列关于区域生态安全格局的表述，哪项是错误的？（　　　）

    A. 对区域景观过程的健康与安全具有关键意义

    B. 关注城市扩张、物种空间活动、水和风的流动，以及灾害扩散等内容

    C. 是根据景观过程的现状进行判别和设计的

    D. 是由具有战略意义的关键性景观元素、空间位置及其相互联系形成的格局

【答案】C

【解析】考查区域生态安全格局的概念与意义的特征理解。区域生态安全格局通过景观过程的分析和模拟，来判别对这些过程的健康与安全具有关键意义的景观格局，即根据景观过程的动态和趋势，判别和设计区域生态安全格局。因而选项 C 错误，此题选 C。

二、多选题（每题五个选项，每题正确答案不少于两项，多选或漏选不得分）

2014-081. 下列哪些项是中国古建筑区分尊卑关系的常用做法？（　　）

  A. 空间方位的不同　　　　　　　　B. 屋顶形式的差异

  C. 建筑体量的大小　　　　　　　　D. 开间数量的多少

  E. 植物种类的选择

【答案】ABCD

【解析】考查建筑物等级的类型记忆。建筑物的特征均可成为区分建筑等级的要素：①屋顶类型；②开间数量；③色彩；④方位体量，因而选项ABCD正确。

2014-082. 下列关于住宅建筑的表述，哪些项是错误的？（　　）

  A. 住宅的功能空间包括公共楼梯间

  B. 住宅的功能空间包括服务阳台

  C. 4～6层的住宅建筑为多层住宅

  D. 9～30层的住宅建筑为高层住宅

  E. 单栋住宅的长度超过80m时应设置消防车通道

【答案】ADE

【解析】综合考查住宅建筑的类型、功能和交通组织的类型记忆和数字记忆。一套住宅可包括居室（起居室、卧室）、厨房、卫生间，门厅或过道、储藏间、阳台等，公共楼梯间不属于住宅功能空间，故选项A错误、选项B正确。根据最新的《城市居住区规划设计标准》GB 50180—2018，按照层数的不同可将住宅建筑分为三类：低层住宅1～3层；多层住宅4～9层；高层住宅10～26层，选项C正确、选项D错误。根据《建筑设计防火规范》GB 50016—2014，当建筑物沿街道部分的长度＞150m或总长度＞220m时，应设穿过建筑物的消防车通道；当该建筑沿街时，应设置连通街道和内院的人行通道（可利用楼梯间），其间距不宜＞80m，故选项E错误。

2014-083. 下列哪些项是编制建筑工程设计文件的依据？（　　）

  A. 项目评估报告　　　　　　　　　B. 城市规划

  C. 项目批准文件　　　　　　　　　D. 区域规划

  E. 建设工程勘察设计规范

【答案】BCE

【解析】考查编制建筑工程设计文件的依据的类型记忆。编制建筑工程设计文件的依据：（1）项目批准文件；（2）城市规划；（3）工程建设强制性标准；（4）国家规定的建设工程勘察、设计深度要求，选项BCE正确。

2014-084. 下列关于公共建筑交通联系空间的表述，哪些项是错误的？（　　）

  A. 交通联系空间的形式与功能有关，与建筑空间处理无关

  B. 交通联系空间的形式与功能无关，与建筑空间处理有关

  C. 交通联系空间的位置与功能有关，与建筑空间处理无关

  D. 交通联系空间的位置与功能无关，与建筑空间处理有关

  E. 交通联系空间的大小与功能有关，与建筑空间处理也有关

【答案】ABCD

【解析】考查公共建筑交通联系空间的特征理解。交通联系空间的形式、大小和位置，服从于建筑空间处理和功能关系的需要，因而选项 E 正确，ABCD 错误，此题选 ABCD。

2014-085. 下列关于建筑形式美的表述，哪些项是错误的？（　　　）

A. 对比可以借助相互烘托陪衬求得调和

B. 微差利用相互间的协调和连续性以求得变化

C. 空间渗透是指空间各部分的互相连通与贯穿

D. 均衡包括对称均衡、不对称均衡和动态均衡

E. 韵律分为简洁韵律和复杂韵律

【答案】ABE

【解析】考查建筑形式美法则的特征理解。对比是显著的差异，微差则是细微的差异，就形式美而言，两者都不可少，对比可以借相互烘托陪衬求得变化，微差则借彼此之间的协调和连续性以求得调和，选项 AB 错误。渗透是各部分空间互相连通、贯穿，呈现出极其丰富的层次变化，选项 C 正确。均衡的方式包括对称均衡、不对称均衡和动态均衡，选项 D 正确。表现在建筑中的韵律可分为连续韵律、渐变韵律、起伏韵律和交错韵律，选项 E 错误。此题选 AE。

2014-086. 下列关于城市道路交叉口常用的改善方法，哪些项是正确的？（　　　）

A. 渠化和拓宽路口 　　　　B. 错口交叉改为十字交叉

C. 斜角交叉改为正交叉 　　D. 环形交叉改为多路交叉

E. 合并次要道路，再与主路相交

【答案】ABCE

【解析】考查常用交叉口改善方法的类型记忆。改善的方法主要有：①渠化、拓宽路口、组织环形交叉和立体交叉；②错口交叉改为十字交叉；③斜角交叉改为正交交叉；④多路交叉改为十字交叉；⑤合并次要道路，再与主要道路相交。选项 D 不属于改善方法的内容，因而选项 ABCE 正确。

2014-087. 下列关于道路纵坡的表述，哪些项是正确的？（　　　）

A. 道路最大纵坡与设计车速无关 　　B. 道路最小纵坡与道路排水有关

C. 道路纵坡与道路等级有关 　　　　D. 道路纵坡与道路两侧绿化有关

E. 道路纵坡与地下管线的敷设有关

【答案】BCE

【解析】考查道路纵坡的确定的特征理解。城市道路机动车道的最大纵坡决定于道路的设计车速，选项 A 错误。城市道路最小纵坡主要取决于道路排水和地下管道的埋设要求，也与雨量大小、路面种类有关，选项 B 正确。等级高的道路设计车速高，需要尽量采用平缓的纵坡；等级低的道路设计车速低，对纵坡的要求就不是很严格，选项 C 正确。道路纵坡与道路两侧绿化无关，选项 D 错误。城市道路为了便于行人和沿路建筑的处理，以及地下管线的埋设等要求，也都不宜把道路纵坡定得过大，选项 E 正确。

2014-088. 下列哪些项是在交叉口合理组织自行车交通时通常采用的措施？（　　　）

A. 设置自行车右转车道　　　　　　B. 设置自行车左转等待区

C. 设置自行车横道　　　　　　　　D. 将自行车停车线前置

E. 将自行车道设置在人行道上

【答案】ABCD

【解析】考查自行车交通组织方法的类型记忆。同 2018-088，自行车交通的组织有 5 种方法：①设置自行车右转专用车道；②设置左转候车区；③停车线提前法；④两次绿灯法；⑤设置自行车横道，选项 ABCD 正确。

2014-089. 下列哪些项属于中低速磁悬浮系统的特征？（　　　）

A. 车辆载荷相对均衡　　　　　　　B. 噪声较大

C. 轨道的维护费用较高　　　　　　D. 车辆费用较高

E. 属于中运量交通方式

【答案】ADE

【解析】考查磁浮系统的特征理解。中低速磁浮系统的主要特征包括：①曲线和道岔性能与单轨等新交通系统相近；②噪声小，轨道的维护费用少，选项 BC 错误；③车辆载荷平均分布、车身较轻，桥梁等构造建筑的费用相应减少，选项 A 正确；④车辆费用较高，选项 D 正确；⑤属于中运量系统，选项 E 正确。

2014-090. 下列关于城市铁路客站站前广场规划设计的表述，哪些项是错误的？（　　　）

A. 大城市的公交站点应布置在广场内部

B. 轨道交通车站应远离站房

C. 社会车辆停车场可修建在广场地下

D. 自行车停车场一般应在站前广场内部集中设置

E. 大型铁路客站应把出租车停车场的接客区和送客区分开设置

【答案】BD

【解析】考查站前广场规划设计的内容的特征理解，同 2018-022，ACE 正确。公交站点（或轨道交通车站）应离站房最近，其次是出租车停车场，最后才是社会车辆停车场，故选项 B 错误。自行车停车场一般设置在站前广场外围的左右两侧，停车泊位数量应根据实际调查确定，故选项 D 错误。此题选 BD。

2014-091. 下列关于城市轨道交通车站设置的表述，哪些项是正确的？（　　　）

A. 尽量远离主要客流集散点　　　　B. 高架车站应控制体量和造型

C. 经过铁路客站时一般应设站　　　D. 避免在公路客运枢纽设站

E. 车站位置应有利于乘客集散

【答案】BCE

【解析】考查车站布局的特征理解，BCE 正确。城市轨道交通车站的布局，车站应布设在主要客流集散点和各种交通枢纽点上，选项 A 错误；车站间距应根据线路功能、沿线用地规划确定，线路经过铁路客运车站时，应设站换乘，故选项 D 错误。

2014-092. 下列关于城市工程管线综合布置原则的表述，哪些是错误的？（　　　）

A. 城市各种管线的位置应采用统一的城市坐标系统及标高系统

B. 燃气管道一般不予进入市政综合管沟与其他市政管道共沟敷设

C. 当新建管线与现状管线冲突时，现状管线应避让新建管线

D. 交叉管线垂直净距指上面管道内底（内壁）到下面管道顶（外壁）之间的距离

E. 管线埋设深度指地面到管道底（内壁）的距离

【答案】CD

【解析】选项 ABC 综合考查城市工程管线综合布置的原则的特征理解，AB 正确；根据城市地下工程管线避让原则，新建的让现有的，选项 C 错误。选项 DE 考查城市工程管线综合术语的概念对比，管线垂直净距指两条管线上下交叉敷设时，从上面管道外壁最低点到下面管道外壁最高点之间的垂直距离；管线埋设深度指地面到管道底（内壁）的距离，即地面标高减去管底标高，因而选项 D 错误、选项 E 正确。

2014-093. 下列哪些项不属于可再生能源（　　　　）。

A. 风能 　　　　　　　　　　　　B. 石油

C. 沼气 　　　　　　　　　　　　D. 煤炭

E. 核能

【答案】BDE

【解析】考查可再生能源和非再生能源的类型记忆。可再生能源包括太阳能、风能、水能、生物质能、海洋能、潮汐能、地热能等，其中沼气属于生物质能，排除选项 AC。非再生能源包括煤、原油、天然气、油页岩、核能等，此题选 BDE。

2014-094. 下列关于城市供电规划的表述，哪些项是正确的？（　　　　）

A. 大型燃煤发电厂应尽量靠近水源

B. 市区内新建变电站应采用全户外式结构

C. 变电站可以与其他建筑物合建

D. 有稳定冷、热需求的公共建筑区应建设燃气热电冷三联供设施

E. 核电厂限制区半径一般不得小于 3km

【答案】ACD

【解析】选项 AE 考查发电厂布局的特征理解，大型电厂首先应考虑靠近水源，直流供水，选项 A 正确；核电厂厂址要求在人口密度较低的地方，以核电厂为中心，半径 1km 内为隔离区，在隔离区外围，人口密度也要适当，选项 E 错误。选项 BC 考查变电所结构形式选择的概念对比和特征理解，市区内规划新建的变电所（站），宜采用户内式或半户外式结构，选项 B 错误；变电所（站）可与其他建筑物混合建设，或建设地下变电所（站），选项 C 正确。选项 D 考查常识，有稳定冷、热需求的公共建筑区应建设三联供（热、电、冷）设施，选项 D 正确。

2014-095. 下列哪些措施适用于解决资源性缺水地区的水资源供需矛盾？（　　　　）

A. 调整产业和行业结构，将高耗水产业逐步搬迁

B. 推广城市污水再生利用

C. 推广农业滴灌、喷灌

D. 控制城市发展规模

E. 改进城市自来水厂净水工艺

【答案】 ABC

【解析】 考查解决水资源供需矛盾的措施的特征理解。资源型缺水的对策和措施为开源和节流。编制城市规划，要研究城市的用水构成、用水效率和节水潜力，通过调整产业结构，限制高耗水工业发展，推广使用先进的节水技术、工艺和节水器具，加强输配水管网建设和改造等措施，提高用水效率，减少用水量，因而选项 ABC 正确。

2014-096. 下列哪些防洪措施属于城市防洪安全布局的内容？（   ）

A. 在城市上游兴建具有防洪功能的水库

B. 城市建设用地选择时避开洪水高风险区

C. 在排洪河道上留出足够的行洪空间

D. 在河道两侧建设高标准防洪堤

E. 将防洪设施作为城市黄线进行严格管理

【答案】 BC

【解析】 考查防洪安全布局的特征理解。由防洪安全布局基本原则可知，城市建设用地应避开洪涝、泥石流灾害高风险区。城市建设用地应根据洪涝风险差异，合理布局。在城市建设中，应根据防洪排涝需要，为行洪和雨水调蓄留出足够的用地，因而选项 BC 正确。选项 AD 属于防洪排涝工程措施，选项 E 属于非工程措施。

2014-097. 下列哪些防洪排涝措施是正确的？（   ）

A. 在建设用地标高低于设计洪水位的城市兴建堤防

B. 在地形和洪水位变化较大的城市依靠泵站强排城市雨水

C. 在坡度较大的山坡上建设截洪沟防治山洪

D. 若城区河段行洪能力难以提高，在上游设置一定分蓄洪区

E. 将公园绿地、广场、运动场等布置在洪涝风险相对较大的地段

【答案】 AD

【解析】 考查防洪排涝工程措施的特征理解，选项 AD 正确。排涝工程主要是排涝泵站，其功能是通过动力强排低洼区积水，故选项 B 错误；截洪沟应在地势较高的地段，基本平行于等高线布置，不是坡度较大的山坡，故选项 C 错误。选项 E 属于城市防洪安全布局的内容，故选项 E 错误。

2014-098. 下列关于生态系统服务的表述，哪些项是错误的？（   ）

A. 从生态系统获得食物属于供给服务   B. 水体净化属于供给服务

C. 保持水土属于调节服务   D. 减轻侵蚀属于调节服务

E. 生物生产属于供给服务

【答案】 BCE

【解析】 考查生态系统服务的类型记忆，选项 AD 正确。水体净化属于调节服务，保持水土和生物生产属于支持服务，选项 BCE 错误，此题选 BCE。

2014-099. 下列关于废气污染对人体健康影响的表述，哪些项是错误的？（   ）

A. 烟雾导致慢性支气管炎

B. 铅尘导致儿童记忆力低下

C. 气溶胶刺激眼和咽喉

D. 二氧化碳导致消化道疾病

E. 二氧化硫导致呼吸道疾病

【答案】CD

【解析】考查城市环境污染的类型及特点的特征理解。气溶胶会引起呼吸器官疾病，因此选项 C 错误。人和动物的呼吸会产生二氧化碳，二氧化碳不会导致消化道疾病，因而选项 D 错误。

2014-100. 下列关于生态恢复的表述，哪些项是正确的?（　　　）

A. 生态恢复不是物种的简单恢复

B. 人类可以通过生态恢复对受损生态系统进行干预

C. 生态恢复本质上是生物物种和生物量的重建

D. 生态恢复是指自然生态系统的次生演替

E. 生态恢复可以用于被污染土地的治理

【答案】ABCE

【解析】考查生态恢复的概念与主要方法的特征理解。生态恢复并不完全是自然的生态系统次生演替，人类可以有目的地对受损生态系统进行干预，因而选项 D 错误，选项 ABCE 正确。

第五节　2017 年城乡规划相关知识考试真题

一、单选题（每题四个选项，其中一个选项为正确答案）

2017-001. 关于天坛哪个是正确的?（　　　）

A. 建筑用于祭祖　　　　　　　　　B. 建筑建于明末清初建

C. 建筑群为二重垣　　　　　　　　D. 形式为南圆北方

【答案】C

【解析】考查坛庙的代表记忆。天坛是世界上最大的祭天建筑群，A 错误；建于明初，B 错误；有二重垣，C 正确；北圆南方，D 错误。

2017-002. 下列建筑对应哪个是正确的?（　　　）

A. 卢浮宫东立面是浪漫主义风格　　B. 凡尔赛宫是洛可可风格

C. 德国宫廷剧院是希腊复兴风格　　D. 法国巴黎万神庙是哥特复兴的建筑作品

【答案】C

【解析】综合考查不同时期的代表记忆，C 正确。卢浮宫东立面和凡尔赛宫均属于典型古典主义建筑；法国巴黎万神庙是罗马复兴代表建筑，因而选项 ABD 错误。

2017-003. 下列哪项不属于一般建筑物防灾设计考虑的内容?（　　　）

A. 地震　　　　　　　　　　　　　B. 火灾

C. 地面沉降　　　　　　　　　　　D. 电磁辐射

【答案】D

【解析】考查公共建筑防灾要求的类型记忆。一般建筑物防灾设计考虑的内容指地震、火、风、洪水、地质破坏5大灾种，电磁辐射不属于防灾设计内容，此题选D。

2017-004. 依据我国现行的《住宅设计规范》单人卧室的最小面积为(   )。

    A. $4m^2$ B. $5m^2$ C. $6m^2$ D. $7m^2$

【答案】B

【解析】考查住宅建筑设计要点的数字记忆。根据《住宅设计规范》GB 50096—2011第5.2.1条规定：单人卧室不应小于 $5m^2$，因而选项B正确。

2017-005. 下列关于工业建筑总平面设计的表述，哪项是错误的? (   )

    A. 以人为尺度

    B. 应考虑材料的输入输出

    C. 功能单元应包括生活单元

    D. 生产流线包括纵向、横向和环线三种方式

【答案】A

【解析】考查工业建筑总平面设计要求的特征理解，BCD正确。民用建筑以人为尺度单位，而工厂建筑物的体量决定于生产净空的需求，常与人的尺度相差悬殊，选项A错误，此题选A。

2017-006. 下列关于建设项目场地选择的要求，哪项是错误的? (   )

    A. 应尽可能利用自然资源条件   B. 场地边界外形应尽可能简单

    C. 应了解场地的冻土深度   D. 不能在8度地震区选址

【答案】D

【解析】考查场地选择基本要求的特征理解。建设项目避免于9度地震区选址，可以在8度地震区选址，但是必须做好工程抗震设防，选项D错误，此题选D。

2017-007. 工业建筑的适宜坡度是(   )。

    A. 0.05%～0.1%   B. 0.15%～0.4%

    C. 0.5%～2.0%   D. 3.0%～5.0%

【答案】C

【解析】考查工业建筑总平面设计要求的数字记忆。工业建筑的适宜坡度是0.5%～2.0%，因而选项C正确。

2017-008. 下列关于大型工业项目总平面布局的表述，哪项是错误的? (   )

    A. 综合交通组织要考虑不同运输方式的车流衔接

    B. 应方便内部车辆及过境车辆的疏解和导入

    C. 考虑人车分流，非机动车宜有专线

    D. 车流应尽可能避免在人流活动集中的地段通行

【答案】B

【解析】考查工业建筑总平面设计要求的特征理解，ACD正确。应避免过境车辆导

入，因而选项 B 错误，此题选 B。

2017-009. 在砖混建筑横向承重体系中，荷载的主要传递路线是( )。

A. 屋顶—板—横墙—基础
B. 屋顶—板—横墙—地基
C. 板—横墙—基础—地基
D. 板—梁—横墙—基础

【答案】C

【解析】考查砖混结构横向承重体系的荷载传递路线的排序记忆。在砖混建筑横向承重体系中，荷载的主要传递路线是：板—横墙—基础—地基，选项 C 正确。

2017-010. 下列哪项不属于建筑的八大构件？( )

A. 楼面
B. 地面
C. 基础
D. 地基

【答案】D

【解析】考查建筑构造构件的类型记忆。建筑的八大构件有：基础、墙体、门和窗、屋顶、楼面、地面、楼梯，不包括 D 选项，此题选 D。

2017-011. 下列关于绿色建筑的理念与做法，哪项是错误的？( )

A. 提倡节能节材优先
B. 考虑全寿命周期
C. 全面降低工程造价
D. 追求健康、适用和高效

【答案】C

【解析】考查绿色建筑的特征理解。绿色建筑理念：在建筑的全寿命周期内，最大限度地节约资源、保护环境和减少污染，为人们提供健康、适用和高效的使用空间，与自然和谐共生，ABD 正确。从建筑全寿命周期内兼顾资源节约和环境保护的要求，而单项技术的过度采用，虽可提高某一方面的性能，但却可能造成新的浪费，所以不能单独以降低工程造价为目的，选项 C 错误，此题选 C。

2017-012. 下列建筑色彩的物理属性及应用的表述，哪项是错误的？( )

A. 黄白色系的反射系数高，浅蓝淡绿次之
B. 高反射系数色彩的屋顶会加剧城市热岛效应
C. 炎热地区建筑宜采用浅色调外墙
D. 居住建筑宜采用高亮度与低彩度颜色

【答案】B

【解析】考查色彩在城市建筑中所起的作用的特征理解，ACD 正确。采用高反射系数的色彩可以增加环境的亮度，而非热岛效应，因而选项 B 表述错误，此题选 B。

2017-013. 下列关于建筑工程造价估算应考虑因素的表述，哪项是全面的？( )

A. 国土有偿使用费、地方市政配套费、建筑投资、人工费
B. 国土有偿使用费、建筑投资、设备投资、设计费率
C. 环境投资、建筑投资、设备投资、设计费率
D. 环境投资、地方市政配套费、设备投资、设计费率

【答案】C

【解析】考查建筑策划内容中建筑工程造价的估算的类型记忆。建筑工程造价的估算包括：环境投资、建筑投资费、设备投资、设计费率4大类，选项C正确。A、B、D项中的国土有偿使用费、地方市政配套费属于环境投资；人工费属于建筑投资。

2017-014. 下列关于道路红线规划宽度的表述，哪项是正确的？（　　　）

    A. 道路用地控制的总宽度

    B. 道路机动车道的总宽度

    C. 道路机动车道和非机动车道的宽度之和

    D. 道路机动车道、非机动车道和人行道的宽度之和

【答案】A

【解析】考查城市道路横断面相关概念的概念对比。城市道路宽度是规划的道路红线之间的道路用地总宽度，选项A正确。

2017-015. 下列关于机动车车道数量的计算依据，哪项是正确的？（　　　）

    A. 一条车道的高峰小时交通量　　　　B. 单向高峰小时交通量

    C. 双向高峰小时交通量　　　　　　　D. 单向平均小时交通量

【答案】B

【解析】考查机动车道的特征理解。在一条车道的平均最大通行能力确定的情况下，通常以规划确定的单向高峰小时通行量除以一条车道的通行能力，来确定单向所需的车道道数，乘以2为双向所需机动车道数，选项B正确。

2017-016. 下列哪项不是城市道路平面设计的主要内容？（　　　）

    A. 确定各路口的具体位置

    B. 论证设置必要的超高、加宽和缓和路段

    C. 进行必要的行车安全设置验算

    D. 选定合理的竖曲线半径

【答案】D

【解析】考查城市道路平面设计主要内容的类型记忆。对照道路平面设计的6项主要内容，ABC正确。竖曲线是属于城市道路纵断面设计中的设计内容，因而选项D错误。

2017-017. 下列关于交叉口设计的基本要求的表述，哪项是错误的？（　　　）

    A. 确保行人和车辆的安全

    B. 使车流和人流受到的阻碍最小

    C. 使交叉口通行能力适应主要道路交通量要求

    D. 考虑与地下管线、绿化、照明等的配合和协调

【答案】C

【解析】考查交叉口设计的基本要求的类型记忆，ABD正确。交叉口的通行能力能适应各道路的交通量要求，而不是主要道路。选项C错误，此题选C。

2017-018. 下列关于立体交叉口的分类，哪项是正确的？（　　　）

    A. 简单交叉和复杂交叉　　　　　　　B. 定向交叉和非定向交叉

C. 分离式立交和互通式立交　　　　　　D. 互通式立交和环形立交

【答案】C

【解析】考查立体交叉口分类的类型记忆。立体交叉口分为分离式立交和互通式立交两种，因而 C 正确。而互通式立体交叉又可分为非定向立交（包括直通式、环形、菱形、梨形、苜蓿叶式等形式）和定向立交（有定向匝道）两类，BD 错误。A 项中的简单交叉，和拓宽路口式交叉口、渠化交叉口属于城市平面交叉口按渠化交通程度的分类；而复杂交叉和十字形、X 字形、T 字形、Y 字形、错位交叉等属于城市平面交叉口按交叉口形式的分类，A 错误。

2017-019. 下列关于平面环形交叉口设计的表述，哪项是错误的？（　　　）

　　A. 相交道路的夹角不应小于 60°

　　B. 机动车道须与非机动车道隔离

　　C. 中心岛最小半径须大于 20m

　　D. 满足车辆进出交叉口在环岛上的交织距离要求

【答案】B

【解析】考查环形交叉口设计要求的特征理解，ACD 正确。环形车行道可根据交通流的情况布置为机动车与非机动车混合形式或分道行驶，也就是机动车道须与非机动车道不一定要隔离，因而选项 B 错误，此题选 B。

2017-020. 规划路边停车带的用途是(　　　)。

　　A. 短时停车　　　　　　　　　　　　B. 全日停车

　　C. 分时停车　　　　　　　　　　　　D. 固定停车

【答案】A

【解析】考查路边停车带的特征理解。路边停车带车辆停放没有一定规律，多系短时停车，随到随开，选项 A 正确。

2017-021. 下列哪项不是城市公共停车设施的分类？（　　　）

　　A. 地面停车场、地下停车库　　　　　B. 路边停车带、路外停车场

　　C. 专用停车场、社会停车场　　　　　D. 收费停车场、免费停车场

【答案】C

【解析】考查城市公共停车设施分类的类型记忆。同 2018-019，城市公共停车设施可分为路边停车带和路外停车场，其中路外停车场是包括道路以外专设的露天地面停车场和坡道式、机械提升式的多层、地下停车库，则选项 AB 是城市公共停车设施的分类。城市公共停车设施可以收费，也可以免费，则选项 D 也是城市公共停车设施的分类。而根据《停车场建设和管理暂行规定》（〔88〕公（交管）字 90 号）第三条："停车场分为专用停车场和公共停车场。专用停车场是指主要供本单位车辆停放的场所和私人停车场所；公共停车场是指主要为社会车辆提供服务的停车场所"，选项 C 中的专用停车场明显不是城市公共停车设施的分类，因而选项 C 符合题意。

2017-022. 下列关于螺旋坡道式停车库特点的表述，哪项是错误的？（　　　）

　　A. 每层之间用螺旋式坡道相连　　　　B. 布局简单，交通线路明确

C. 上下行坡道干扰大   D. 螺旋式坡道造价较高

【答案】C

【解析】考查机动车停车库的特征理解。螺旋坡道式停车库布局简单整齐，交通线路明确，上下坡道干扰少，速度较快，但螺旋式坡道造价高，用地稍比直行坡道节省，单位停车面积较多，是常用的一种停车类型，选项ABD正确，选项C错误，此题选C。

2017-023. 下列关于城市广场的表述，哪项是错误的？（   ）

A. 大型体育馆、展览馆等的门前广场属于集散广场

B. 机场、车站等交通枢纽站前广场属于交通广场

C. 商业广场是结合商业建筑的布局而设置的人流活动区域

D. 公共活动广场主要为居民文化休憩活动提供场所

【答案】B

【解析】考查广场按功能分类的类型记忆，ACD正确。机场、车站等交通枢纽的站前广场为集散广场，并兼有防灾、环境景观等多种功能；而交通广场一般为几条主要道路汇合的大型交叉路口或城市跨河桥桥头与滨河路相交形成的桥头广场，因而选项B错误，此题选B。

2017-024. 下列关于城市供水规划内容的表述，哪项是正确的？（   ）

A. 常规水资源可利用量是在考虑生态环境用水后人类可以从天然径流中开发利用的水量

B. 水质标准达到国家《地表水环境质量标准》Ⅴ类水体的湖泊可以作为城市饮用水源

C. 城市配水管网的设计流量应按照城市平均用水量确定

D. 城市供水设施规模应按照最高日最高时用水量确定

【答案】A

【解析】选项AB考查供水条件的特征理解。水质标准达到国家《地表水环境质量标准》Ⅴ类水体主要适用农业用水区和一般景观要求水域，故选项B错误。选项CD考查城市用水量的概念对比。城市配水管网的设计流量应按城市最高日最高时用水量确定，故选项C错误；城市供水设施规模应按照最高日用水量配置，故选项D错误。

2017-025. 下列关于城市排水系统规划内容的表述，哪项表述是正确的？（   ）

A. 我国南方多雨城市应采用强排的雨水排放方式

B. 污水处理厂应邻近城市污水量集中的居民区

C. 城市污水处理深度分为一级、二级两种

D. 再生水利用是解决城市水资源紧缺的重要措施

【答案】A

【解析】选项A考查雨水排放方式的特征理解，强排是解决低洼地区排水的方式之一，我国南方多雨城市应采用强排，选项A正确。选项B考查污水处理厂选址与布局的特征理解，因污水处理厂对生活有一定的污染和干扰，应距离生活区300m以上且设置卫生防护带，选项B错误。选项C考查污水处理深度的特征理解，污水处理深度分为一级

处理、二级处理和深度处理 3 种，选项 C 错误。选项 D 考查污水出路的特征理解，再生水利用主要集中在工业、市政杂用和景观等方面，并不能解决城市水资源紧缺，选项 D 错误。

2017-026. 下列关于城市供电规划的表述，哪项是正确的？（　　　）

　　A. 城市中心城区新建变电站宜采用户外式结构

　　B. 供电可靠性越高，则发电成本越高

　　C. 核电厂隔离区外围应设置限制区

　　D. 城市供电系统包括城市电源和配电网两部分

【答案】C

【解析】选项 A 考查变电所结构形式选择的概念对比，城市中心城区新建变电站宜采用户内式结构，采用户外式结构的是市区边缘或郊区、县，选项 A 错误。选项 B 考查供电可靠性的理解，供电可靠性越高，相应地需要加强电网结构，增加投资，提高电能成本，而不是发电成本，选项 B 错误。选项 C 考查核电厂选址要求的特征理解，以核电厂为中心，半径 1km 内为隔离区，选项 C 正确。选项 D 考查城市供电系统的类型记忆，城市供电系统包括城市电源、送电网、配电网，选项 D 错误。

2017-027. 详细规划阶段燃气用量预测的主要任务是确定（　　　）。

　　A. 小时用气量和日用气量　　　　　　B. 日用气量和月用气量

　　C. 月用气量和季度用气量　　　　　　D. 季用气量和年用气量

【答案】A

【解析】考查用气量的特征理解。燃气的日用气量与小时用气量是确定燃气气源、输配设施和管网管径的主要依据，因而选项 A 正确。

2017-028. 下列关于供热规划的表述，哪项是正确的？（　　　）

　　A. 集中锅炉房应靠近热负荷比较集中的地区

　　B. 热电厂应尽量远离热负荷中心，避免对城市环境产生影响

　　C. 新建城市的供热系统应采用集中供热管网

　　D. 供热管道穿越河流时应采用虹吸管由河底通过

【答案】A

【解析】集中锅炉房和热电厂都应尽量靠近热负荷中心，如果远离热用户，压降和温降过大，就会降低供热质量，而且供热管网的造价较高，故选项 A 正确、选项 B 错误。依据《城市供热规划规范》GB/T 51074—2015 第 5.2 条，供热方式选择可知，新建城区应根据其资源禀赋及环保要求确定供热方式，故选项 C 错误。供热管道穿越河流或大型渠道时，可随桥架设或单独设置管道，也可采用虹吸管由河底（或渠底）通过，具体采用何种方式应与城市规划等部门协商并根据市容、经济等条件统一考虑后确定，故选项 D 错误。

2017-029. 下列关于城市通信工程规划内容的表述，哪项是错误的？（　　　）

　　A. 邮政通信枢纽应设置在市区中心

　　B. 电信局所可与邮政局等其他市政设施共建以便于集约利用土地

　　C. 无线电收、发信区一般选择在大城市两侧的远郊区

D. 城市微波站选址应避免本系统干扰和外系统干扰

【答案】A

【解析】综合考查邮政通信枢纽选址、电信局所选址、城市无线通信设施和微波站址规划的特征理解。邮政通信枢纽局址除遵循通信局所一般选址原则外，优先考虑在客运火车站附近选址，局址应有方便接发火车邮件的邮运通道，有方便出入枢纽的汽车通道；如果主要靠公路和水路运输时，可在长途汽车站或港口码头附近选址，因而选项A错误。电信局所要避开靠近110kV以上变电站和线路的地点，不应与变电站等设置合建，但可与邮政局等其他市政设施共建以便于集约利用土地，选项B正确。新划分的无线电收发信区距居民集中区和工业区应满足要求；新建各类无线电台应建在无线电收发信区内，所以无线电收、发信区一般选择在大城市两侧的远郊区，选项C正确。城市微波站各站路径夹角宜为钝角，以防同频越路干扰；在传输方向的近场区内，天线口面边的锥体张角20°，前方净空距离为天线口面直径的10倍范围内，应无树木、房屋和其他障碍物，就是在避免本系统干扰和外系统干扰，选项D正确。

2017-030. 下列哪项不属于城市黄线？（　　　）

A. 消防站控制线 　　　　　　　　B. 历史文化保护街区控制线
C. 防洪闸控制线 　　　　　　　　D. 高压架空线控制线

【答案】B

【解析】考查城市黄线的特征理解。城市黄线，是指对城市发展全局有影响的、城市规划中确定的、必须控制的城市基础设施用地的控制界限，选项ACD均属于。规划紫线是指国家历史文化名城内的历史文化街区和省、自治区、直辖市人民政府公布的历史文化街区的保护范围界线，以及历史文化街区外经县级以上人民政府公布保护的历史建筑的保护范围界线，因此历史文化保护街区控制线属于城市紫线，因而此题选B。

2017-031. 下列关于城市工程管线综合规划的表述，哪项是错误的？（　　　）

A. 在交通繁忙的重要地区可以采用综合管沟将工程管线集中敷设
B. 大型输水管线选项时应注意与沿江河流、排水管线的交叉
C. 管线埋设深度指地面到管顶（外壁）的距离
D. 城市工程管线综合应充分预留未来发展空间

【答案】C

【解析】选项ABD综合考查城市工程管线综合布置的原则的特征理解，ABD正确。选项C考查城市工程管线综合术语的概念对比，地面到管顶（外壁）的距离属于管线覆土深度，而管线埋设深度是地面到管道底（内壁）的距离，因而选项C错误。

2017-032. 下列关于城市用地竖向规划的表述，哪项是错误的？（　　　）

A. 规划内容应包括确定城市用地坡度、控制好高程和规划地面形式
B. 应与城市用地选择和用地布局同步进行
C. 台地的短边一般平行于等高线布置
D. 设计等高线法多用于地形变化不太复杂的丘陵地区

【答案】C

【解析】综合考查城市用地竖向工程规划内容与深度、城市用地台地划分和城市用地竖向工程规划方法的特征理解，同 2019-027，选项 ABD 正确。台地的长边宜平行于等高线布置，因而选项 C 错误。

2017-033. 依据城市总体规划编制城市防灾专项规划的目的是(　　　)。

    A. 提高设防标注 　　　　　　　　B. 扩大规划范围

    C. 延长规划期限 　　　　　　　　D. 落实和深化总体规划

【答案】D

【解析】考查城市防灾规划的内容的特征理解。编制城市防灾专项规划的目的是落实和深化总体规划的相关内容，因而此题选 D。

2017-034. 消防安全布局的主要目的是(　　　)。

    A. 合理布局消防站 　　　　　　　B. 及时扑灭大火

    C. 保障消防设施安全 　　　　　　D. 降低大火风险

【答案】D

【解析】考查消防安全布局目的的特征理解。消防安全布局目的是通过合理的城市布局和设施建设，降低火灾风险，减少火灾损失，因而选项 D 正确。

2017-035. 下列关于陆上普通消防站责任区划分的表述，哪项是正确的？(　　　)

    A. 按照行政区界划分

    B. 按照接警后一定时间内消防车能够到达责任区边缘划分

    C. 按照河流等自然界限划分

    D. 按照城市用地性质划分

【答案】B

【解析】考查消防站责任区划分的基本原则的特征理解。消防辖区是陆上消防站在接到火警后，按正常行车速度 5min 内可以到达辖区边缘；水上消防站在接到火警后，按正常行船速度 30min 可以到达辖区边缘，因而选项 B 正确。

2017-036. 哪项用地可以布置在洪水风险相对较高的地段？(　　　)

    A. 住宅用地 　　　　　　　　　　B. 工业用地

    C. 广场用地 　　　　　　　　　　D. 仓储用地

【答案】C

【解析】考查防洪安全布局的特征理解。由防洪安全布局基本原则可知，将生态湿地、公园绿地、广场、运动场等重要设施少，且便于人员疏散的用地布置在洪涝风险相对较高的地段，因而选项 C 正确。而城市中心区、居住区、重要的工业仓储区、重要的基础设施和公共设施要布置在洪涝风险相对较小的地段，选项 ABD 错误。

2017-037. 下列关于抗震设防标准的表述，哪项是错误的？(　　　)

    A. 一般建筑按基本烈度设防

    B. 重大建设工程按地震安全性评价结果设防

    C. 核电站按当地可能发生的最大地震震级设防

D. 地震基本烈度低于6度的地区可不考虑抗震设防

【答案】C

【解析】考查抗震设防标准的特征理解。一般建设工程应按照基本烈度进行设防，选项A正确。重大建设工程和可能发生严重次生灾害的建设工程，必须进行地震安全性评价，并根据地震安全性评价结果确定抗震设防标准，选项B正确。我国城市抗震防灾的设防区为地震基本烈度6度及6度以上的地区，对于基本烈度为6度以下地区，中等以下地震的破坏强度不是很大，可不考虑地震效应影响（不过建筑还是要按抗震构造设计），选项D正确。核电站属于可能发生严重次生灾害的建设工程《中华人民共和国防震减灾法》的因素之一，应根据地震安全性评价结果确定抗震设防标准。因而选项C错误，此题选C。

2017-038. 下列哪种空间分析手段，适用于农作物种植区的多要素（如深度、地形、土壤等）综合分析？（　　）

　　A. 缓冲区分析　　　　　　　　　B. 网络分析

　　C. 可视域分析　　　　　　　　　D. 叠加复合分析

【答案】D

【解析】考查地理信息的分析的特征理解。叠加复合分析用于社会、经济指标的分析，资源、环境指标的评价，选项D正确。

2017-039. 下列哪种传感器提供了高光谱分辨率影像？（　　）

　　A. Landsat卫星的专题制图仪TM

　　B. Terra卫星的中分辨率成像光谱仪MODIS

　　C. QuickBird卫星上的多光谱传感器

　　D. NOAA气象卫星的传感器

【答案】B

【解析】考查常用遥感图像的概念对比。Terra卫星的中分辨率成像光谱仪MODIS属于高光谱分辨率遥感，选项B正确。Landsat卫星的专题制图仪TM属于MSS和TM图像，故选项A错误。QuickBird卫星上的多光谱传感器属于高空间分辨率卫星影像，故选项C错误。NOAA气象卫星的传感器属于气象卫星图像，故选项D错误。

2017-040. 下列哪项城市信息，不适合采用常规遥感手段调查？（　　）

　　A. 土地利用　　　　　　　　　　B. 城市热岛

　　C. 地下管线　　　　　　　　　　D. 城市建设

【答案】C

【解析】综合考查遥感信息在城市规划中的典型用途举例的特征理解，选项ABD均可以用遥感调查。常规遥感手段尚不能调查地下管线情况，此题选C。

2017-041. 利用CAD软件生成下图的建筑表达，主要利用了其何种功能？（　　）

A. 交互设计   B. 图形编辑

C. 三维渲染   D. 空间分析

【答案】C

【解析】考查 CAD 系统功能的特征理解。利用 CAD 软件在城市规划中设计三维表现，因而选项 C 正确。

2017-042. 利用一个较长时间段的海量出租车轨迹数据，不能获取的信息是(　　)。

A. 城市建筑密度   B. 道路交通状况

C. 城市用地功能   D. 市民活动热点区域

【答案】A

【解析】考查交通调查的特征理解。利用一个较长时间段的海量出租车轨迹数据，可以统计某一瞬间的车辆的分布，进而估计交通流量，也可以从出租车上下客停留点估计市民活动热点区域和城市用地功能，但不能获取的信息是建筑密度，此题选 A。

2017-043. 遥感影像已广泛用于城市规划中，下列最有可能是何种遥感影像？(　　)

A. 雷达影像   B. TM 影像

C. LiDAR 影像   D. 高空间分辨率影像

【答案】D

【解析】综合考查常用遥感图像的特征理解。雷达图像是通过微波穿透云层，分辨地物的含水量、植物长势、洪水淹没范围等情况，并未得到广泛应用，故选项 A 错误。TM 影像由美国的陆地卫星（Landsat）提供，并未得到广泛应用，故选项 B 错误。LiDAR 影像是一种通过位置、距离、角度等观测数据直接获取对象表面点三维坐标的观测技术，并未得到广泛应用，故选项 C 错误。高空间分辨率卫星影像，随着遥感技术的发展，高空间分辨率卫星影像逐渐得到了广泛应用，因而选项 D 正确。

2017-044. CAD 与网络技术的结合带来的主要好处是(　　)。

A. 提高设计的精度   B. 提高设计结果的表现力

C. 实现远程协同设计，提高工作效率   D. 提高设计结果透明性

【答案】C

【解析】考查信息技术综合应用的优势的特征理解。Internet 与 CAD 相结合，将使远

程协同设计得到发展。因而选项 C 正确。提高设计的精度、提高设计结果的表现力、提高设计结果的透明性并不属于互联网和 CAD、GIS、遥感相结合带来的好处，故选项 ABD 错误。

2017-045. WWW 服务器所采用的基本网络协议是(　　)。

A. FTP
B. HTTP
C. TCP
D. SMTP

【答案】B

【解析】考查互联网技术的特征理解。HTTP 是互联网上应用最为广泛的一种网络协议。而基于 HTTP 访问 WWW 资源的软件称为浏览器，因而选项 B 正确。FTP 中文简称为"文传协议"，用于 Internet 上的控制文件的双向传输，故选项 A 错误。TCP（Transmission Control Protocol，传输控制协议）是一种面向连接的、可靠的、基于字节流的传输层通信协议，故选项 C 错误。SMTP 即"简单邮件传输协议"，它是一组用于由源地址到目的地址传送邮件的规则，由它来控制信件的中转方式，故选项 D 错误。

2017-046. 城市经济学的应用性主要表现在(　　)。

A. 揭示土地市场的运行规律
B. 提出医治"城市病"的经济学思路
C. 资源的有效保护
D. 资源的可持续性

【答案】B

【解析】考查城市经济学学科性质的特征理解。城市经济学为医治"城市病"提供基本思路，因此选项 B 正确。

2017-047. 经济学研究的基本问题是(　　)。

A. 资源的利用效率
B. 资源的公平分配
C. 资源的有效保护
D. 资源的可持续性

【答案】A

【解析】考查城市经济学学科性质的特征理解。经济学研究的核心问题是市场中的资源配置问题，城市经济学具体是研究如何配置可以使土地资源得到最高效率的利用，所以经济学研究的基本问题是资源的利用效率，选项 A 正确。

2017-048. 下列哪项不是城市经济学中衡量城市规模的常用指标？(　　)

A. 人口规模
B. 用地规模
C. 就业规模
D. 产出规模

【答案】D

【解析】考查城市规模衡量指标的类型记忆。城市经济学中最常见的城市规模衡量指标有就业规模（代表其经济规模）、人口规模和用地规模，因而选项 D 符合题意。

2017-049. 根据城市经济学原理，调控城市规模的最好手段是(　　)。

A. 财政政策
B. 货币政策
C. 户籍政策
D. 产业政策

【答案】A

【解析】考查均衡规模与最佳规模的特征理解。若市场的运作结果不能使城市的发展在规模上实现最佳，就有理由让政府通过政策来进行干预，一个更好的政策手段是通过政府的财政手段来调控城市规模，因而选项 A 正确。

2017-050. 在多中心的城市中，决定某一地点地价的因素是(　　)。

  A. 距最大中心的距离

  B. 距最近中心的距离

  C. 距最大中心和最近中心距离的叠加影响

  D. 距所有中心距离的叠加影响

【答案】D

【解析】考查竞价曲线的特征理解。当代城市，尤其是大城市，往往有多个中心，其地租曲线也就比较复杂，由多条地租曲线叠加出来的，因而选项 D 正确。

2017-051. 根据城市经济学，城市中某地点的土地利用密度，与下列哪项因素无关?(　　)

  A. 距城市中心区的距离   B. 土地使用年限

  C. 土地的价格   D. 资本的价格

【答案】B

【解析】考查替代效应与土地利用强度和城市规划结论的特征理解。交通条件决定了土地价格，因此土地的价格与交通有关，排除选项 A。由替代效应知土地的价格和资本的价格与土地利用密度有关，排除选项 CD。此题选 B。

2017-052. 根据城市经济学原理，下列哪项因素导致城市空间扩展是不合理的?(　　)

  A. 收入增长   B. 人口增加

  C. 交通改善   D. 外部效应

【答案】D

【解析】考查导致城市空间扩展的两种理论情况的特征理解。有两种情况可以导致城市空间规模的扩展：第一种情况的发生是由城市的人口增长和经济的发展带来的；第二种城市空间扩展情况的原因，包括城市交通的改善带来的交通成本下降和城市居民收入的上升，因而选项 ABC 合理，此题选 D。

2017-053. 下列哪项措施可以缓解城市供求时间的不均衡?(　　)

  A. 对拥堵路段收费   B. 征收汽油税

  C. 建设大运量公共交通   D. 实行弹性工作时间

【答案】D

【解析】考查交通供求时间不均衡的解决措施的特征理解。弹性的上班时间，使得交通的需求曲线就会更平缓，高峰时段交通拥堵的情况也就会得到缓解，因而选项 D 正确。选项 AC 是缓解城市交通供求的空间不均衡。选项 B 是针对私家车出行的负外部性问题。这里要注意提倡公共交通出行和建设大运量公共交通的区别，后者不直接影响出行选择，所以不能缓解供求时间的不均衡。

2017-054. 为了尽可能让每个出行者都实现效用最大化，应采取下列哪种交通政策？（　　）

    A. 大力发展公共交通   B. 提倡使用私家车

    C. 提供尽可能多的交通方式   D. 对拥堵路段收费

【答案】C

【解析】考查城市交通效率提高途径的特征理解。如果我们的交通系统可以提供众多的选择，就能使得每一个人都能实现其最优选择，即实现效用最大化，因而选项 C 正确。

2017-055. 对于城市发展来说，下列哪项生产要素的供给无弹性？（　　）

    A. 资本   B. 劳动

    C. 土地   D. 技术

【答案】C

【解析】考查生产要素的特征理解。无论是否对土地进行了投入、无论使用土地的效率是高还是低，都不会造成土地利用效率的损失，说明土地供给无弹性，因而选项 C 正确。

2017-056. 与其他税种相比，土地税的明显优点是（　　）。

    A. 可以实现经济效率的目标   B. 可以实现社会公平的目标

    C. 可以同时实现效率和公平两个目标   D. 可以实现"单一税"的目标

【答案】C

【解析】考查"单一土地税"理论的特征理解。征收土地税既可以实现社会公平，也可以减少土地闲置，提高土地的利用效率，是一种可以同时达到公平与效率两个目标的方法，因而选项 C 正确。

2017-057. 下列情况中，"用脚投票"不能带来的效率为（　　）。

    A. 政府征收人头税   B. 公共品具有规模经济

    C. 迁移成本很低   D. 有很多个地方政府

【答案】B

【解析】考查"用脚投票"的类型记忆。政府征收人头税、迁移成本很低、居民消费偏好差异大，"用脚投票"都能带来效率的提高，故排除选项 ACD。若公共品具有很大的规模经济，由很多小政府分散提供就会成本很高，不如由一个大的政府来提供，此题选 B。

2017-058. 下列关于改革开放以来中国城镇化特征的表述，哪项是错误的？（　　）

    A. 城镇化经历了起点低、速度快的发展阶段

    B. 沿海城市群成为带动经济快速增长的主要平台

    C. 城镇化过程吸纳了大量农村劳动力转移就业

    D. 城镇化过程缩小了城乡居民的收入差距

【答案】D

【解析】考查改革开放以来中国城镇化特征的特征理解。在 20 世纪 80 年代我国省域

城镇化水平的空间差异呈现为"北高南低"的格局，改革开放后则逐步演变为"东高西低"，城乡居民的收入差距不断扩大，因而选项 D 错误，此题选 D。

2017-059. 下列关于中国城市边缘区特征的表述，哪项是正确的？（　　）

    A. 城乡景观混杂　　　　　　　　　　B. 城乡人口居住混杂

    C. 社会问题较为突出　　　　　　　　D. 空间变化相对迟缓

【答案】D

【解析】考查世界城市体系的特征理解。边缘区即仍然贫穷落后，以农业为主的地区，包括大多数第三层次的城市，特征表现为空间变化相对迟缓，选项 D 正确。

2017-060. 《国家新型城镇化规划》提出"以城市群为主体形态，推动大中小城市和小城镇协调发展"，其主要是指(　　)。

    A. 扩大城市范围　　　　　　　　　　B. 提升城市职能

    C. 优化城市结构　　　　　　　　　　D. 完善城镇体系

【答案】D

【解析】考查国家相关政策的特征理解。城市群即以一个区域内的城镇群体为研究对象，便是在研究城镇体系内容，因而选项 D 正确。

2017-061. 下列关于城市经济活动的基本部分与非基本部分比例关系（B/N）的表述，哪项是正确的？（　　）

    A. 综合性大城市通常 B/N 大　　　　B. 专业化程度低的城市通常 B/N 大

    C. 地方性中心城市通常 B/N 小　　　D. 大城市郊区开发区通常 B/N 小

【答案】C

【解析】考查城市的基本—非基本理论的特征理解。城市越大，城市内部各种经济活动之间的依存关系越密切，城市内的交换量越多，城市居民对各种消费和服务的要求也越高，通常 B/N 小，选项 A 错误。在规模相似的城市，B/N 也会有差异，专业化程度高的城市 B/N 大，而地方性的中心一般 B/N 小，选项 B 错误，选项 C 正确。大城市郊区开发区可以依附于母城，从母城取得本身需要的大量服务，非基本部分就可能较小，B/N 大，因而选项 D 错误。

2017-062. 在克里斯塔勒中心地理论中，下列哪项不属于支配中心地体系形成的原则？（　　）

    A. 交通原则　　　　　　　　　　　　B. 市场原则

    C. 行政原则　　　　　　　　　　　　D. 就业原则

【答案】D

【解析】考查克里斯塔勒中心地体系原的类型记忆，支配中心地体系形成的三个原则：市场原则、交通原则、行政原则，此题选 D。

2017-063. 下列哪项规划建设可依据中心地理论？（　　）

    A. 城市新区建设　　　　　　　　　　B. 城市旧区改造

    C. 村庄环境整治　　　　　　　　　　D. 村镇体系规划

【答案】D

【解析】考查克里斯塔勒中心地体系的特征理解。中心地理论推导的是在理想地表上的聚落分布模式，此模式更适用于村镇体系规划，因此选项 D 正确。

2017-064. 下列省区中，城市首位度最高的是(　　)。

A. 山东 　　　　　　　　　　　　　B. 浙江

C. 湖北 　　　　　　　　　　　　　D. 江西

【答案】C

【解析】考查城市首位度的特征理解，中国各省首位度分布显现出沿海省份低首位度，内陆地区高首位度的格局。在上述省区中，湖北首位度最高，此题选 C。

2017-065. 下列哪种方法适合于大城市近郊小城镇人口规模预测？(　　)

A. 聚类分析法 　　　　　　　　　　B. 回归分析法

C. 类比法 　　　　　　　　　　　　D. 增长率法

【答案】C

【解析】考查适用于小城镇规模的预测方法的类型记忆。类比法从已知城市人口推算其他城市人口规模，适用于小城镇规模预测的定性分析模型，因而选项 C 正确。选项 BD 适用于大中城市规模预测。选项 A 聚类分析是将物理或抽象对象的集合分组为由类似的对象组成的多个类的分析过程，不用于预测。

2017-066. 下列哪种方法适合于城市吸引范围的分析？(　　)

A. 断裂点公式 　　　　　　　　　　B. 聚类分析

C. 联合国法 　　　　　　　　　　　D. 综合平衡法

【答案】A

【解析】考查城市吸引范围分析方法的类型记忆。城市吸引范围的分析主要有两种办法：经验的方法和理论的方法，理论的方法又分断裂点公式和潜力模型两种，因而选项 A 正确。选项 B 聚类分析是将物理或抽象对象的集合分组为由类似的对象组成的多个类的分析过程。选项 C 联合国法用于区域城镇化水平预测。选项 D 综合平衡法是从国民经济总体出发，按照统筹兼顾，适当安排的方针，从数量上协调社会再生产各环节、国民经济各部门和各地区的联系，以实现国民经济按比例发展的一种方法。

2017-067. 质性研究方法（**Qualitative Research**）是近年新兴起的非常重要的社会调查方法，下列有关质性研究方法的描述中，哪项是正确的？(　　)

A. 质性研究是一种改进后的定量研究方法

B. 质性研究注重对人统一行为主题的理解，因而反对理论建构

C. 质性研究强调研究者与被研究者之间的互动

D. 质性研究的调查方法与深度访谈法是两种截然不同的方法

【答案】C

【解析】综合考查质性研究方法的特征理解。质性研究属于定性研究的一种，选项 A 错误。质性研究是以研究者本人作为研究工具，在自然情境下采用多种资料收集方法对社会现象进行整体性探究，使用归纳法分析资料和形成理论，通过与研究对象互动对其行为

和意义建构获得解释性理解的一种活动，选项 B 错误。质性研究不只是对一个固定不变的"客观事实"的了解，而是一个研究双方能够彼此互动、相互构成、共同理解的过程，因而选项 C 正确。深度访谈方法也是质性研究中最重要的一种方法，选项 D 错误。

2017-068. 下列关于人口性别比的表述，哪项是错误的？（　　　）
    A. 性别比以女性人口为 100 时相应男性人口数量来定义
    B. 一般情况下，人类的性别比会大于 100
    C. "婚姻挤压"是性别比偏低造成的
    D. 就出生人口性别比而言，未必经济越落后其数值越高

【答案】C

【解析】考查人口性别结构的特征理解。性别比指标一般以女性人口为 100 时相应的男性人口数来定义，选项 A 正确。一般情况下，男性人口多于女性人口，且性别比偏高，即男性人口过多会引发一些社会问题，包括"婚姻挤压"现象，因而选项 B 正确、选项 C 错误。较高的出生人口性别比反映了区域不同程度的"重男轻女"的陋习，与经济发展状况没有直接联系，选项 D 正确。

2017-069. 按 2010 年第六次人口普查数据，中国 60 岁以上人口占总人口的比重为 13.26%，65 岁以上人口的比重为 8.87%，总体已经迈入老龄化社会，与西方国家相比，下列哪项不是当前中国老龄化社会的特点？（　　　）
    A. 长寿老龄化　　　　　　　　　　B. 快速老龄化
    C. 重负老龄化　　　　　　　　　　D. 少子老龄化

【答案】C

【解析】考查中国老龄化特点的类型记忆。与发达国家相比，中国的老龄化存在四个显著特点：①"少子老龄化"；②"轻负老龄化"；③"长寿老龄化"；④"快速老龄化"，选项 ABD 都是当前中国老龄化社会的特点。"轻负老龄化"指老龄化伴随着总人口负担比的迅速下降。在老年人比例达到 5% 以前，我国总人口负担比大大低于发达国家的平均水平，在老龄化程度超过 15% 以后，我国的"轻负担老龄化"的优势将会消失，并且转变为"重负老龄化"，因而选项 C 错误，此题选 C。

2017-070. 下列关于流动人口特征的表述，哪项是错误的？（　　　）
    A. "留守儿童"是人口流动所造成的社会问题
    B. 流动人口的年龄结构总体上以青壮年为主
    C. 近年一些地区出现的"回归工程"与流动人口无关
    D. 流动人口总体上男性多于女性

【答案】C

【解析】综合考查流动人口的人口学特征和负面效应的特征理解。流动人口以青壮年为主，外出务工会造成"留守儿童"的社会问题，选项 AB 正确。流动人口总体上以男性为主，选项 D 正确。近年一些地区出现的"回归工程"就是想吸引流动人口回乡就业，与流动人口有关，因而选项 C 错误。

2017-071. 下列关于城市社会阶层的表述，哪项是错误的？（　　　）

A. 收入和职业分化会导致社会阶层分化

B. 二元劳动力市场是城市社会分层的动力之一

C. 马克思的阶级理论提供了有关城市社会分层的基本理论模型

D. 社会阶层与城市社会空间结构的形成没有关系

【答案】D

【解析】综合考查城市社会结构的特征理解，选项ABC正确。城市社会空间结构可定义为，在一定的经济、社会背景和基本发展动力下，综合了人口变化、经济职能的分布变化以及社会空间类型等要素而形成的复合性城市地域形式，而人口变化与社会阶层存在密不可分的关系，故选项D错误。

2017-072. 下列关于城市社会空间结构以及经典模型的表述，哪项是正确的？（   ）

A. 人口迁移的过渡理论来自同心圆模型

B. 城市空间结构呈现扇形格局主要是由于交通导致的

C. 在同心圆模型中，"红灯区"位于区位偏远的地区

D. 多中心模型是出于理论上的考虑，在现实中是不存在的

【答案】B

【解析】综合考查城市社会空间结构的特征理解。人口迁移的过渡理论来自霍伊特的扇形模型，选项A错误。交通线对土地利用的影响是形成霍伊特（Hoyt）扇形城市空间结构特征的动因，选项B正确。在同心圆模型中，"红灯区"位于环带Ⅱ离中央商务区最近的过渡市场，选项C错误。多核心模型与现实更为接近，并不是在现实中不存在，选项D错误。

2017-073. 下列关于社区的表述，哪项是正确的？（   ）

A. 邻里和社区是没有差别的两个概念

B. 社区的三大要素包括功能、共同纽带和归属感

C. 精英论和多元论都可用来诠释社区权利

D. 在互联网时代，社区的归属感越来越淡化

【答案】C

【解析】综合考查社区的概念、特征、权利和归属感的特征理解。"邻里"和"社区"的一个最大的区别就在于有没有形成"社会互动"，选项A错误。普遍认同的社区要素包括3各方面，即：①地区；②共同纽带；③社会互动。因此选项B错误。西方研究城市社区权利的学者主要分为精英论和多元论两大阵营，因而选项C正确。随着信息时代，尤其是互联网时代的到来，城市社区的空间趣味开始变得相对次要，而心理的归属变得愈发重要，选项D错误。

2017-074. 下列关于公众参与的表述，哪项是错误的？（   ）

A. 公众参与可以使城市规划有效应对多元利益主体的诉求

B. 安斯汀的"市民参与阶梯"为公众参与提供了重要的理论基础

C. 城市管治（urban governance）与公众参与无关

D. 公众参与有利于城市规划实现空间利益的公平

【答案】C

【解析】综合考查城市规划公众参与的作用、要点的特征理解以及主要理论的代表记忆。随着城市利益主体的多元化，城市规划工作必须引入公众参与机制才能做到统筹兼顾，公众参与使城市规划有效应对利益主体的多元化，有利于城市规划实现空间利益的公平，选项AD正确。安斯汀（Arnstein）发表了《市民参与的梯子》一文，被视为公众参与的最佳指导文章，选项B正确。要真正做到公众有效地参与城市规划，重视城市管制的思想和理念是一个基础，因而选项C错误。

2017-075. 下列基于群落概念的城市绿地建设，哪项是错误的？（　　　）

　　A. 保留一些原生栖息地斑块　　　　　B. 使用外来物种提高生物多样性
　　C. 以乡土植物材料为主　　　　　　　D. 营造多样化微地形环境

【答案】B

【解析】考查群落的特征理解。群落内的各种生物不是偶然散布的、孤立的，相互之间存在物质循环和能量转移的复杂联系，所以城市绿地建设应保留一些原生栖息地斑块，以乡土植物材料为主，营造多样化微地形环境，选项ACD正确；但要避免使用外来物种，因为外来物种可能改变和危害本地生物多样性，造成物种入侵，因而选项B错误，此题选B。

2017-076. 下列关于城市生态系统物质循环的表述，哪项是错误的？（　　　）

　　A. 输入大于输出　　　　　　　　　　B. 输入大于实际需求
　　C. 生物循环大于人类生产循环　　　　D. 人类影响大于自然影响

【答案】C

【解析】考查城市生态系统的物质循环的特征理解。城市生态系统所需物质对外界有依赖性，需要从城市外部输入城市生产、生活活动所需的各类物质，而且城市的生产性物质远远大于生活性物质，所以城市生态系统物质循环中输入大于输出，输入大于实际需求，因而选项AB正确。城市生态系统物质循环在人为干预状态下进行，生物循环小于人类生产循环，因而选项C错误，选项D正确。

2017-077. 下列关于生态恢复（原题：城市生态系统物质循环）的表述，哪项是错误的？（　　　）

　　A. 生态恢复不是物种的简单恢复
　　B. 生态恢复是指自然生态系统的次生演替
　　C. 生态恢复本质上是生物物种和生物量的重建
　　D. 生态恢复可以用于被污染土地的治理

【答案】B

【解析】考查生态恢复的概念与主要方法的特征理解。生态恢复并不完全是自然的生态系统次生演替，城市的自然净化功能脆弱而且有限，必须进行人工调节；生态恢复并不完全是指生态系统次生演替，人类可以有目的地对受损生态系统进行干预，因而选项B错误，此题选B。

2017-078. 下列关于光污染的表述，哪项是错误的？（　　　）

A. 光污染有益于城市植物生长

B. 由钢化玻璃造成的光污染会增加白内障的发病率

C. 光污染欺骗飞行的鸟类，改变动物的生活节律

D. 白色粉刷墙面和镜面玻璃的反光系数是自然界森林、草地的十倍

【答案】A

【解析】光污染会改变城市植物和动物生活节律，误导飞行的鸟类，对城市动植物的生存造成危害，因而选项 A 错误，此题选 A。

2017-079. 下列关于建设项目环境影响评价的表述，哪项是错误的？（　　　）

A. 重视项目多方案的比较论证

B. 建设项目的技术路线和技术工程不属于评价范畴

C. 重视建设项目对环境的积累和长远效应

D. 重视环保措施的技术经济可行性

【答案】B

【解析】考查建设项目环境影响评价注意事项的特征理解，选项 ACD 正确。建设项目环境影响评价注意事项包括重视建设项目的技术问题，采取不同的技术路线和技术工艺，将极大地制约建设项目对环境的影响程度，因而选项 B 错误，此题选 B。

2017-080. 下列关于规划环境影响评价的表述，哪项是错误的？（　　　）

A. 提倡开发活动全过程中的循环经济理念

B. 注重分析规划中对环境资源的需求

C. 实施排污总量控制的原则

D. 只需考虑规划产生的直接环境影响

【答案】D

【解析】考查规划环境影响评价的作用的特征理解，选项 ABC 正确。规划环境影响评价的作用包括能综合考虑间接连带性的环境影响，因而选项 D 错误，此题选 D。

二、多选题（每题五个选项，每题正确答案不少于两项，多选或漏选不得分）

2017-081. 关于居住建筑与小区规划布局的表述，下面哪项选项是正确的？（　　　）

A. 居住小区出入口不能少于 2 个

B. 出入口应尽量布置在城市干道

C. 托幼和小学应尽量在小区内部布置

D. 高层住宅面宽的选择应考虑视线遮挡因素

E. 低纬度山地住宅布局应优先满足日照需求

【答案】ADE

【解析】考查总平面的交通组织的特征理解。建筑基地的出入口不应少于 2 个，且不宜设置在同一条城市道路上，选项 A 正确；出入口应避免布置在城市干道，减少出入口对城市干道交通造成干扰，选项 B 错误；托幼和小学为居住区应当配建的公共服务设施，不一定在小区内部布置，选项 C 错误；高层住宅考虑视线，选项 D 正确；低纬度山地住宅考虑日照，选项 E 正确。

2017-082. 下列关于住宅设计的表述，哪项选项是错误的？（　　　）

A. 多层住宅为1～6层

B. 应保证客厅和至少有一间卧室有良好朝向

C. 11层住宅应设两部电梯

D. 长廊式高层住宅应设一部防火楼梯

E. 卫生间和厨房最好直接采光通风

【答案】ABCD

【解析】综合考查住宅建筑的数字记忆和特征理解。根据《住宅设计规范》GB 50096—2011，多层住宅为4～9层，选项A错误；应保证每户至少1个居住空间布置在良好朝向，选项B错误；12层以上住宅每栋楼设置电梯应不少于2部，选项C错误；长廊式高层住宅一般应有2部以上的电梯用于解决居民的疏散，选项D错误；厨房、卫生间最好能直接采光、通风，可将厨房、卫生间布置于朝向和采光较差的部位，选项E正确。此题选ABCD。

2017-083. 关于关于场地设计类型的表述，哪项选项是正确的？（　　　）

A. 场地设计类型有平坡式、台阶式和混合式三种

B. 场地设计类型的选择与场地面积有关

C. 场地设计类型的选择应考虑植被因素

D. 自然地形坡度小于3％时，一般应采用平坡式

E. 自然地形坡度大于8％时，应采用台阶式

【答案】ABE

【解析】考查竖向设计形式的类型记忆和特征理解，ABE正确。选择设计地面连接形式，要综合考虑自然地形的坡度大小、建筑物的使用要求及运输联系、场地面积大小、土石方工程量多少等，选项B正确、选项C错误。另外，当场地长超过500m，虽然自然地形坡度小于3％，也可采用台阶式（新规范已删除此条目，选项D不会再出现，目前解析为适应老规范），选项D错误。

2017-084. 关于建筑材料基本性质的表述，下列哪些选项是正确的？（　　　）

A. 材料抵抗外力破坏的能力称为材料的强度

B. 材料在承受外力的作用后，材料的几何形状能够恢复原形的性能称为材料的弹性

C. 材料中孔隙体积占材料总体积的百分率称为材料的孔隙率

D. 在自然状态下的材料单位体积内所具有的质量称为材料的密度

E. 散粒状材料在自然堆积状态下，颗粒之间空隙体积占总体积的百分率称为材料的空隙率

【答案】ABCE

【解析】考查建筑材料力学性质和基本物理参数的概念对比，ABCE正确。在自然状态下的材料单位体积内所具有的质量应为材料的"表观密度"，"密度"是材料在绝对密实状态下单位体积内所具有的质量，因而选项D错误。

2017-085. 下列关于中国古代建筑色彩的表述，哪些选项是正确的？（　　　）

A. 西周规定青、赤、黄、白、黑为正色

B. 唐代多用灰白色系配青绿色系

C. 宋代的梁枋斗栱流行青绿色系

D. 从元代开始黄色成为皇室专用色

E. 在五行理论中白色代表西方

【答案】ACE

【解析】考查建筑色彩应用历史的类型记忆和时期变化。自唐代开始，黄色成为皇室特用的色彩，皇宫寺院用黄、红色调，绿、青、蓝等为王府官宦之色，民舍只能用黑、灰、白等色，利用色彩来维护统治阶级的利益，选项 D 错误、选项 C 正确；朱白色系配上灰瓦是唐朝建筑的主色，选项 B 错误；结合口诀"左青龙，右白虎"的五行色彩知识，选项 AE 正确。

2017-086. 下列关于城市道路横断面形式选择考虑因素的表达，哪些项是正确的？（   ）

A. 符合道路性质、等级和红线宽度的要求

B. 满足交通畅通和安全要求

C. 考虑道路停车的技术要求

D. 满足各种工程管线的布置

E. 注意节省建设投资，节约城市用地

【答案】ABDE

【解析】考查城市道路横断面设计原则的类型记忆。城市道路横断面形式的选择与组合的基本原则为：符合城市道路系统对道路的规划要求；满足交通畅通和安全要求；充分考虑道路绿化的布置；满足各种工程管线布置的要求；要与沿街建筑和公用设施的布置要求相协调；对现有道路改建应采用工程措施与交通组织管理措施相结合的办法；注意节约建设投资，集约和节约城市用地，选项 ABDE 正确。城市道路横断面形式不要考虑路边停车，选项 C 错误。

2017-087. 下列关于城市道路交叉口采用渠化交通目的的表述，哪些选项是正确的？（   ）

A. 增加交叉口用地面积　　　　　　　B. 方便管线建设

C. 增大交叉口通行能力　　　　　　　D. 改善交叉口景观

E. 有利于交叉口的交通秩序

【答案】CE

【解析】考查交叉口交通组织方式中渠化交通的特征理解。采用渠化交通：即在道路上施画各种交通管理标线及设置交通岛，用以组织不同类型、不同方向车流分道行驶，互不干扰地通过交叉口。在交通量比较大的交叉口，配合信号等组织渠化交通，有利于交叉口的交通秩序，增大交叉口的通行能力，选项 CE 正确。

2017-088. 下列关于在城市道路设计中不需要设置竖曲线的条件，哪些选项是正确的？（   ）

A. 相邻坡段坡度差小于 0.5%　　　　　B. 外距小于 5cm

C. 切线长小于 20m 　　　　　　　　　　D. 城市次干路

E. 城市主干路

【答案】AB

【解析】考查竖曲线设置要求的特征理解。一般城市干路相邻坡度差小于 0.5% 或外距小于 5cm 时，可以不设置竖曲线，因而选项 AB 正确。

2017-089. 下列哪些项属于有轨电车系统的特征？（　　　　）

A. 属于中运量轨道交通 　　　　　　　B. 轨道主要敷设在城市道路路面上

C. 可以与其他道路交通混合运行 　　　D. 与城市道路交叉时采用立体交叉

E. 线路可以采取封闭隔离

【答案】BC

【解析】考查有轨电车的特征理解。有轨电车是一种低运量的城市轨道交通，选项 A 错误；轨道主要铺设在城市道路路面上，车辆与其他地面交通混合运行，选项 BC 正确、D 错误；又分为混合车道、全开放型的路面有轨电车和局部隔离、新型有轨电车，故不能采取封闭隔离措施，选项 E 错误。

2017-090. 下列哪些项属于城市客运枢纽规划设计的主要内容？（　　　　）

A. 枢纽的客流预测 　　　　　　　　　B. 枢纽的内部交通组织

C. 枢纽的平面布局 　　　　　　　　　D. 枢纽的外部交通组织

E. 枢纽的周边集散道路工程设计

【答案】ABCD

【解析】考查城市交通枢纽设计的主要内容的类型记忆。城市客运交通枢纽规划设计的主要内容包括：①根据城市客运交通枢纽总体布局，进一步确定枢纽的具体选址与功能定位；②枢纽的客流预测及各种交通方式之间的换乘客流量预测；③枢纽内部和外部的平面布置与空间设计；④内部流线设计；⑤外部交通组织。选项 ABCD 正确。

2017-091. 下列哪些项是无环放射型城市轨道交通线网的特点？（　　　　）

A. 加剧中心区的交通拥堵 　　　　　　B. 减小居民的平均出行距离

C. 造成郊区与郊区之间的交通联系不畅　D. 有利于防止郊区之间"摊大饼"式蔓延

E. 适合于规模较大的多中心城市

【答案】ACD

【解析】考查线网形态的特征理解。由于没有环形线，圆周方向缺少直接轨道交通联系，城市中心区外围之间的出行需要通过市中心中转，绕行距离长，或者通过其他交通方式来实现，这种交通的不便程度随着城市规模的扩大而扩大，故选项 AC 正确。无环放射型城市，城市中心区外围之间的出行需要通过市中心中转，绕行距离长，所以无环放射式线网结构适合于明显的单中心城市、城市规模中等、郊区周边方向客流量不大的城市，选项 BE 错误。这种结构有利于城市形成一个强大的城市中心，促使城市土地的密度开发，引导城市向单中心结构发展，这有利于节约土地资源，防止城市向周围"摊大饼"式的蔓延，选项 D 正确。

2017-092. 下列关于城市蓝线规划的表述，哪些是正确的？（　　　　）

A. 城市蓝线是城市地表水体保护和控制的地域界线

B. 总体规划阶段应当确定城市蓝线

C. 控制性详细规划阶段应明确城市蓝线坐标

D. 城市蓝线范围内不宜进行绿化

E. 城市湿地控制线不属于城市蓝线的范畴

【答案】ABC

【解析】考查城市蓝线的特征理解。根据《城市蓝线管理办法》，城市蓝线，是指城市规划确定的江、河、湖、库、渠和湿地等城市地表水体保护和控制的地域界线。故A正确、E错误。第七条：在城市总体规划阶段，应当确定城市规划区范围内的需要保护和控制的主要体表水体，划定城市蓝线，并明确城市蓝线保护和控制的要求。第八条：在控制性详细规划阶段，应当依据城市总体规划划定的城市蓝线，规定城市蓝线范围内的保护要求和控制指标，并附有明确的城市蓝线坐标和相应的界址地形图，故BC正确。第十条内容不包含禁止进行绿化，因而选项D错误。此题选ABC。

2017-093. 下列关于城市排水规划内容的表述，哪些选项是正确的？（　　）

A. 城市不同区域的雨水管道系统应采用统一的设计重现期

B. 建筑物屋面、混凝土路面的径流系数低于绿地的径流系数

C. 降雨量稀少、地面渗水性强的新建城市可以考虑不建设雨水管道系统

D. 分流制的环境保护效果优于截流式合流制

E. 污水处理厂布局时应考虑污水回用需求

【答案】CE

【解析】选项ABC考查雨水排放的排水分区划分及水力计算的特征理解。设计重现期应当根据排水区域的重要性、地形和气象特点等因素确定，而不应采用统一设计重现期，故选项A错误。径流系数是指径流量与降雨量的比值；在降雨量很小的城市，由于降雨量很小，地面渗透能力很强，没有必要建设雨水系统，在这些地区，为了利用宝贵的雨水资源，绿化用地设计标高一般都低于道路标高，降雨时路面雨水很快就汇入路边绿地，故选项B错误、C正确。选项D考查合流制和分流制优缺点比对，在环境影响方面，合流制与分流制各有利弊，应综合考虑，选项D错误。选项E考查污水处理厂布局的特征理解，正确。

2017-094. 在供水管网设计中，设计流速的确定主要应考虑下列哪些因素？（　　）

A. 日供水量大小　　　　　　　　B. 水厂布局

C. 水厂出厂水压　　　　　　　　D. 管网投资

E. 用水量变化

【答案】CD

【解析】考查管网水力计算中设计流速的特征理解。设计流速要考虑管网造价和运行费，流速越大，管径可以减小，管网投资可以降低，但将增加水头损失，从而增加水厂出厂压力，使日常的动力费提高，因而选项CD正确。

2017-095. 下列哪些项是截留式合流制排水系统特有的排水设施？（　　）

A. 合流管   B. 截留管

C. 污水提升泵站   D. 溢流井

E. 检查井

【答案】BD

【解析】考查合流制排水系统分类下的特征理解。截留式合流制是在直排式合流制的基础上，沿排放口附近新建一条污水管渠，将污水截留到污水处理厂处理或输送到下游排放，雨水通过附属的溢流井仍排入原来的水体。截留管和溢流井是截留式合流制特有的，因而选项 BD 正确。

2017-096. 在河流两岸建设防洪堤，设计洪水位与下列哪些因素有关？（   ）

A. 防洪标准   B. 风浪

C. 堤距   D. 堤防级别

E. 安全超高

【答案】AC

【解析】考查防洪堤的特征理解。设计洪水位根据防洪标准、相应洪峰流量、河道断面分析计算；堤距是河道断面分析，因而选项 AC 正确。设计洪水位以上超高包括风浪爬高和安全超高，风浪爬高根据风力资料分析计算，安全超高根据堤防级别选取，选项 BDE 是设计洪水位以上超高考虑的因素，故选项 BDE 错误。

2017-097. 下列哪些抗震防火规划措施是正确的？（   ）

A. 城市建设用地应避开地震危险地段

B. 现有未进行抗震设防的建筑必须拆除重建

C. 城市内绿地应全部作为避震疏散场地保护建设

D. 紧急避难场地服务半径不宜超过 500m

E. 避难场地应有疏散通道连接

【答案】AE

【解析】综合考查抗震防灾规划措施的特征理解。城市建设用地必须避免选择在地震危险地段，选项 A 正确。现有未进行抗震设防的建筑，应提出加固、改造计划，即必须拆除重建错误，选项 B 错误。具有安全保障、不会发生次生灾害的绿地等开敞空间可作为临时性紧急避难，但把全部绿地作为避震疏散场地保护建设，没有考虑到绿地本身功能的多样性，显然是不恰当的，故选项 C 错误。临时性紧急避难场地疏散半径在 500m 左右为宜，不是服务半径不宜超过 500m，故选项 D 错误。避震疏散通道与疏散场地相连，选项 E 正确。

2017-098. 根据《中华人民共和国环境影响评价法》要求，下列哪些规划需要进行环境影响评价？（   ）

A. 土地利用规划   B. 宏观经济规划

C. 环境整治规划   D. 区域、流域、海域开发规划

E. 工业、能源、交通、城市建设、自然资源开发等 10 类专项规划

【答案】ADE

【解析】考查规划环境影响评价范围的类型记忆。《中华人民共和国环境影响评价法》

明确要求对土地利用规划，区域、流域、海域开发规划和工业、农业、畜牧业、林业、能源、水利、交通、城市建设、旅游、自然资源开发等十类专项规划进行环境影响评价，因而选项 ADE 正确。

2017-099. 下列哪些是实现区域生态安全格局的途径？（ ）
    A. 协调城市发展、农业与自然保护用地之间的关系
    B. 优化城乡绿化与开放空间系统
    C. 制定城市生态灾害防治技术措施
    D. 维护生物栖息地的整体共建格局
    E. 维护生态过程和人文过程的完整性
【答案】ABCE
【解析】考查区域生态安全格局的构建的特征理解。实现区域生态安全格局的途径包括使用现有各类孤立分布的自保护地，通过尽可能少的投入形成最优的整体空间格局，以保障物种的空间迁徙和保护生物多样性，这不等同于维护生物栖息地的整体共建格局，因而选项 D 错误，此题选 D。

2017-100. 下列关于区域生态适宜性评价的表述，哪些是错误的？（ ）
    A. 按行政区划分评价空间单元
    B. 独立地评价每个评价空间单元
    C. 资源的经济价值是划分生态适宜性的重要标准
    D. 生态环境的抗干扰性影响生态适宜性
    E. 生物多样性与生态适宜性无关
【答案】ABCE
【解析】考查区域生态适宜性评价的内容的特征理解。生态适宜性评价是以规划范围内生态类型为评价单元；将各要素进行叠加分析，确定范围内生态类型对资源开发的适宜性和限制性，并考虑相邻地理单元的关系，进而划分适宜性等级，因而选项 ABCE 错误，此题选 ABCE。

第六节　2018 年城乡规划相关知识考试真题

一、单选题（每题四个选项，其中一个选项为正确答案）

2018-001. 下列关于中国古代建筑构件与模数单位的表述，哪项是错误的？（ ）
    A. 栱随历史发展尺寸越变越小
    B. 斗栱是唐代建筑重要的装饰构件
    C. "材"是宋代建筑使用的模数单位
    D. "斗口"是清代建筑使用的模数单位
【答案】B
【解析】考查木构架体系的时期变化，ACD 正确。斗栱在唐代（明清以前）主要为承重构件，因而选项 B 错误。

2018-002. 下列关于中国古代建筑专用名词"步"的表述，哪项是正确的？（   ）

　　A. 建筑柱子中心线之间的水平距离

　　B. 建筑侧面各开间之间的水平距离

　　C. 前后挑檐中心线之间的水平距离

　　D. 屋架上檩与檩中心线之间的水平距离

　　【答案】D

　　【解析】考查平面布置以"间"和"步"为单位的概念对比。A项：正面两檐柱间的水平距离为"开间"。BC项：各步距离的总和或侧面各开间宽度的总和称为"通进深"，若有斗栱，则按前后挑檐中心线之间的水平距离计算。D项：檩与檩的中心线间的水平距离是指"步"。

2018-003. 下列关于西方古代建筑柱式的表述，哪项是错误的？（   ）

　　A. 多立克柱式比例较粗壮，柱身收分和卷杀较明显

　　B. 爱奥尼柱式的柱身带有小圆面的凹槽，柱础复杂

　　C. 科林斯柱式的柱身、柱础、整体比例与多立克柱式相似

　　D. 古希腊的三柱式包括多立克、科林斯和爱奥尼

　　【答案】C

　　【解析】考查古典时代古希腊柱式的特征理解，ABD正确。科林斯柱式的柱身与爱奥尼柱式相似，选项C错误。

2018-004. 下列关于建筑交通联系空间及布局的表述，哪项是错误的？（   ）

　　A. 过厅、自动扶梯、出入口属于交通联系空间

　　B. 应服从于建筑空间处理和功能关系的需要

　　C. 可分为水平交通，综合交通和枢纽交通三种

　　D. 流线设计应简单明确并避免迂回曲折

　　【答案】C

　　【解析】考查公共建筑交通联系空间的类型记忆和特征理解，ABD正确。建筑交通联系空间可分为水平交通空间、垂直交通空间和枢纽交通空间，因而C选项错误。

2018-005. 下列关于砖混结构的表述，哪项是错误的？（   ）

　　A. 使用最早、最广泛的一种建筑结构形式

　　B. 经济适用，有利于因地制宜和就地取材

　　C. 常用于体育馆、高层商住等建筑的建造

　　D. 包括内框架承重、横向承重与纵向承重三种承重体系

　　【答案】C

　　【解析】考查砖混结构的特征理解和类型记忆，ABD正确。砖混结构属于低层、多层建筑结构选型，而体育馆为大跨度结构选型，高层商住为高层建筑结构，选项C错误，此题选C。

2018-006. 下列关于砖混结构纵向承重体系的荷载传递路线的表述，哪项是正确

的？（　　　）

 A. 板—纵墙—梁—基础—地基 B. 板—梁—纵墙—基础—地基

 C. 纵墙—板—梁—地基—基础 D. 梁—板—纵墙—地基—基础

【答案】B

【解析】考查砖混结构纵向承重体系的荷载传递路线的排序记忆。在砖混建筑纵向承重体系中，荷载的主要传递路线是：板—梁—纵墙—基础—地基，选项 B 正确。

2018-007. 下列关于结构受力特点的表述，哪项是错误的？（　　　）

 A. 网架的杆件主要承受轴力 B. 悬索主要承受其垂度方向的拉力

 C. 拱结构的主要内力是轴向压力 D. 屋架的杆件只受弯矩和拉力

【答案】D

【解析】考查空间结构体系类型的特征理解，ABC 正确。屋架的杆件只受拉力和压力，选项 D 错误，此题选 D。

2018-008. 下列关于材料力学性能特点表述，哪项是正确的？（　　　）

 A. 材料在经受外力作用时抵抗破坏的能力，称为材料的硬度

 B. 材料在承受外力并在撤除外力后，形状能恢复原状的性能称为刚性

 C. 材料受力时，在无明显变形的情况下突然破坏，这种现象称为脆性破坏

 D. 材料强度一般分为抗冲击强度，抗拉强度和抗剪切强度等

【答案】C

【解析】考查建筑材料力学性质的概念对比，C 正确。材料在经受外力作用时抵抗破坏的能力为材料的"强度"，不是硬度，A 错误。材料在承受外力并在撤除外力后，形状能恢复原状的性能为材料的"弹性"，不是刚性，B 错误。材料强度分为抗拉、抗压、抗弯、抗剪强度，D 错误。

2018-009. 绿色建筑"四节一环保"中的"四节"是（　　　）。

 A. 节水、节地、节能、节材 B. 节能、节材、节地、节油

 C. 节材、节水、节碳、节地 D. 节能、节水、节碳、节地

【答案】A

【解析】考查绿色建筑的类型记忆。绿色建筑"四节一环保"中的"四节"是：节水、节地、节能、节材，此题选 A。

2018-010. 下列关于工厂场地布置要求的表述，哪项是错误的？（　　　）

 A. 应符合所在地域的区位规划 B. 应尽可能利用自然资源条件

 C. 应满足外部交通的直接穿行 D. 应尽可能采用外形简单的场地边界

【答案】C

【解析】考查场地选择基本原则和基本要求的特征理解，ABD 正确。工厂场地应布置在交通便利的地方，但应避免外部交通的直接穿行，选项 C 错误，此题选 C。

2018-011. 下列关于工业建筑总面积设计要求的表述，哪项是错误的？（　　　）

 A. 适应物料加工流程，运距短捷 B. 与竖向设计和环境布置相协调

C. 满足货运与主要人流交织要求   D. 力求缩减道路敷设面积

【答案】C

【解析】考查工业建筑总平面设计要求的特征理解，ABD正确。货运与人流要避免交叉，C错误。

2018-012. 下列关于场地布置与地基处理的表述，哪项是错误的?（　　）

    A. 场地设计分为平坡、斜坡和台阶式三种

    B. 台阶式在连接处可作挡土墙或护坡处理

    C. 地下水位高的地段不宜挖方处理

    D. 冻土深度大的地方地基应深埋

【答案】A

【解析】考查竖向设计形式的类型记忆和特征理解，BCD正确。场地设计分为平坡、台阶和混合式三种，选项A错误，此题选A。

2018-013. 关于外国古代建筑用色，哪项是错误的?（　　）

    A. 古希腊建筑用色华丽   B. 古罗马建筑用色丰富

    C. 拜占庭建筑用色明亮   D. 巴洛克建筑用色对比强烈

【答案】C

【解析】考查建筑色彩应用历史的时期变化，ABD正确。拜占庭建筑色彩与古典时期相比显得阴暗、沉重，因而选项C错误，此题选C。

2018-014. 下列关于城市道路平曲线与竖曲线设计的表述，哪项是正确的?（　　）

    A. 凸形竖曲线的设置主要满足车辆行驶平稳的要求

    B. 平曲线与竖曲线不应有交错现象

    C. 平曲线应在竖曲线内

    D. 小半径曲线应设在长的直线段上

【答案】B

【解析】综合考查竖曲线分类的概念对比和设置要求的特征理解。凸形竖曲线的设置主要满足视线视距的要求，而满足车辆行驶平稳的要求的是凹形竖曲线，选项A错误。城市道路设计时一般希望将平曲线与竖曲线分开设置。如果确实需要重合设置时，通常要求将竖曲线在平曲线内设置，而不应有交叉现象，选项B正确、C错误。竖曲线设置要求应避免将小半径的竖曲线设在长的直线段上，选项D错误。

2018-015. 下列不属于城市轨道交通网规划主要内容的是(　　)。

    A. 确定线路的大致走向和起讫点位置   B. 确定车站的分布

    C. 确定联络线的分布   D. 确定车站总平面布局

【答案】D

【解析】考查线网规划布局主要内容的类型记忆。对照5点主要内容，线网规划不需要考虑车站的具体设计，此题选D。

2018-016. 下列对道路交通标志的描述，错误的是(　　)。

A. 警告标志是警告车辆、行人交通行为的标志

B. 警告标志的形状为圆形，颜色为黄底黑边、黑图案

C. 禁令标志是禁止或限制车辆、行人交通行为的标志

D. 禁止驶入标志形状为圆形，红底、白杠白字

【答案】B

【解析】考查道路交通标志的特征理解，ACD正确。警告标志形状为三角形，选项B错误。

2018-017. 下列对机动车道通行能力的表述，哪项是正确的？（   ）

A. 靠近道路中线的车道最小，最右侧的车道最大

B. 靠近道路中线的车道最小，最右侧的车道次之，二者中间的车道最大

C. 靠近道路中线的车道最大，最右侧的车道最小

D. 靠近道路中线的车道最大，最右侧的车道次之，二者中间的车道最小

【答案】C

【解析】考查机动车道的特征理解。在有多条车道设计的道路上，靠近中线的车道通行能力最大，通行能力从中心车道往右依次减少，故选C。

2018-018. 下列哪项不属于交叉口交通组织的方式？（   ）

A. 渠化交通　　　　　　　　　　B. 立体交叉

C. 单双号限行　　　　　　　　　D. 交通指挥

【答案】C

【解析】考查交叉口交通组织方式的类型记忆。交叉口交通组织方式包括：无交通管制、渠化交通、交通指挥、立体交叉，即ABD属于交叉口交通组织方式。单双号限行属于交通管制措施之一，不属于交叉口交通组织的方式，选项C符合题意。

2018-019. 城市公共停车设施可分为（   ）。

A. 路边停车带和路外停车带

B. 路边停车带和路外停车场

C. 露天停车场和封闭式停车场

D. 路边停车带、露天停车场和封闭式停车场

【答案】B

【解析】考查城市公共停车设施分类的类型记忆。城市公共停车设施可分为路边停车带和路外停车场，选项B正确。不存在路外停车带这种说法，选项A错误。从停车场的形式来看，可以分为封闭式、半封闭式和露天三种形式停车场，而城市公共停车场和建筑物配建停车场是停车场从规划管理方式来看的另一种分类，露天停车场和封闭式停车场与城市公共停车设施不可混为一谈，选项CD错误。

2018-020. 斜楼板停车库的优点（   ）。

A. 坡道长度可以大大缩短

B. 坡道和通道合一，不需要再设上下坡道

C. 上下行坡道干扰少

D. 进出停车库便捷

【答案】B

【解析】考查机动车停车库的特征理解和概念对比。斜楼板停车库的优点是坡道和通道合一，不需要再设上下坡道，选项B正确。选项A是错层式停车库的优点，选项C是螺旋坡道式停车库的优点，选项A是直坡道式停车库的优点。

2018-021. 下列关于机动车停车库的表述，哪项是错误的？（   ）

    A. 斜楼板式停车库坡道和通道合一，对停车进出干扰较小

    B. 直坡式停车库坡道可设在库内，也可设在库外

    C. 错层式停车库缩短了坡道长度，用地较节省

    D. 螺旋坡道式停车库单位停车多，是常用的一种停车库类型

【答案】A

【解析】考查机动车停车库的特征理解。斜楼板式停车库坡道和通道合一，存在一定的缺点，坡道通道合一，长度增加，且车辆之间的相互干扰加大，对停车进出存在干扰，因而选项A错误。直坡式停车库是将水平的停车楼面之间用直坡连接起来，坡道可设在库内，也可设在库外，因而选项B正确。错层式与直坡式比较相似，停车楼面分为两段或三段错层，坡道变短，坡度较直坡式加大，节约用地，因而选项C正确。螺旋坡道式停车库在成本上不具有优势，但是设计比较简单，车辆之间通行干扰也比较小，通行速度快，节约用地，单位面积停车多，也是比较常用的一种类型，因而选项D正确。

2018-022. 下列关于站前广场规划设计中交通组织说法的表述，错误的是（   ）。

    A. 公交站点应离站房最近，出租车停车场次之，社会车辆停车场最远

    B. 合理布置相应的自行车停车场

    C. 长途汽车站应当远离铁路站前广场

    D. 应当限制车辆进入站前广场

【答案】C

【解析】考查站前广场规划设计的内容的特征理解。公交站点（或轨道交通车站）应离站房最近，其次是出租车停车场，最后才是社会车辆停车场，因而选项A正确。在站前广场按需要配置相应的大型自行车停车场是非常必要的，因而选项B正确。为了方便公铁联运，国内的城市在站前广场的外围基本上都配置了长途汽车站，长途汽车站作为枢纽内的一种换乘方式应该放在整个站前广场中来考虑，其停车泊位的多少可以根据实际需要来定，因而选项C错误。在站前广场，要控制无关车辆进入站前广场，选项D正确。

2018-023. 在进行城市道路桥涵设计时，桥下通行公共汽车的高度限界为（   ）。

    A. 2.5m   B. 3.0m

    C. 3.5m   D. 4.0m

【答案】C

【解析】考查道路桥洞通行限界的数字记忆。桥下通行公共汽车的高度限界为3.5m，故选C。

2018-024. 城市轨道交通按最大运输能力由大到小排序，下列哪项是正确的？（   ）

A. 地铁系统、轻轨系统、有轨电车　　B. 地铁系统、有轨电车、轻轨系统

C. 磁浮系统、地铁系统、有轨电车　　D. 磁浮系统、有轨电车、地铁系统

【答案】A

【解析】考查城市轨道交通系统的排序记忆。城市轨道交通最大运输能力由大到小排序为地铁系统（大运量）、轻轨系统（中运量）、有轨电车（低运量），因而选项A正确。

2018-025. 下列关于城市供水规划内容的表述，哪项是正确的？（　　）

A. 水资源供需平衡分析一般采用最高日用水量

B. 城市供水设施规模应按照平均日用水量确定

C. 城市配水管网的设计流量应按最高日最高时用水量确定

D. 城市水资源总量越大，相应的供水保证率越高

【答案】C

【解析】选项ABC考查城市用水量的概念对比。水资源供需平衡分析一般采用年用水量，选项A错误。城市供水设施规模应按照最高日用水量配置，选项B错误。城市配水管网的设计流量应按最高日最高时用水量确定，选项C正确。选项D考查供水条件的特征理解，城市水资源总量越大，相应的保证率就越小，选项D错误。

2018-026. 下列关于城市污水处理厂选址原则的表述，下列哪项是错误的？（　　）

A. 便于收集城市污水

B. 厂址尽量靠近城市污水量集中的居民区

C. 便于污水处理厂出水排放以及事故退水口

D. 交通、供电条件方便

【答案】B

【解析】考查污水处理厂选址与布局的特征理解。污水处理厂宜设在水体附近，便于处理后污水的就近排放，也尽可能与回用处理后污水的主要用户靠近，选项AC正确。因污水处理厂对生活有一定的污染和干扰，应距离生活区300m以上且设置卫生防护带，选项B错误。污水处理厂选址应考虑污泥的运输和处置，宜近公路和河流，要有良好的水电供应，选项D正确。

2018-027. 在城市详细规划阶段用电负荷，一般采用下列哪种方式？（　　）

A. 人均综合用电量指标法　　　　　B. 单位建设用地负荷指标法

C. 单位建筑面积负荷指标法　　　　D. 电力弹性系数法

【答案】C

【解析】考查电力负荷预测方法选择的概念对比。在城市详细规划阶段用电负荷，一般采用单位建筑面积负荷指标法、点负荷，选项C正确。选项ABD均为总体规划阶段的预测法。

2018-028. 关于城市燃气规划的表述，下列哪项是正确的？（　　）

A. 液化石油气储配站应邻近城市集中居民区

B. 特大城市燃气管网应采取一级管网系统

C. 城市气源应尽可能选择单一气源

D. 燃气调压站应尽量布置在负荷中心

【答案】D

【解析】综合考查气源选择和输配系统规划的特征理解。液化石油气储配站有爆炸危险，不应邻近城市集中居住区，因而选项 A 错误。特大城市燃气管网应采取三级管网或混合管网，因而选项 B 错误。为保证城市燃气的供应稳定性，应尽量避免单一气源，因而选项 C 错误。燃气调压站应尽量布置在负荷中心，方便供应和控制，因而选项 D 正确。

2018-029. 下列关于城市供热规划的描述，哪项是错误的？（　　　）

　　A. 集中供热系统的热源有热电厂、专用锅炉房等

　　B. 热电厂热效率高于集中锅炉房和分散小锅炉

　　C. 依据热源的供热范围，划分城市供热分区

　　D. 热电厂应尽量靠近热负荷中心

【答案】A

【解析】综合考查城市集中供热系统的类型记忆和特征理解，BCD 正确。集中供热系统热源有热电厂、集中锅炉房、低温核能供热站等，专用锅炉属于分散供热系统，选项 A 错误。

2018-030. 下列关于城市环卫设施的表述，哪项是正确的？（　　　）

　　A. 生活垃圾填埋场应远离污水处理厂，以避免对周边环境双重影响

　　B. 生活垃圾堆肥场应与填埋或焚烧工艺相结合，便于垃圾综合处理

　　C. 生活垃圾填埋场距大中城市规划建成区至少 1km

　　D. 建筑垃圾可以与工业固体废物混合储运、堆放

【答案】B

【解析】综合考查生活垃圾填埋场、生活垃圾堆肥场的特征理解和数字记忆，以及城市固体废物处理方式的特征理解。生活垃圾填埋场不得在水源保护区内建设，但可以靠近污水处理厂，便于综合处理垃圾渗滤液堆肥，选项 A 错误。堆肥只是减少体积，转变为稳定的有机质，但最终的处理方式是填埋或者焚烧，选项 B 正确。生活垃圾填埋场距大、中城市规划建成区应大于 5km，选项 C 错误。部分建筑垃圾可采用自然堆存的处理方式，但工业固体废物具有巨大的资源潜力、应该作为二次资源综合利用，选项 D 错误。

2018-031. 下列属于城市黄线的是(　　　)。

　　A. 湿地控制线　　　　　　　　　　B. 历史文化保护街区控制线

　　C. 城市道路控制线　　　　　　　　D. 高压架空线控制线

【答案】D

【解析】考查城市黄线的特征理解。城市黄线，是指对城市发展全局有影响的、城市规划中确定的、必须控制的城市基础设施用地的控制界限，因而选项 D 正确。选项 A 属于城市蓝线，选项 B 属于城市紫线，选项 C 是道路红线。

2018-032. 下列城市地下工程管线避让原则，哪项表述是错误的？（　　　）

　　A. 新建的让现有的　　　　　　　　B. 重力流让压力流

　　C. 临时的让永久的　　　　　　　　D. 易弯曲的让不易弯曲的

【答案】B

【解析】考查城市地下工程管线避让原则的特征理解，包括：①压力管让自流管；②管径小的让管径大的；③易弯曲的让不易弯曲的；④临时性的让永久性的；⑤工程量小的让工程量大的；⑥新建的让现有的；⑦检修次数少的、方便的，让检修次数多的、不方便的，选项ACD正确。重力流让压力流不属于城市地下工程管线避让原则，选项B错误，此题选B。

2018-033. 下列哪项属于城市总体规划阶段竖向规划主要内容？（　　　）

A. 确定挡土墙、护坡等室外防护工程的类型

B. 确定防洪（湖、浪）堤顶及堤内地面最低控制标高

C. 确定街坊的规划控制标高

D. 确定建筑室外地坪规划控制标高

【答案】B

【解析】考查城市用地竖向工程规划内容与深度的特征理解。城市总体规划阶段竖向规划主要内容包括：①确定城市规划建设用地；②确定防洪排涝及排水方式；③确定防洪堤顶及堤内江河湖海岸最低的控制标高；④根据排洪通行需要，确定大桥、港口、码头的控制高程；⑤确定城市主干道与公路、铁路交叉口的控制标高；⑥确定道路及控制标高；⑦选择城市主要景观控制特点，确定其控制标高，因而选项B正确。ACD项皆属于修建性详细规划阶段，故选项ACD排除。

2018-034. 下列哪项属于总体规划阶段防洪标准的内容？（　　　）

A. 确定防洪标准　　　　　　　　B. 确定截洪沟纵坡

C. 确定防洪堤横断面　　　　　　D. 确定排涝泵站位置和用地

【答案】A

【解析】考查城市防灾规划的内容的特征理解。城市总体规划阶段要确定防洪和抗震设防标准，因而选项A正确。选项BC为深化内容，属于专项规划阶段内容。选项D是落实防灾设施位置和用地，属于详细规划阶段内容。

2018-035. 下列哪类地区应当设置特勤消防站？（　　　）

A. 国家级风景名胜区　　　　　　B. 国家级历史文化名镇

C. 经济发达的县级市　　　　　　D. 重要的工矿区

【答案】C

【解析】考查城市消防站设置基本要求的特征理解。中等及中等以上城市、经济发达的县级市和经济发达且有特勤需要的城镇应设置特勤消防站，因而选项C正确。

2018-036. 从抗震防灾的角度考虑，城市建设必须避开下列哪类区域？（　　　）

A. 地震时易发生滑坡的区域　　　B. 古河道

C. 软弱地基区域　　　　　　　　D. 地震时可能发生砂土液化的区域

【答案】A

【解析】考查抗震防灾规划措施中城市用地布局的特征理解和类型记忆。城市建设用地必须避免选择在地震危险地段。地震危险地段包括：地震时可能发生滑坡、崩塌、地

陷、地裂、泥石流的地段；活动型断裂带附近，地震时可能发生地表错位的部位，因而选项 A 正确。选项 BCD 属于对抗震不利的地段，重要建筑应尽量避开。

2018-037. 地震烈度反映的是(　　)。
　　A. 地震对地面和建筑物造成破坏的程度　　B. 地震的剧烈程度
　　C. 地震释放的能量强度　　　　　　　　　D. 地震的活跃程度
【答案】A
【解析】考查地震强度与灾害形式的概念对比。地震烈度反映的是地震对地面和建筑物的破坏程度，因而选项 A 正确。选项 C 是指地震震级，与地震烈度同为衡量地震大小的指标。

2018-038. 位于抗震设防区的城市可能发生严重次生灾害的建设工程，应根据(　　)确定设防标准。
　　A. 建设场地地质条件
　　B. 未来 50～100 年可能发生的最大地震震级
　　C. 次生灾害的类型
　　D. 地震安全评价结果
【答案】D
【解析】考查抗震设防标准的特征理解。《防震减灾法》第三十五条，新建、扩建、改建建设工程，应当达到抗震设防要求。重大建设工程和可能发生严重次生灾害的建设工程，应当按照国务院有关规定进行地震安全性评价，并按照经审定的安全性评价报告所确定的抗震设防要求进行抗震设防，选项 D 正确。

2018-039. 对比不同时间的遥感影像，不能发现下列哪些内容?(　　)
　　A. 位置　　　　　B. 面积　　　　　C. 用地性质　　　　　D. 归属关系
【答案】D
【解析】考查城市规划现状用地调查与更新的特征理解。遥感影像的对比只能发现图片位置、面积，并通过建筑分析出用地性质，所以选项 ABC 可被发现，而对建筑或者土地的归属关系无法得出，此题选 D。

2018-040. 下列哪项不属于遥感影像预处理的内容?(　　)
　　A. 辐射校正　　　　　B. 图像增强　　　　　C. 对比分析　　　　　D. 图像分类
【答案】D
【解析】考查图像预处理的类型记忆，选项 ABC 均属于。借助计算机或目视的方法对图像单元或图像中的地物进行分类称为图像分类，属于处理阶段内容，因而此题选 D。

2018-041. 下列哪项不属于城市规划中所用的 3S 技术?(　　)
　　A. 全球定位系统（GPS）　　　　　　　B. 管理信息系统（MIS）
　　C. 遥感技术（RS）　　　　　　　　　　D. 地理信息系统（GIS）
【答案】B
【解析】考查 3S 技术的类型记忆。遥感、全球定位系统和地理信息系统统称为

"3S"，选项 B 为常见信息系统之一，故选 B。

2018-042. 在城市规划动态监测中，上级城市规划行政主管部门所使用的软件是基于下列哪个软件进行二次开发而成的？（   ）

    A. 数据库   B. 地理信息系统

    C. 管理信息系统   D. 人工智能和专家系统

    【答案】B

    【解析】考查地理信息技术基本功能的特征理解。城市规划动态监测是指根据不同时相的遥感影像进行对比，发现变化，将变化与规划对比，判断其是否符合城市规划。在基层城市规划行政主管部门，可以依此发现非法建设与非法用地，上级城市规划行政主管部门则可以据此判断变化是否符合已经批复的城市规划，并发现是否存在行政主体违法的现象，而此动态监测依据系统即为地理信息系统，故选 B。

2018-043. 城市规划与其他城市管理部门的基础数据共享，有助于解决下列哪项问题？（   ）

    A. 避免数据重复建设   B. 数据保密

    C. 提高智能水平   D. 提高网络速度

    【答案】A

    【解析】考查城市规划信息化未来发展趋势的特征理解。城市规划与其他城市管理部门，如土地管理部门、建设部门、市政管理等，存在着密切的联系。在这些部门的信息化过程中实现基础数据共享，有助于避免数据重复建设，降低成本，因此选项 A 正确。

2018-044. 利用遥感技术制作城市规划现状图，不具备以下哪项特点？（   ）

    A. 简便   B. 迅捷   C. 准确   D. 节约

    【答案】C

    【解析】考查遥感技术的发展和应用局限性的特征理解。利用遥感手段制作城市规划用地现状图具有多、快、好、省的特点，但图像判读、解译后获得的往往是对地物的大致估计，或间接信息，会和实际情况有出入，此题选 C。

2018-045. 与 CAD 相比，GIS 软件具有的优势是（   ）。

    A. 提高图形编辑修改的效率   B. 实现图形、属性的统一

    C. 便于资料保存   D. 成果表达更为直观

    【答案】B

    【解析】考查信息技术综合应用的优势的特征理解。与 CAD 软件相比，GIS 软件具有的优势是实现图形、属性的统一，因而选项 B 正确。

2018-046. 城市规划信息和技术共享的主要的障碍是（   ）。

    A. 不同系统使用的软件不统一   B. 不同系统二次开发的深度不统一

    C. 不同系统建立的时间不统一   D. 不同系统建立的标准不统一

    【答案】D

    【解析】考查城市规划信息化未来发展趋势的特征理解。城市规划信息和技术共享能

够实现基础数据共享，有助于避免数据重复建设，降低成本。但不同系统建立的标准不统一，因而选项 D 正确。

2018-047. 关于当代城镇化特点的表述，哪项是错误的？（　　）

  A. 大城市快速发展趋势明显

  B. 郊区化现象出现

  C. 发达国家构成城镇化的主体

  D. 发展中国家的城镇化以人口从乡村向城市迁移为主

  【答案】C

  【解析】考查当代世界的城镇化特点的特征理解，选项 ABD 正确。城镇化进程大大加速，发展中国家逐渐成为城镇化的主体，故选项 C 错误，此题选 C。

2018-048. 下列哪项不符合中央城市工作会议提出的"让中西部地区广大群众在家门口也能分享城镇化成果"的要求？（　　）

  A. 培育发展一批城市群

  B. 培育发展一批区域性中心城市

  C. 促进边疆中心城市、口岸城市联动发展

  D. 将中西部地区人口集中到城市

  【答案】D

  【解析】考查新型城镇化相关政策的特征理解。2015 年 12 月在北京召开了中央城市工作会议，会议中提到：要优化提升东部城市群，在中西部地区培育发展一批城市群、区域性中心城市，促进边疆中心城市、口岸城市联动发展，让中西部地区广大群众在家门口也能分享城镇化成果。而不是将中西部地区人口集中到城市，选项 D 错误，此题选 D。

2018-049. 下列关于中国城市边缘区特征的表述，哪项是错误的？（　　）

  A. 城乡景观混杂　　　　　　　　　B. 城乡人口居住混杂

  C. 社会问题较为突出　　　　　　　D. 空间变化相对迟缓

  【答案】D

  【解析】考查世界城市体系的特征理解。近年来，中国城市的城郊建设开发活动较多，空间变化相对较快，选项 D 错误，此题选 D。

2018-050. 下列关于城镇化空间类型的表述，哪项是错误的？（　　）

  A. 向心型城镇化也称集中型城镇化

  B. 郊区化属于离心型城镇化

  C. 城市"摊大饼"式发展属于外延型城镇化

  D. "城中村"属于逆城镇化

  【答案】D

  【解析】考查城镇化现象的空间类型的特征理解，选项 ABC 正确。逆城镇化，是指城市人到农村买地购房导致人口从城镇往农村回流的现象，与城中村的概念相违背，选项 D 错误，此题选 D。

2018-051. 下列哪项不是支配克里斯塔勒中心地体系形成的原则？（　　）

  A. 交通原则   B. 居住原则   C. 市场原则   D. 行政原则

  【答案】B

  【解析】考查克里斯塔勒中心地体系的类型记忆。支配中心地体系形成的三个原则：市场原则、交通原则、行政原则，此题选B。

2018-052. 下列省中，首位度最高的是（　　）。

  A. 陕西   B. 河北   C. 山东   D. 广西

  【答案】A

  【解析】考查城市首位度到特征理解。中国各省首位度分布显现出沿海省份低首位度，内陆地区高首位度的格局。在上述城市中，显然陕西省会西安作为新一线城市，人口规模远远超出省内其他城市，因而选项A正确。

2018-053. 下列哪种方法适合于大城市近郊小城镇人口规模预测？（　　）

  A. 聚类分析法 B. 回归分析法 C. 类比法   D. 增长率法

  【答案】C

  【解析】考查适用于小城镇规模的预测方法的类型记忆。类比法从已知城市人口推算其他城市人口规模，适用于小城镇规模预测的定性分析模型，因而选项C正确。选项BD适用于大中城市规模预测。选项A聚类分析是将物理或抽象对象的集合分组为由类似的对象组成的多个类的分析过程，不用于预测。

2018-054. 下列不属于构成城市经济区原则的是（　　）。

  A. 中心城市原则   B. 联系方向原则

  C. 腹地原则   D. 效益原则

  【答案】D

  【解析】考查城市经济区原则的类型记忆。城市经济区组织的原则包括：①中心城市原则；②联系方向原则；③腹地原则；④可达性原则；⑤过渡带原则；⑥兼顾行政区单元完整性原则，选项ABC属于，故此题选D。

2018-055. 下列哪项不属于城镇体系规划的基本内容？（　　）

  A. 城镇综合承载能力   B. 城镇规模等级

  C. 城镇职能分工   D. 城镇空间组织

  【答案】A

  【解析】考查城镇体系规划的基本内容的类型记忆，选项BCD包含在城镇体系规划的基本内容中，故此题选A。

2018-056. 下列哪项城市病的成因与外部效应有关？（　　）

  A. 失业   B. 贫困   C. 犯罪   D. 交通拥堵

  【答案】D

  【解析】考查负外部性与边际成本的关系的特征理解。当一种经济活动对其他的人或经济单位产生了影响，而这种影响又不能在市场中加以消除时，就发生了"外部效应"。

当交通量很大时，多一辆车必然会减缓其他车辆的车速，延长车辆的行驶时间。车主在出行时只考虑个人的边际成本，却忽略了由于自己车辆行驶造成交通拥堵给其他车主带来的额外费用。所以说城市病的成因与外部效益有关的是交通拥堵，选项 D 正确。

2018-057. 下列哪项是市场经济学中价值判断的标准？（   ）

  A. 效用   B. 效率   C. 公平   D. 利润

  【答案】B

  【解析】考查城市经济学研究的三种经济关系的特征理解。效率是市场经济学中价值判断的评断标准，因而选项 B 正确。

2018-058. 根据城市经济学理论，城市达到最佳规模时会出现下列哪种状况？（   ）

  A. 集聚力大于分散力   B. 集聚力小于分散力

  C. 集聚力等于分散力   D. 集聚力与分散力均为 0

  【答案】A

  【解析】考查均衡规模与最佳规模的特征理解。最佳规模是指一个城市的边际成本和边际收益相等，集聚力大于分散力，故选 A。

2018-059. 在城市经济的长期增长中，下列哪项投入要素的限制性最大？（   ）

  A. 资本   B. 劳动   C. 土地   D. 技术

  【答案】C

  【解析】考查生产要素的特征理解。土地是不能再生资源，不具备流动性，限制性最大，因而选项 C 正确。

2018-060. 城市产业区位熵的计算，与下列哪项因素无关？（   ）

  A. 各行业就业人数   B. 城市总就业人数

  C. 行业就业占总就业的比重   D. 各行业利润率

  【答案】D

  【解析】考查"区位熵"方法的特征理解。区位熵计算公式中包含该行业就业人数、城市总就业人数、全国该行业就业人数和全国总就业人数四个变量，与各行业利润率无关，因而选项 D 正确。

2018-061. 下列哪项从城市中心向外递增？（   ）

  A. 房价   B. 地价   C. 住房面积   D. 人口密度

  【答案】C

  【解析】考查替代效应与土地利用强度和住房与其他生活品的替代的特征理解。替代效应导致地价、房价、资本密度、人口密度由中心向外递减，住房面积由中心向外递增，此题选 C。

2018-062. 土地利用强度的变化来自于下列哪项生产要素的相互替代？（   ）

  A. 资本与土地   B. 资本与劳动

  C. 资本与技术   D. 土地与技术

【答案】A

【解析】考查替代效应与土地利用强度的特征理解。土地与资本的替代是指距中心区越远，土地的价格越低，单位货币能够购买的数量越多，其边际产出也就越高。即生产者会增加土地的投入，同时减少资本的投入，因而选项 A 正确。

2018-063. 根据城市经济学理论，下列哪项因素会引发城市的郊区化？（　　）

　　A. 城市人口增长　　　　　　　　　B. 城市产业升级

　　C. 交通成本上升　　　　　　　　　D. 收入水平上升

【答案】D

【解析】考查导致城市空间扩展的两种理论情况的特征理解。地租曲线斜率变化导致的城市空间扩展是郊区化的现象，城市交通的改善带来的交通成本下降和城市居民收入的上升是引发郊区化现象的原因，因而选项 C 错误、选项 D 正确。选项 AB 也可能导致城市空间扩展，但是由城市地租曲线平行上移引发的不是郊区化现象，故排除。

2018-064. 大城市采取"限行"（如每周限行一天）治理交通拥堵，驾驶者承担了（　　）。

　　A. 平均成本　　　　　　　　　　　B. 边际成本

　　C. 社会成本　　　　　　　　　　　D. 外部效应

【答案】B

【解析】考查私家车的使用问题的特征理解。当遇到交通拥堵时，时间成本是上升的。但因为城市的道路是大家共同使用的，所以个人承担的只是平均成本，而最后一辆车进入带来的边际成本造成大家都拥堵，驾驶者没有承担全部边际成本，只承担了一部分他不在乎的平均成本，但限行则让驾驶者承担了其进入带来的全部边际成本，因而选项 B 正确。

2018-065. 下列哪项措施不能减少交通供求关系的时间不均衡性？（　　）

　　A. 增修道路　　　　　　　　　　　B. 实行弹性工作时间

　　C. 采取分时段限行措施　　　　　　D. 提倡公共交通出行

【答案】A

【解析】考查交通供求时间不均衡的解决措施的特征理解。交通经济学里有一条非常著名的定律：当斯定律——在政府对城市交通不进行有效管制和控制的情况下，新建的道路设施会诱发新的交通量，而交通需求总是倾向于超过交通供给，所以增修道路不能解决交通供求关系的根本问题，因而选项 A 正确。选项 BC 可以减少出行的时间集中度，选项 D 也能在一定程度上影响出现时间的选择，从而减少交通供求关系的时间不均衡性。

2018-066. 根据城市经济学，下列哪项税收可以兼顾公平与效率两个目标？（　　）

　　A. 房地产税　　　　　　　　　　　B. 土地税

　　C. 个人所得税　　　　　　　　　　D. 企业所得税

【答案】B

【解析】考查"单一土地税"理论的特征理解。征收土地税既可以实现社会公平，也可以减少土地闲置，提高土地的利用效率，是一种可以同时达到公平与效率两个目标的方法，因而选项 B 正确。

2018-067. 城市绿地属于下列哪一种物品分类？（　　）

    A. 私人物品   B. 自然垄断物品

    C. 公共品   D. 共有资源

【答案】C

【解析】考查社会消费物品分类的特征理解。既不具有竞争性也不具有排他性的物品，属于社会共同消费的物品，称为公共品，如不拥挤的城市道路、城市绿地等，因而选项C正确。

2018-068. 下列哪项不是城市阶层分异的基本动力？（　　）

    A. 职业的分化   B. 收入差异

    C. 居民个体的偏好   D. 劳动力市场的分割

【答案】C

【解析】考查城市社会阶层分异动力的类型记忆。城市阶层分异的基本动力是收入差异与贫富分化、职业的分化、分割的劳动力市场、权利的作用和精英的产生，不包括选项C，此题选C。

2018-069. 下列哪项是判断城市进入老龄化社会的标志性指标？（　　）

    A. 80岁以上高龄人口占3％以上   B. 65岁以上人口占5％以上

    C. 60岁以上人口占7％以上   D. 老少比大于30％

【答案】D

【解析】考查人口年龄结构的类型记忆和数字记忆。80岁以上高龄人口不是判断进入老龄化社会的指标，选项A错误。65岁以上人口占7％以上，60岁以上人口占10％以上，老少比大于30％都标志着城市进入老龄化社会，因而选项BC错误、选项D正确。

2018-070. 下列有关问卷调查的表述，哪项是正确的？（　　）

    A. 调查样本的选择采用判断抽样最为科学

    B. 最好是边调查边修正问卷

    C. 问卷的"回收率"是指有效问卷占所有发放问卷数量的比例

    D. 问卷设计要考虑到被调查者的填写时间

【答案】D

【解析】综合考查问卷调查方法的特征理解。分层配比抽样更为科学，也更常用，因而选项A错误。问卷一经确定最好不要改变，如果确要改变，应使用改变后的问卷重新开始调查，因而选项B错误。问卷回收率指回收来的问卷数量占总发放问卷数量的比重，因而选项C错误。问卷设计要考虑到被调查者的填写时间，大多数应该采取"选择题"的形式进行调查，对少数问题也可以采取填空式方法进行调查，选项D正确。

2018-071. 下列关于年龄结构金字塔的表述，错误的是（　　）。

    A. 从人口年龄结构金字塔既有男性人口信息，又有女性人口信息

    B. 从人口年龄结构金字塔可以粗略看出一个地区人口的素质结构

C. 人口年龄结构金字塔可以用"一岁年龄组"表示，又可用"五岁年龄组"表示

D. 依据人口年龄结构金字塔可以判断一个城市或地区是否进入老龄化社会

【答案】B

【解析】综合考查城市人口结构的特征理解，选项 ACD 正确。人口的年龄结构反映在某时间某个地区或城市中各不同年龄段人口数量的比例关系，人口素质结构则是指在一个区域或城市内，各种素质的人口在"质"和"量"人口素质结构的组合关系，人口年龄结构与人口素质结构没有直接联系，因而选项 B 错误，此题选 B。

2018-072. 社区自治的主体是（　　　）。

A. 居民

B. 居民委员会

C. 物业管理机构

D. 业主委员会

【答案】A

【解析】考查社区自治的特征理解。社区自治的主体是居民，因而选项 A 正确。

2018-073. 下列关于人口性别比的表述，哪项是错误的？（　　　）

A. 性别比以女性人口为 100 时相应男性人口数量来定义

B. 一般情况下，人类的性别比会大于 100

C. "婚姻挤压"是性别比偏低造成的

D. 就出生人口性别比而言，未必经济越落后其数值越高

【答案】C

【解析】考查人口性别结构的特征理解。性别比指标一般以女性人口为 100 时相应的男性人口数来定义，选项 A 正确。一般情况下，男性人口多于女性人口，且性别比偏高，即男性人口过多会引发一些社会问题，包括"婚姻挤压"现象，因而选项 B 正确、选项 C 错误。较高的出生人口性别比反映了区域不同程度的"重男轻女"的陋习，与经济发展状况没有直接联系，选项 D 正确。

2018-074. 下列关于社区（Community）的表述，哪项是错误的？（　　　）

A. 社区就是邻里，二者讲的是同一个概念 B. 多元论认为社区的政治权力是分散的

C. 社区是维系社会心理归属的重要载体 D. 社区一定要形成社会互动

【答案】A

【解析】综合考查社区的概念、特征和权利的特征理解，选择 BCD 正确。"邻里"和"社区"是两个概念，最大的区别就在于有没有形成"社会互动"，选项 A 错误。

2018-075. 下列哪项是形成霍伊特（Hoyt）扇形城市空间结构特征的动因？（　　　）

A. 过渡地带的形成

B. 交通线对土地利用的影响

C. 人口迁居的侵入——演替

D. 城市多中心的作用

【答案】B

【解析】考查霍伊特：扇形模型的特征理解。霍伊特模型的前提是围绕着城市中心，混合性的土地利用得到发展，形成每类用地以扇形的方式向外扩展的特征。城市结构的形成随高级居住区的发展而展开，而高租金的居住区沿着交通线发展，或向能躲避洪水的高地发展，或向空旷地区发展，或沿着无工业的湖滨、河岸发展，因而选项 B 正确。

2018-076. 下列哪项不是全球气候变化导致的结果？（　　）

    A. 海平面上升　　　　　　　　　　　B. 洪涝/干旱等气候灾害加剧

    C. 生态系统紊乱　　　　　　　　　　D. 城市及其周边地区地下水污染

【答案】D

【解析】考查影响全球可持续发展的环境问题中全球气候变暖的特征理解。全球气候变暖可能导致的结果不包括城市及其周边地区地下水污染，选项 D 错误。

2018-077. 下列哪项不是导致大气中二氧化碳浓度增加的原因？（　　）

    A. 矿物燃料燃烧　　　　　　　　　　B. 大面积砍伐森林

    C. 臭氧层破坏　　　　　　　　　　　D. 汽车拥堵

【答案】C

【解析】考查影响全球可持续发展的环境问题的特征理解。二氧化碳的来源有：①人和动物的呼吸，人类呼出气中含 4% 左右；②生活和生产中燃料（煤、石油等）的燃烧；③土壤、矿井和活火山的逸出；④有机物的发酵、分解和腐败过程。臭氧层破坏会导致吸收紫外辐射的能力大大减弱，导致到达地球表面的紫外线明显增加，不会导致二氧化碳浓度增加，因而选项 C 错误。

2018-078. 下列关于建设项目环境影响评价的表述，哪项是错误的？（　　）

    A. 重视项目多方案的比较论证

    B. 建设项目的技术路线和技术工程不属于评价范畴

    C. 重视建设项目对环境的积累和长远效应

    D. 重视环保措施的技术经济可行性

【答案】B

【解析】考查建设项目环境影响评价注意事项的特征理解，选项 ACD 正确。建设项目环境影响评价注意事项包括重视建设项目的技术问题，采取不同的技术路线和技术工艺，将极大地制约建设项目对环境的影响程度，因而选项 B 错误，此题选 B。

2018-079. 下列哪项不属于实现区域生态安全格局的途径？（　　）

    A. 协调城市发展、农业与自然保护用地之间的关系

    B. 维护生态栖息地的整体空间格局

    C. 开发自然灾害防治技术

    D. 维护区域生态过程的完整性

【答案】C

【解析】考查区域生态安全格局的构建的特征理解。实现区域生态安全格局的途径主要有协调城市发展、农业与自然保护用地之间的关系、维护生态栖息地的整体空间格局、维护区域生态过程的完整性，因而选项 C 错误，此题选 C。

2018-080. 下列有关形成光化学烟雾的因素，哪项是错误的？（　　）

    A. 大气湿度相对较低　　　　　　　　B. 微风

    C. 近地逆温　　　　　　　　　　　　D. 温度高于 32℃

【答案】D

【解析】考查城市环境污染的类型及特点的特征理解。气温为 24～32℃是形成化学烟雾的条件之一，因而选项 D 错误，此题选 D。

二、多选题（每题五个选项，每题正确答案不少于两项，多选或漏选不得分）

2018-081. 下列关于中国佛教建筑的表述，哪些项是正确的？（　　　）

A. 佛教建筑分为成汉传、北传和南传三类

B. 佛教建筑分为汉传、藏传、北传和南传四类

C. 汉传佛教建筑组成始终包括塔、殿和廊院三类

D. 在早期的汉传佛教建筑布局中，塔占主要地位

E. 前殿后塔曾是汉传佛教建筑布局的一种方式

【答案】DE

【解析】考查宗教建筑的类型和时期变化，DE 正确。佛教建筑分为汉传、藏传和南传三大类，故 AB 错误。汉传佛教建筑布局的演变最后变成塔可有可无，故 C 错误。

2018-082. 下列关于现代主义建筑设计观念的表述，哪些是正确的？（　　　）

A. 强调形式追随功能　　　　　　　B. 注重建筑的经济性

C. 关注建筑的历史文脉　　　　　　D. 认为空间是建筑的主角

E. 注重建筑表面的装饰效果

【答案】BD

【解析】考查现代主义的特征理解。对照现代主义的 6 点设计理念：①设计以功能为出发点，而不是形式追随功能，A 错误；②发挥新型材料和建筑结构的性能；③注重建筑的经济性，B 正确；④强调建筑形式与功能、材料、结构、工艺的一致性，灵活处理建筑造型，突破传统的建筑构图格式；⑤认为建筑空间是建筑的主角，D 正确；⑥反对表面的外加装饰，E 错误。选项 C 与现代主义无关，是后现代主义建筑特征。

2018-083. 下列关于公共建筑分散式布局的特点，哪些是正确的？（　　　）

A. 有利于争取良好朝向　　　　　　B. 难以适应不规则地形

C. 可防止建筑的相互干扰　　　　　D. 便于功能区间的划分

E. 可有效组织自然通风

【答案】ACDE

【解析】考查公共建筑群体组织的特征理解。分散式布局的特点是功能分区明确，减少不同功能间的相互干扰，有利于适用不规则地形，可增加建筑的层次感，有利于争取良好的朝向与自然通风。此题选 ACDE。

2018-084. 下列关于公共建筑基地选址与布局的表述，哪些项是正确的？（　　　）

A. 重要剧场应置于僻静的位置　　　B. 旅馆应布置在交通方便之处

C. 综合医院应面临两条城市道路　　D. 档案馆不宜建在城市的闹市区

E. 展览馆可以充分利用荒废建筑改造

【答案】BCDE

【解析】 综合考查公共建筑场地选址要求的特征理解，BCDE 正确。重要剧场应于城市重要地段，选项 A 错误。

2018-085. 建设项目建议书应包括下列内容（   ）。

A. 项目提出依据、缘由和背景　　　B. 资源情况和建设条件可行性
C. 拟建规模和建设地点　　　　　D. 投资预算和资金落实方案
E. 设计与施工的进程安排

【答案】 ABCE

【解析】 考查项目建议书的类型记忆和概念对比。同 2019-010，对照项目建议书的 6 点内容，选项 ABCE 正确。投资估算和资金筹措设想，不等于投资预算和资金落实方案，选项 D 错误。

2018-086. 下列哪些属于站前广场规划设计需要考虑的内容？（   ）

A. 公交站点的布置　　　　　　B. 社会停车场的布置
C. 行人交通组织　　　　　　　D. 车辆交通组织
E. 商业网点布置

【答案】 ABCD

【解析】 考查站前广场规划设计的内容的类型记忆。站前广场规划设计体现在静态交通组织、动态交通组织与管理及景观功能设计，包括：①公交站点布置；②社会车辆停车场布置；③出租车停车场布置；④自行车停车场布置；⑤长途汽车站布置；⑥行人交通组织；⑦车辆交通组织；⑧景观设计，因而选项 ABCD 正确。

2018-087. 下列哪些属于平面交叉口的交通控制形式？（   ）

A. 交通信号灯法　　　　　　　B. 多路停车法
C. 设置立体交叉　　　　　　　D. 让路标志法
E. 不设管制

【答案】 ABDE

【解析】 考查平面交叉口交通控制形式的类型记忆，ABDE 正确。立体交叉显然不属于平面交叉口的交通控制形式，因而选项 C 错误。

2018-088. 在道路交叉口合理组织自行车交通，下列哪些属于通常的做法？（   ）

A. 交通自行车右转车道　　　　B. 设置自行车右转等候区
C. 设置自行车横道　　　　　　D. 将自行车停车线提前
E. 将自行车道与人行道合并设置

【答案】 ACD

【解析】 考查自行车交通组织方法的类型记忆。自行车交通组织方法：①设置自行车右转专用车道，A 正确；②设置左转候车区，不是右转等候区，B 错误；③停车线提前法，D 正确；④两次绿灯法；⑤设置自行车横道，C 正确。

2018-089. 下列关于城市轨道交通交通线路走向选址表述，哪些项是正确的？（   ）

A. 应当沿主客流方向布设　　　B. 应当考虑全日客流和通勤客流的规模

C. 线路的起终点应设在大客流断面位置　　D. 支线直选在客流断面较大的地段

E. 应当考虑车辆基地和联络线的位置

【答案】ABE

【解析】考查线路走向的选择的类型记忆和特征理解，选项ABE正确。线路的起终点不能设置大客流横断面，故选项C错误；支线直线宜在大客流较小处，故选项D错误。

2018-090. 缓解城市中心商业区的交通和停车问题，下列正确的是(　　)。

A. 在商业区外围设置截流性机动车停车场

B. 在商业区建立停车诱导系统

C. 在商业区的步行街或步行广场设置机动车停车场

D. 在商业区限制停车泊位的数量

E. 提高收费标准加快停车泊位的周转

【答案】ABDE

【解析】考查城市中心商业区停车问题的措施的类型记忆，选项ABDE正确。商业区的步行街或步行广场人流量大，如果设置机动车停车场会加剧交通拥堵，同时也不安全，选项C错误。

2018-091. 下列哪些属于物流中心规划设计的主要内容？(　　)

A. 物流中心的功能定位　　　　　　　B. 物流中心货物管理信息系统设计

C. 物流中心的内部交通组织　　　　　D. 物流中心的平面设计

E. 物流中心周边配套市政工程设计

【答案】ACD

【解析】考查城市交通枢纽设计的主要内容的类型记忆。物流中心规划设计的主要内容包括：①选址和功能定位；②规模的确定与运量预测；③平面设计与空间设计；④内部交通组织；⑤外部交通组织，故此题选ACD。

2018-092. 下列哪些项是城市总体规划编制时需要确定的强制性内容？(　　)

A. 重大基础设施用地　　　　　　　　B. 水源地保护范围

C. 城市蓝线坐标　　　　　　　　　　D. 城市防洪标准

E. 建设地块规划控制标高

【答案】ABD

【解析】综合考查城市防灾规划的内容和城市蓝线的特征理解。城市总体规划的强制性内容包括：①市域内必须控制开发的地域；②城市建设用地；③城市基础设施和公共服务设施，包括城市取水口及其保护区范围等；④历史文化名城保护；⑤城市防灾工程，包括：城市防洪标准、防洪堤走向；城市抗震与消防疏散通道；城市人防设施布局；地质灾害防护规定；⑥近期建设规划，因而选项ABD正确。城市蓝线坐标和地块标高属于控制性详细规划内容，也不属于强条，选项CE错误。

2018-093. 生活垃圾处理方式中，焚烧与填埋相比较，有哪些优势？(　　)

A. 占地面积较少　　　　　　　　　　B. 投资相对较低

C. 焚烧产生的热能可用于供热、发电　　D. 垃圾减量化程度大

E. 运行管理难度小

【答案】ACD

【解析】 考查城市固体废物处理方式中焚烧的特征理解。焚烧处理的优点是：能迅速而大幅度地减少容积，体积可以减少 85%～95%，质量减少 70%～80%；可以有效地消除有害病菌和有害物质；所产生的能力可以供热、发电；另外焚烧法占地面积小，选址灵活，因而选项 ACD 正确。焚烧的缺点是投资和运行管理费用高，管理操作要求高，因而选项 BE 错误。

2018-094. 下列哪些措施适用于解决严重缺水城市水资源供需平衡？（　　）

    A. 大力加强居民家庭和工业企业节水   B. 推广城市污水再处理利用

    C. 推广农业滴灌、喷灌   D. 采取外流域调水

    E. 改进城市自来水厂净水工艺

【答案】ABCD

【解析】 考查解决水资源供需矛盾的措施的特征理解。资源型缺水的对策和措施为开源和节流。加强企业和居民节水，加强滴灌技术属于节流，推广城市污水再利用和外流调水属于开源，因而选项 ABCD 正确。

2018-095. 下列关于城市综合管廊适宜建设区域的表述，哪些是正确的？（　　）

    A. 城市成片开发区域的新建道路可以根据功能需求同步建设地下综合管廊

    B. 老城区结合旧城更新因地制宜安排地下综合管廊

    C. 沿交通流量较大的公路应同步建设地下综合管廊

    D. 城市道路与铁路交叉处应优先建设地下综合管廊

    E. 现有城市架空线入地工程可建设缆线型综合管廊

【答案】ABDE

【解析】 考查工程管线综合布置设计原则的特征理解。依据《城市综合管廊工程技术规范》GB 50838—2015 中 3.0.4 条：城市新区主干路下的管线宜纳入综合管廊，综合管廊应与主干路同步建设。城市老（旧）城区综合管廊建设宜结合地下空间开发、旧城改造、道路改造、地下主要管线改造等项目同步进行，故选项 A、B 正确。当遇到下列情况之一时，宜采用综合管廊：①交通运输繁忙或地下管线较多的城市主干道以及配合轨道交通、地下道路、城市地下综合体等建设工程地段；②城市核心区、中央商务区、地下空间高强度成片集中开发区、重要广场、主要道路的交叉口、道路与铁路或河流的交叉处、过江隧道等；③道路宽度难以满足直埋敷设多种管线的路段；④重要的公共空间；⑤不宜开挖路面的路段，故选项 C 错误、选项 D 正确。在现代城市建设中，城市架空线入地工程宜采用缆线型综合管廊，选项 E 正确。

2018-096. 确定城市防洪标准时，应考虑以下因素（　　）。

    A. 常住人口   B. 城市重要性

    C. 当量经济规模   D. 耕地面积

    E. 洪水淹没范围近

【答案】ABC

【解析】 考查防洪标准的特征理解。《城市防洪规划规范》GB 51079—2016 中 3.0.1 条规定：确定城市防洪标准应考虑下列因素：①城市总体规划确定的中心城区集中防洪保护区或独立防洪保护区内的常住人口规模；②城市的社会经济地位；③洪水类型及其对城市安全的影响；④城市历史洪灾成因、自然及技术经济条件；⑤流域防洪规划对城市防洪的安排，故选项 ABC 正确。耕地面、淹没区等是防洪标准的结果而不是考虑因素，因而选项 DE 错误。

2018-097. 下列关于城市防灾规划建设的表述，哪些项是正确的？（　　）

　　A. 应控制城市规划建设用地范围内的各类危险化学用品的总量和密度

　　B. 城市中心区范围内设置一级加油站时，应设置固定运输线路、限定运输时间

　　C. 大中城市都应设置一级消防站

　　D. 特勤消防站承担危险化学品事故处置的任务

　　E. 建筑物耐火能力分为三级，耐火能力最强的为三级，最弱的为一级

【答案】 ACD

【解析】 综合考查城市防灾规划的特征理解。危险化学品设施布局中应控制城市规划建设用地范围内各类危险化学物品的总量和密度，选项 A 正确。城市规划区内不得建设一级加油站，确需建设的，应设置固定运输线路、限定运输时间，中心区内严禁设置，选项 B 错误。所有城市都应设置一级普通消防站，在现状建成区内设置一级普通消防站确有困难的区域可设置二级普通消防站，选项 C 正确。特勤消防站除一般性火灾扑救外，还要承担高层建筑火灾扑救和危险化学物品事故处置的任务，D 选项正确。建筑耐火等级分为四级，耐火等级最强的为一级，E 选项错误。

2018-098. 下列关于区域生态适宜性评价的表述，哪些是错误的？（　　）

　　A. 按行政区划划分评价空间单元

　　B. 独立地评价每个评价空间单元

　　C. 资源的经济价值是划分生态适宜性的重要标准

　　D. 生态环境的抗干扰性影响生态适宜性

　　E. 生物多样性与生态适宜性无关

【答案】 ABCE

【解析】 考查区域生态适宜性评价的内容的特征理解。生态适宜性评价是以规划范围内生态类型为评价单元；将各要素进行叠加分析，确定范围内生态类型对资源开发的适宜性和限制性，进而划分适宜性等级，因而选项 ABCE 错误，此题选 ABCE。

2018-099. 下列关于水体富营养化特征的表述，哪些是正确的？（　　）

　　A. 水体中氮、磷含量增多　　　　　　　B. 水体中蛋白质含量增多

　　C. 水体中藻类大量繁殖　　　　　　　　D. 水体中溶解氧含量极低

　　E. 水体中鱼类数量增加

【答案】 ABCD

【解析】 考查城市环境污染的类型及特点的特征理解。"富营养化"污染是由于水体中氮、磷、钾、碳等营养物增加，使藻类大量繁殖，耗去水中溶解氧从而影响鱼类的生存的

现象，选项 ABCD 正确。

2018-100. 下列关于城市垃圾综合整治的表述，哪些是正确的?（　　　）

A. 主要目标是无害化、减量化和资源化

B. 垃圾综合利用包括分选、回收、转化三个过程

C. 卫生填埋需要解决垃圾渗滤液和产生沼气的问题

D. 生活垃圾应进行分类收集与处理

E. 垃圾焚烧不会产生新的污染

【答案】ABCD

【解析】考查城市环境保护的特征理解。垃圾焚烧会产生新的大气污染，如：烟气、污水、炉渣、飞灰、臭气等，故选项 E 错误，此题选 ABCD。

第七节　2019 年城乡规划相关知识考试真题

一、单选题（每题四个选项，其中一个选项为正确答案）

2019-001. 下列关于中国著名古建筑特征描述错误的一项是（　　　）。

A. 五台山佛光寺大殿的槽柱有侧脚及升起

B. 蓟县独乐寺观音阁平面为分心槽式样

C. 应县佛宫寺释迦塔为砖结构

D. 登封崇岳寺为密檐塔

【答案】B

【解析】考查宗教建筑的代表记忆，ACD 正确。天津蓟县独乐寺，其山门平面中柱一列，为"分心槽"式样；观音阁位于山门以北，其外观两层，内部实为三层，内部为空井式结构，以佛像为中心。选项 B 未区分"山门"及"观音阁"两建筑，因而选项 B 错误。

2019-002. 下列关于西方古典多立克柱式的表述，错误的是（　　　）。

A. 没有柱础，檐部较厚重　　　　　　　B. 柱头为简洁的倒圆锥台

C. 柱身收分与卷杀不明显　　　　　　　D. 柱身有尖棱角的凹槽

【答案】C

【解析】考查古典时代古希腊柱式的特征理解，ABD 正确。多立克柱式特点是粗壮、柱身收分和卷杀较明显，因而选项 C 错误。

2019-003. 下列关于 20 世纪 70 年代西方后现代建筑特征的表述，错误的是（　　　）。

A. 强调历史文脉　　　　　　　　　　　B. 高校建筑风格

C. 表现复杂空间　　　　　　　　　　　D. 拼凑片段构件

【答案】B

【解析】考查后现代主义的特征理解。《后现代建筑的语言》中提出六个方面的表现形式，其中从历史主义到新折中主义、个性化＋都市化＝文脉主义、后现代空间是采用复杂的、含混的空间组合，可知选项 AC 正确。后现代主义把建筑只看作是面的组合，是片断构件的编织，而不是追求某种抽象形体，他们的作品中往往可以看到建筑造型表现各部件

或平面片断的拼凑，有意夸张结合的裂缝，选项 D 正确。选项 B 与后现代主义无关，错误。

2019-004. 下列关于电视台选址要求的表达，错误的是(　　　　)。

　　A. 布置于环境较安静之处　　　　　　B. 远离高压架空输电线

　　C. 远离城市干道或次干道　　　　　　D. 远离高频发生器

【答案】C

【解析】考查商业、办公服务类公共建筑场地选址要求的特征理解。电台、电视台选址，宜设置在交通比较方便的城市中心附近，临城市干道和次干道，因而选项 C 错误。

2019-005. 下列关于住宅建筑室内空间地面面积的表述，错误的是(　　　　)。

　　A. 单人卧室的地面面积为 $6m^2$　　　　B. 双人卧室的地面面积为 $10m^2$

　　C. 卫生间的地面面积为 $2m^2$　　　　　D. 起居室的地面面积为 $12m^2$

【答案】C

【解析】考查住宅建筑设计要点的数字记忆。根据《住宅设计规范》GB 50096—2011，最低限面积：单人卧室为 $6m^2$；双人卧室为 $10m^2$；卫生间为 $2.5m^2$；起居室（厅）使用面积不应小于 $12m^2$，因而选项 C 错误。

2019-006. 下列不属于从设计上对住宅保温有效的措施的是(　　　　)。

　　A. 加大建筑的进深　　　　　　　　　B. 缩短外墙长度

　　C. 减少每户所占的外墙面　　　　　　D. 增加墙体厚度

【答案】D

【解析】考查保温构造的特征理解。从设计上解决建筑保温问题，最有效的措施是加大建筑的进深，缩短外墙长度，尽量减少每户所占的外墙面，因此 ABC 选项正确。选项 D 属于工程措施不是设计措施，因此选项 D 符合题意。

2019-007. 下列关于承重体系的说法，错误的是(　　　　)。

　　A. 纵向承重体系适用于使用上有较大空间的房屋，如图书馆、工业厂房等

　　B. 横向承重体系的荷载主要传递路线是：板—横墙—基础—地基

　　C. 内框架承重体系施工工序简单

　　D. 框架结构体系中墙体不起承重作用

【答案】C

【解析】考查砖混结构和框架结构的特征理解，选项 ABD 正确。内框架承重体系由于柱和墙的材料不同，施工方法不同，给施工工序的搭接带来麻烦，施工工序相对复杂，因此选项 C 错误。

2019-008. 关于建筑选址与布局的表示，下列哪项是错误的？(　　　　)

　　A. 停车库出入口应避开主要道路交叉口

　　B. 电视台应尽可能远离城市中心区

　　C. 综合医院选址应有利于交通便利且宜临两条城市道路

　　D. 中小学的选址应远离娱乐场所、精神病院

【答案】B

【解析】综合考查公共建筑场地选址要求的特征理解。车库进出车辆频繁，库址宜选在道路通畅、交通方便的地方，但需避免直接建在城市交通干道旁和主要道路交叉口处，故选项 A 正确。电视台宜设置在交通比较方便的城市中心附近，邻近城市干道和次干道，所以选项 B 错误。综合医院应选址于交通方便，宜面临两条城市道路的地方，方便医院的交通流组织，选项 C 正确。中小学选址应避免影响学生身心健康的精神污染场所（闹市、娱乐场所、精神病院和医院太平间等），选项 D 正确。

2019-009. 下列关于中国古建色彩的表述，正确的是(　　)。

A. 中国古建筑大量使用色彩淡雅的彩画　　B. 宋《营造法式》将彩画分为两大类

C. 北宋时期绿色琉璃瓦尚未出现　　D. 北宋建筑的外观色彩开始趋向华丽

【答案】D

【解析】考查建筑色彩应用历史的类型记忆和时期变化。中国古建大量使用色彩鲜艳华丽的彩画，选项 A 错误；宋《营造法式》将彩画分为三大类，选项 B 错误；北宋时期绿色琉璃瓦已经出现，选项 C 错误；故此题选 D。

2019-010. 下列关于建设项目建议书内容的表述，错误的是(　　)。

A. 拟建规划和建设地点的设想论证　　B. 提出建设项目的依据和缘由

C. 设计项目的工程概算　　D. 设计、施工项目的进度安排

【答案】C

【解析】考查项目建议书的类型记忆和概念对比。项目建议书内容：①建设项目提出依据和缘由，背景材料，拟建地点的长远规划，行业及地区规划资料，B 正确；②拟建规模和建设地点初步设想论证，A 正确；③资源情况、建设条件可行性及协作可靠性；④投资估算和资金筹措设想，不是设计项目的工程概算，因而选项 C 错误；⑤设计、施工项目进程安排，D 正确；⑥经济效果和社会效益的分析。

2019-011. 根据《城市综合交通体系规划标准》，下列关于城市中运量公共交通走廊高峰小时单向客流，正确的是(　　)。

A.＞4 万人次/小时　　B.3 万～4 万人次/小时

C.1 万～3 万人次/小时　　D.＜1 万人次/小时

【答案】C

【解析】考查城市公共交通走廊分类的数字记忆。依据《城市综合交通体系规划标准》GB/T 51328—2018，中客流走廊高峰小时单向客流量 1 万～3 万人次/h，因而选项 C 正确。

2019-012. 《城市综合交通体系规划标准》将城市道路划分为大、中、小类，下列哪项分类数量是正确的?(　　)

A.3 大类，4 中类，8 小类　　B.3 大类，4 中类，6 小类

C.2 大类，4 中类，8 小类　　D.2 大类，4 中类，6 小类

【答案】A

【解析】考查城市道路的功能等级划分的类型记忆。依据《城市综合交通体系规划标

准》GB/T 51328—2018 中 12.2.1，按照城市道路所承担的城市活动特征，城市道路应分为干线道路、支线道路，以及联系两者的集散道路 3 个大类；城市快速路、主干路、次干路和支路 4 个中类和 8 个小类，因而选项 A 正确。

2019-013. 快速路辅路的功能相当于(　　　)。

　　A.Ⅰ级主干路　　　　　B.Ⅱ级主干路　　　　C.Ⅲ级主干路　　　　D. 支路

　　【答案】C

　　【解析】考查城市道路的功能等级划分的特征理解。依据《城市综合交通体系规划标准》表 12.2.2：Ⅲ级主干路为城市分区（组团）的中、长距离联系以及分区（组团）内部中等距离交通联系提供辅助服务，因而选项 C 正确。

2019-014. 下列关于"城市轨道交通快线 B"运送速度的表述，正确的是(　　　)。

　　A.＞100km/h　　　　B.70～100km/h　　　C.65～70km/h　　　D.45～60km/h

　　【答案】D

　　【解析】考查线网功能层次的数字记忆。依据《城市轨道交通线网规划标准》GB/T 50546—2018，城市轨道交通不同速度等级技术特征指标，因而选项 D 正确。

2019-015. 根据《城市对外交通规划规范》，下列关于高速铁路两侧隔离带规划控制宽度的表述，正确的是(　　　)。

　　A. 在城市建成区外不小于 50m　　　　　　B. 在城市建成区内不小于 50m
　　C. 在城市规划区内不小于 50m　　　　　　D. 在城市规划区外不小于 50m

　　【答案】A

　　【解析】考查城市铁路的特征理解。根据《城市对外交通规划规范》GB 50925—2013第 5.4.1 条，城市建成区外高速铁路两侧隔离带规划控制宽度应从外侧轨道中心线向外不小于 50m（强制性条文），因而选项 A 正确。

2019-016. 下列关于机动车停车基本车位的表述，正确的是(　　　)。

　　A. 满足车辆拥有着有出行时车辆在目的地停放需求的停车位
　　B. 满足车辆拥有者无出行时车辆长时间停放需求的相对固定的停车位
　　C. 满足车辆使用者有出行时车辆临时停放需求的停车位
　　D. 满足车辆使用者无出行时车辆临时停放需求的停车位

　　【答案】B

　　【解析】考查车位的概念对比。根据《城市停车规划规范》GB/T 51149—2016 第2.0.8条，为了在车辆拥有和使用环节采取差别化停车供给策略，按照停车需求将停车位分为基本车位和出行车位两种类型。基本车位是指满足车辆拥有者在无出行时车辆长时间停放需求的相对固定停车位，因而选项 B 正确。选项 C 是出行车位的概念表述。

2019-017. 下列关于对机动车停车库的说法，错误的是(　　　)。

　　A. 机动车停车库分为坡道式停车库和机械停车库两类
　　B. 螺旋坡道式停车库布局简单整齐，交通线路明确，上下行坡道干扰少
　　C. 斜楼板式停车库需要设置专用的坡道

D. 一般情况而言，斜楼板式停车库用地比错层式停车库更为节省

【答案】C

【解析】考查停车库分类的类型记忆和特征理解。斜楼板式停车库板呈缓坡板倾斜状布置，利用通道的倾斜作为楼层转换的坡道，因而无需再设置专用的坡道，所以用地最节省，单位停车面积最少。因此，C选项符合题意。

2019-018. 下列不属于物流中心规划设计主要内容的是(　　)。

A. 规模的确定和运量预测　　　　　　　B. 物流中心内部交通组织

C. 物流中心功能定位　　　　　　　　　D. 物流中心的建筑设计

【答案】D

【解析】考查物流中心规划设计的类型记忆。物流中心规划设计的主要内容包括：①物流中心的选址和功能定位；②物流中心规模的确定与运量预测；③物流中心的平面设计与空间设计；④物流中心的内部交通组织；⑤物流中心的外部交通组织。建筑设计属于修建性详细规划的建筑设计内容，不属于物流中心规划设计的内容。因此，D选项符合题意。

2019-019. 单向运输能力为 2.5 万～5 万人次/每小时，按《城市公共交通分类标准》属于(　　)。

A. 高运量系统　　　　　　　　　　　　B. 大运量系统

C. 中运量系统　　　　　　　　　　　　D. 低运量系统

【答案】B

【解析】考查城市轨道交通的分类的数字记忆。按《城市公共交通分类标准》：①高运量系统：单向运输能力为 4.5 万～7 万人次/每小时；②大运量系统：单向运输能力为 2.5 万～5 万人次/每小时；③中运量系统：单向运输能力为 1 万～3 万人次/每小时；④低运量系统：单向运输能力小于 1 万人次/每小时。因此，B选项符合题意。

2019-020. 下列不属于城市总体规划阶段供水工程规划内容的是(　　)。

A. 预测城市用水量　　　　　　　　　　B. 布置配水管网，确定管径

C. 划定城市水源保护区　　　　　　　　D. 确定城市自来水厂的布局和供水能力

【答案】B

【解析】考查城市供水工程规划的主要内容的特征理解。总体规划阶段，供水工程规划的主要内容是：①预测城市用水量；②进行水资源供需平衡分析；③确定城市自来水厂布局和供水能力；④布置输水管（渠）、配水干管和其他配水设施；⑤划定城市水源保护区范围，提出水源保护措施。总体规划阶段只布置配水干管的为主、走向等，而布置所有配水管网，确定管径则属于详细规划阶段供水工程的内容，因此选项B符合题意。

2019-021. 城市供水工程规划中，城市供水设施应按(　　)配置。

A. 最高日用水量　　　　　　　　　　　B. 平均日用水量

C. 最高日最高时用水量　　　　　　　　D. 最高日平均用水量

【答案】A

【解析】考查城市用水预测的概念对比。在城市供水工程规划中，城市供水设施规模

应该按最高日用水量配置，因此选项 A 正确。选项 C 最高日最高时用水量用来计算城市配水管网的设计流量。选项 B 平均用水量一般不直接用于预测计算，不过水资源供需平衡分析按年用水量计算，而年用水量＝平均日用水量×一年天数。选项 D 一般不这么用。

2019-022. 下列不属于城市排水工程详细规划阶段内容的是( )。

A. 布置规划区内雨水、污水支管和其他排水设施

B. 确定规划区雨水、污水支管管径和控制点标高

C. 确定排水干管位置

D. 确定污水处理厂布局，布置污水干管和其他污水设施

【答案】D

【解析】考查城市排水工程规划的主要内容的特征理解。详细规划阶段，城市排水工程规划的主要内容是：①落实总体规划确定的排水干管位置和其他排水设施用地，并在管径、管底标高方面与周边排水管道相衔接；②布置规划区内雨水、污水支管和其他排水设施；③确定规划区雨水、污水支管管径和控制点标高。确定污水处理厂布局，布置污水干管和其他污水设施属于城市总体规划阶段排水工程规划的内容。因此，选项 D 符合题意。

2019-023. 下列关于燃煤热电厂选址原则的表述，错误的是( )。

A. 要有良好的供水条件和可靠的供水保证率

B. 应尽量远离热负荷中心，避免对城市环境产生影响

C. 要有方便的交通运输条件

D. 需留出足够的出线走廊宽度

【答案】B

【解析】考查火力发电厂选址要求的特征理解，选项 ACD 正确。热电厂应尽量靠近热负荷中心，选项 B 错误，因而此题选 B。

2019-024. 下列关于城市供电规划的表述，正确的是( )。

A. 变电站选址应尽量靠近负荷中心

B. 单位建筑面积负荷指标法是总体规划阶段常用的负荷预测方法

C. 城市供电系统包括城市电源和配电网两部分

D. 城市道路可以布置在 220kV 供电架空走廊下

【答案】A

【解析】选项 A 考查变电所选址的特征理解，变电所（站）接近负荷中心或网络中心，选项 A 正确。选项 B 考查电力负荷预测方法选择的概念对比，单位建筑面积负荷指标法是详细规划阶段常用的负荷预测方法，选项 B 错误。选项 C 考查城市供电系统的类型记忆，城市供电系统包括城市电源、送电网、配电网，选项 C 错误。选项 D 考查城市架空电力线路的特征理解，35kV 及以上高压架空电力线路应规划专用通道，并应加以保护；规划新建的 66kV 及以上高压架空电力线路，不应穿越市中心地区或重要风景旅游区。

2019-025. 下列关于城市环卫设施规划的表述，正确的是( )。

A. 医疗垃圾可与生活垃圾混合运输、处理

B. 固体废物处理应考虑减量化、资源化、无害化

C. 生活垃圾填埋场距大中城市规划建成区应大于 1km

D. 常用的生活垃圾产生量预测方法有万元产值法

【答案】B

【解析】 综合考查城市固体废物处理原则和处理方式的特征理解、生活垃圾填埋场的数字记忆、城市固体废物量预测方法的特征理解。医疗垃圾属于危险固体废物，危险固体废物应采用焚烧方式，选项 A 错误。固体废物处理的总原则应优先考虑减量化、资源化，尽量回收利用，无法回收利用的固体废物或其他处理方式产生的残留物进行最终无害化处理，选项 B 正确。生活垃圾填埋场距大、中城市规划建成区应大于 5km，而不是大于 1km，选项 C 错误。万元产值法常用于工业固体废物产生量预测，常用的生活垃圾产生量预测方法是人均指标法和增长率法，选项 D 错误。

2019-026. 当工程管线交叉时，应根据( )的高程确定交叉点的高程。

A. 电力管线　　　　B. 热力管线　　　　C. 排水管线　　　　D. 供水管线

【答案】C

【解析】 考查工程管线综合布置设计原则的特征理解。根据《城市工程管线综合规划规范》GB 50289—2016 中第 4.1.13 条：工程管线交叉点高程应根据排水等重力流管线的高程确定，选项 C 正确。

2019-027. 下列关于城市用地竖向规划的表述，错误的是( )。

A. 规划内容包括确定城市用地坡度、控制点高程和规划地面

B. 应与城市用地选择和用地布局同步远行

C. 城市台地的长边宜平行于等高线布置

D. 纵横断面法多用于地形比较简单地区的规划

【答案】D

【解析】 综合考查城市用地竖向工程规划内容与深度、城市用地台地划分和城市用地竖向工程规划方法的特征理解，选项 ABC 正确。纵横断面法多用于地形比较复杂地区的规划，因而选项 D 错误。

2019-028. 下列哪项属于城市黄线? ( )

A. 城市排涝泵站与截洪沟控制线　　　　B. 城市河湖水体控制线

C. 历史文化街区的保护范围界限　　　　D. 城市河湖两侧绿化带控制线

【答案】A

【解析】 考查城市黄线的特征理解。防洪排涝设施保护城市防洪排涝设施主要有防洪堤、截洪沟、排涝泵站等，是城市重要的基础设施，在城市规划中，应当将其划入城市黄线范围，按城市黄线管理办法进行控制和管理，因而选项 A 正确。选项 BD 属于城市蓝线，选项 C 属于城市紫线。

2019-029. 下列属于详细规划阶段防灾规划的内容是( )。

A. 研究城市灾害类型　　　　B. 确定城市设防标准

C. 提出防灾分区　　　　　　D. 落实防灾设施位置

【答案】D

【解析】考查城市防灾规划的内容的特征理解。详细规划阶段，需要在规划中落实的防灾内容有：①总体规划布置的防灾设施位置、用地；②按照防灾要求合理布置建筑、道路，合理配置防灾基础设施，因而选项 D 正确。

2019-030. 下列选项与确定排涝泵站规模无关的表述是( )。

    A. 排涝标准   B. 服务区面积

    C. 泵站高程   D. 服务区内水体调蓄能力

【答案】C

【解析】考查排涝泵站的特征理解。排涝泵站规模（即排水能力）根据排涝标准、服务面积和排水分区内调蓄水体调蓄能力确定，选项 ABD 均有关，因而此题选 C。

2019-031. 下列关于普通消防站责任区划分的表述正确的是( )。

    A. 按照行政区界划分

    B. 按照接警后一定时间内消防车能够抵达辖区边缘划分

    C. 按照建筑总量划分

    D. 按照居住和就业人口划分

【答案】B

【解析】考查消防站责任区划分的基本原则的特征理解。消防辖区是陆上消防站在接到火警后，按正常行车速度 5min 内可以到达辖区边缘；水上消防站在接到火警后，按正常行船速度 30min 可以到达辖区边缘，因而选项 B 正确。

2019-032. 地震震级反映的是( )。

    A. 地震对地面和建筑物的破坏程度   B. 地震动峰值加速度

    C. 地震释放的能量强度   D. 地震活动频繁程度

【答案】C

【解析】考查地震强度与灾害形式的概念对比。地震震级，是反映地震过程中释放能量大小的指标，释放能量越多，震级越高，强度越大，因而选项 C 正确。选项 A 是指地震烈度，与地震震级同为衡量地震大小的指标。

2019-033. 下列不属于地理信息系统中的空间数据的是( )。

    A. 建设项目的坐标   B. 建设项目的长度

    C. 建设项目的时间   D. 建设项目的走向

【答案】C

【解析】考查空间数据的特征理解。空间数据对地理实体最基本的表示方法是点、线、面和三维体，点是该事物有确切的位置（坐标），线是该事物的长度、走向很重要，面是该事物具有封闭的边界、确定的面积，因而选项 ABD 属于空间数据。选项 C 属于属性数据，故此题选 C。

2019-034. 利用不同时相的卫星影像对比，规划监测不能发现的是( )。

    A. 城市扩张   B. 违法建设   C. 地籍变化   D. 违法用地

【答案】C

【解析】考查城市规划动态监测的特征理解。规划监测人员分析不同时期的遥感影像，可以分辨出城市建设用地的扩张，将变化与规划对比，可以及时发现违法用地和违法建设，所以选项 ABD 可以被发现，此题选 C。

2019-035. CAD 设置绘图界限（Limits）的作用是（　　）。

A. 删除界限外的图形
B. 使界限外的图形不能显示
C. 使界限外的图形不能打印
D. 使界限外不能绘制

【答案】D

【解析】考查 CAD 系统功能的特征理解。CAD 设置绘图界限（Limits）的作用是使界限外不能绘制，因而选项 D 正确。

2019-036. CAD 与传统的手工完成相比，其基本优势不包括（　　）。

A. 更精确、详细
B. 减少差错和疏漏
C. 便于保存、查询
D. 设计理念更进步

【答案】D

【解析】考查 CAD 系统功能的特征理解。CAD 只是设计辅助，并不是替代人工设计，与传统手工设计一样，设计理念均来自设计者，与设备无关。因此 D 选项符合题意。

2019-037. 经实际操作证明，利用（　　）分辨率的卫星遥感影像，可以分辨出绝大多数类型的城市建设用地。

A. 0.6m　　　　　B. 0.7m　　　　　C. 0.8m　　　　　D. 0.9m

【答案】A

【解析】考查遥感信息在城市规划中的典型用途举例的数字记忆。经实际操作证明，利用 0.61m 分辨率的卫星遥感影像，可以分辨出绝大多数类型的城市建设用地，从题目可知，应该选择 0.6m 更准确，因此选项 A 符合题意。

2019-038. 下列不属于遥感信息在城市规划中的典型用途的是（　　）。

A. 地形测绘
B. 城市规划现状用地调查与更新
C. 人口估算
D. 耕地权属

【答案】D

【解析】考查遥感信息在城市规划中的典型用途举例的特征理解。遥感信息在城市规划中的典型用途有：地形测绘，城市规划现状用地调查与更新，绿化、植被调查，环境调查，交通调查，景观调查，人口估算，城市规划动态监测，所以选项 ABC 排除。耕地权属属于属性数据，无法通过遥感影像获得，因此选项 D 符合题意。

2019-039. 民用卫星导航系统集成了互联网、GPS、GIS 等多种技术，下列是民用卫星导航系统不能表述的是（　　）。

A. 精准坐标　　　B. 相对位置　　　C. 速度　　　　　D. 路径

【答案】A

【解析】考查信息技术的综合应用的特征理解。民用卫星随技术发展，目前能提供包括速度、路径、相对位置、粗略坐标等民用用途。如在我国的民用导航系统中，国测局均要求对坐标均需变换。比如腾讯地图、高德地图使用的是GCJ—02坐标系；百度地图使用的是火星坐标系。因此，选项A符合题意。

2019-040. 下列关于相关技术结合效果的表述，错误的是(　　)。

A. CAD与遥感相结合，将显著提高规划的监测水平

B. 互联网与CAD相结合，使远程协同设计得到发展

C. GIS与遥感相结合，促进了空间信息的共享和利用

D. CAD与GIS相结合，加强了规划设计与规划管理之间的联系

【答案】C

【解析】考查信息技术综合应用的优势的特征理解。互联网和CAD、GIS、遥感的结合具有以下优势：①使远程协同设计得到发展；②使空间信息的查询以及简单的分析远程化、社会化、大众化，将大大促进空间信息的共享和利用；③使遥感图像的共享程度提高，应用更加广泛，因而选项A、B、D正确。GIS与IT相结合，促进空间信息的共享和利用，此题选C。

2019-041. 城市经济中的基本经济活动是(　　)。

A. 本地消费者的经济活动　　　　　　B. 城市对内的服务

C. 城市对外提供的产品和服务　　　　D. 城市的商业零售业绩

【答案】C

【解析】考查基本部门与非基本部门的特征理解。城市经济增长分析时把城市产业划分为两个大的部门，一个是基本部门，其产品输出到外部市场上去。基本部门有巨大的外部市场可以开发，其扩大生产规模潜力很大，于是成为城市经济增长的主导部门，因而选项C正确。

2019-042. 根据城市经济学理论，城市达到最佳规模时会出现下列哪种状况？(　　)

A. 集聚力大于分散力　　　　　　　　B. 集聚力小于分散力

C. 集聚力等于分散力　　　　　　　　D. 集聚力与分散力均为0

【答案】A

【解析】考查均衡规模与最佳规模的特征理解。最佳规模是指一个城市的边际成本和边际收益相等，集聚力大于分散力，故选A。

2019-043. 下列不属于韦伯工业区位论基本的假定条件是(　　)。

A. 已知原料供给地的地理分布　　　　B. 已知产品的价格

C. 已知产品的消费地与规模　　　　　D. 劳动力存在于多数的已知地点

【答案】B

【解析】考查韦伯工业区位论三个基本假定条件的类型记忆。韦伯工业区位论是建立在以下三个基本假定条件基础上的：①已知原料供给地的地理分布；②已知产品的消费地与规模；③劳动力存在于多数的已知地点，故此题选B。

2019-044. 下列人物与其代表性学说的关联，正确的是(　　)。

A. 厄尔曼——城市边缘区   B. 哈里斯——城市扩展区

C. 伯吉斯——同心圆模型   D. 乌温——扇形模型

【答案】C

【解析】综合考查城市社会空间结构的概念对比。厄尔曼和哈里斯提出的是多核心理论，选项 AB 错误。伯吉斯根据芝加哥的土地利用结构提炼了著名的同心圆模型，选项 C 正确。扇形理论是由霍伊特提出的，选项 D 错误。

2019-045. 下列对于毗邻的居住用地会产生外部负效应的是(   )。

A. 绿地   B. 地铁站   C. 学校   D. 高速铁路沿线

【答案】D

【解析】考查正负外部性的特征理解。负的外部效应是指某项经济活动使其他人受损，而受损者无法得到任何补偿。高速铁路沿线产生的噪声污染使毗邻的居住用地受损，即产生外部负效应，此题选 D。

2019-046. 生产某种产品 100 个单位时，总成本为 5000 元，生产 101 个单位时，总成本为 5040 元，则边际成本为(   )。

A. 50.4   B. 50.0   C. 49.9   D. 40.0

【答案】D

【解析】考查边际概念与运用的计算题。边际成本指的是每一单位新增生产的产品（或者购买的产品）带来的总成本的增量。边际成本＝总成本变化量/产量变化量＝（5040—5000）/1＝40.0，因而选项 D 正确。

2019-047. 决定中心城市在区域中支配地位的主要因素是(   )。

A. 城市人口总量   B. 城市性质和职能

C. 城市规模和职能   D. 城市经济实力和政治地位

【答案】C

【解析】考查城市经济区的特征理解。中心城市是指在政治经济、文教科技、商业服务、交通运输、金融信息等方面都具有吸引力和辐射力的，具有一定规模的综合性城市，所以城市规模和职能是决定中心城市在区域中支配地位的主要因素，选项 C 正确。

2019-048. 关于交通拥堵成本的表述，错误的是(   )。

A. 多修道路可以增加有效供给，解决拥堵问题

B. 新的道路使用者的加入会导致所有使用者成本下降

C. 交通拥堵发生时，社会边际成本大于个人

D. 交通拥堵是一种外生成本

【答案】B

【解析】考查负外部性与边际成本的关系的特征理解，选项 CD 正确。增加车辆带来的拥堵，其个人没有承担他所造成的全部成本，而只是承担其中一小部分。道路上的所有车辆共同承担新增成本，因而选项 B 错误。另外由常识判断，在政府对城市交通进行有效管制和控制的情况下，多修道路可以增加有效供给，解决拥堵问题，选项 A 正确。

2019-049. 下列省份中，首位度最低的是(　　　)。

    A. 湖北   B. 辽宁   C. 江苏   D. 河北

【答案】C

【解析】考查城市首位度到特征理解。中国各省首位度分布显现出沿海省份低首位度，内陆地区高首位度的格局。2019 年省会城市首位度排名，最高的是的宁夏银川，其次吉林长春，第三名青海西宁，排名前列的都是北方省份和内陆城市，属于中国欠发达地区。相反中国沿海发达地方的省会城市排名处于中下游，如江苏南京和山东济南排在末位。在此题选项中，江苏首位度最低，因而选项 C 正确。

2019-050. 按照城镇化进程的一般规律，当城镇化率接近百分之六七十后特征为(　　　)。

    A. 增速放缓   B. 缓慢提高   C. 减速放缓   D. 提高速度

【答案】A

【解析】考查城镇化曲线的特征理解。城镇人口比重提高到百分之六七十之后，城镇化进程步入一个相对缓慢的后期阶段，城镇化水平提高速度放缓，选项 A 正确。

2019-051. 《上海市城市总体规划（2017—2035 年)》提出建设卓越的全球城市，指的是(　　　)。

    A. 提升城市职能   B. 优化空间布局

    C. 美化城市形象   D. 控制城市规模

【答案】A

【解析】考查世界城市体系的特征理解。具有全球经济影响的城市呈现出了职能的分工和等级性特点，因而选项 A 正确。

2019-052. 下列不属于支配克里斯塔勒中心地体系原则的是(　　　)。

    A. 市场原则   B. 交通原则   C. 经济原则   D. 行政原则

【答案】C

【解析】考查克里斯塔勒中心地体系的类型记忆。克里斯塔勒认为，有三个条件或原则支配中心地体系的形成，它们是市场原则、交通原则和行政原则，经济原则不属于支配克里斯塔勒中心地体系原则，因而此题选 C。

2019-053. 下列可以单独作为城市人口规模预测方法的是(　　　)。

    A. 增长率法   B. 区域人口分配法

    C. 类比法   D. 区位法

【答案】A

【解析】考查人口预测方法的类型记忆。城市人口规模预测多采用以一种预测方法为主，同时辅以多种方法校核的办法来最终确定人口规模。适用于大中城市规模的预测方法有回归模型、增长率法、分项预测法；适用于小城镇规模的预测方法有区域人口分配法、类比法、区位法。某些人口规模预测方法不宜单独作为预测城市人口规模的方法，但可以作为校核方法使用，如区域人口分配法、类比法、区位法一般不能作为单独的预测方法，只能作为配合使用的校核法，因此选项 BCD 错误，选项 A 正确。

2019-054. 下列关于城市地域概念的表述，错误的是(　　)。

　　A. 城市建成区是城市研究中最基本的城市地域概念

　　B. 城市实体地域的边界是明确的，但也是相对变化的

　　C. 行政地域清晰且相对不稳定

　　D. 城市实体地域一般比功能地域要小

　　【答案】C

　　【解析】考查城市地域类型的特征理解。城市建成区反映了城市作为人口和各种非农产业活动高度密集的地域而区别于乡村，是实际景观上的城市，这是城市研究中最基本的城市地域概念，选项 A 正确。城市实体地域的边界是明确的，但这一概念的城市地域处在相对频繁的变动过程之中，随着城市的发展，城市实体地域的边界不断向外拓展，选项 B 正确。城市的行政地域是指按照行政区划，城市行使行政管辖权的区域范围，只是一个界限清晰并且相对稳定的地域范围，选项 C 错误。城市功能地域一般比实体地域要大，包括了连续的建成区外缘以外的一些城镇和城郊，也可能包括一部分乡村地域，选项 D 正确。

2019-055. 影响城市经济活动的基本部分与非基本部分比率（B/N）的主要因素(　　)。

　　A. 城市人口规模　　　　　　　　B. 城市专业化程度

　　C. 与大城市之间的距离　　　　　　D. 城市经济水平

　　【答案】B

　　【解析】考查城市的基本—非基本理论的特征理解。城市的基本—非基本理论是考查城市职能和进行职能分类的理论基础，在规模相似的城市，专业化程度高的城市 B/N 大，而地方性中心一般 B/N 小，因而选项 B 正确。选项 AC 也对 B/N 值有影响，随着城市人口规模的增大，非基本部分的比例有相对增加的趋势；大城市郊区开发区可以依附于母城，从母城取得本身需要的大量服务，非基本部分就可能较小，B/N 大；但选项 AC 都不是直接影响因素。选项 D 与 B/N 也没有直接关系。此题为单选题，故选 B。

2019-056. 下列可以用来分析城市吸引范围的方法是(　　)。

　　A. 潜力模型　　　　　　　　　　B. 元胞自动机模型（CA）

　　C. 系统力学模型　　　　　　　　D. 回归模型

　　【答案】A

　　【解析】考查城市吸引范围分析方法的类型记忆。城市吸引范围分析主要方法有经验的方法和理论的方法，其中理论的方法有断裂点公式及潜力模型，因而选项 A 正确。选项 B 的元胞自动机模型（cellular automata，CA）是一种时间、空间、状态都离散、空间相互作用和时间因果关系为局部的网格动力学模型，具有模拟复杂系统时空演化过程的能力，有规划学者用来研究预测一个地区旅游相互影响发展程度。选项 C 的系统力学模型是指以系统动力学的理论与方法指导，建立研究复杂地理系统动态行为的计算机仿真模型体系。选项 D 的回归模型在人口和城镇化水平预测中有所应用。

2019-057. 下列关于城市贫困的成因，与"福利依赖"即"高福利养懒人"相对应的是(　　)。

A. 收入贫困　　　　B. 动机贫困　　　　C. 能力贫困　　　　D. 权力贫困

【答案】B

【解析】考查贫穷问题的概念对比。福利依赖即为接受福利的人不仅在收入上依赖福利津贴和服务，在心理上也处于一种依赖的状态，他们丧失了积极性、技能、独立性，甚至自我生存的能力，与"福利依赖"即"高福利养懒人"相对应的则是动机贫困，因而选项B正确。选项A收入贫困是贫困的表现形式。选项C能力贫困指人们获取生活资料的能力的不足，即挣钱能力的缺乏，是贫困的直接原因。选项D权利贫困是贫困的社会后果。

2019-058. 下列关于城市非正规就业的表述正确的是(　　　)。

A. 非正规就业指非正规部门的各种就业门类

B. 非正规就业属于地下经济或违法经济

C. 非正规就业者属于城市贫困阶层

D. 非正规就业获取收入的过程是无管制或缺乏管制的

【答案】D

【解析】考查人口就业问题的特征理解，选项D正确。根据中华人民共和国人力资源和社会保障部解释：未签订劳动合同，但已形成事实劳动关系的就业行为，称为非正规就业，选项AB错误。有学者提出大力发展非正规就业是减缓城市贫困的一条重要途径，但并非所有的非正规就业者属于城市贫困阶层，选项C错误。

2019-059. 我国每五年进行一次的1%全国人口调查属于(　　　)。

A. 普查　　　　B. 抽样调查　　　　C. 典型调查　　　　D. 个案调查

【答案】B

【解析】考查社会调查类型的概念对比。进行1%全国人口调查，是从调查对象的总体中抽取一些个人或单位作为样本，所以是抽样调查，选项B正确。全国人口普查是每十年开展一次，选项A错误。选项CD都是有针对性地从总体中选择调查对象，不是随机1%，故选项CD错误。

2019-060. 下列关于城市社会空间结构经典模式的表述，错误的是(　　　)。

A. 同心圆模型最外层为通勤区

B. 同心圆模型过度强调竞争关系

C. 扇形模式强调了交通干线对城市地域结构的影响

D. 多核心模式解释了多核心之间的等级结构关系

【答案】B

【解析】综合考查城市社会空间结构的特征理解，选项ACD正确。伯吉斯的同心圆模型中，低收入住户向较高级的住宅地带入侵，而较高级的住户则向外迁移并入侵一个更高级的住宅地带，即人口迁居的入侵——演替理论，故同心圆模型过度强调竞争关系不准确，选项B错误。

2019-061. 下列关于城市社会结构的表述，错误的是(　　　)。

A. 社会分层反映了社会横向结构

B. 阶级分层反映了社会本质上的差别或不平等

C. 中产阶层的比重是评价社会繁荣程度的重要指标

D. 我国正处于社会结构转型期

【答案】A

【解析】综合考查城市社会结构的特征理解，选项BCD正确。社会分层是按照一定的标准将人们区分为高低不同的等级序列，反映了社会垂直结构，因而选项A错误，此题选A。

2019-062. 下列关于中国城镇化进程中表述错误的是(　　)。

A. 城市社会空间分异剧烈

B. 大量农村转移人口难以融入城市社会

C. 户籍人口城镇化率高于常住人口城镇化率

D. 户籍人口与外来人口享受基本公共服务存在差异

【答案】C

【解析】综合考查当代世界的城镇化特点和当代中国城镇化特征的特征理解。当代中国城市化程度出现了地域差异，城乡居民的收入差距也不断扩大，城市社会空间分异剧烈，选项A正确。2013年国家卫生计生委流动人口司司长王谦曾指出，户籍人口和外来人口在享受基本公共服务上还是有差异的，在这个意义上讲，这种差异不利于流动人口融入现在的城市，选项BD正确。发展中国家的城镇化以人口从农村向城市迁移为主，中国属于发展中国家，但进城的这部分农村人口在户籍上仍然属于乡村，故而户籍人口城镇化率低于常住人口城镇化率，选项C错误，此题选C。

2019-063. 下列关于社区规划的表述，错误的是(　　)。

A. 公众参与是社区规划的基础

B. 社区规划是改善社区环境，提高社区生活质量的过程

C. 社区规划需要有效整合和挖掘社会资源

D. 解决居住隔离不属于社区规划考虑范畴

【答案】C

【解析】考查社区规划的特征理解，选项AB正确。社区规划是为了有效地利用社区资源，合理配置生产力和城乡居民点，提高社会经济效益，保持良好的生态环境，促进社区开发与建设，从而制定比较全面的发展计划，并不是整合社会资源，因而选项C错误。居住隔离实质上是一个空间的隔离，主要是不同阶层社区居住空间的相互封闭导致的，在规划上，我们可以人为通过合理地安排房屋的布置及公共空间的共享来实现，但不在社区规划考虑范畴，选项D正确。

2019-064. 下列关于城市规划中公众参与的表述，错误的是(　　)。

A. 现代城市规划具有咨询和协商的特征

B. 公众参与是指规划公示阶段听取公众意见

C. 规划师应直接社会互动过程

D. 公众参与有助于保证规划行为的公平、公正与公开

【答案】B

【解析】考查公众参与城市规划的形式的类型记忆，选项ACD正确。公众参与城市规划的形式主要包括城市规划展览系统、规划方案听证会、研讨会、规划过程中的民意调查、规划成果网上咨询等几个方面，并不只是规划公示阶段听取公众意见，选项B错误，此题选B。

2019-065. 下列关于城市降雨特点的表述，正确的是（　　）。

A. 城市降雨量与周边农村降雨量无差别

B. 城市降雨量小于周边农村降雨量

C. 城市上风向降雨量与城市下风向降雨量无差别

D. 城市上风向降雨量小于城市下风向降雨量

【答案】D

【解析】考查环境问题的新增内容的特征理解。上风向降雨量小于下风向降雨量，因而选项D正确。

2019-066. 质性研究方法是近年新兴起的非常重要的社会调查方法。下列有关质性研究方法的描述中，哪项是正确的（　　）。

A. 质性研究是一种改进后的定量研究方法

B. 质性研究注重对人统一行为主题的理解，因而反对理论建构

C. 质性研究强调研究者与被研究者之间的互动

D. 质性研究的调查方法与深度访谈是两种截然不同的方法

【答案】C

【解析】考查质性研究方法的特征理解。质性研究是一种更细致的定性分析方法，选项A错误。它注重对人统一行为主题的理解，强调构建理论体系，选项B错误。质性研究不只是对一个固定不变的"客观事实"的了解，而是一个研究双方能够彼此互动、相互构成、共同理解的过程，选项C正确。质性研究和深度访谈都是定性分析的研究方法，选项D错误。

2019-067. 下列关于人口性别比的表述，哪项是错误的？（　　）

A. 性别比以女性人口为100时相应男性人口数量来定义

B. 正常情况下，人类的性别比都大于100

C. "婚姻挤压"是性别比偏高造成的

D. 人口迁移或流动导致人口性别比发生变化

【答案】B

【解析】考查人口性别结构的特征理解。性别比以女性人口为100时对应男性人口数量来定义，选项A正确。正常情况下，人口的性别比在92～106之间，选项B错误。性别比偏高除了会造成婚姻的纵向挤压（即年龄挤压）以外，还可能导致婚姻市场的地域挤压，选项C正确。人口迁移或流动会因为男女迁入或迁出的数量不同而影响人口性别比，选项D正确。

2019-068. 下列关于城市下垫面不透水率与平均地表温度关系的表述，哪项是正确

的? (　　)

    A. 负向关系　　　　B. 正向关系　　　　C. 没有关系　　　　D. 随机关系

【答案】B

【解析】考查环境问题的新增内容的特征理解。城市发展通常引起地表面的巨大发化。随着自然植被被诸如金属、沥青和混凝土等非蒸发表面所取代，将不可避免地引起太阳辐射的再分配，导致城乡之间的表面辐射率和空气温度产生差异，使城市产生热岛效应。非透水表面积越大，热岛效应越明显，故城市下垫面不透水率与平均地表温度关系为正向关系，因而选项 B 正确。

2019-069. 下列关于"隐藏流"的表述，正确的是(　　)。

    A. 隐藏流是能源系统运行时不可避免的损耗

    B. 隐藏流是能源系统运行时的非必要损耗

    C. 隐藏流是开发资源是直接使用的能源

    D. 隐藏流是开发资源时所消耗，但未直接使用的物质

【答案】A

【解析】考查环境问题的新增内容的特征理解。生产过程中无用的，但又必定伴随的无效材料流动，即为能源系统运行时不可避免的损耗，因而选项 A 正确。

2019-070. "一次人为物质流"指人工对地壳物质（岩石、土壤、化石燃料、地下水）的(　　)。

    A. 开采和直接搬运　B. 利用　　　　　　C. 加工　　　　　　D. 修复

【答案】A

【解析】考查环境问题的新增内容的特征理解。一次人为物质流是人工对地壳物质，包括岩石、土壤、化石燃料（煤、石油、天然气）、地下水等的开采和直接搬运，因而选项 A 正确。

2019-071. 下列对"生态环境材料"的表述，错误的是(　　)。

    A. 生态环境材料对环境没有危害

    B. 生态环境材料在生产加工过程中产生的环境负荷较小

    C. 生态环境材料是不需要加工的仿生材料

    D. 生态环境材料能够改善环境，具有高循环性

【答案】C

【解析】考查城市环境保护的新增内容的特征理解。生态环境材料是人类主动考虑材料对生态环境的影响而开发的材料，是充分考虑人类、社会、自然三者相互关系的前提下提出的新概念，其中包括生物降解材料、长寿命高分子材料、仿生物材料等。因而选项 C 表述错误，此题选 C。

2019-072. 关于"城市土壤双向水环境效应"的表述，正确的是(　　)。

    A. 土壤既能保留水分，又能因蒸腾作用而丧失水分

    B. 土壤既能过滤、吸纳降雨和径流中的污染物，又因其积累的污染物对水体构成了污染威胁

C. 土壤既能截流金属污染物，又因其积累而造成对水体的污染

D. 土壤既能保持水，又因水的流动而造成上水土流失

【答案】B

【解析】考查城市环境保护的新增内容的特征理解。土壤双向水环境效应是指土壤的土壤既能过滤、吸纳降雨和径流中的污染物，又因其积累的污染物对水体构成了污染威胁。因此 B 项符合题意。

2019-073. 按规定，人均耕地低于( )亩的地区，可以适当提高占用耕地的税额。

    A. 0.5   B. 1.0   C. 1.5   D. 2.0

【答案】A

【解析】考查耕地保护—占补平衡的数字记忆。根据《中华人民共和国耕地占用税法》，在人均耕地低于 0.5 亩的地区，省、自治区、直辖市可以根据当地经济发展情况，适当提高耕地占用税的适用税额，因此 A 选项符合题意。

2019-074. 下列对"三调"中术语的表述，错误的是( )。

A. 位置精读是指空间点位与其真实位置的符合程度

B. 坐标精读是指坐标值的精确程度

C. 逻辑一致性是指属性数据在逻辑关系上的一致性

D. 拓扑关系是描述两个要素之间边界拓扑和点集拓扑的要素关系

【答案】C

【解析】考查第三次全国国土调查技术要求。根据《第三次全国国土调查县级数据库建设技术规范（修订稿)》，逻辑一致性是指空间数据在逻辑关系上的一致性，选项 C 错误，符合题意。

2019-075. 《中共中央 国务院关于加强耕地保护和改进占补平衡的意见》中要求，到 2020 年全国( )保有量不少于 **18.65 亿亩**。

A. 农地   B. 耕地   C. 永久基本农田   D. 生态用地

【答案】B

【解析】考查耕地保护-占补平衡的特征理解。《中共中央 国务院关于加强耕地保护和改进占补平衡的意见》（三）总体目标。牢牢守住耕地红线，确保实有耕地数量基本稳定、质量有提升。到 2020 年，全国耕地保有量不少于 18.65 亿亩。因此，B 选项符合题意。

2019-076. 根据《自然资源部关于全面开展国土空间规划的通知》（自然规划委员会）国土空间规划编制必须做好过渡期内现有空间规划的衔接处理的表述，错误的是( )。

A. 不得开展近期建设规划

B. 不得突破生态保护红线

C. 不得突破土地利用总体规划确定的禁止建设区

D. 不得与新的国土空间规划管理要求相矛盾

【答案】A

【解析】考查国空规划编制及实施体系的特征理解。《自然资源部关于全面开展国土空间规划的通知》规定：做好过渡期内现有空间规划的衔接协同，一致性处理不得突破土地

利用总体规划确定的 2020 年建设用地和耕地保有量等约束性指标，不得突破生态保护红线和永久基本农田保护红线，不得突破土地利用总体规划和城市（镇）总体规划确定的禁止建设区和强制性内容，不得和新的国土空间规划管理要求矛盾冲突。故选A。

2019-077. 根据《中共中央 国务院关于建立国土空间规划体系并监督实施的若干意见》，下列哪项不属于国土空间规划要求中需要科学划定的是(　　)。

  A. 生态保护红线   B. 道路红线   C. 永久基本农田   D. 生态用地

  【答案】B

  【解析】考查国空规划编制及实施体系的特征理解。《中共中央 国务院关于建立国土空间规划体系并监督实施的若干意见》（八）科学有序统筹布局生态、农业、城镇等功能空间，划定生态保护红线、永久基本农田、城镇开发边界等空间管控边界以及各类海域保护线，强化底线约束，为可持续发展预留空间，因此选项 B 符合题意。

2019-078. 根据《国务院关于加强滨海湿地保护严格管控围填海的通知》加强滨海湿地保护，要求严格管控围填海，表述不正确的是(　　)。

  A. 适度新增围填海造地   B. 加强海洋生态保护修复

  C. 加快处理围填海历史遗留问题   D. 建立长效机制

  【答案】A

  【解析】考查自然资源保护及利用的特征理解。《国务院关于加强滨海湿地保护严格管控围填海的通知》规定：①严控新增围填海造地；②加快处理围填海历史遗留问题；③加强海洋生态保护修复；④建立长效机制，因此选项 A 符合题意。

2019-079. 根据《节约集约利用土地规定》在符合规划、改变用途的前提下，现有工业用地提高土地利用率和增加容积率的(　　)。

  A. 按照增加的容积率增收土地价款   B. 按照原价相应比例增收土地价款

  C. 按照一定比例增收土地价款   D. 不再增收土地价款

  【答案】D

  【解析】考查土地利用计划管理的特征理解。《节约集约利用土地规定》第二十四条：鼓励土地使用者在符合规划的前提下，通过厂房加层、厂区改造、内部用地整理等途径提高土地利用率。在符合规划、不改变用途的前提下，现有工业用地提高土地利用率和增加容积率的，不再增收土地价款。故选 D。

2019-080. 根据《关于建立以国家公园为主体的自然保护地体系的指导意见》，要加快建立以(　　)为主体的自然保护地体系，提供高质量生态产品，推进美丽中国建设。

  A. 国家公园   B. 自然保护区   C. 自然公园   D. 省级公园

  【答案】A

  【解析】考查自然资源保护及利用的特征理解。根据《关于建立以国家公园为主体的自然保护地体系的指导意见》，要加快建立以国家公园为主体的自然保护地体系，提供高质量生态产品，推进美丽中国建设。因此，A 选项符合题意。

二、多选题（每题五个选项，每题正确答案不少于两项，多选或漏选不得分）

2019-081. 下列关于剧场建筑场地布局的表述，正确的是(　　　)。

    A. 场地至少有一面临接城市道路

    B. 基地沿城市道路的长度不小于场地周边的 1/6

    C. 剧场前面应当有不小于 $0.2m^2$/座的集散广场

    D. 剧场临接道路宽度应不小于剧场安全出口门宽度的总和

    E. 剧场后面或侧面另辟疏散口的连接通道的宽度不小于 3.5m

【答案】ABCD

【解析】考查集散剧场类公共建筑场地选址要求的特征理解。剧场与其他建筑毗邻修建时，剧场前面若不能保证观众疏散总宽度及足够的集散广场，应在剧场后面或侧面另辟疏散口，连接的疏散小巷宽度不小于 3.5m，因而选项 E 表述错误，此题选 ABCD。

2019-082. 下列哪些地点应尽量避免选择为建筑场地？(　　　)

    A. 九度地震区　　　　　　　　　　B. 一级膨胀土区域

    C. 三级湿陷黄土区域　　　　　　　D. 城市历史风貌协调区

    E. 承载力低于 0.1MPa 地区

【答案】ABCE

【解析】考查场地选择基本要求的特征理解。应避免于九度地震区、泥石流、流砂、溶洞、三级湿陷黄土、一级膨胀土、古井、古墓、坑穴、采空区，一级有开采价值的矿藏区和承载力低于 0.1MPa 的场地作开发项目，因而选项 ABCE 正确。

2019-083. 下列关于西方巴洛克建筑风格的表述，正确的是(　　　)。

    A. 细腻柔媚装饰的格调　　　　　　B. 采用非理性组合艺术手法

    C. 追求形体和空间动态感　　　　　D. 严格区分建筑与雕塑的界限

    E. 常用穿插的曲面和椭圆形空间

【答案】BCE

【解析】考查巴洛克的特征理解。西方巴洛克建筑风格特征：①追求新奇；②追求建筑形体和空间的动态；③喜好富丽的装饰；④趋向自然，故 BCE 正确。A 项为洛可可风格，D 项是无关信息。

2019-084. 下列哪些属于建筑投资费的内容？(　　　)

    A. 动迁费　　　　　　　　　　　　B. 建筑直接费

    C. 施工管理费　　　　　　　　　　D. 税金

    E. 设计费

【答案】BCD

【解析】考查建筑策划内容中建筑工程造价的估算的类型记忆。建筑投资费包含：实际建筑直接费、人工费、各种调增费、施工管理费、临时设施费、劳保基金、贷款差价、税金乃至地方规定，因而选项 BCD 正确。A 项动迁费属于环境投资。E 项设计费和环境投资、建筑投资费、设备投资一起构成建筑工程造价的估算。

2019-085. 下列关于公共汽车电车首末站布局的表述，正确的是(　　)。

    A. 结合城市各级中心布局

    B. 结合城市综合交通枢纽布局

    C. 宜考虑公共汽电车停车

    D. 应布局在城市外围

    E. 按照 500m 服务半径内的人口与就业岗位之和确定

【答案】ABCE

【解析】考查交通枢纽的特征理解。根据《城市综合交通体系规划标准》GB/T 51328—2018 中第 9.2.7 条：首末站宜结合居住区、城市各级中心，交通枢纽等主要客流聚散点设置，故 AB 选项正确，D 选项错误；当 500m 服务半径的人口和就业岗位数之和达到规定的宜配建首末站，因此 E 选项正确。首末站宜考虑公共汽车电车停车，方便运营，C 选项正确。

2019-086. 下列关于城市综合体交通体系规划交通调查对象的表述，正确的是(　　)。

    A. 包含各种交通方式　　　　　　　B. 包含各类交通设施

    C. 不包含无出行的人口　　　　　　D. 包含 65 岁以上的老人

    E. 不包含城市过境交通

【答案】ABCD

【解析】考查交通调查对象的特征理解。《城市综合交通体系规划标准》GB/T 51328—2018 中第 14.0.15 条，调查应涵盖城市综合交通所涉及的各种交通方式、各类交通设施，选项 AB 正确；《城市综合交通体系规划标准》第 3.0.1 条，城市综合交通包含城市过境交通，《城市综合交通体系规划编制指导导则》第 4.2.1 条，交通调查一般包括：居民出行、车辆出行、道路交通运行、公交运行、出入境交通、停车、吸引点、货运等调查项目，及《城市规划原理》教材第五章城市总体规划中城市道路交通调查与分析须对过境交通的流量、流向进行调查，选项 E 错误；《城市规划原理》教材第五章城市总体规划中居民出行调查对象包括年满 6 岁以上的城市居民、暂住人口和流动人口，选项 CD 正确。

2019-087. 下列哪些措施适用于解决严重缺水城市水资源供需平衡?(　　)

    A. 大力加强居民家庭和工业企业节水　　B. 推广城市污水再处理利用

    C. 推广农业滴灌、喷灌　　　　　　　　D. 采取外流域调水

    E. 改进城市自来水厂净水工艺

【答案】ABCD

【解析】考查解决水资源供需矛盾的措施的特征理解。资源型缺水的对策和措施为开源和节流。加强企业和居民节水，加强滴灌技术属于节流，推广城市污水再利用和外流调水属于开源，因而选项 ABCD 正确。

2019-088. 下列关于城市工程管线综合布置原则的表述，正确的是(　　)。

    A. 城市各种管线的位置应采用统一的坐标系统

    B. 腐蚀介质管道与其他工程管道共沟敷设时，腐蚀性介质应布置在管沟底部

    C. 重力流管线与压力管线高程冲突时，压力管线应避让重力流管线

D. 电信线路、有线电视线路与供电线路通常合杆架设

E. 管线覆土深度指地面到管顶内壁的距离

【答案】ABC

【解析】选项 ABCD 综合考查城市工程管线综合布置的原则的特征理解，ABC 正确。电信线路与供电线路通常不合杆架设；在特殊情况下，征得有关部门同意，采取相应措施后，可合杆架设，选项 D 错误。选项 E 考查城市工程管线综合术语的概念对比，管线覆土深度指地面到管道顶（外壁）的距离，而地面到管道底（内壁）的距离是指管线埋设深度，选项 E 错误。

2019-089. 在国土空间规划中，GIS 是常用的工具，下列属于 GIS 在使用过程中数据容易出现质量问题的是(   )。

A. 位置精读误差   B. 栅格数据差值误差

C. 人为操作误差   D. 软件计算错误

E. 标准体系错误

【答案】ABC

【解析】考查数据质量问题的特征理解。数据质量问题包括：①位置精度：测量工作存在误差是必然的，在很多情况下，不可能为了提高精度而增加很多工作量，投入很多设备；②属性精度：属性数据在调查、登记、分类、编码过程中往往因疏忽而产生误差；③逻辑上的一致性：从调查至输入计算机的过程中，往往存在数据分类不严密、数据定义模棱两可、多种解释或多重定义的问题；④完整性：基础资料在地理空间上不能全覆盖，不同的历史资料在时间上无法同步等，也是常见的数据质量问题；⑤人为因素：为了某种利益或保密上的原因，需要人为地制造缺陷、增加误差，因此选项 AC 正确。在 GIS 的栅格数据叠加过程中，插值极端是线性插入的，没考虑地形、地貌等因素，存在误差，选项 B 正确。一般而言，软件计算不容易出现错误，标准体系本身是没问题的，只可能人工使用过程产生错误，但这个属于个人操作的错误，因此 DE 错误。

2019-090. 我国常用的坐标系是(   )。

A. 北京 54 坐标系   B. 西安 80 坐标系

C. WGS-84 坐标系   D. 2010 国家坐标系

E. 2000 国家大地坐标系

【答案】ABCE

【解析】考查坐标系的类型记忆。我国三大常用坐标系为：北京 54、西安 80 和 WGS84；根据《第三次全国国土调查技术规程》及《第三次全国国土调查县级数据库建设技术规范（修订稿）》数据库建设要求，在数学基础上，平面坐标系大地基准统一采用"2000 国家大地坐标系"。因而选项 ABCE 正确。

2019-091. 下列哪些选项属于地方财政预算收入的归地方政府？(   )

A. 地方所属企业收入   B. 各项税收

C. 城建税   D. 土地出让金

E. 中央财政补贴预算收入

【答案】ABCE

【解析】考查地方财政收入的类型记忆。地方财政收入包括地方财政预算收入和预算外收入，地方财政预算收入内容：①主要是地方所属企业收入和各项税收收入；②各项税收收入包括营业税、地方企业所得税、城镇维护建设税等；③中央财政的调剂收入，补贴拨款收入及其他收入，因而选项 ABCE 正确。土地出让金为预算外收入，不属于地方财政预算收入内容，选项 D 错误。相关内容详见《国有土地使用权出让收支管理办法》。

2019-092. 下列属于城市中控制交通环境污染的经济干预措施有(　　)。

A. 制定排放标准　　　　　　　　　B. 提高道路设计车速

C. 大排量汽车增加车船税　　　　　D. 降低公共交通票价

E. 燃油差别收税

【答案】CDE

【解析】考查供需理论在城市交通政策中的应用的特征理解。制定排放标准属于政策的范畴，不属于经济干预，A 选项不符合题意；提高设计车速需要依据的是道路的设计标准，数属于技术措施，因此 B 选项不符合题意。提高公共停车位的停车价格可以减少进入。大排量汽车增加车船税能减少汽车的购买；降低公共交通票价能增加出行使用公共交通，减少私家车的使用；燃油差别收税能增加对耗油量大的企业或个人的经济支出，从而减少车辆的使用。因此 CDE 均符合题意。

2019-093. 下列属于过度城镇化的现象是(　　)。

A. 人口过多涌入城市　　　　　　　B. 城市就业不充分

C. 城市基础设施不堪重负　　　　　D. 乡村劳动力得不到充分转移

E. 城市服务能力不足

【答案】ABC

【解析】考查消极型城镇化问题的特征理解和概念对比。过度城镇化导致人口过多涌入城市，城市基础设施不堪重负，城市就业不充分等一系列问题，因而选项 ABC 正确。选项 DE 属于低度城镇化的问题。

2019-094. 下列关于新型城镇化特点的表述，正确的是(　　)。

A. 推动小城镇发展与疏解大城市中心城区功能相结合

B. 大城市周边的重点镇纳入城区，实现空间一体化

C. 具有特色资源、区位优势的小城镇培训成为专业特色镇

D. 远离中心城市的小城镇发展成为服务农村、带动周边的综合性小城镇

E. 大城市周边地区通过撤县设区，快速提高城镇化率

【答案】ACD

【解析】考查新型城镇化相关政策的特征理解。《国家新型城镇化规划（2014—2020年）》"第十二章促进各类城市协调发展第三节有重点地发展小城镇"：①推动小城镇发展与疏解大城市中心城区功能相结合；②大城市周边的重点镇，要加强与城市发展的统筹规划与功能配套，逐步发展成为卫星城；③具有特色资源、区位优势的小城镇，要通过规划引导、市场运作，培育成为文化旅游、商贸物流、资源加工、交通枢纽等专业特色镇；④

远离中心城市的小城镇和林场、农场等，要完善基础设施和公共服务，发展成为服务农村、带动周边的综合性小城镇。因而选项 ACD 正确，B 错误。2020 年国务院对撤县设区的批复，与国家发展中心城市的政策调整是相一致的，而国家城市化发展方针已经从大中小城市协调发展，控制大城市规模、发展中小城市，转向为通过中心城市带动周边中小城市发展，走城市群、都市圈的发展道路，选项 E 错误。

2019-095. 下列关于社会群体特征的表述，正确的是(　　　　)。

    A. 一定数量的人群就是社会群体　　　　B. 成员间有联系纽带

    C. 成员有共同的目标　　　　D. 成员间有共同的群体意识

    E. 成员都属于同一社会阶层

【答案】BCD

【解析】考查社会群体的特征理解。社会群体简称"社群"，是人们通过一定的社会关系结合起来进行活动的共同体。社会群体是以一定的社会关系为纽带的个人的集合体，有明确的成员关系，有持续的相互交往，有一定的分工协作，有一致行动的能力，因而选项 BCD 正确。

2019-096. 下列属于社会排斥的范畴是(　　　　)。

    A. 政治排斥　　　　B. 经济排斥

    C. 文化排斥　　　　D. 生态排斥

    E. 福利制度排斥

【答案】ABCE

【解析】考查社会排斥的类型记忆。社会排斥指的是某些人或地区遇到诸如失业、技能缺乏、收入低下、住房困难、罪案高发环境、丧失健康以及家庭破裂等交织在一起的综合性问题时所发生的现象。社会排斥维度包括：经济排斥、政治排斥、文化排斥、关系排斥、制度排斥，因而选项 ABCE 正确。

2019-097. 下列关于声景学研究目的的表述，正确的是(　　　　)。

    A. 改造人类不喜爱的声景观和声环境

    B. 去除对人类有害的声景观或声环境

    C. 创造原本不存在的，对人类有积极作用的声景观或声环境

    D. 通过声景观或声环境改善视觉环境

    E. 通过声景观或声环境改善空气质量

【答案】ABC

【解析】考查城市环境保护的新增内容的特征理解。声景（Soundscape）研究人、听视、声环境与社会之间的相互关系，与传统的噪声控制不同。声景重视感知，而非仅指物理量；考虑积极和谐的声音，而非仅噪声；将声环境看成是资源，而非仅"废物"。声景研究从整体上考虑人们对于声音的感受，研究声环境如何使人放松、愉悦，并通过针对性的规划与设计，使人们心理感受更为舒适，有机会在城市中感受优质的声音生态环境。而声景并不能概念视觉环境和改善空气质量，因而选项 DE 错误，此题选 ABC。

2019-098. 下列关于空气龄的表述，正确的是(　　　　)。

A. 空气龄是外来新鲜空气在某空间内的最大流动距离

B. 空气龄是外来新鲜空气在某空间内的最小流动距离

C. 空气龄是某空间内新鲜空气从入口到达某一点所耗费的时间

D. 当新鲜空气进入某空间后，某一点的空气龄越大说明该点的空气越新鲜

E. 当新鲜空气进入某空间后，某一点的空气龄越小说明该点的空气越新鲜

【答案】CE

【解析】考查环境问题的新增内容的特征理解。空气龄，即空气质点的空气龄（Ageofair），是指空气质点自进入房间至到达室内某点所经历的时间，反映了室内空气的新鲜程度，它可以综合衡量房间的通风换气效果，是评价室内空气品质的重要指标，因而选项CE正确。

2019-099. **《第三次全国国土调查实施方案》下列哪些项属于三调的具体任务？（   ）**

A. 土地利用现状调查　　　　　　　　B. 土地权属调查

C. 专项用地调查与评价　　　　　　　D. 地上附着物权属

E. 相关自然资源专业调查

【答案】ABCE

【解析】考查第三次全国国土调查技术要求。《第三次全国国土调查实施方案》三调的具体任务是：①土地利用现状调查；②土地权属调查；③专项用地调查与评价；④同步推进相关自然资源与业调查；⑤各级国土调查数据库建设；⑥成果汇总。因此，ABCE符合题意。

2019-100. **《关于加强村庄规划促进乡村振兴的通知》指出开展相关工作要遵循(   )的原则。**

A. 先规划后建设　　　　　　　　　　B. 专家决策

C. 节约优先、保护优先　　　　　　　D. 尊重村民意愿

E. 突出地域特色

【答案】ACDE

【解析】考查国土空间规划新增内容的特征理解。《关于加强村庄规划促进乡村振兴的通知》规定的工作原则为：坚持先规划后建设，通盘考虑土地利用、产业发展、居民点布局、人居环境整治、生态保护和历史文化传承。坚持农民主体地位，尊重村民意愿，反映村民诉求。坚持节约优先、保护优先，实现绿色发展和高质量发展。坚持因地制宜、突出地域特色，防止乡村建设"千村一面"。坚持有序推进、务实规划，防止一哄而上，片面追求村庄规划快速全覆盖。因此，ACDE符合题意。

第八节　2020年城乡规划相关知识考试真题

一、单选题（每题四个选项，其中一个选项为正确答案）

2020-001. 下面支撑斗栱的横木叫做？（   ）

A. 额枋　　　　　B. 挑檐枋　　　　　C. 外拽枋　　　　　D. 里拽枋

【答案】 A

【解析】 考查木构架体系中斗栱的相关分件记忆，A 正确。B、C、D 见下图解析，此题选 A。

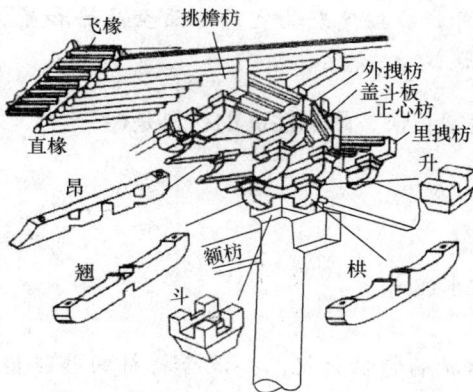

2020-003. 南方炎热地区住宅朝向适宜的排列方式为？（　　　）

A. 南方、东南、西南、东向、北向

B. 南方、东向、西向、北向

C. 南方、东向、西南、西向、北向

D. 南方、东南、西南、西向、东向

【答案】 A

【解析】 考查建筑组合布局的特征理解。炎热地区住宅朝向主要解决建筑遮阳、隔热与通风问题，朝向选择依次为南向、南偏东向、南偏西向、东向、北向，尽量避免西向，选项 A 正确。

2020-005. 根据《民用建筑设计统一标准》下面对建筑高度表述正确的是（　　　）。

A. 控制区内建筑，建筑高度应以绝对海拔高度控制建筑物室外地面至建筑物和构筑物最高点的高度

B. 控制区内建筑，平屋顶建筑高度应按建筑物主入口场地室外设计地面至建筑女儿墙顶点的高度计算

C. 坡屋顶建筑高度应按建筑物室外地面至屋檐和屋脊的垂直高度计算

D. 局部突出屋面的楼梯间、电梯机房、水箱间等辅助用房占屋顶平面面积不超过 1/4 者突出物不计入建筑高度内

【答案】 A

【解析】 考查建筑高度的计算方法。根据《民用建筑设计统一标准》GB 50352—2019，条文 4.5.2，建筑高度的计算应符合下列规定：1 本标准第 4.5.1 条第 3 款、第 4 款控制区内建筑，建筑高度应以绝对海拔高度控制建筑物室外地面至建筑物和构筑物最高点的高度。2 非本标准第 4.5.1 条第 3 款、第 4 款控制区内建筑，平屋顶建筑高度应按建筑物主入口场地室外设计地面至建筑女儿墙顶点的高度计算，无女儿墙的建筑物应计算至其屋面檐口；坡屋顶建筑高度应按建筑物室外地面至屋檐和屋脊的平均高度计算；当同一座建筑物有多种屋面形式时，建筑高度应按上述方法分别计算后取其中最大值；下列突出

物不计入建筑高度内：1）局部突出屋面的楼梯间、电梯机房、水箱间等辅助用房占屋顶平面面积不超过 1/4 者；2）突出屋面的通风道、烟囱、装饰构件、花架、通信设施等；3）空调冷却塔等设备。项 B 应为控制区外的建筑高度表述，选项 D 应明确为控制区外，选项 C 除应明确为控制区外，应按建筑物室外地面至屋檐和屋脊的平均高度计算，因此 A 选项正确，BCD 选项错误。

2020-006. 建筑材料中强度增长快、耐热性高的材料是（　　　）。

    A. 矿渣硅酸盐水泥

    B. 铝酸盐水泥

    C. 火山灰质硅酸盐水泥

    D. 粉煤灰灰质硅酸盐水泥

【答案】A

【解析】考查硅酸盐水泥的特性记忆。掺混合材料的硅酸盐水泥共性：水化热较低，放热速度慢；早期强度较低，后期强度增长快；须用蒸汽养护；抗软水及硫酸盐侵蚀能力较强；抗冻性、抗炭性与耐磨性较差。其中，矿渣硅酸盐水泥耐热性强，干缩性大，保水性差；火山灰质硅酸盐水泥保水性好，抗渗性好，硬化干缩显著；粉煤灰硅酸盐水泥干缩性小，抗裂性好。铝酸盐水泥只在早期强度增长快，长期强度降低，一般混凝土工程禁用，仅适用于紧急抢修和要求早期强度高的特殊工程。选项 A 符合题意。

2020-040. 关于《第三次全国国土调查技术规程》的技术要求表述，错误的是（　　　）。

    A. 国家统一制作优于 1m 分辨率的数字正射影像图，统一开展图斑比对

    B. 城镇内部土地利用现状调查采用优于 0.2m 分辨率的航空遥感影像资料

    C. 建设用地和设施农用地最小图斑面积 $100m^2$

    D. 调查比例尺由"二调"的 1：10000 提高到 1：5000

【答案】C

【解析】考查第三次全国国土调查技术要求。《第三次全国国土调查技术规范规程》规定，在最小上图图斑面积上，建设用地和设施农用地实地面积 $200m^2$。因此，选项 C 错误。

2020-052. 根据《城乡建设用地增减挂钩节余指标跨省域调剂管理办法》，复垦为一般耕地和其他农用地的价格标准为（　　　）万元/亩。

    A. 20   B. 30   C. 40   D. 50

【答案】B

【解析】考查耕地复垦费标准。《城乡建设用地增减挂钩节余指标跨省域调剂管理办法》第十条：国家统一制定跨省域调剂节余指标价格标准。节余指标调出价格根据复垦土地的类型和质量确定，复垦为一般耕地或其他农用地的每亩 30 万元。因此，选项 B 正确。

2020-056. 根据国家发改委发布的《关于培育发展现代化都市圈的指导意见》，下列表述错误的是（　　　）。

    A. 以超大特大城市或辐射带动功能强的大都市为中心

B. 以一小时通勤圈为基础范围

C. 都市圈是一种城镇化空间形态

D. 都市圈范围内的乡村实现城镇化

【答案】D

【解析】考查都市圈概念。都市圈是城市群内部以超大特大城市或辐射带动功能强的大城市为中心、以1h通勤圈为基本范围的城镇化空间形态。《关于培育发展现代化都市圈的指导意见》提出以促进城乡要素自由流动、平等交换和公共资源合理配置为重点，建立健全城乡融合发展体制机制，构筑功能一体、空间融合的城乡体系，在都市圈率先实现城乡融合发展，并非都市圈范围内的乡村实现城镇化。因此，选项D错误。

2020-059. 下列理论中，认为高收入家庭迁移是城市人口迁居主要原因的是(　　)。

A. 过滤理论

B. 入侵演替理论

C. 家庭生命周期迁移

D. 行为主义理论

【答案】A

【解析】考查人口迁移的过滤理论。人口迁移的过滤理论来自城市社会空间结构经典模式——霍伊德的扇形模型，该理论认为高级阶层为维持其地位而购买新建的高级住宅，在高级阶层向外迁移的过程中，留下的房子被低级阶层的住户所占据，在住房市场中出现一个"滤下"的过程。收入差异导致的城市人口迁居，使高租金的居住区等用地随着交通线以扇形的方式向外扩展。因此，选项A正确。

2020-061. 根据《中共中央 国务院关于加强和完善城乡社区治理的意见》，下列关于社区治理的表述错误的是(　　)。

A. 以基层党组织建设为关键

B. 以社区自治为主

C. 以居民需求为导向

D. 以改革创新为动力

【答案】B

【解析】考查城乡社区治理的指导思想。意见要求，加强和完善城乡社区治理，应坚持以基层党组织建设为关键、政府治理为主导、居民需求为导向、改革创新为动力。因此，选项B错误。

2020-063. 根据自然资源部《关于加强规划和用地保障支持养老服务发展的指导意见》，下列关于我国养老发展和设施规划的表述，错误的是(　　)。

A. 建设以机构为基础，社区为依托、居家为补充的养老服务体系

B. 将社区居家养老服务设施纳入城乡社区配套用房范围

C. 鼓励养老服务设施用地兼容建设医疗设施

D. 在编制市县国土空间总体规划时，对现状老龄人口占比较高的地区适当提高养老设施用地比例

【答案】A

【解析】考查养老服务发展理念。《意见》指出，围绕居家为基础、社区为依托、机构为补充、医养相结合的养老服务体系建设，合理规划养老服务设施空间布局，切实保障养老服务设施用地，促进养老服务发展。因此，选项A错误。

2020-064. 下列抽样方式中，属于依据一定的抽样距离从总体中抽取样本的是(　　)。

A. 随机抽样　　　　B. 系统抽样　　　　C. 定额抽样　　　　D. 多段抽样

【答案】B

【解析】考查调查样本的抽样方式概念。随机抽样，即抽取样本没有标准和原则，完全是随意的；系统抽样法又叫作等距抽样法或机械抽样法，是依据一定的抽样距离，从总体中抽取样本；定额抽样也称为分层配比抽样，即根据总体的结构特征将总体所有单位按某种标志（如性别、年龄、职业等）分成若干层次，按照各层次单位数占总体单位数的比例在各层中抽取样本；多段抽样，是指将从调查总体中抽取样本的过程，分成两个或两个以上阶段进行，每个阶段使用的抽样方法往往不同，即将各种抽样方法结合使用。因此，选项 B 正确。

2020-065. 下列关于"生物量"的表述，正确的是(　　)。

A. 某一时刻单位面积或者体积内生物体的重量

B. 某一时刻单位面积或者体积内生物体的数量

C. 某一时刻单位面积或者体积内生物体的数量或重量

D. 某一时刻单位面积或者体积内所能够合理容纳的生物的数量

【答案】C

【解析】考查生物量的概念。生物量指某一时间单位面积或体积内所含一个或一个以上生物种，或所含一个生物群落中所有生物种的总个数或总干重（包括生物体内所存食物的重量）。因此，选项 C 正确。

2020-066. 大气中二氧化硫污染的指示植物是(　　)。

A. 莲花　　　　　　　　　　　　　　B. 茉莉花

C. 玫瑰花　　　　　　　　　　　　　D. 牵牛花

【答案】D

【解析】考查常见的空气污染指示植物的特征。矮牵牛花对二氧化硫非常敏感，当二氧化硫含量增加后，它的叶子就发生病变，我们可以根据它的叶子的病变情况，来判断二氧化硫的污染情况。

2020-073. 根据《自然资源部办公厅关于加强国土空间规划监督管理的通知》，各地在审批国土空间之外的其他各类规划时，不得违反以下哪类指标和要求？(　　)

A. 约束性指标和预期性指标　　　　　B. 综合性指标和预期性指标

C. 综合性之指标和空间一体化指标　　D. 约束性指标和刚性管控要求

【答案】D

【解析】考查规划编制审批要求。《通知》要求各地不得违反国土空间规划约束性指标和刚性管控要求审批其他各类规划。因此，选项 D 正确。

2020-074. 根据自然资源部办公厅《关于加强村庄规划促进乡村振兴的通知》，村庄规划编制中应落实永久基本农田和永久基本农田(　　)划定成果，守好耕地红线。

A. 保护区　　　　B. 用途区　　　　C. 储备区　　　　D. 扩展区

【答案】C

【解析】考查村庄规划编制的主要任务，统筹耕地和永久基本农田保护。落实永久基本农田和永久基本农田储备区划定成果，落实补充耕地任务，守好耕地红线。因此，选项C正确。

2020-076. 根据《省级国土空间规划编制指南（试行）》，下列属于约束性指标的是(　　)。

　　A. 国土空间开发强度　　　　　　　B. 单位 GDP 使用建设用地下降率

　　C. 1/2/3 小时交通圈覆盖率　　　　D. 公路和铁路网密度

【答案】B

【解析】考查省级国土空间规划指标体系类型属性。本题考查区域建设类指标的属性，其中单位 GDP 使用建设用地（用水）下降率为约束性指标，国土开发强度、"1/2/3 小时"交通圈覆盖率、公路与铁路网密度为预期性指标。因此，选项B正确。

2020-077. 根据 2020 年 6 月颁布的《全国重要生态系统保护和修复重大工程总体规划（2021—2035）》，下列属于其重要区域的是(　　)。

　　A. 东北黑土带、西北防沙带　　　　B. 东北防沙带、陕北防沙带

　　C. 华北防护林、东北草林带　　　　D. 东北森林带、北方防沙带

【答案】D

【解析】考查《规划》提出的"三区四带"总体布局。《规划》以国家生态安全战略格局为基础，提出了以青藏高原生态屏障区、黄河重点生态区（含黄土高原生态屏障）、长江重点生态区（含川滇生态屏障）、东北森林带、北方防沙带、南方丘陵山地带、海岸带等"三区四带"为核心的全国重要生态系统保护和修复重大工程总体布局。因此，选项D正确。

2020-078. 根据新修订的《土地管理法》，征收农用地的土地补偿费、安置补助费，应以省、自治区、直辖市制定(　　)。

　　A. 城乡基准地价　　　　　　　　　B. 统一年产量

　　C. 片区综合地价　　　　　　　　　D. 区域基础地价

【答案】C

【解析】考查征地补偿款定价规则。《土地管理法》规定，征收农用地的土地补偿费、安置补助费标准由省、自治区、直辖市通过制定公布片区综合地价确定。因此，选项C正确。

2020-080. 河北雄安新区规划纲要将其抗震设防烈度设定为(　　)。

　　A. 6 度　　　　　　B. 7 度　　　　　　C. 8 度　　　　　　D. 9 度

【答案】C

【解析】考查河北雄安新区规划纲要热点。新区抗震基本设防烈度8度，学校、医院、生命线系统等关键设施按基本烈度8度半抗震设防，避难建筑、应急指挥中心等城市要害系统按基本烈度9度抗震设防。其他重大工程依据地震安全性评价结果进行抗震设防。因此，选项C正确。

二、多选题（每题五个选项，每题正确答案不少于两项，多选或漏选不得分）

2020-083.《交通强国建设纲要》提出 2035 年全球 123 快货物流图，表述正确的是（   ）。

A. 全国主要城市一天送达　　　　　　B. 国内一天送达

C. 周边国家主要城市两天送达　　　　D. 周边国家两天送达

E. 全球三天送达

【答案】BD

【解析】考查 2035 年交通强国发展目标。其中，现代化综合交通体系要求达到"全球 123 快货物流圈"（国内 1 天送达、周边国家 2 天送达、全球主要城市 3 天送达）的目标。因此，选项 BD 正确。

2020-086. 城市综合交通调查中，关于居民出行调查的取样方法，正确的是（   ）。

A. 两阶段抽样　　　　　　　　　　　B. 等距抽样

C. 分类抽样　　　　　　　　　　　　D. 配额抽样

E. 分层抽样

【答案】BC

【解析】考查居民出行调查取样方法。根据《城市综合交通调查技术标准》GB/T 51334—2018，居民出行调查应按等距抽样或分类抽样原则来确定调查的居民住户。因此，选项 BC 正确。

2020-089. 关于高分 2 号卫星有效荷载技术指标，错误的有（   ）。

A. 全色波段空间分辨率 1m　　　　　B. 幅宽 40km（两台相机结合）

C. 侧摆±35°　　　　　　　　　　　D. 重访时间 7 天

E. 回归周期 69 天

【答案】BD

【解析】考查高分二号卫星轨道参数及有效载荷参数。高分二号卫星 45km（两台相机结合），重访时间为 5 天。因此，选项 BD 错误。

高分二号卫星轨道参数

参数	指标
轨道类型	太阳同步回归轨道
轨道高度	631km
轨道倾角	97.9080°
降交点地方时	10：30AM
回归周期	69 天

高分二号卫星有效载荷参数

载荷	谱段号	谱段范围（μm）	空间分辨率（m）	幅宽（km）	侧摆能力	重访时间（天）
全色多光谱相机	1	0.45～0.90	1	45 （2 台相机组合）	±35°	5
	2	0.45～0.52	4			
	3	0.52～0.59				
	4	0.63～0.69				
	5	0.77～0.89				

2020-090. 根据《中共中央 国务院关于建立国土空间规划体系并监督实施的若干意见》表述错误的有(   )。

    A. 以自然资源调查数据为基础，因地制宜地采用国家或地方的测绘基准和测绘系统

    B. 结合各级各类国土空间规划编制，同步完成市级以上国土空间基础信息平台建设

    C. 实现主体功能区战略和各类空间要素精准落地

    D. 推进政府部门之间的数据共享

    E. 推进政府与社会之间的信息交互

【答案】AB

【解析】考查完善国土空间基础信息平台的要求。《意见》指出，以自然资源调查监测数据为基础，采用国家统一的测绘基准和测绘系统，整合各类空间关联数据，建立全国统一的国土空间基础信息平台。以国土空间基础信息平台为底板，结合各级各类国土空间规划编制，同步完成县级以上国土空间基础信息平台建设，实现主体功能区战略和各类空间管控要素精准落地，逐步形成全国国土空间规划"一张图"，推进政府部门之间的数据共享以及政府与社会之间的信息交互。因此，选项AB错误。

2020-093. 下列不属于支配克里斯泰勒中心地形体系形成的原则有(   )。

    A. 市场原则   B. 社会原则

    C. 行政原则   D. 交通原则

    E. 安全原则

【答案】BE

【解析】考查克里斯塔勒中心地理论的三种体系。克里斯塔勒认为，有三个条件或原则支配中心地体系的形成，它们是市场原则、交通原则和行政原则。因此，选项BE正确。

2020-094. 下列方法中，适用于城镇人口规模预测的有(   )。

    A. 聚类分析法   B. 类比法

    C. 环境容量法   D. 主成分分析法

    E. 增长率法

【答案】BCE

【解析】考查城镇规模人口预测方法。适用于大中城市的人口预测方法有回归模型、增长率法、分项预测法，适用于小城镇的人口预测方法有区域人口分配法、类比法、区位法，基于小城镇周边区域自然资源的最大、经济及合理供给能力和基础设施的最大、经济及合理支持能力计算小城镇极限人口容量属于人口规模预测方法中的环境容量法。因此，选项BCE正确。

2020-096. 根据住房和城乡建设部、民政部、财政部《关于做好住房救助有关工作的通知》，关于住房救助的表述，正确的是(   )。

    A. 住房救助是针对住房难的社会救助对象实施的住房保障

    B. 住房救助不属于公租房制度保障范围

    C. 住房救助是住房方面保民生、报公平的拖地性制度安排

    D. 配租公租房属于住房救助方式

E. 农村危房改造不属于住房救助方式

【答案】ACD

【解析】考查住房救助对象内容。见原文："一、明确住房救助对象。城镇住房救助对象，属于公共租赁住房制度保障范围。农村住房救助对象，属于优先实施农村危房改造的对象范围。"因此选项 BE 错误，选项 ACD 正确。

2020-098. 关于海陆风正确是(   )。

A. 由于作为下垫面温度变化，海洋和陆地性质差异，引起热力对流而形成的带有日变化的局部环流

B. 海陆风的环流形态取决于海陆分布和由此产生的地面气温梯度

C. 由于海陆风的变换，有的低层排放的污染物被传递到一定距离后，又会重新被高层气流带回到原地，使原地污染物浓度增大

D. 夏季陆风始于上午，午后最强，傍晚后转为海风

E. 类似海陆风的环流不可能产生内陆大型水体

【答案】ABC

【解析】考查"海陆风"概念。由于陆地与海水作为下垫面的比热容差异，日照下白天陆地比海洋增温快，近地面陆地气压低于海洋，风从海洋吹向陆地；夜晚陆地比海洋降温快，近地面陆地气压高于海洋，风从陆地吹向海洋；夏季海风始于上午，午后最强，傍晚后转为陆风。该热力环流也产生于内陆大型水体，有时会导致低层排放的污染物传递一定距离后被带回原地。（可结合常识分析，从"热岛效应""下垫面"等概念融会贯通分析得出答案）。因此，选项 ABC 正确。

2020-099. 根据《关于在国土空间规划中统筹划定落实三条控制线的指导意见》，允许在生态保护红线内的自然保护地一般控制区进行的活动包括(   )。

A. 公益性地质勘察　　　　　　　　B. 经依法批准进行的科研观测

C. 永久基本农田建设　　　　　　　D. 不破坏生态功能的适度参观旅游

E. 水利水电建设

【答案】ABD

【解析】考查生态保护红线内仅允许的有限人为活动内容。生态保护红线内，自然保护地核心保护区原则上禁止人为活动，其他区域严格禁止开发性、生产性建设活动，在符合现行法律法规前提下，除国家重大战略项目外，仅允许对生态功能不造成破坏的有限人为活动，主要包括：零星的原住民在不扩大现有建设用地和耕地规模前提下，修缮生产生活设施，保留生活必需的少量种植、放牧、捕捞、养殖；因国家重大能源资源安全需要开展的战略性能源资源勘查，公益性自然资源调查和地质勘查；自然资源、生态环境监测和执法包括水文水资源监测及涉水违法事件的查处等，灾害防治和应急抢险活动；经依法批准进行的非破坏性科学研究观测、标本采集；经依法批准的考古调查发掘和文物保护活动；不破坏生态功能的适度参观旅游和相关的必要公共设施建设；必须且无法避让、符合县级以上国土空间规划的线性基础设施建设、防洪和供水设施建设与运行维护；重要生态修复工程。因此，选项 ABD 正确。

2020-100. 《资源环境承载能力和国土空间开发适宜性评价技术指南（试行）》规定，资源环境承载能力是指：基于特定的发展阶段、经济技术水平、生产生活或方式和保护目标的一定地域范围内，资源环境要素能够支撑(   )的最大合理规划的人类活动。

    A. 农业生产   B. 水利工程建设

    C. 资源开发   D. 国家公园建设

    E. 城镇建设

【答案】AE

【解析】考查资源环境承载能力概念。资源环境承载能力是指一定国土空间内资源环境要素能够支撑的农业生产、城镇建设等人类活动的最大规模。因此，选项AE正确。

第九节　2021年城乡规划相关知识考试真题

一、单选题（每题四个选项，其中一个选项为正确答案）

2021-001. 关于中国古代建筑抬梁式结构的说法，错误的是?(   )

    A. 与穿斗式结构使用范围相同

    B. 木构架的立柱沿着进深方向布置

    C. 木构架的组合形式多样

    D. 可用于平面为三角、五角形的建筑

【答案】A

【解析】考查木构架体系的类型记忆及特征理解，BCD正确。抬梁式结构建筑柱子少，跨度大，可以营造出较大的室内空间，多用于官式建筑；穿斗式结构建筑室内柱子较密，只有当室内空间尺度不大时（如居室、杂屋）才适宜使用，两者适用范围不同，选项A错误，此题选A。

2021-002. 关于中国古代园林类型及设计概念演变的说法，错误的是?(   )

    A. 东晋开始出现寺观园林

    B. 魏晋南北朝出现私家园林

    C. 东汉开始出现"一池三山"

    D. 唐宋出现"诗情画意"

【答案】C

【解析】考查中国园林的类型记忆和时期变化。魏晋南北朝佛道教流行，使得寺观园林兴盛；两晋南北朝受"归田园居"思潮影响，隐逸文化促进了私家园林发展；唐宋山水画的发展影响到园林创造上，以诗情画意写入园林，因地制宜地表现山水真情和诗情画意的园称为"写意山水园"。因此，ABD正确。西汉汉武帝在长安建造建章宫时，在宫中开挖太液池，在池中堆筑三座岛屿，为"一池三山"首创，选项C错误。

2021-003. 关于西方建筑风格的说法中，描述古典主义特征的是?(   )

    A. 雄伟、震撼人心

B. 庄重、体现人本主义

C. 山墙垂直划分为三部分

D. 轴线对称、注意比例、讲求主从关系

【答案】D

【解析】考查法国古典主义建筑的特征理解。西方古典主义建筑的风格特征：推崇古典柱式，排斥民族传统与地方特色，在建筑平面布局、立面造型中以古典柱式为构图基础，强调轴线对称，注意比例，讲求主从关系，突出中心与规则的几何形体，运用三段式构图手法，追求外形端庄与雄伟完整统一和稳定感，选项D正确。古埃及建筑风格特征为雄伟、震撼人心，选项A错误。古希腊建筑风格特征为庄重、体现人本主义，选项B错误。哥特式建筑山墙被两个钟塔和中厅垂直划分为三部分，选项C错误。

2021-004. 帕拉第奥撰写的西方建筑名著是？（　　　）

　　A.《论建筑》　　　　　　　　　　B.《建筑十书》

　　C.《建筑四书》　　　　　　　　　　D.《五种柱式规范》

【答案】C

【解析】考查西方建筑名著及作者记忆。西方建筑名著中，意大利文艺复兴时期的《论建筑》作者为阿尔伯蒂，《建筑四书》的作者为帕拉第奥，《五种柱式规范》的作者为维尼奥拉，古罗马时期《建筑十书》的作者为维特鲁威，选项C正确。

2021-005. 满足超高层建筑、兼顾结构刚性与内部灵活布局要求的结构是？（　　　）

　　A. 框架结构　　　　　　　　　　B. 框剪结构

　　C. 筒体结构　　　　　　　　　　D. 剪力墙结构

【答案】B

【解析】考查高层建筑结构选型的类型记忆、框架与剪力墙的特征理解。在高层建筑中使用框架结构可满足内部空间灵活布局，但抗侧向性能差，剪力墙结构抗侧向性好但建筑开间大小受限，为综合解决抗侧力和空间利用的问题，把框架结构和剪力墙结构结合形成框架剪力墙结构，选项B正确。

2021-006. 不属于空间结构体系的是？（　　　）

　　A. 折板结构　　　　　　　　　　B. 拱式结构

　　C. 悬索结构　　　　　　　　　　D. 框架结构

【答案】B

【解析】考查大跨度结构选型的类型记忆。大跨度建筑结构包括：平面体系大跨度空间结构（单层钢架、拱式结构、简支梁结构、屋架）、空间结构体系（网架、薄壳、折板、悬索），其中薄壳的曲面形式又分为旋转曲面、平移曲面、直纹曲面，此题选项B符合题意。

2021-007. 关于建筑涡流，说法错误的是？（　　　）

　　A. 迎风面最易形成建筑涡流

　　B. 与建筑宽度相关

　　C. 建筑越高，建筑背面负压越大

D. 相同建筑面积，圆形建筑形成漩涡比方形小

【答案】A

【解析】考查建筑风环境影响的特征理解。建筑附近的涡流主要是风压作用引起的。建筑物迎风面上的压力大于大气压，在迎风面上形成正压区。在建筑物的背风面、屋顶和两侧，由于在气流曲绕过程中形成空气稀薄现象，因此该处压力将小于大气压，形成负压区，易形成涡流，选项A错误。涡流区的大小与建筑物高度、长度、深度有关，房屋的高度越高，长度越大，深度越小，屋后涡流区就越大，选项B、C正确。建筑边界圆润光滑，能削弱强风降低风荷载，建筑背风向形成的压力较稳定，选项D正确。

2021-008. 下列关于建筑风格与颜色对应错误的是？（　　）

A. 古希腊建筑朴素淡雅

B. 哥特式建筑阴暗

C. 文艺复兴时期建筑颜色明亮

D. 巴洛克建筑对比强烈，用色大胆

【答案】A

【解析】考查西方古代建筑色彩的类型记忆与时期变化。古希腊色彩强烈华丽，明快对比色表达欢乐情绪，因此A选项错误，BCD选项正确。

2021-009. 下列关于建筑防烟楼梯间设置要求的说法错误的是？（　　）

A. 一类高层公共建筑应设置防烟楼梯间

B. 12层的住宅建筑应设置防烟楼梯间

C. 高度大于32m的二类高层公共建筑应设置防烟楼梯间

D. 防烟楼梯间前室不得与消防电梯间前室合用

【答案】D

【解析】考查建筑防烟楼梯间的设置要求。根据《建筑设计防火规范》GB 50016—2014（2018年版），5.5.12条，一类高层公共建筑和建筑高度大于32m的二类高层公共建筑，其疏散楼梯应采用防烟楼梯间，选项A、C正确。5.5.27条，3建筑高度大于33m的住宅建筑应采用防烟楼梯间，选项B正确。6.4.3条，防烟楼梯间前室可与消防电梯间前室合用，选项D错误。

2021-010. 以下不属于高层建筑的是？（　　）

A. 高度为25m的非单层公共建筑

B. 高度为28m的单层公共建筑

C. 高度为35m的住宅建筑

D. 高度为110m的超高层建筑

【答案】B

【解析】考查高层建筑的概念。根据《民用建筑设计统一标准》GB 50352—2019，3.1.2条：1建筑高度不大于27.0m的住宅建筑、建筑高度不大于24.0m的公共建筑及建筑高度大于24.0m的单层公共建筑为低层或多层民用建筑；2建筑高度大于27.0m的住宅建筑和建筑高度大于24.0m的非单层公共建筑，且高度不大于100.0m的，为高层民用

建筑；3 建筑高度大于 100.0m 为超高层建筑。因此 ACD 选项为高层建筑，B 选项正确。

2021-011. 下列关于大城市交通供需关系处理的说法，正确的是？（　　　　）

A. 按不同出行需求的优先顺序确定交通供应

B. 交通供应应满足所有出行需求

C. 增加中心区停车困难地区的停车位供应

D. 交通供应应保障所有交通方式运行畅通

【答案】A

【解析】综合考查。根据《城市综合交通体系规划标准》GB/T 51328—2018 中 5.4.1 条：城市应综合利用法律法规、经济、行政等交通需求管理手段，合理调节交通需求的总量、时空分布和方式结构，引导小客车、摩托车等个体机动化交通合理出行，提高步行、自行车、城市公共交通方式等出行比例，选项 A 正确。5.4.3 城市中心区应优先采取交通需求管理措施抑制个体机动化出行需求。增加中心区停车困难地区的停车位供应会增大中心区车流，正确做法是缓解城市中心地段的交通压力，实现对机动车的交通管制，考虑在城市中心地段交通限制区边缘干路附近设置截流性的停车设施，结合公共交通换乘枢纽，形成包括小汽车停车功能在内的小汽车与中心地段内部交通工具的换乘设施，选项 C 错误。5.4.2 条：对小客车、摩托车等个体机动化出行等调控，宜从拥有、使用、停放和淘汰等环节综合制定对策，非满足所有出行需求和所有交通方式，选项 BD 错误。

2021-012. 根据《公路工程技术标准》，下列关于公路用地范围划定的说法，错误的是？（　　　　）

A. 公路路堤两侧排水沟外缘 1.5m 以内的范围为公路用地范围

B. 无排水沟时，公路用地范围为护坡坡角线以内的范围

C. 路堑式公路的公路用地范围为两侧护坡截水沟外缘外 1.5m 以内的范围

D. 空间条件允许的地段，二级公路用地范围可扩展至路堤两侧排水沟外缘外 2.5m 以内的范围

【答案】B

【解析】考查公路用地范围如何确定。根据《公路工程技术标准》JTG B01—2014，1.0.5 条，1 公路用地范围为公路路堤两侧排水沟外边缘（无排水沟时为路堤或护坡道坡脚）以外，或路堑坡顶截水沟外边缘（无截水沟为坡顶）以外不小于 1m 范围内的土地；在有条件的地段，高速公路、一级公路不小于 3m，二级公路不小于 2m 范围内的土地为公路用地范围。选项 ACD 数值均超过规范要求的最小值，正确，选项 B 错误。

2021-013. 根据《城市综合交通体系规划标准》，下列关于快速路辅路功能的说法，错误的是？（　　　　）

A. 作为快速路的一部分　　　　　　　B. 作为集散道路

C. 为两侧用地服务　　　　　　　　　D. 为快速路收集交通

【答案】A

【解析】考查快速路辅路功能的记忆。根据《城市综合交通体系规划标准》GB/T 51328—2018，快速路辅路应根据承担的交通特征，计入Ⅲ级主干路或次干路，其中Ⅲ级

主干路为城市分区（组团）间联系以及分区（组团）内部中等距离交通联系提供辅助服务，为沿线用地服务较多，次干路为集散道路。快速路辅路为快速路收集交通，因此选项BCD正确，选项A错误。

2021-014. 关于城市轨道交通线网客流密度单位的表述，正确的是？（   ）

    A. 万人/公里   B. 万人·公里/天

    C. 万人·公里/（公里·天）   D. 万人·公里/天

【答案】C

【解析】考查城市轨道交通客流密度量纲单位记忆。根据《城市综合交通体系规划标准》GB/T 51328—2018，城市轨道交通客流密度量纲单位为万人·km/（km·d），选项C正确。

2021-015. 根据《城市对外交通规范》，下列城市建成区外高速铁路隔离带控制范围说法正确的是？（   ）

    A. 外侧轨道中心线向外不小于 50m

    B. 外侧轨道中心线向外不少于 30m

    C. 轨道中心线向外不小于 50m

    D. 轨道中心线向外不少于 30m

【答案】A

【解析】考查城市铁路的特征理解。根据《城市对外交通规划规范》GB 50925—2013第5.4.1条，城市建成区外高速铁路两侧隔离带规划控制宽度应从外侧轨道中心线向外不小于50m（强制性条文），因而选项A正确。

2021-016. 根据《城市综合交通体系规划标准》，下列城市规划设计，次干路长度合理的是？（   ）

    A. 主干路长度的 2 倍   B. 占道路总长度的 10%

    C. 主干路和快速路长度总和   D. 支路的 1/2

【答案】B

【解析】考查次干路规划设计要求的理解与记忆。根据《城市综合交通体系规划标准》GB/T 51328—2018，12.6.2条，次干路主要起交通的集散作用，其里程占城市总道路里程的比例宜为 5%～15%，选项B正确。

2021-017. 交通当量（PCU）按照下面哪个为标准？（   ）

    A. 4～5 座小汽车   B. 7～10m 的公共汽车

    C. 货车   D. 三轮车

【答案】A

【解析】考查当量小汽车的概念理解与记忆。根据《城市综合交通体系规划标准》GB/T 51328—2018，当量小汽车为以 4～5 座的小客车为标准车，作为各种类型车辆换算道路交通量的当量车种，单位为 pcu。

2021-018. 根据综合交通规划，以下错误的是？（   ）

A. 步行、自行车交通和集约型公共交通的出行比例不低于75%

B. 应做好自行车交通到公共交通的转移

C. 交通瓶颈地区优先发展公共交通

D. 根据交通特征差异化确定不同交通方式的优先规则

【答案】C

【解析】综合考查城市综合交通体系的规划要求。根据《城市综合交通体系规划标准》GB/T 51328—2018，3.0.5条，1城市内部客运交通中由步行与集约型公共交通、自行车交通承担的出行比例不应低于75%，选项A正确。5.2.3条，城市公共交通站点、客运枢纽应与步行、非机动车系统良好衔接，选项B正确。5.1.2条，城市综合交通体系规划应根据不同城市和城市不同地区的交通特征，差异化确定综合交通体系内不同交通方式的功能定位、优先规则、组织方式和资源配置，选项D正确。4.0.5条，城市交通瓶颈地区，1应控制穿越交通瓶颈的交通总量；3穿越交通瓶颈的通道应优先保障公共交通路权，选项C表述片面，本题选C。

2021-019. 下列关于城市交通调查的说法，错误的是？（　　　）

A. 交通调查选择无重大事件和天气良好的工作日

B. 居民出行样本采取等距抽样

C. 当流动人口调查与城市居民出行调查同步进行时，流动人口与城市居民混合进行随机抽样

D. 核查线流量是调查一定的时间段内通过核查线的全方式、分车型车流量数和人数

【答案】C

【解析】考查城市综合交通调查的技术要求。根据《城市综合交通调查技术标准》GB/T 51334—2018，3.1.4条，城市综合交通调查中各项调查应选择无重大事件及恶劣天气的工作日同时开展，或结合具体情况分别开展，选项A正确。4.0.6条，居民出行调查应按等距抽样或分类抽样原则来确定调查的居民住户，选项B正确。5.0.6条，流动人口出行调查抽样率应根据城市流动人口总量合理确定，选项C错误。9.2.1条，核查线道路流量调查内容应为一定时间间隔内（不宜大于15min）通过核查线道路断面的全方式、分车型车辆数和人数，选项D正确。

2021-020. 下列关于交通系统规划的内容，表述错误的是？（　　　）

A. 各类城市以公共交通为主体

B. 应控制小汽车交通需求总量

C. 城市土地使用高强度地区应尽量加密步行与自行车交通网络

D. 交通高峰期、公共交通出行时间宜在小客车1.5倍内

【答案】A

【解析】综合考查交通系统规划的特征理解。根据《城市综合交通体系规划标准》GB/T 51328—2018，3.0.5条，2应为规划范围内所有出行者提供多样化的出行选择，并应保障其交通可达性，满足无障碍通行要求，而非以公共交通为主，选项A错误。5.4.2条，对小客车、摩托车等个体机动化出行等调控，宜从拥有、使用、停放和淘汰等环节综合制定对策，5.4.3条，城市中心区应优先采取交通需求管理措施抑制个体激动化出行需

求，整体思想均为调控、抑制小汽车交通需求量，选项 B 表述正确。4.0.3 条，应利用城市公共交通引导城市开发，依托城市公共交通走廊、城市客运交通枢纽布局城市的高强度开发。城市综合交通设施与服务应根据土地使用强度差异化提供，城市土地使用高强度地区应提高城市道路与公共交通设施的密度，加密步行与非机动车交通网络，选项 C 正确。5.2.3 条高峰期城市公共交通全程出行时间宜控制在小客车出行时间的 1.5 倍以内，选项 D 正确。

2021-021. 关于供水规划，正确的是?（   ）
    A. 大型水厂规模按多年平均水量确定
    B. 应急总供水应优先满足城市重点工业用水
    C. 水质达到《地表水环境标准》四类的可作为饮用水源
    D. 确定水源地应同时明确卫生防护要求
【答案】D
【解析】综合考查供水条件的特征理解、城市用水量的概念对比，选项 D 正确。水厂规模应满足规划期内用水需求，规划期内城市供水能力应该大于或等于最高日用水量，选项 A 错误。根据《城市供水应急预案编制导则》中 4.0.1 条，6 调整城市供水优先次序：首先满足居民生活、医院、学校、机关、食品加工、宾馆和餐饮用水，其次是金融、服务用水，再次是重点工业用水等，选项 B 错误。根据《地表水环境质量标准》，水质达到三类可作为饮用水源，选项 C 错误。

2021-022. 下列关于城市内涝防治，说法不准确的是?（   ）
    A. 应根据地形高差，高水高排低水低排
    B. 建筑小区采用建设下沉式绿地、植草沟、人工湿地、绿色屋顶等措施降低径流系数
    C. 利用公园绿地进行蓄滞洪管理
    D. 城市各功能组团内排水标准一致
【答案】D
【解析】综合考查防洪安全布局特征理解、径流系数特征理解及防洪排涝标准特征理解，选项 A、B、C 正确。《室外排水设计规范》GB 50014—2006 中 3.2.4 条，按城区类型（中心城区、非中心城区、中心城区的重要地区、中心城区地下通道和下沉式广场等）划分不同的雨水管渠设计重现期，选项 D 错误，此题选 D。

2021-023. 下列关于城市燃气工程规划内容的说法，错误的是?（   ）
    A. 按照负荷的特点，用气负荷可分为集中负荷和分散负荷
    B. 高压燃气管网，沿铁路和公路布局
    C. 特大城市应配备应急气源和燃气储备站
    D. 液化气石油储配站宜紧邻居民区来布置
【答案】D
【解析】考查液化石油气供应基地的选址特征理解，选项 A、B、C 正确。液化石油气储配站属于甲类火灾危险性企业，站址应选择在城市边缘，与服务站之间的平均距离不宜

超过 10km，选项 D 错误。

2021-024. 下列关于城市供电设施规划内容的说法，错误的是？（   ）

A. 城市高密度建成区内宜安排 220kV 及以上电源变电站

B. 供电系统包括电源、输电网和配电网

C. 风力发电是一种稳定可靠的清洁能源

D. 在用地紧张时，变电站可以和其他建筑合建

【答案】A

【解析】综合考查城市供电系统的类型记忆和选址特征理解，选项 B、C、D 正确。根据《220kV～750kV 变电站设计技术规程》，3.0.2 条，站址选择时，应注意节约用地，合理使用土地，尽量利用荒地、劣地，不占或少占耕地和经济效益高的土地，城市高密度建成区土地经济效益高，选项 A 错误，此题选 A。

2021-025. 下列关于城市环境卫生设施规划要求的说法，说法不准确的是？（   ）

A. 新建城镇的粪便处理应优先考虑纳入污水收集与处理系统

B. 公共厕所设置应以独立式公厕为主，附属式公厕为辅

C. 生活垃圾收集站应统筹考虑环卫工人休息功能

D. 建筑垃圾处理充分考虑资源化处理的方式

【答案】B

【解析】考查环境卫生设施设置的特征理解，选项 ACD 正确。根据《环境卫生设施设置标准》CJJ 27—2012 中 3.4.5 条，城镇新建、改建区域的公共厕所的规划、设计和建设应符合国家现行标准《城市公共厕所设计标准》的有关规定，并应符合下列规定：公共厕所建筑形式应以固定式公共厕所为主、活动式公共厕所为辅；公共厕所建设形式应以附属式公共厕所为主、独立式公共厕所为辅，选项 B 错误，此题选 B。

2021-026. 下列关于城市工程管线综合的内容，说法正确的是？（   ）

A. 电信线路、有线电视线路与供电线路通常合杆架设

B. 城市各种管线的位置应采用统一的坐标系统

C. 工程管线水平净距离是指管线中线之间的水平距离

D. 工程管线穿过非航道的一般河道管顶标高，一般在河道水位线 0.5m 以下

【答案】B

【解析】综合考查工程管线综合布置设计原则的特征理解及综合术语，选项 B 正确。电信线路与供电线路通常不合杆架设；在特殊情况下，征得有关部门同意，采取相应措施后，可合杆架设，选项 A 错误。管线水平净距指平行方向敷设的相邻两管线外表面之间的水平距离，选项 C 错误。根据《城市工程管线综合规划规范》GB 50289—2016 中，4.1.8 条，河底敷设的工程管线应选择在稳定河段，管线高程应按不妨碍河道的整治和管线安全的原则确定，并应符合下列规定：1 在Ⅰ级～Ⅴ级航道下面敷设，其顶部高程应在远期规划航道底标高 2.0m 以下；2 在Ⅵ级、Ⅶ级航道下面敷设，其顶部高程应在远期规划航道底标高 1.0m 以下；3 在其他河道下面敷设，其顶部高程应在河道底设计高程 0.5m 以下，选项 D 错误。

2021-027. 下列关于城市用地竖向规划内容正确的是？（ ）

A. 地形复杂地区，应根据建设用地的需求深挖高填，平整场地

B. 规划建设用地的高程应低于周边道路高程

C. 地面规划形式包括平坡式、混合式、台地式三种形式

D. 城市各组团可因地制宜采用不同的高程系统

【答案】C

【解析】考查城市用地竖向工程规划要求和城市用地台地划分的特征理解，选项 C 正确。地形复杂地区，应根据建设用地的需求因地制宜选择地面台地划分形式，节省工程土方量，选项 A 错误。规划建设用地的高程应高于周边道路高程，以利于场地排水，选项 B 错误。城市各组团应采用同一高程系统，选项 D 错误。

2021-028. 下列关于 5G 通信技术特征的说法，错误的是？（ ）

A. 相比较 4G 的技术，5G 的使用无线信号频段高

B. 相比较 4G 基站，5G 基站能耗低

C. 相比较 4G 基站信号，5G 基站信号的覆盖半径小

D. 5G 基站可与现有的 4G 基站共站建设

【答案】B

【解析】考查 5G 与 4G 对比变化的通信技术特征，选项 ACD 正确。5G 单站功耗是 4G 功耗的 2～3 倍，选项 B 错误，此题选 B。

2021-029. 下列关于防洪标准说法，错误的是？（ ）

A. 110kV 变电站的防洪标准，应按 50 年一遇考虑

B. 一级公路的路基防洪标准应按照 50 年一遇考虑

C. 高速铁路路基的防洪标准，应按照一百年一遇考虑

D. 特别重要的国际机场防洪标准应按大于或等于一百年一遇考虑

【答案】B

【解析】考查防洪标准的类型记忆。根据《防洪标准》GB 50201—2014 中 7.3.2 条：35～220kV 变电站的防洪标准为 50 年重现期，一级公路的路基防洪标准为 100 年重现期，高速铁路的路基防洪标准为 100 年重现期，特别重要的国际机场防洪标准为大于或等于 100 年重现期，选项 ACD 正确，选项 B 错误。

2021-030. 下列关于消防规划说法，正确的是？（ ）

A. 城市建设用地内应推广建造三级和四级耐火等级的建筑

B. 消防辖区应以接警后十分钟消防车可到达的范围来进行划分

C. 陆上消防站可分为一级消防站、二级消防站和三级消防站

D. 历史文化街区外围规划环形消防车道

【答案】D

【解析】综合考查消防安全布局的特征理解，选项 D 正确。新建各类建筑的耐火等级应以一级和二级为主，控制耐火等级为三级的建筑，严格限制耐火等级为四级的建筑，选项 A 错误。陆上消防站在接到火警后，按正常行车速度 5min 内可以到达辖区边缘，选项

B错误。陆上消防站分为普通消防站和特勤消防站，普通消防站按规模大小分为一级和二级，选项 C 错误。

2021-031. 美国 GeoEye-1 卫星的多光谱数据中的 780～920nm 波段对应可见光中的?（　　　）

  A. 黄色波段   B. 蓝色波段

  C. 红色波段   D. 近红外波段

  【答案】D

  【解析】考查电磁波波长属性的常识。可见光的波长范围在 $0.77～0.39\mu m$ 之间，波长不同的电磁波，引起人眼的颜色感觉不同，770～622nm 为红色，622～597nm 为橙色，597～577nm 为黄色，577～492nm 为绿色，492～455nm 为蓝色，455～350nm 为紫色，波长短于紫色光的（$<0.4\mu m$）有紫外线，波长长于红光的（$>0.76\mu m$）为红外线有无线电波，美国 GeoEye-1 卫星的多光谱数据中的 780～920nm 波段为近红外波段，选项 D 正确。

2021-032. 下列关于高分七号卫星说法错误的是?（　　　）

  A. 是我国首颗民用亚米级高分辨率卫星

  B. 可用于 1∶5000 比例尺立体测绘

  C. 幅宽大于等于 20km

  D. 配置一台双线阵相机和一台激光测高仪

  【答案】B

  【解析】考查高分七号卫星参数及特征理解，选项 ACD 正确。高分七号卫星是全球首个采用两线阵＋激光测高体制实现 1∶10000 比例尺立体测图的卫星工程，选项 B 错误。

2021-033. 公共管理专题数据是时空大数据的重要组成部分，根据《智慧城市时空大数据平台建设技术大纲（2019）》，下列数据不属于公共专题数据的是?（　　　）

  A. 地名地址数据   B. 人口数据

  C. 宏观经济数据   D. 地理国情普查与监测数据

  【答案】A

  【解析】考查公共专题数据内容。根据《技术大纲》，公共专题数据内容至少包括法人数据、人口数据、宏观经济数据、民生兴趣点数据、地理国情普查与监测数据及其元数据，选项 BCD 正确，选项 A 错误。

2021-034. 根据《第三次全国国土调查技术规程》，光学数据单景云雪量覆盖一般不超过?（　　　）

  A. 10%   B. 15%

  C. 20%   D. 30%

  【答案】A

  【解析】考查第三次全国国土调查中光学数据单景云雪量覆盖要求。根据《技术规程》要求，光学数据单景云雪量覆盖一般不超过 10%，选项 A 正确。

2021-035. 根据《国土空间规划城市体检评估规程》，国土空间规划城市体检评估中，下列数据不属于自然资源主管部门提供的基础分析数据的是？（　　　）

    A. 经济社会发展统计数据　　　　　B. 国土空间基础现状数据

    C. 规划成果数据　　　　　　　　　D. 规划实施数据

    【答案】A

    【解析】 考查城市体检评估中基础数据来源及应用建议。根据《评估规程》，基础分析数据：经济社会发展统计数据主要以统计部门数据为准，城市建设数据以各相关部门数据为准，国土空间基础现状数据、规划成果数据、规划实施监督数据以自然资源主管部门数据为准，选项A不属于自然资源主管部门提供，此题选A选项。

2021-036. 根据《自然资源调查监测体系构建总体方案》对自然资源信息分类分层不包括？（　　　）

    A. 地表基质层　　　　　　　　　　B. 地表覆盖层

    C. 人类活动层　　　　　　　　　　D. 管理层

    【答案】C

    【解析】 考查自然资源信息分层分类模型。根据《总体方案》，自然资源分类各数据层如下：第一层为地表基质层，第二层是地表覆盖层，第三层是管理层，在地表基质层下设置地下资源层，选项ABD属于该分类分层，选项C符合题意。

2021-037. 未被《第三次全国国土调查成果国家级核查方案》明确采用的技术是？（　　　）

    A. 遥感（RS）

    B. 地理信息系统（GIS）

    C. 全球导航卫星系统（GNSS）

    D. 城市信息模型（CIM）基础平台

    【答案】D

    【解析】 考查三调成果国家级核查方案中所采用技术。根据《方案》技术方法要求，充分运用遥感（RS）、地理信息系统（GIS）、全球导航卫星系统（GNSS）和国土调查云等技术手段，选项D符合题意。

2021-038. 空间大数据是大数据的重要组成部分，下列属于空间大数据的是？（　　　）

    A. 遥感数据　　　　　　　　　　　B. 规划数据

    C. 地籍数据　　　　　　　　　　　D. 手机信令数据

    【答案】D

    【解析】 考查空间大数据的特征理解。空间大数据就是大数据中带有（或者隐含）空间位置的数据。在大数据领域，由于数据主要来自互联网、移动互联网、物联网等自动采集的数据，其带有空间位置的比例更高。例如：手机信令数据由通讯基站与手机之间的信令连接所产生，通过手机与基站的相对关系就能计算出手机的位置；社交媒体数据中，用户分享的文字、图片、视频等，通常标注有从用户终端获取的位置信息；公交刷卡数据能够从车辆定位系统中获取位置信息；即便是电商交易数据，也能从IP地址获得其大致的位置信息。因此选项ABC均不属于空间大数据，D选项符合题意。

2021-039. 集体建设用地使用权不包括？（　　）

　　A. 经营权　　　　　　　　　　　　　　B. 自物权

　　C. 用益物权　　　　　　　　　　　　　D. 地役权

【答案】B

【解析】考查我国土地产权制度特征理解。自物权指对自己的物享有的权利，即所有权，是物权中最完整、最充分的权利，包括占有、使用、收益、处分四项权能，我国集体建设用地为农民集体所有，其使用权为所有权中分离出来的，不具备完整的所有权权能，因此不能完整对应自物权，选项 B 符合题意（补充知识：用益物权，是指非所有人对他人所有之物享有的占有、使用和收益的权利，包括土地承包经营权、建设用地使用权、宅基地使用权、居住权、地役权。用益物权是对用益物权的标的物享有占有、使用和收益的权利，是通过直接支配他人之物而占有、使用和收益。这是所有权权能分离出来的权能，表现的是对财产的利用关系。用益物权人享有用益物权，就可以占有用益物、使用用益物、对用益物直接支配并进行收益。地役权，是指在他人的不动产之上按照合同约定，设立他人的不动产，以提高自己的不动产效益的用益物权）。

2021-040. 下列产业门类，对土地价格影响最小的是？（　　）

　　A. 农业　　　　　　　　　　　　　　　B. 制造业

　　C. 金融业　　　　　　　　　　　　　　D. 服务业

【答案】A

【解析】考查阿朗索地租竞价曲线特征理解及奥沙利文同心圆城市空间结构。在奥沙利文的同心圆城市空间结构模型中，假设城市中有三种土地使用用途，商务、居住和工业，城市外围为农业，每一种用地由自身的经济活动特点决定了一条竞标租金曲线，如果城市在各个方向上交通条件一样，各类产业根据可支付的租金从内向外形成同心圆，最外围为对中心区位要求最低的农业地带，因此农业对土地价格影响最小，选项 A 正确。

2021-041. 根据"污染者负担"的原则，运用经济学手段促进污染治理的有效工具是？（　　）

　　A. 环境准入　　　　　　　　　　　　　B. 污染申报

　　C. 生态补偿　　　　　　　　　　　　　D. 排污收费

【答案】D

【解析】考查"污染者负担"原则概念及公共品特征理解。污染者负担原则，是根据经济学"外部性理论"而在环境法上确立的具有直接适用价值的原则。生态环境系统是典型的公共品，在利用上具有非排他性和非竞争性，国家出资治理的方式是把污染者的治理责任转移到了全体纳税人，必须采取措施对外部效应加以纠正，通过排污收费使治理环境的费用由生产者或者消费者来承担，即将生态问题的外部性内部化，因此选项 D 排污收费符合题意。

2021-042. 甲乙两块土地生产同一产品，单位面积所耗资本为 100 元，单位面积产量甲为 6 担，乙为 4 担，每组产品价格均为 20 元，则相对于乙，甲的级差地租应为（　　）元？

A. 120   B. 80

C. 40   D. 20

【答案】C

【解析】考查级差地租概念理解。级差地租，是指等量资本投资于等面积的不同等级的土地上，产生的利润不相同，因而所支付地租的差别。根据题干，甲乙单位利润差别为(6－4)×20元＝40元，即甲相对于乙的级差地租为40元，选项C正确。

2021-043. 阿朗索地租竞价函数中，距市中心距离由近至远的土地类型分别是？（   ）

A. 商业用地—制造业用地—居住用地—农业用地

B. 制造业用地—居住用地—商业用地—农业用地

C. 农业用地—居住用地—制造业用地—商业用地

D. 商业用地—制造业用地—居住用地—农业用地

【答案】A

【解析】考查阿朗索地租竞价曲线特征理解。阿朗索于1964年提出了单中心城市地价的竞租模型。他认为对区位较敏感、支付地租能力较强的竞争者（如商业服务业）将获得市中心区的土地使用权，其他活动的土地利用依次外推随着地租地价从市中心向郊外逐渐下降，市中心至郊外的用地功能依次为商业区、工业区、住宅区、城市边缘和农业区，选项A正确。

2021-044. 根据经济学理论，农业生产要素主要指？（   ）

A. 土地、种子、农民   B. 化肥、农药、农膜

C. 土地、劳动力、资本   D. 农民、化肥、土地

【答案】C

【解析】考查生产要素概念理解。生产要素包括劳动、土地、资本、信息、数据五种，农业生产要素是在农业生产过程中，为了获得人们需要的各种农产品所必须投入的各种基本要素的总称，包括劳动、土地、资本，选项C符合题意。

2021-045. 下列不属于交通运输项目融资方式的是？（   ）

A. 转让经营权   B. 施工方垫资

C. 银行贷款   D. 发行债券

【答案】B

【解析】考查交通运输项目融资方式类型认识，选项B不属于融资方式。中国内地高速公路长期以来采用"贷款修路、收费还贷"或BOT模式建设，主要投建资金来源于银行贷款，主要通行费用也用于银行还贷，BOT即建设—经营—转让，是私营企业参与基础设施建设，向社会提供公共服务的一种方式，选项A属于BOT模式。市政道路建设为政府融资渠道，包括主要以地方政府为融资主体而获得（直接融资），以及主要通过银行、保险公司和投资公司等中介机构而获得（间接融资），选项C属于此类间接融资。项目融资是近些年兴起的一种融资手段，具体为以项目的名义筹措一年期以上的资金，以项目营运收入承担债务偿还责任的融资形式，选项D属于此类融资。

2021-046. 国际上通常将房租占家庭月收入比例的（   ）设为可负担租金水平的上限？

A. 10%   B. 20%
C. 30%   D. 40%

【答案】C

【解析】考查房租占家庭收入比安全上限值。国际上通行的标准理论是，房租开支如果超过家庭收入的30%，生活质量会受到严重影响，选项C符合题意。

2021-047. 下列省份中，省会城市首位度最高的是(   )？

A. 福建   B. 江西
C. 陕西   D. 广东

【答案】C

【解析】考查城市首位度的特征理解。中国各省首位度分布显现出沿海省份低首位度，内陆地区高首位度的格局。在上述城市中，显然陕西省会西安作为新一线城市，人口规模远远超出省内其他城市，因而选项C正确。

2021-048. 下列不同类型的规划，可以运用克里斯泰勒中心地理论的是？（   ）

A. 生态环境规划   B. 文化遗产保护规划
C. 村庄布点优化   D. 流域环境整治

【答案】C

【解析】考查克里斯塔勒中心地理论的特征理解。中心地理论推导的是在理想地表上的聚落分布模式，适用于城镇体系规划，因此可用于村庄布点优化，此题选C。

2021-049. 下列关于城市经济活动基本部分与非基本部分比例关系（B/N）的说法，错误的是？（   ）

A. 综合性城市通常 B/N 小
B. 随着城市人口规模扩大，B/N 上升
C. 专业化程度高的城市通常 B/N 大
D. 城市开发区通常 B/N 大

【答案】B

【解析】考查城市的基本—非基本理论的特征理解。随着城市人口规模的增大，非基本部分的比例有相对增加的趋势，通常B/N变小，选项B错误，此题选B。在规模相似的城市，B/N也会有差异，专业化程度高的城市B/N大，而地方性的中心城市一般B/N小，选项AC正确。大城市郊区开发区可以依附于母城，从母城取得本身需要的大量服务，非基本部分就可能较小，B/N大，因而选项D正确。

2021-050. 发改委《关于培育发展现代化都市圈的指导意见》，都市圈是城市群内部以超大特大城市或辐射带动功能强的大城市为中心，以(   )通勤圈为基本范围的城镇化空间形态。

A. 半小时   B. 1 小时
C. 2 小时   D. 3 小时

【答案】B

【解析】考查都市圈通勤圈特征理解。根据《指导意见》，都市圈是城市群内部以超大

特大城市或辐射带动功能强的大城市为中心、以1小时通勤圈为基本范围的城镇化空间形态，选项B正确。

2021-051. 下列方法中，适用于城市吸引范围划分的是?（   ）

    A. 断裂点公式   B. 区域平衡法

    C. 回归模型   D. 聚类分析法

【答案】A

【解析】考查城市吸引范围分析方法的类型记忆。城市吸引范围的分析主要有两种办法：经验的方法和理论的方法，理论的方法又分断裂点公式和潜力模型两种，因而选项A正确。

2021-052. 下列属于城市经济区组织原则的是?（   ）

    A. 中心城市原则   B. 功能分区原则

    C. 节约集约原则   D. 区域差异原则

【答案】A

【解析】考查城市经济区原则的类型记忆。城市经济区组织的原则包括：①中心城市原则；②联系方向原则；③腹地原则；④可达性原则；⑤过渡带原则；⑥兼顾行政区单元完整性原则，选项A属于①，故此题选A。

2021-053. 生态位（Niche）是指种群在群落中的时空位置及其与相关种群间功能关系与作用，下列关于生态位的说法，错误的是?（   ）

    A. 群落是一个相互作用，生态位分离的种群系统

    B. 各类种群在群落中有各自的生态位，从而保证群落的稳定

    C. 一个稳定的生物群落中，占据了相同生态位的两个物种，有一个终究要灭亡

    D. 竞争在塑造生物群落的物种构成中发挥着主导作用，可以导致生物群落灭亡

【答案】D

【解析】考查生态位概念理解。在大自然中，各种生物都有自己的"生态位"，即在生物群落或生态系统中，每一个物种都拥有自己的角色和地位，即群落中各种群具有各自的生态位，占据一定的空间，发挥一定的功能，选项AB正确。亲缘关系接近的，具有同样生活习性的物种，不会在同一地方竞争同一生存空间，选项C正确。竞争在塑造生物群落的物种构成中发挥着主导作用，使得各类种群找到各自的生态位存活下来，并且达到一个稳定的平衡水平，而非导致生物群落灭亡，选项D错误。

2021-054. 下列关于自然地理格局说法错误的是?（   ）

    A. 地貌是构成自然地理格局的骨架

    B. 自然地理格局是地理格局形成的基础

    C. 自然地理格局是自然资源形成和分布的决定性因素

    D. 在分析某一地区的自然地理格局时，应采用全尺度分析

【答案】C

【解析】考查自然地理格局特征理解，选项ABD表述正确。自然地理格局指自然地理本底条件及其空间分布格局，主要研究当地气候和地形地貌条件、水土等自然资源禀

赋、生态环境容量等空间本底特征，分析自然地理格局、人口分布与区域经济布局的空间匹配关系，开展资源环境承载能力和国土空间开发适宜性评价，明确农业生产、城镇建设的最大合理规模和适宜空间，提出国土空间优化导向。自然地理格局是自然资源形成和分布的基础条件之一而非决定性因素，选项C错误，此题选C。

2021-055. 不属于路易斯·沃斯（Louis Wirth）总结的城市性特征（Urbanism）的是？（　　）

　　A. 人口数量多　　　　　　　　　　B. 人口密度高

　　C. 人口分布广　　　　　　　　　　D. 人口异质性强

　　【答案】C

　　【解析】考查城市性特征的概念理解。路易·沃思（Louis Wirth）于1938年发表了论文《作为一种生活方式的城市性》，在这篇文章中，沃思把城市性定义为三个方面：一、城市的人口规模较大；二、城市的人口密度较大；三、城市里的人口和生活方式具有较大的异质性。人口分布广不属于城市性的特征，此题选C。

2021-056. 一个地区的恩格尔系数越小，反映该地区的？（　　）

　　A. 生活水平越高　　　　　　　　　B. 生活水平越低

　　C. 收入差距越大　　　　　　　　　D. 收入差距越小

　　【答案】A

　　【解析】考查恩格尔系数的概念理解。恩格尔系数是食品支出总额占个人消费支出总额的比重，一个家庭收入越少，家庭收入中（或总支出中）用来购买食物的支出所占的比例就越大，随着家庭收入的增加，家庭收入中（或总支出中）用来购买食物的支出比例则会下降，一个家庭或国家的恩格尔系数越小，就说明这个家庭或国家经济越富裕，选项A正确。

2021-057. 人口金字塔可用于判断一个地区人口的？（　　）

　　A. 职业结构　　　　　　　　　　　B. 年龄结构

　　C. 素质结构　　　　　　　　　　　D. 收入结构

　　【答案】B

　　【解析】考查人口结构金字塔的特征理解，选项B正确。人口年龄结构金字塔是按照一定要求所绘制的人口结构图，其形状类似金字塔形，纵坐标按五岁年龄组或一岁年龄组区分人口，横坐标表示各年龄组人口的数量或比例（两个方向分别表示男女），可用于判断年龄结构，无法判断职业结构、素质结构和收入结构。

2021-058. 国际判断城市进入老龄化社会的一项标志性指标，是65岁及以上人口占总人口比例达到（　　）。

　　A.7%　　　　　　　　　　　　　　B.8%

　　C.9%　　　　　　　　　　　　　　D.10%

　　【答案】A

　　【解析】考查人口年龄结构的类型记忆和数字记忆。65岁以上人口占7%以上、60岁以上人口占10%以上、老少比大于30%都标志着城市进入老龄化社会，因而选项A

正确。

2021-059. 下列关于我国当代社会结构特征的说法，错误的是?(   )

    A. 家庭结构普遍趋于小型化

    B. 老年抚养比不断增长

    C. 出生人口性别比持续偏低

    D. 中产阶层不断扩大

【答案】C

【解析】考查我国当代社会结构特征理解，选项ABD正确。七普数据显示，我国人口发展呈现以下新特点及趋势：人口总量惯性增长，人口增速有所放缓；劳动年龄人口下降，人口抚养比上升；人口素质大幅改善，人力资本不断提升；人口城镇化水平加速提升，人口流动更趋活跃；人口性别比趋于合理，家庭户人口规模持续下降。我国出生人口性别比早年过高，当前趋于合理，而非持续偏低，选项C错误。

2021-060. 根据《城市居民委员会组织法》，政府及其派出机关与居民委员会之间是(   )的关系。

    A. 管理与被管理   B. 指导与被指导

    C. 领导与被领导   D. 监督与被监督

【答案】B

【解析】考查政府及其派出机关与居民委员会的关系。根据《组织法》第二条，不设区的市、市辖区的人民政府或者它的派出机关对居民委员会的工作给予指导、支持和帮助，居民委员会协助不设区的市、市辖区的人民政府或者它的派出机关开展工作，因此B选项正确。

2021-061. 《中共中央 国务院关于加强基层治理体系和治理能力现代化建设的意见》中提出要健全(   )自治机制。

    A. 村（居）民   B. 村民小组

    C. 村（居）民委员会   D. 业主大会

【答案】A

【解析】考查基层群众自治制度的内容。根据《意见》，健全基层群众自治制度包括加强村（居）民委员会规范化建设、健全村（居）民自治机制、增强村（社区）组织动员能力、优化村（社区）服务格局，选项A正确。

2021-062. 关于公众参与作用的说法，错误的是?(   )

    A. 使规划满足所有利益相关者的需求

    B. 体现规划的民主化和法制化

    C. 促进规划的社会化

    D. 保障规划的公平

【答案】A

【解析】考查城市规划的公众参与的特征理解。城市规划公众参与的作用：公众参与使城市规划有效应对利益主体的多元化（保障规划的公平）；公众参与能够有效体现城市规划的民主化和法制化；公众参与将导致城市规划的社会化；公众参与可以保障城市空间实现利益的最大化。在现代城市规划法律法规体系下，公众参与是法定程序中不可缺少的一个环节。因此选项 BCD 正确，选项 A 符合题意。

2021-063. 根据《资源环境承载能力和国土空间开发适宜性评价指南（试行）》，下列关于"国土空间开发适宜性"的说法错误的是？（　　）

  A. 以维系生态系统健康和国土安全为前提

  B. 综合考虑资源、环境等要素条件

  C. 综合考虑特定国土空间进行农业生产、城镇建设等人类活动的适宜程度

  D. 以确定建设用地分类为目标

【答案】D

【解析】考查国土空间开发适宜性的概念理解，选项 ABC 正确。资源环境承载能力和国土空间开发适宜性的评价目标为分析区域资源禀赋与环境条件，研判国土空间开发利用问题和风险，识别生态保护极重要区，明确农业生产、城镇建设的最大合理规模和适宜空间，为编制国土空间规划，优化国土空间开发保护格局，完善区域主体功能定位，划定三条控制线，实施国土空间生态修复和国土综合整治重大工程提供基础性依据，非确定建设用地分类，选项 D 错误。

2021-064. 关于地下水污染主要原因的说法错误的是？（　　）

  A. 过度开采地下水，地下水位下降，沿海地区海水倒灌

  B. 农业生产中不合理使用的化肥、农药等渗入地下水

  C. 废水渠、废水池等连续渗漏

  D. 自然因素引起地下水的矿化或异常，地下水质下降

【答案】D

【解析】考查地下水污染主要原因的特征理解。地下水污染的原因主要包括四个方面，一是过度开采地下水，沿海地区海水入侵和倒灌导致淡水变咸而无法饮用，选项 A 正确；二是工业污染；三是农业污染；四是生活污染，选项 B 属于农业污染，选项 C 属于工业污染或生活污染，均正确。自然因素引起的地下水质变化不属于地下水污染主要原因，选项 D 符合题意。

2021-065. 关于"静脉产业"的说法正确的是？（　　）

  A. 生产过程中噪声值极低

  B. 围绕废弃物资源化形成的产业

  C. 利用纯天然资源作为生产原料的产业

  D. 生产过程中高效节能节水的产业

【答案】B

【解析】考查静脉产业特征理解。静脉产业是垃圾回收和再资源化利用的产业，又被称为"静脉经济"、第四产业，是以保障环境安全为前提，以节约资源、保护环境为目的，运用先进的技术，将生产和消费过程中产生的废物转化为可重新利用的资源和产品，实现各类废物的再利用和资源化的产业，包括废物转化为再生资源及将再生资源加工为产品两

个过程，选项 B 正确。

2021-066. 关于光污染的说法错误的是？（   ）
    A. 对天文观测产生影响干扰
    B. 是多种眩光组合而成的综合现象
    C. 光污染包括不可见光产生的污染
    D. 强红外光对人体可造成高温伤害
【答案】B
【解析】考查光污染的特征理解。光污染干扰天文观测中的天体摄影及光谱分析，选项 A 正确。光污染分为可见光污染和不可见光污染，选项 C 正确。强红外光即红外线，是一种热辐射，对人体可造成高温伤害，选项 D 正确。眩光是指视野中由于不适宜亮度分布，或在空间或时间上存在极端的亮度对比，以致引起视觉不舒适、降低物体可见度的视觉条件，眩光的光源分为直接的，如太阳光、太强的灯光等，和间接的，如来自光滑物体表面（明亮的阳光海滩、积雪的山顶、高速公路路面等）的反光，并非所有眩光都是光污染，光污染也不只包含某些眩光，选项 B 错误。

2021-067. 下列应划入生态保护红线的是？（   ）
    A. 海水养殖区   B. 永久基本农田
    C. 城镇地表水源一级保护区   D. 地下文物埋藏区
【答案】C
【解析】考查生态保护红线特征理解。生态保护红线是指在生态空间范围内具有特殊重要生态功能、必须强制性严格保护的区域，是保障和维护国家生态安全的底线和生命线，通常包括具有重要水源涵养、生物多样性维护、水土保持、防风固沙、海岸生态稳定等功能的生态功能重要区域，以及水土流失、土地沙化、石漠化、盐渍化等生态环境敏感脆弱区域。城镇地表水源一级保护区为重要水源涵养功能的区域，应划入生态保护红线，选项 C 正确。

2021-068. 不属于《京都议定书》温室气体的是？（   ）
    A. 一氧化碳   B. 甲烷
    C. 氢氟碳化物   D. 全氟化碳
【答案】A
【解析】考查温室气体类型记忆。《京都议定书》规定了六种主要的温室气体，它们分别是：二氧化碳、甲烷、氧化亚氮、六氟化硫、氢氟碳化物和全氟化碳，一氧化碳不属于，选项 A 符合题意。

2021-069. 不属于城市土壤化学性质的是？（   ）
    A. pH 值   B. 养分元素
    C. 有机质   D. 土壤水分
【答案】D
【解析】考查土壤化学性质特征理解。土壤化学性质分析包括土壤中的石膏、土壤养分、土壤有机质、土壤中的碳酸钙、土壤交换性能、离子交换总量、水解性总酸度、交换性酸、交换性盐基、土壤碱化度、石灰需用率，选项 ABC 包含在内，选项 D 不属于，此题选 D。

2021-070. 关于能效电厂的说法，错误的是？（   ）

　　A. 能效电厂在电力生产行业中位于发电效率前端

　　B. 是一种虚拟的电厂

　　C. 通过实施一定系列能效项目节约电力

　　D. 是电力需求侧管理的一种创新模式

【答案】A

【解析】考查能效电厂的特征理解。能效电厂（efficiency power plant，简称 EPP）是一种虚拟电厂，即通过实施一揽子节电计划和能效项目，获得需方节约的电力资源，是电力需求侧管理的一种创新模式，选项 BCD 正确，选项 A 错误。

2021-071. 根据《自然资源部 国家发展改革委 农业农村部关于保障和规范农村一二三产业融合发展用地的通知》，在充分尊重农民意愿的前提下，可依据国土空间规划，以（   ）为单位开展全域土地综合整治。

　　A. 省域
　　　　　　　　　　　　　　B. 市域

　　C. 县域
　　　　　　　　　　　　　　D. 乡镇或村

【答案】D

【解析】考查全域土地综合整治特征理解。根据《通知》要求，在充分尊重农民意愿的前提下，可依据国土空间规划，以乡镇或村为单位开展全域土地综合整治，选项 D 正确。

2021-072. 根据《土地管理法实施条例》，不属于土地调查内容的是？（   ）

　　A. 土地价格及变化情况
　　　　　　B. 土地自然条件

　　C. 土地权属及变化情况
　　　　　　D. 土地利用现状及变化情况

【答案】A

【解析】考查土地调查内容的类型记忆。根据《实施条例》第四条，土地调查应当包括下列内容：（一）土地权属以及变化情况；（二）土地利用现状以及变化情况；（三）土地条件。选项 BCD 属于，选项 A 不属于土地调查内容，此题选 A 选项。

2021-073. 中共中央办公厅 国务院办公厅《建设高标准市场体系行动方案》提出在符合国土空间规划和用途管制要求下，推动不同产业用地类型合理转换，探索增加（   ）经验。

　　A. 混合产业用地
　　　　　　　　　B. 商业用地

　　C. 物流业用地
　　　　　　　　　D. 高端制造业用地

【答案】A

【解析】考查完善建设用地市场体系的内容。根据《行动方案》三、推进要素资源高效配置（四）推动经营性土地要素市场化配置：12. 完善建设用地市场体系。在符合国土空间规划和用途管制要求前提下，推动不同产业用地类型合理转换，探索增加混合产业用地供给。选项 A 符合题意。

2021-074. 国务院办公厅《关于加快发展保障性租赁住房的意见》中提出，可在产业园区中工业项目配套建设行政办公及生活服务设施的用地面积占项目总面积的比例上限由7%调为( )。

A. 10% B. 15%

C. 20% D. 25%

【答案】B

【解析】考查保障性住房土地支持政策的特征理解。根据《意见》进一步完善土地支持政策的要求，可将产业园区中工业项目配套建设行政办公及生活服务设施的用地面积占项目总用地面积的比例上限由7%提高到15%，选项B正确。

2021-075. 下列不属于地质灾害现象的是？( )

A. 崩塌 B. 滑坡

C. 泥石流 D. 沙尘暴

【答案】D

【解析】考查地质灾害的类型记忆。地质灾害是指，在自然或者人为因素的作用下形成的，对人类生命财产、环境造成破坏和损失的地质作用（现象）。如崩塌、滑坡、泥石流、地裂缝、地面沉降、地面塌陷、岩爆、坑道突水、突泥、突瓦斯、煤层自燃、黄土湿陷、岩土膨胀、砂土液化，土地冻融、水土流失、土地沙漠化及沼泽化、土壤盐碱化，以及地震、火山、地热害等。选项ABC属于，选项D符合题意。

2021-076. 下列现象不属于土地沙化诱发因素的是？( )

A. 气候变干 B. 过度放牧

C. 地面沉降 D. 地下水超采

【答案】C

【解析】考查土地沙化的特征理解。土地是否发生沙化与土壤的水分平衡有关，土地沙化多分布在气候干旱、半干旱脆弱生态环境地区，或者临近大沙漠地区及明沙地区，成因有气候变干等自然因素，也有过度放牧、滥砍滥伐森林、开荒、水资源不合理利用等人类活动的原因，选项C不属于，此题选C。

2021-077. 依据《长江保护法》，长江流域是指由长江干流、支流和湖泊形成的集水区域，下列省份不涉及长江流域集水区域的是( )。

A. 广东省 B. 河南省

C. 陕西省 D. 山东省

【答案】D

【解析】考查长江流域集水区涉及的省份记忆。根据《长江保护法》第二条，本法所称长江流域，是指由长江干流、支流和湖泊形成的集水区域所涉及的青海省、四川省、西藏自治区、云南省、重庆市、湖北省、湖南省、江西省、安徽省、江苏省、上海市，以及甘肃省、陕西省、河南省、贵州省、广西壮族自治区、广东省、浙江省、福建省的相关县级行政区域。山东省不涉及长江流域集水区，选项D正确。

2021-078. "可燃冰" 所含主要气体成分是(　　　)。

    A. 甲烷

    B. 乙炔

    C. 氢气

    D. 硫化氢

【答案】A

【解析】考查可燃冰的概念及特征理解。可燃冰即天然气水合物，是天然气与水在高压低温条件下形成的类冰状结晶物质，因其外观像冰，遇火即燃，因此被称为"可燃冰"，可燃冰分解为气体后，甲烷含量一般在80％以上，最高可达99.9％，因此选项 A 正确。

2021-079. 根据《市级国土空间总体规划编制指南（试行）》，"大陆自然海岸线保有率"是指(　　　)占大陆海岸线总长度的比例。

    A. 砂质岸线、淤泥质岸线

    B. 大陆原生海岸线和整治修复后具有自然海岸形态特征和生态功能的海岸线长度

    C. 大陆原生海岸线和海岸、河口岸线长度

    D. 海岸线以及海岸、河口岸线长度

【答案】B

【解析】考查大陆自然海岸线保有率特征理解。大陆自然海岸线保有率指辖区内大陆自然海岸线（砂质岸线、淤泥质岸线、基岩岸线、生物岸线等原生海岸线，及整治修复后具有自然海岸形态特征和生态功能的海岸线）长度占大陆海岸线总长度的比例。大陆自然海岸线保有率（％）＝大陆自然海岸线长度/大陆海岸线总长度×100％。选项 B 正确。

2021-080. 根据《海岛保护法》，下列不具有特殊用途或者特殊保护价值，不实行特别保护的海岛是(　　　)。

    A. 领海基点所在海岛

    B. 海洋自然保护区内的海岛

    C. 用于旅游设施建设的海岛

    D. 国防用途海岛

【答案】C

【解析】根据《海岛保护法》第三十六条，国家对领海基点所在海岛、国防用途海岛、海洋自然保护区内的海岛等具有特殊用途或者特殊保护价值的海岛，实行特别保护。选项 C 不在此列，此题选 C。

二、**多项选择题**（共 20 题，每题 1 分，每题的备选项中有 2～4 个符合题意，多选、少选、错选都不得分）

2021-081. 下列关于常见的国外绿色建筑评价标准及其相应国别的说法，错误的有(　　　)。

    A. 美国—能源与环境设计先锋（LEED）

    B. 英国—绿色建筑评估体系（BREEM）

    C. 德国—可持续建筑评价标准（DGNB）

    D. 日本—绿色标志（Green Mark）

    E. 荷兰—绿色建筑评估体系（CASBEE）

【答案】DE

【解析】考查绿色建筑评价标准类型记忆，选项 ABC 正确。绿色建筑标志（Green Mark）认证为新加坡提出，绿色建筑评价体系（CASBEE）为日本提出，选项 DE 错误。

2021-082. 根据《民用建筑热工设计规范》，下列热工分区的名称正确的有(　　)。

A. 严寒地区
B. 夏热冬冷地区
C. 干冷地区
D. 干热地区
E. 温和地区

【答案】ABE

【解析】考查热工分区类型记忆。根据《民用建筑热工设计规范》GB 50176—2016，热工分区包括严寒地区、寒冷地区、夏热冬冷地区、夏热冬暖地区、温和地区，选项ABE正确。

2021-083. 根据《铁路线路设计规范》，下列表述正确的有(　　)。

A. 高速铁路双线区间的通过能力储备在扣除综合维修天窗时间后，按照20%预留
B. Ⅱ级铁路为年客货运量大于或等于10Mt者
C. 城际铁路可根据综合技术经济比选分路段确定设计速度
D. 城际铁路设计速度为200km/h及以下的快速、便捷、高密度客运专线列车
E. 高铁最小行车间隔不应小于10分钟，城际铁路最小行车间隔不应小于5分钟

【答案】CD

【解析】综合考查铁路线路设计特征理解。根据《铁路线路设计规范》TB 10098—2017中1.0.5条，高速铁路单、双线铁路的储备能量在扣除综合维修"天窗"时间后，应分别采用20%和15%，并应考虑客货运量的波动性，选项A错误。3.0.2条，2Ⅱ级铁路为铁路网中起联络、辅助作用的铁路，或近期年客货运量小于20Mt且大于或等于10Mt者，选项B错误。3.0.3条，高速铁路、城际铁路、客货共线Ⅰ级和Ⅱ级铁路、重载铁路的设计速度应根据运输要求、工程条件等因素综合技术经济比选确定，当沿线运输需求或地形差异较大，并有充分的技术经济依据时，可分路段选定设计速度，路段长度不宜过短，选项C正确。2.1.2条，城际铁路专门服务于相邻城市间或城市群，设计速度200km/h及以下的快速、便捷、高密度客运专线铁路，选项D正确。3.0.10条，高速铁路、城际铁路的最小行车间隔应按照运输需求研究确定，宜采用3min，选项E错误。

2021-084. 根据《城市轨道交通线网规划标准》，下列关于轨道交通快线表述错误的有(　　)。

A. 不宜设置支线
B. 当与普线共走廊布置时，快线与普线应独立设置
C. 线路控制宽度宜按照普线的1.1～1.2倍
D. 规划的车厢舒适度宜低于轨道交通普线
E. 中心区与普线应采取多点换乘

【答案】ACD

【解析】综合考查轨道交通线网规划特征理解，选项ACD符合题意。根据《城市轨道交通线网规划标准》GB/T 50546—2018中6.3.6条，市域的快线网规划布局应符合下列规定：1　快线应串联沿线主要客流集散点，在外围可设支线增加其覆盖范围，选项A错误；3　快线在中心城区与普线宜采用多线多点换乘方式，不宜与普线采用端点衔接方式，选项E正确。6.3.9条，当快线普线共用走廊时，快线与普线应独立设置选项B正

确。5.1.4 条，城市轨道交通车厢舒适度由高到低可分为 A、B、C、D、E 五个等级，普线平均车厢舒适度不宜低于 C 级，快线平均车厢舒适度不宜低于 B 级，选项 D 错误。选项 C 未提及，该选项错误。

2021-085. 下列指标中常用于反映用水效率的有(　　)。

A. 万元 GDP 水耗
B. 工业用水重复利用率
C. 城镇公共供水普及率
D. 城镇供水管网漏损率
E. 城镇污水处理率

【答案】ABDE

【解析】考查用水效率特征理解。《城市节水评价标准》GB/T 51083—2015，万元地区生产总值（GDP）用水量、综合生活用水量、城镇污水处理率、城镇供水管网漏损率、城市居民生活日用水量、工业用水重复利用率、工业企业单位产品用水量等均为反映用水效率的常用指标，选项 ABDE 符合题意。

2021-086. 下列地区或路段中，工程管线宜采用综合管廊集中敷设的有(　　)。

A. 道路宽度难以满足直埋敷设多种管线的路段
B. 郊区人口密度较低地区
C. 城市中心区不宜开挖路面路段
D. 地下空间综合利用地区
E. 多种随路管线穿越道路与铁路交叉处

【答案】ACDE

【解析】考查综合管廊敷设条件特征理解。根据《城市综合管廊工程技术规范》GB 50838—2015 中 4.2.5 条当遇到下列情况之一时，宜采用综合管廊：1 交通运输繁忙或地下管线较多的城市主干道以及配合轨道交通、地下道路、城市地下综合体等建设工程地段；2 城市核心区、中央商务区、地下空间高强度成片集中开发区、重要广场、主要道路的交叉口、道路与铁路或河流的交叉处、过江隧道等；3 道路宽度难以满足直埋敷设多种管线的路段；4 重要的公共空间；5 不宜开挖路面的路段。因此，选项 ACDE 正确。

2021-087. 根据《国土空间规划"一张图"实施监督信息系统技术规范》，系统总体框架组成部分不包括(　　)。

A. 技术层
B. 数据层
C. 实施层
D. 设施层
E. 服务层

【答案】ACE

【解析】考查"一张图"系统总体框架特征理解。根据《技术规范》，系统总体框架包括应用层、支撑层、数据层、设施层，选项 ACE 不在此列，符合题意。

2021-088. 大数据、云计算与 GIS 深度融合后，形成了大数据 GIS，下列说法错误的是(　　)。

A. 实现了分布式存储和分布式空间计算
B. 实现了大数据在地图上的精准显示
C. 实现了大数据的实时处理
D. 拓展了 GIS 所管理空间数据的边界

E. 实现超大规模空间数据的切片渲染效果

【答案】BE

【解析】考查大数据 GIS 的特征理解，选项 BE 符合题意。大数据 GIS 核心技术包括：1 分布式技术，选项 A 正确，具体为空间数据的分布式储存、分布式空间计算、分布式地图渲染（通过矢量金字塔、分布式渲染、自动缓存和前端渐进加载等技术，实现超大规模空间数据的"免切片"渲染效果，选项 E 错误），2 流数据的实时处理，选项 C 正确，3 空间大数据可视化技术。总的来看，大数据 GIS 主要解决了两个方面的问题——新数据：大数据 GIS 扩展了 GIS 所管理空间数据的边界，选项 D 正确，除了经典的，如矢量、栅格等基础空间数据，大数据 GIS 还能管理实时发生的流数据，以及存档下来的空间大数据，这也为空间大数据的挖掘和应用提供了有效的工具；新技术：大数据 GIS 也扩展了传统 GIS 的技术边界，通过与大数据 IT 技术的融合，极大地提升了 GIS 对超大规模空间数据的存储容量、计算性能和渲染能力。大数据在地图上的精准显示并不在大数据 GIS 核心技术体系内，选项 B 错误。

2021-089. 在生产过程中，与产量无关的成本有（　　　）。

A. 平均成本
B. 边际成本
C. 可变成本
D. 固定成本
E. 沉没成本

【答案】DE

【解析】考查产量与各种成本之间关系的特征理解。平均成本是总成本除以总产量的值，一般是随产量的增减而做反方向的变动，即产量增加时，平均成本就降低了，选项 A 错误。边际成本为增加一单位的产量随即而产生的成本增加量，即称为边际成本，可见与产量相关，选项 B 错误。可变成本，指支付给各种变动生产要素的费用，如购买原材料及电力消耗费用和工人工资等，这种成本随产量的变化而变化，常常在实际生产过程开始后才需支付，选项 C 错误。固定成本相对于变动成本，是指成本总额在一定时期和一定业务量范围内，不受业务量增减变动影响而能保持不变的成本，选项 D 正确。沉没成本，是指以往发生的、但与当前决策无关的费用，从决策的角度看，以往发生的费用只是造成当前状态的某个因素，当前决策所要考虑的是未来可能发生的费用及所带来的收益，而不考虑以往发生的费用，可见沉没成本与产量的决策无关，选项 E 正确。

2021-090. 根据"科斯"定理，大气中产生空气污染的原因，正确的是（　　　）

A. 裸地易产生空气污染
B. 没有人对干净的空气有明晰的产权
C. 城市居民对空气污染关注不够
D. 准确确定污染者付费标准的成本过高
E. 治理空气污染的技术落后

【答案】BD

【解析】考查科斯定理的特征理解。科斯定理是指在某些条件下，经济的外部性或者说非效率可以通过当事人的谈判而得到纠正，从而达到社会效益最大化。只要财产权是明确的，并且交易成本为零或者很小，那么，无论在开始时将财产权赋予谁，市场均衡的最终结果都是有效率的，实现资源配置的帕累托最优。由于没有人对干净的空气有明晰的产权，空气污染导致的负外部效应就无法通过当事人的谈判而得到纠正，选项 B 正确。在现实世界中，科斯定理所要求的前提往往是不存在的，财产权的明确是很困难的，交易成本也不可能为零，有时甚至是比较大的，因此准确确定污染者付费标准的成本过高，也成为不能使用科斯定理的理想设定来防止空气污染的原因，选项 D 正确。但科斯定理毕竟提供了一种通过市场机制解决外部性问题的一种新的思路和方法。在这种理论的影响下，美国和一些国家先后实现了污染物排放权或排放指标的交易。

2021-091. 下列方法适用于城市人口规模预测的有（　　　　）

    A. 双评价　　　　　　　　　　　　B. 城市体检评估

    C. 主成分分析　　　　　　　　　　D. 环境容量法

    E. 类比法

【答案】DE

【解析】考查人口预测方法的类型记忆。城市人口规模预测多采用以一种预测方法为主，同时辅以多种方法校核的办法来最终确定人口规模。适用于大中城市人口规模的预测方法有回归模型、增长率法、分项预测法；适用于小城镇人口规模的预测方法有区域人口分配法、类比法、区位法。根据小城镇周边区域自然资源的最大、经济及合理供给能力和基础设施的最大、经济及合理支持能力计算小城镇的极限人口容量属于人口规模预测方法中的环境容量法。选项 DE 符合题意。

2021-092. "十四五"规划纲要中提出，以（　　　　）为依托促进大中小城市和小城镇协调联动、特色化发展。

    A. 城市群　　　　　　　　　　　　B. 都市圈

    C. 城乡一体化　　　　　　　　　　D. 主体功能区

    E. 城市体系

【答案】AB

【解析】考查新型城镇化的特征理解。根据"十四五"规划纲要第八篇，完善新型城镇化战略提升城镇化发展质量的要求，坚持走中国特色新型城镇化道路，深入推进以人为核心的新型城镇化战略，以城市群、都市圈为依托促进大中小城市和小城镇协调联动、特色化发展，使更多人民群众享有更高品质的城市生活，选项 AB 正确。

2021-093. 下列关于社会调查中问卷法的说法，错误的有（　　　　）。

    A. 可以使调查得来的资料标准化

    B. 问卷回收率指有效问卷占发放问卷总量的比例

    C. 无法进行开放性问题的调查

    D. 适用于大规模社会调查

    E. 文化程度较低者填写问卷可能存在困难

【答案】BC

【解析】考查问卷调查方法的特征理解，选项 BC 错误。问卷调查可使调查的问题形成格式固定、便于统计的调查问卷资料，且一经确定不允许改变，确需改变则使用改变后的问卷重新开始调查，因而可以使调查得来的资料标准化，选项 A 正确。问卷回收率指回收来的问卷数量占总发放问卷数量的比重，选项 B 错误。调查问卷除了选择题以外还可设置开放性问答问题，选项 C 错误。问卷法可适用于大规模社会调查，但文化程度较低者填写问卷可能存在困难，选项 DE 正确。

2021-094. 我国推进共同富裕，关于共同富裕的说法，正确的有(　　　)。

    A. 是全体人民的富裕

    B. 是物质生活和精神生活都富裕

    C. 要分阶段促进同等富裕

    D. 要分阶段促进均等富裕

    E. 要分阶段促进共同富裕

【答案】ABE

【解析】考查对共同富裕的特征理解。根据第 20 期《求是》杂志文章《扎实推动共同富裕》，共同富裕是全体人民的富裕，是人民群众物质生活和精神生活都富裕，不是少数人的富裕，也不是整齐划一的平均主义，要分阶段促进共同富裕。选项 ABE 符合题意。

2021-095. 下列关于区域生物多样性指示物种的表述，正确的是(　　　)。

    A. 能表征生态环境状态的物种

    B. 具有较强的适应环境变迁能力的物种

    C. 具有生物学意义的代表性物种

    D. 属于稀有物种

    E. 是当地民众熟悉的物种

【答案】ACE

【解析】考查区域生物多样性指示物种特征理解。多样性的生物指示方法是指在一定区域内，筛选出一种或一类容易分类识别、对环境敏感、易观察及采集的生物，通过其生物学特征、种群或群落变化来反映出环境状态的过程，选项 AC 正确。区域生物多样性指示物种一般具有较高的生物量，具有较强的分类识别特征，对环境变化敏感等特点，因此选项 B 具有较强适应环境变迁则对环境变化不敏感，选项错误。区域生物多样性指示物种不属于稀有物种，选项 D 错误，因其易观察采集一般受当地民众熟知，选项 E 正确。

2021-096. 振动污染的参数、参量包括(　　　)。

    A. 振动强度   B. 振动频率

    C. 振动类型   D. 暴露时间

    E. 振动温度

【答案】ABD

【解析】考查振动污染的特征理解。环境振动污染指振动源所产生的振动超过相关的标准限值，影响周围环境，干扰人们正常生活、工作和学习的现象。通常以垂直振动强度、频率和暴露时间来表示污染强度。

2021-097. 中共中央 国务院《关于构建更加完善的要素市场化配置体制机制的意见》加快要素价格市场化改革，完善(　　　)的制定与发布制度，逐步形成与市场价格挂钩动态调整机制。

A. 登记地价   B. 城乡基准地价

C. 评估地价   D. 标定地价

E. 交易地价

【答案】BD

【解析】考查市场决定地价机制的特征理解。根据《意见》加快要素价格市场化改革的要求，完善主要由市场决定要素价格机制，完善城乡基准地价、标定地价的制定与发布制度，逐步形成与市场价格挂钩动态调整机制，选项 BD 正确。

2021-098. 根据《国土空间调查、规划、用途管制用地用海分类指南（试行）》，下列地类属于农业设施建设用地的有(　　)。

A. 村道用地

B. 为作物种植服务的农资、农机具存放场所用地

C. 直接利用地表种植的大棚、地膜等保温保湿设施用地

D. 经营性畜禽养殖生产及直接关联的检验检疫等设施用地

E. 与作物种植相关的农村休闲观光服务设施用地

【答案】ABD

【解析】考查农业设施用地的特征理解。根据《指南》，农业设施建设用地包括乡村道路用地、种植设施建设用地、畜禽养殖设施建设用地、水产养殖设施用地，选项 ABD 符合题意。

2021-099. 泥石流形成的主要条件有(　　)。

A. 陡峭的地形地貌   B. 丰富的松散物质

C. 短时间内暴增的来水   D. 良好的植被覆盖

E. 频繁的人类活动

【答案】ABC

【解析】考查泥石流形成原因的特征理解。泥石流的形成必须同时具备以下 3 个条件：陡峻的、便于集水、集物的地形、地貌；有丰富的松散物质；短时间内有大量的水资源。选项 ABC 符合题意。

2021-100. 根据《资源环境承载能力和国土空间开发适宜性评价指南（试行）》，属于优先保护的海洋生态系统的有(　　)。

A. 珊瑚礁   B. 互花米草

C. 红树林   D. 海草床

E. 浒苔

【答案】ACD

【解析】考查海洋生态系统的特征理解。根据《评价指南》附表 A-1 优先保护生态系统目录，海洋生态系统包括珊瑚礁、红树林、海草床、重要海藻场、重要滨海盐沼、重要滩涂及浅海水域、重要河口、特别保护海岛、重要渔业资源产卵场、其他具有重要意义的特有生境，选项 ACD 符合题意。互花米草、浒苔均为某些情况下须治理的具有一定生态危害的植物，选项 BE 错误。

第三章

考 点 速 记

注意有的放矢，本书根据 2008—2021 年考点出题频率，对各考点进行了标记：

★★★考点非常重要，基本常年必考，务必加强记忆；

★★考点近年考查较多，需要熟悉；

★考点往年有一定考查，备考期也要稍加了解。

第一节 建 筑 学

本节特征：记忆类的考点多，且基本就是对关键词的考查，只要背熟了，不容易判断失误；真题重复率高；关注新规范！！！

一、中国建筑史的基本知识

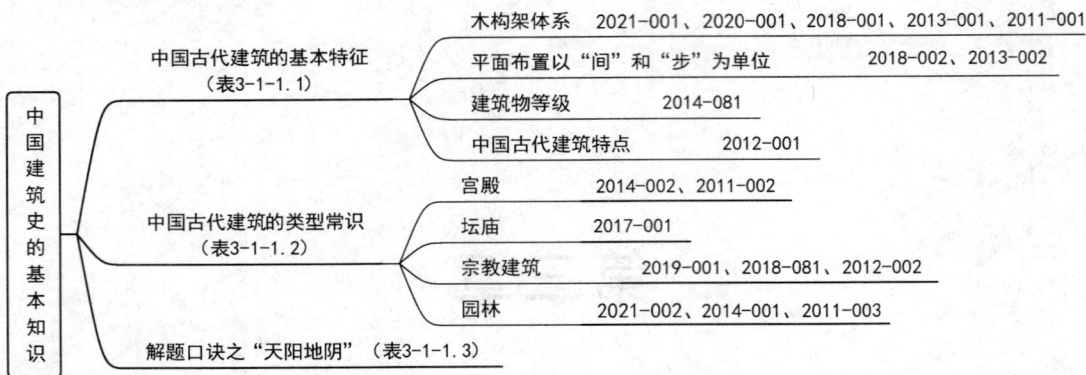

图 3-1-1.1　中国建筑史的基本知识思维导图

中国古代建筑的基本特征　　　　　　　　　　　　　　　表 3-1-1.1

内容	考点	考查思路
木构架体系 ★★	分类：抬梁式、穿斗式、井干式	类型记忆 时期变化
	大木作：承重的梁柱结构；小木作：非承重部分	
	斗栱：由方形的斗、升＋矩形的栱＋斜的昂组成（图 3-1-1.2）； 明清以前作为承重构件；明清时期逐渐变为装饰构件	
	模数制：宋代用"材"——《营造法式》（北宋李诫）； 清代用"斗口"——《工程做法则例》（清工部）	
平面布置以"间"和"步"为单位 ★	① 开间：木建筑正面两檐柱间的水平距离； ② 通面阔：各开间宽度的总和； ③ 步：檩与檩的中心线间的水平距离； ④ 通进深：各步距离的总和或侧面各开间宽度的总和（图 3-1-1.2）	概念对比
建筑物等级 ★★	①屋顶类型：重檐庑殿＞重檐歇山＞重檐攒尖＞单檐庑殿＞单檐歇山＞单檐攒尖＞悬山＞硬山（图 3-1-1.3）； ②开间数量：汉以前，"间"有奇有偶，汉以后都用 11 以下的奇数间； ③色彩：黄＞赤＞绿＞青＞蓝＞黑＞灰； ④方位体量：建筑群以中轴线为基准由若干院落组合；用单体的体量大小和内院中所居的位置来区别尊卑内外	类型记忆 排序记忆
中国古代建筑特点★	中国古代建筑单体构成简洁，建筑群组合方式多样，建筑类型丰富，与环境结合紧密	特征理解

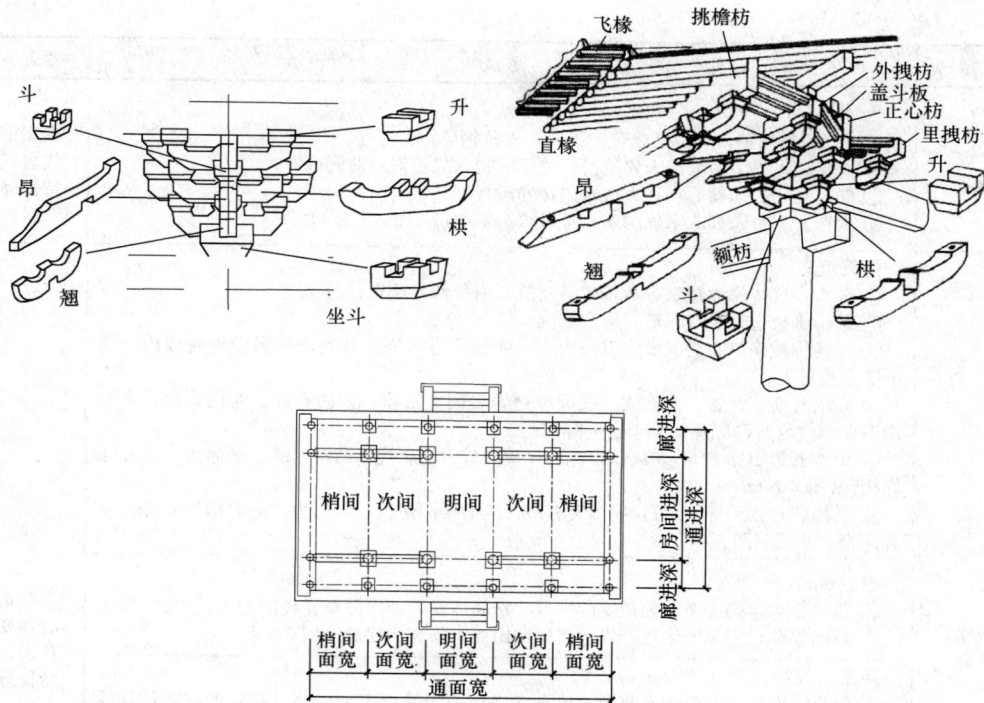

图 3-1-1.2　斗栱的主要分件和建筑的平面布置

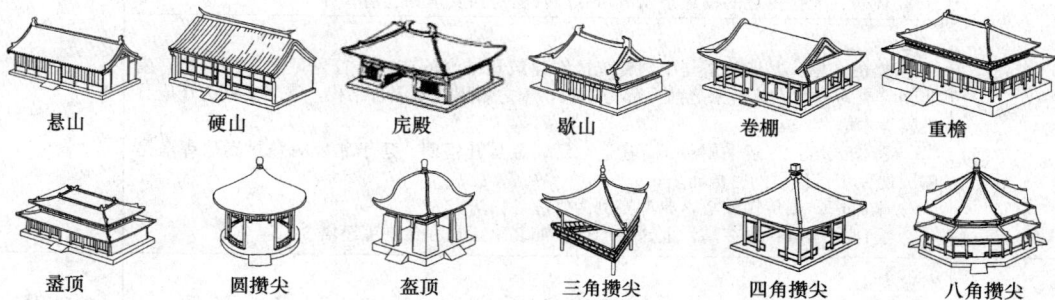

图 3-1-1.3　中国古建筑的屋顶形式

中国古代建筑的类型常识　　　　　　　　　　　　　　　　　　　　　　　　　　表 3-1-1.2

内容	考点	考查思路
宫殿 ★	① 宫殿形制； 周：三朝五门； 汉：首开"东西堂制"；晋、南北朝（北周除外）均行东西堂制； 隋、唐：延续三朝五门； 宋：御街千步廊制度＋工字形殿； 元：宫殿喜用工字形殿；受游牧生活、喇嘛教及西亚建筑影响，用多种色彩的琉璃、金、红色装饰，挂毡毯毛皮帷幕； ② 我国已知最早的宫殿遗址：河南偃师二里头商代宫殿遗址； ③ 北京故宫：保存最为完好；中轴对称，纵深布局，三朝五门，前朝后寝； 三朝：太和殿、中和殿、保和殿；五门（从南向北）：大清门、天安门、端门、午门、太和门	时期变化 代表记忆 排序记忆

内容	考点	考查思路
坛庙 ★	① 分类： 坛：祭祀自然神；庙：祭祀帝王祖先；先贤祠庙； ② 天坛：世界上最大祭天建筑群，建于明初，二重垣，北圆南方； ③ 曲阜孔庙：前朝后寝；大成殿同保和殿规制； ④ 太原晋祠：园林式宋代祠庙，圣母殿为减柱造（图 3-1-1.4）	类型记忆 代表记忆 特征理解
宗教建筑 ★★	佛教建筑： ① 分类：汉传佛教建筑、藏传佛教建筑、南传佛教建筑； ② 汉传佛教建筑组成：塔、殿和廊院； ③ 汉传佛教建筑布局演变：以塔为主→前殿后塔→塔殿并列→塔另设别院或山门前→塔可有可无； ④ 高潮时期：两晋、南北朝。我国现存著名四大石窟：云冈石窟、龙门石窟、麦积山石窟、敦煌石窟等都肇始于这一时期； ⑤ 山西五台山佛光寺大殿（唐）：现存我国最大的唐代木结构建筑，平面为"金厢斗底槽"（图 3-1-1.5）； ⑥ 天津蓟县独乐寺（辽）：我国现有最古老的楼阁建筑；山门为"分心槽"式样；观音阁为空井式（图 3-1-1.5）	类型记忆 时期变化 代表记忆 特征理解
	道教建筑： ① 布局：大体仍遵循我国传统的宫殿、坛庙体制，即以殿堂、楼阁为主，中轴对称； ② 目前保存较完整的道观，以元代中期山西永乐宫为代表（图 3-1-1.5）	
	伊斯兰教： ① 特点：唐代自西亚传入我国，清真寺必须朝向圣地麦加，必设高耸的召唤信徒使用的邦克楼以及净身的浴室，不置偶像，仅设圣龛。结构常用砖石拱券或穹隆。一切装饰纹样唯用古兰经或植物、几何形图案； ② 代表：元代重建的福建泉州清净寺以及明初西安华觉巷清真寺	
	塔： ① 楼阁式塔：是印度塔与中国传统楼阁建筑相结合的产物，首先见于东汉末年，南北朝时成为塔的主流，宋之前全部为木构，宋之后用砖木混合结构，著名实例为辽应县佛宫寺木塔； ② 密檐式塔：一般采用砖、石建造，辽、金是其盛期。建于北魏的登封嵩岳寺塔是中国现存年代最早的密檐砖塔； ③ 喇嘛塔：藏传佛教塔，典型实例为妙应寺白塔； ④ 金刚宝座塔：是在高台上建造的塔，如北京正觉寺金刚宝座塔	
园林 ★★	分类： ① 按照园林基址的选择和开发方式的不同：人工山水园、天然山水园； ② 按隶属关系：皇家园林、私家园林、寺观园林	类型记忆
	分期： ① 生成期（殷、周、秦、汉）：规模宏大、贵族宫苑、皇家园林，首创"一池三山"； ② 转折期（魏、晋、南北朝）：佛道教流行，确立美学思想，奠定山水园林基础； ③ 全盛期（隋、唐）：儒家主导，唐提倡中隐； ④ 成熟时期（两宋到清初）：两宋"壶中之天地"； ⑤ 成熟后期（清中叶到清末）：趋于精致	时期变化
	哲学思想的影响： ①"人与自然共生的思想"——中国古典园林美学的核心； ② 从"宏大规模"到"以小观大"追求"壶中之天地"； ③ 禅宗的影响（日本枯山水）； ④ 理学的影响与文人园的兴盛个性自由的满足； ⑤ 隐逸文化对私家园林的影响，提倡中隐； ⑥ 神仙思想——"一池三山"，一池指太液池，三山指神话中东海里的蓬莱、方丈、瀛洲三座仙山； ⑦ 唐宋山水画——"写意山水园"，以诗情画意写入园林	特征理解

内容	考点	考查思路
园林 ★★	私家园林设计原则和手法： ① 园林布局：主体多样，隔而不塞，欲扬先抑，曲折萦回，尺度得当，余意不尽，远借邻借； ② 水面处理：空虚，实景结合，以聚为主，以分为辅，聚分有别； ③ 叠山置石：可看、可游、可居塑造丘壑，注重体块、缝隙、纹理的处理，用石得当； ④ 建筑营构：活泼、玲珑、空透、典雅	特征理解

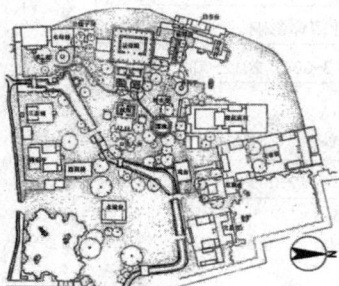

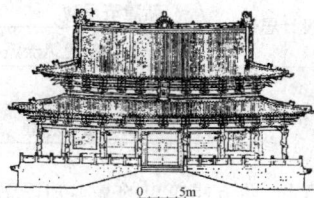

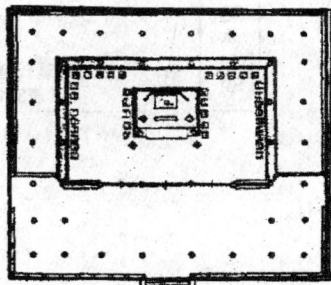

图 3-1-1.4　太原晋祠平面（园林式）和圣母殿（减柱造）

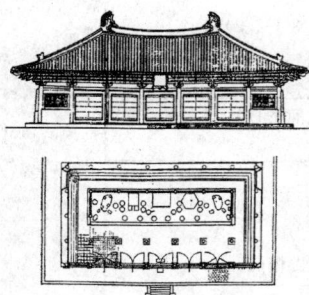

佛光寺大殿立面与平面	观音阁剖面	山西永济县永乐宫

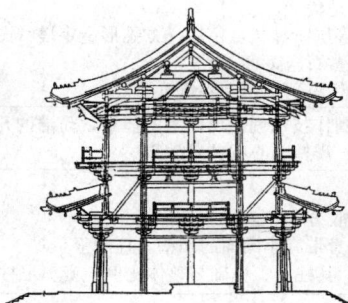

图 3-1-1.5　佛教代表：山西五台山佛光寺大殿、蓟县独乐寺观音阁；道教代表：山西永乐宫

解题口诀之"天阳地阴"　　　　　　　　　　　　　表 3-1-1.3

口诀	天阳地阴——阳为奇，阴为偶	
真题示例	黄鹤楼层数（　），内部有（　）根圆柱　　A.7/81　B.6/49　C.5/72　D.4/60	
	层数往上长，对应天阳，选奇数；柱子落在地上，对应地阴，选偶数，因而答案选C	
延伸口诀	天圆地方——北京天坛和地坛	
	天坛是圆形，圜丘的层数、台面的直径、四周的栏板，都是单数，即阳数，以象征天为阳。地坛是方形，四面台阶各八级，都是偶数，即阴数，以象征地为阴； 天坛平面本身为北圆南方，而上北下南，即象征着天圆地方	

二、西方建筑史的基本知识

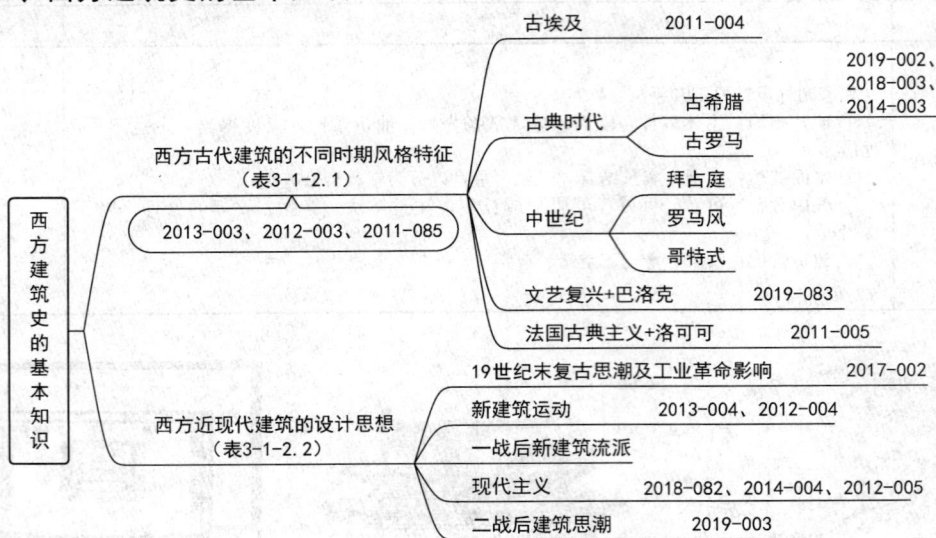

图 3-1-2.1　西方建筑史的基本知识思维导图

西方古代建筑的不同时期风格特征　　　　　　　　　　　　　表 3-1-2.1

内容	考点	考查思路
古埃及 ★	历史分期： ① 古王国时期：代表性建筑是陵墓； 金字塔的演变：马斯塔巴→多层阶梯状金字塔→方锥形金字塔（图 3-1-2.2）； ② 中王国时期：在峭壁上开凿石窟陵墓； ③ 新王国时期：太阳神庙替代陵墓成为主要建筑类型	时期变化 特征理解 代表记忆
	风格特征：高超的石材加工制作技术创造出巨大的体量，简洁的几何形体，纵深的空间布局；追求雄伟、庄严、神秘、震撼人心的艺术效果	
古典时代· 古希腊 ★★	古希腊三柱式： ① 多立克柱式：粗壮、柱身收分和卷杀较明显； ② 爱奥尼克柱式：细小、柱身带有小圆面的凹槽，柱础复杂； ③ 科林斯柱式（晚期成熟）：其柱身、柱础与整体比例与爱奥尼柱式相似	
	美学思想：人本主义世界观，体现着严谨的理性精神，追求度量和秩序； 风格特征：庄重、典雅、精致、有性格、有活力，布局体现对立统一的构图原则	
古典时代· 古罗马 ★	建筑技术： ① 建筑材料：使用火山灰制的天然混凝土，并发明相应的支模、混凝土浇灌及大理石饰面技术； ② 结构：拱券结构是罗马最大成就之一，在伊特鲁里亚和希腊的基础上发展了梁柱＋拱券结构技术； ③ 拱券平衡技术：利用穹窿、筒拱、交叉拱、十字拱和拱券	
	柱式艺术：（图 3-1-2.3） ① 五柱式：（多立克柱、爱奥尼克柱式、科林斯柱式）＋塔司干柱式＋组合柱式； ② 券柱式：解决了拱券结构的笨重墙墩同柱式艺术风格的矛盾； ③ 叠柱式：解决了柱式与多层建筑的矛盾，创造了水平立面划分构图形式； ④ 巨柱式：适应高大建筑体量构图，创造了垂直式构图形式； ⑤ 连续券：创造了拱券与柱列的结合，将券脚立在柱式檐部上； ⑥ 线脚：一组线脚或复合线脚，解决了柱式线脚与巨大建筑体积的矛盾	
	代表作品： 《建筑十书》（维特鲁威）	

内容	考点	考查思路
中世纪 ★	拜占庭建筑： ① 成就：发展了古罗马的穹顶结构和集中式形制；创造了穹顶支在四个或更多的独立柱上的结构方法和穹顶统率下的集中式形制建筑；彩色镶嵌和粉画装饰艺术； ② 结构：采用帆拱、鼓座、穹顶相结合的做法； ③ 平面：巴西利卡式、集中式、希腊十字形式； ④ 代表作品：君士坦丁堡的圣索菲亚大教堂（东正教的中心教堂）	
	罗马风建筑（罗曼建筑）： ① 造型特征：承袭早期基督教建筑，平面为拉丁十字，西面有一二座钟楼；采用古罗马建筑的一些传统做法，如半圆拱、十字拱等或简化的柱式和装饰； ② 特点：墙体巨大而厚实，内部空间阴暗，有神秘气氛	
	哥特式建筑： ① 结构：尖券、尖拱、坡度很大的两坡屋面和钟楼、飞扶壁、束柱、花窗； ② 内部：中厅一般不宽但很长，形成自入口导向祭坛的强烈动势； ③ 外部：山墙被两个钟塔和中厅垂直划分为三部分，即透视门、玫瑰窗、尖顶； ④ 装饰：内部框架式结构，祭坛是装饰的重点，彩色玻璃窗；外部力求削弱重量感，一切局部和细节都减小断面，凹凸大，用山花、龛、小尖塔等装饰外墙； ⑤ 代表作品：巴黎圣母院（法）	
文艺复兴 ＋巴洛克 ★★	意大利文艺复兴 ① 建筑成就：世俗建筑类型增加，建筑技术方面，梁柱系统与拱券技术混合应用，穹顶用内外壳和肋骨建造，施工技术提高； ② 代表作品： 文艺复兴建筑的第一个作品——佛罗伦萨主教堂大穹顶； 圣彼得大教堂（罗马）——世界上最大的天主教堂； 圆厅别墅——晚期文艺复兴庄园府邸的代表； 奥林匹克剧场——首次把露天剧场转化为室内剧场； 《论建筑》（阿尔伯蒂）、《建筑四书》（帕拉第奥）、《五种柱式规范》（维尼奥拉）	时期变化 特征理解 代表记忆
	巴洛克建筑的风格特征： ① 追求新奇；② 追求建筑形体和空间的动态；③ 喜好富丽的装饰；④ 趋向自然	
法国古典主义＋洛可可 ★	法国古典主义的风格特征： ① 柱式：古典柱式，排斥民族传统与地方特色； ② 布局：强调轴线对称，注意比例，讲求主从关系； ③ 构图手法：三段式构图手法，追求完整统一和稳定感； ④ 装饰特征：内部空间与装饰上常有巴洛克特征； 代表：卢浮宫东立面——横三纵三段手法，理性美的代表（图3-1-2.4）；凡尔赛宫——法国古典主义园林杰出代表	
	洛可可风格特征： 主要表现在室内装饰上，鲜艳的色彩，纤巧的装饰，家具精致而烦琐，具有浓厚的脂粉气，妖媚柔靡；装饰特点细腻柔媚，常用不对称手法，喜用弧线和S形线，爱用自然物做装饰题材	

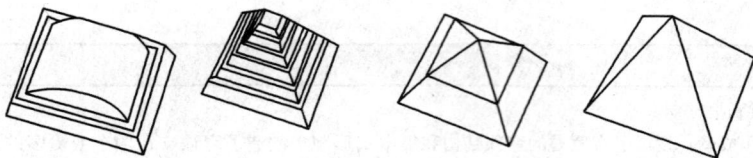

图 3-1-2.2　埃及金字塔的演变

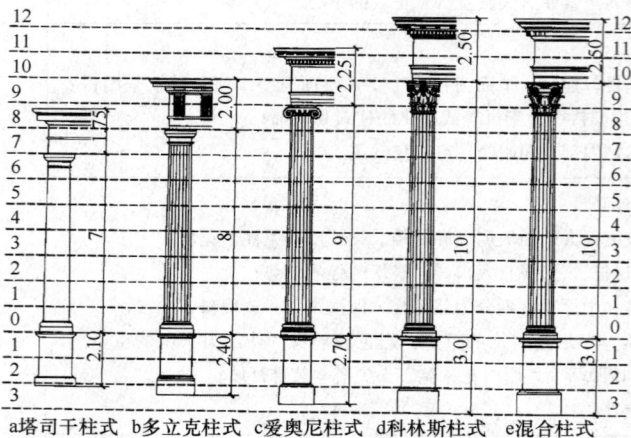

a塔司干柱式　b多立克柱式　c爱奥尼柱式　d科林斯柱式　e混合柱式

罗马券柱式

图 3-1-2.3　古罗马柱式

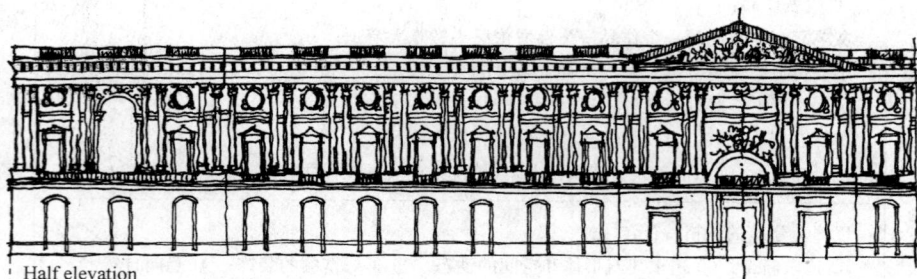

Half elevation

图 3-1-2.4　法国古典主义代表：卢浮宫东立面三段式构图

西方近现代建筑的设计思想　　　　　　　　　　　　　　　　　　　　表 3-1-2.2

内容	考点	考查思路
19世纪末复古思潮及工业革命影响 ★	古典复兴概念：18世纪60年代到19世纪末在欧美盛行的古典建筑形式，包括古典复兴、浪漫主义和折中主义	代表记忆
	代表作品：法国巴黎万神庙——罗马复兴代表建筑； 德国柏林宫廷剧院——希腊复兴代表建筑； 美国国会大厦白宫——罗马复兴实例； 英国国会大厦——哥特复兴实例； 巴黎歌剧院——折中主义代表建筑； 伦敦"水晶宫"——被喻为第一座现代建筑	

224

内容	考点	考查思路
新建筑运动 ★	工艺美术运动：代表人物：拉斯金和莫里斯； 建筑主张：热衷手工艺效果与自然材料美	
	新艺术运动：代表人物：贝伦斯（提倡运用多种材料）、戈地； 建筑主张：热衷于模仿自然界草木形态的曲线	
	维也纳分离派：代表人物：瓦格纳、奥别列去、霍夫曼、路斯； 建筑主张：和过去的传统决裂，造型简洁与集中装饰	
	美国芝加哥学派：代表人物：詹尼、沙利文（形式服从功能）； 建筑主张：突出功能在设计中的主要地位	
	德意志制造联盟：代表人物：贝伦斯； 建筑主张：建筑必须和工业结合	
一战后新建筑流派	风格派与构成派：代表人物：荷兰青年艺术家蒙德里安、里特维德； 主张：艺术就是基本几何形象的组合和构图	
	表现派：建筑主张为在建筑上常采用奇特、夸张的建筑体形来表达某种思想情绪，象征时代精神；代表作品：波茨坦市爱因斯坦天文台	
现代主义 ★★	设计理念（共同特征）： ① 设计以功能为出发点； ② 发挥新型材料和建筑结构的性能； ③ 注重建筑的经济性； ④ 强调建筑形式与功能、材料、结构、工艺的一致性，灵活处理建筑造型，突破传统的建筑构图格式； ⑤ 认为建筑空间是建筑的主角； ⑥ 反对表面的外加装饰	代表记忆 特征理解
	代表人物： ① 格罗皮乌斯：最早主张走建筑工业化道路的人之一； ② 勒·柯布西耶："新建筑五点"为底层架空、屋顶花园、自由平面、横向长窗、自由立面（以早期作品萨伏伊别墅为例）； ③ 密斯·凡·德·罗：钢框架结构和玻璃，提出"少就是多""流动空间"等主张； ④ 赖特：主张将建筑与自然环境紧密结合，打破工业化的局限性	
二战后建筑思潮 ★	① 对"理性主义"的充实与提高（格罗皮乌斯、勒·柯布西耶）； ② 讲求技术精美的倾向（密斯·凡·德·罗、小沙里宁）； ③ "粗野主义"倾向（勒·柯布西耶、史密森夫妇、前川国男等）； ④ "典雅主义"倾向（菲利普·约翰逊、爱德华·斯东、雅马萨奇）； ⑤ 注重"高度工业技术"倾向（伦佐·皮亚诺、理查德·罗杰斯）； ⑥ 讲究"人情化"与"地方性"的倾向（阿尔瓦·阿尔托）； ⑦ 讲求"个性"与 象征的倾向（路易斯·康、小沙里宁）； ⑧ 后现代主义（★）： ◇ 简称 PM 派，历史主义，当代西方建筑思潮的一个新流派； ◇ 主要特征：文脉主义、引喻主义、装饰主义； ◇ 代表作品：《建筑的复杂性和矛盾性》（罗伯特·文丘里）；《后现代建筑的语言》（查尔斯·詹克斯）——提出六个方面的表现形式：①从历史主义到新折中主义；②从直接复古到变形装饰；③新乡土派；④个性化＋都市化＝文脉主义；⑤隐喻和玄学；⑥后现代空间是采用复杂的、含混的空间组合	

三、各类建筑的功能组合及场地要求

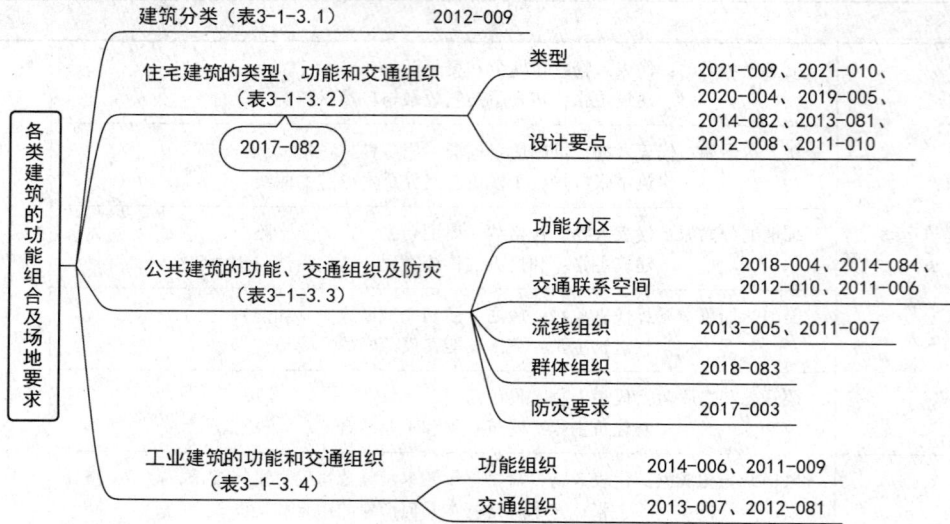

各类建筑的功能组合及场地要求
- 建筑分类（表3-1-3.1） 2012-009
- 住宅建筑的类型、功能和交通组织（表3-1-3.2） 2017-082
  - 类型 2021-009、2021-010、2020-004、2019-005、2014-082、2013-081
  - 设计要点 2012-008、2011-010
- 公共建筑的功能、交通组织及防灾（表3-1-3.3）
  - 功能分区
  - 交通联系空间 2018-004、2014-084、2012-010、2011-006
  - 流线组织 2013-005、2011-007
  - 群体组织 2018-083
  - 防灾要求 2017-003
- 工业建筑的功能和交通组织（表3-1-3.4）
  - 功能组织 2014-006、2011-009
  - 交通组织 2013-007、2012-081

图 3-1-3.1 各类建筑的功能组合及场地要求思维导图

建筑分类 表 3-1-3.1

考点	考查思路
按实质性质 —— 生产性建筑 —— 工业建筑 / 农业建筑；非生产性建筑 —— 居住建筑（住宅建筑 / 宿舍建筑）/ 公共建筑	特征理解 类型记忆

住宅建筑的类型、功能和交通组织 表 3-1-3.2

内容	考点		考查思路
类型 ★★★	《民用建筑设计统一标准》GB 50352—2019 ① 低层或多层民用建筑：住宅高度≤27m，公建高度≤24m，高度>24m 的单层公建； ② 高层民用建筑：住宅高度>27m，公建 100m>高度>24m 的非单层公建； ③ 超高层建筑：高度>100m	《城市居住区规划设计标准》GB 50180—2018 ① 低层：1～3 层 ② 多层：4～9 层 ③ 高层：10～26 层	数字记忆
设计要点 ★★★	消防疏散	① 消防车道：《建筑设计防火规范》GB 50016—2014（2018 年版） ◇ 当建筑物沿街道部分的长度>150m 或总长度>220m 时，应设穿过建筑物的消防车通道； ◇ 有封闭内院或天井的建筑物，当内院或天井的短边长度>24m 时，宜设置进入内院或天井的消防车道；当该建筑沿街时，应设置连通街道和内院的人行通道（可利用楼梯间），其间距不宜>80m； ② 电梯和楼梯：《住宅设计规范》GB 50096—2011 ◇ 高层住宅以电梯为主、以楼梯为辅，12 层以上住宅设置电梯应不少于 2 部； ◇ 楼梯应布置在电梯附近，有一定的独立性。疏散楼梯可在远离电梯的尽端； ◇ 电梯不宜紧邻卧室，考虑隔声处理； ◇ 电梯不应作为安全出口，安全出口分开布置； ③ 防烟楼梯间：《建筑设计防火规范》GB 50016—2014（2018 年版） 一类高层公共建筑和建筑高度大于 32m 的二类高层公共建筑，其疏散楼梯应采用防烟楼梯间；建筑高度大于 33m 的住宅建筑应采用防烟楼梯间，防烟楼梯间前室可与消防电梯间前室合用	概念对比 特征理解 数字记忆 排序记忆

226

内容		考点	考查思路
设计要点 ★★★	功能空间	《住宅设计规范》GB 50096—2011 ① 套内空间： ◇ 基本功能空间：卧室、起居室（厅）、厨房和卫生间； ◇ 最低限面积（单位：m²）： 表格见下 ◇ 卫生间不应直接布置在下层住户的卧室、起居室（厅）、厨房、餐厅的上层； ◇ 住宅层高宜为2.80m，卧室、起居室（厅）的室内净高不应低于2.40m，局部净高不应低于2.10m，且局部净高的室内面积不应大于室内使用面积的1/3； ◇ 利用坡屋顶内空间作卧室、起居室（厅）时，至少有1/2的使用面积的室内净高不应低于2.10m； ◇ 每套住宅应至少有一个居住空间能在冬季得到日照； ◇ 无前室的卫生间的门不应直接开向起居室（厅）或厨房； ◇ 套内入口过道净宽不宜小于1.20m；通往卧室、起居室（厅）的过道净宽不应小于1.00m；通往厨房、卫生间、贮藏室的过道净宽不应小于0.90m； ◇ 每套住宅宜设阳台或平台； ◇ 窗外没有阳台或平台的外窗，窗台距楼面、地面的净高低于0.90m时，应设置防护设施； ② 共用部分： ◇ 走廊通道净宽不应小于1.20m，局部净高不应低于2.00m； ◇ 外廊、内天井及上人屋面等临空处栏杆净高：六层及六层以下不应低于1.05m；七层及七层以上不应低于1.10m。栏杆应防止儿童攀登，垂直杆件间净距不应大于0.11m； ◇ 楼梯梯段净宽不应小于1.10m。六层及六层以下住宅，一边设有栏杆的梯段净宽不应小于1m； ◇ 楼梯踏步宽度不应小于0.26m，踏步高度不应大于0.175m。扶手高度不应小于0.90m； ◇ 楼梯井净宽大于0.11m时，必须采取防止儿童攀滑的措施； ◇ 公共出入口位于阳台、外廊及开敞楼梯平台的下部时，应采取防止物体坠落伤人的安全措施	概念对比 特征理解 数字记忆 排序记忆
	无障碍设计	《住宅设计规范》GB 50096—2011 ① 七层及七层以上的住宅，应对以下部位进行无障碍设计：建筑入口；入口平台；公共走道；候梯厅；无障碍住房； ② 建筑入口的门不应采用力度大的弹簧门；在旋转门一侧应另设残疾人使用的门； ③ 供轮椅通行的门净宽≥0.80m；供轮椅通行的推拉门和平开门，在门把手一侧的墙面，应留有不小于0.5m的墙面宽度；供轮椅通行的走道和通路宽度≥1.20m； ④ 供轮椅通行的门扇，应安装视线观察玻璃、横执把手和关门拉手，在门扇的下方应安装高0.35m的护门板； ⑤ 门槛高度及门内外地面高差＜15mm，并应以斜面过渡； ⑥ 七层及七层以上住宅建筑入口平台宽度≥2.0m； ⑦ 建筑入口设台阶时，应设轮椅坡道和扶手： 表格见下	

起居室面积表：

起居室	双人卧室	单人卧室	厨房	兼起居卧室	卫生间
10	9	5	4	12	2.5

坡道表：

坡度	1:20	1:16	1:12	1:10	1:8
最大高度	1.5	1	0.75	0.6	0.35

公共建筑的功能、交通组织及防灾   表 3-1-3.3

内容	考点	考查思路
功能分区 ★	① 空间的"主"与"次"； ② 空间的"闹"与"静"； ③ 空间联系的"内"与"外"：与内部联系性较强的空间，布置在比较隐蔽的部位，并使其靠近内部交通的区域	概念对比
交通联系空间 ★★	概念：将过道、过厅、门厅、出入口、楼梯、电梯、自动扶梯、坡道等称之为建筑的交通联系空间； ◇ 其形式、大小和位置，服从于建筑空间处理和功能关系的需要 分类： ① 水平交通空间； ◇ 主要作为交通联系但兼有其他功能的过道、廊道；如医院建筑等； ◇ 通道宽度和长度，主要根据功能需要、防火规定及空间感受等来确定；走道的宽度还与走道两侧门窗位置、开启方向有关； ② 垂直交通空间；是联系不同标高空间必不可少的部分 ◇ 楼梯； ◇ 坡道：一般坡道的坡度为 8%～15%，供残疾人使用的坡道坡度为 1：12； ◇ 电梯：当建筑在 8 层左右，电梯与楼梯同等重要，二者靠近布置；当 8 层以上、公共建筑 24m 以上时，电梯就成为主要交通工具，每个服务区的电梯不宜<2 台；单侧排列的电梯不应>4 台，双侧排列的电梯不应>8 台； ◇ 自动扶梯：坡度一般为 30%，单股人流扶梯通常宽 810mm； ③ 交通转换空间（交通枢纽空间）：设置门厅、过厅等空间	类型记忆 特征理解 数字记忆
流线组织 ★	人流组织方式类型： ① 平面组织：适用于中小型公共建筑人流组织，特点：人流简单、使用方便； ② 立体组织：适用于功能要求比较复杂，仅靠平面组织不能完全解决人流集散的公共建筑，如大型交通建筑、商业建筑等（图 3-1-3.2） 人流疏散分类： ① 正常疏散： ◇ 连续疏散人流（如医院、商店、旅馆等）； ◇ 集中疏散人流（如剧院、体育馆等）； ◇ 兼有集中和连续疏散人流（如学校教学楼、展览馆等）； ② 紧急疏散：在紧急情况下，都会变成集中而紧急的疏散性质；因而在考虑公共建筑人流疏散时，应把正常与紧急情况下的人流疏散问题都考虑进去	类型记忆 代表记忆
群体组织 ★	分散式布局特点：（对称式和非对称式 2 种形式） ① 便于功能区间的划分； ② 可防止建筑的相互干扰； ③ 有利于适应不规则地形； ④ 可增加建筑的层次感； ⑤ 有利于争取良好的朝向与自然通风 中心式布局	特征理解

228

内容	考点	考查思路
防灾要求 ★	① 地震：设防以 50 年为基准期。小震（超越概率为 63%）不坏。中震（超越概率 10%）可修，大震（超越概率为 2%～3%）不倒； ② 火； ③ 风：台风和寒潮及雷暴大风——以 50 年为重现期的标准设防；重要的生命线工程设施——设防标准应提高到 100 年一遇； ④ 洪水：《防洪标准》GB 50201—2014 	类型记忆 数字记忆

其中 ④ 洪水表：

防护等级	重要性	常住人口（万人）	防洪标准重现期（年）
Ⅰ	特别重要	≥150	≥200
Ⅱ	重要	<150，≥50	100～200
Ⅲ	比较重要	<50，≥20	50～100
Ⅳ	一般	<20	20～50

⑤ 地质破坏

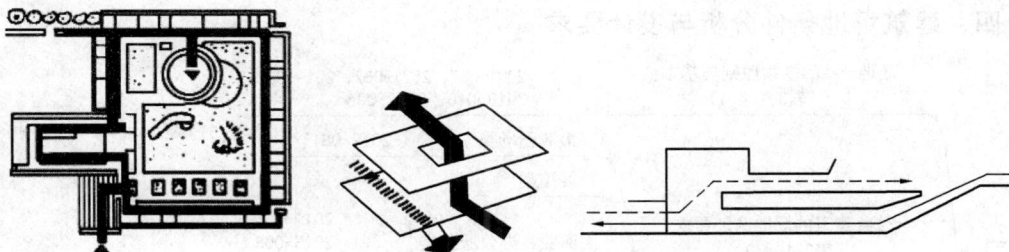

图 3-1-3.2　公共建筑的人流平面组织方式（左）和人流立体组织方式（中、右）

工业建筑的功能和交通组织　　　　　　　　表 3-1-3.4

内容	考点	考查思路
功能组织 ★★★	功能单元： ① 生产单元：车间，直接从事产品的加工装配； ② 辅助生产单元：设备维修、工具制作、水处理、废料处理等； ③ 仓储单元：物料暂时性的存放； ④ 动力单元：锅炉房、变电间、煤气发生站、乙炔车间、空气压缩车间等； ⑤ 管理单元：办公室、实验楼等； ⑥ 生活单元：宿舍、食堂、浴室、活动室等	类型记忆
	功能单元组织的依据： ① 功能单元前后工艺流程要求； ② 物料与人员流动特点，合理确定道路断面与其他技术要求； ③ 功能单元相连最小损耗的原则； ④ 功能单元的环境要求	

内容	考点	考查思路
交通组织 ★★	一般道路运输系统设计技术要求： ① 通道宽度。主要出入运输道路 7m 左右，车间与车间有一定数量物流及人流运输的次要道路 4.5～6m，功能单元之间，人流物流较少的辅助道路，以及消防车道等 3～4.5m，连接建、构筑物出入口与主、次、辅助道路的车间行道 3～4m，人行道一般 1.0～1.5m； ② 最小转弯半径：单车 9m，带拖车 12m，电瓶车 5m； ③ 交叉口视距≥20m； ④ 道路与建筑物、构筑物之间的最小距离：距无出入口的车间 1.5m，距有出入口的车间 3m；有汽车引道 6m（单车道），距围墙 1.5m；距有出入门洞的围墙 6m，距围墙照明杆 2m，距乔木 1m，距灌木 0.5m	数字记忆 特征理解
	场地交通组织： ① 将出入口设在交通流量大、靠近外部主要交通道路口部附近，使之线路短捷。大量人、车、货流运行的线路，应不影响其他区段的正常活动； ② 车行系统。避免过境或外部车导入，注意不要与人行系统交叉重叠，在集中人流活动地，禁止车流行驶，非机动车宜有专线； ③ 场地出入口对外交通要便捷，减少对城市主、次干道的干扰，当场地路坡较大时，应设缓冲段，再衔接城市干道	

四、建筑场地条件分析与设计要求

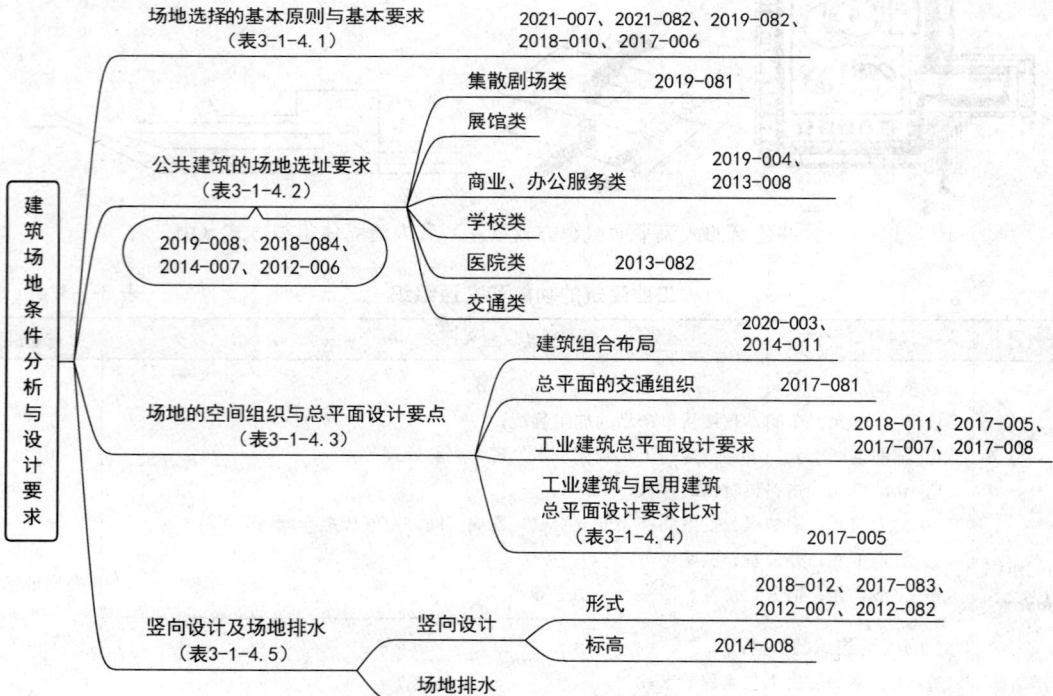

场地选择的基本原则与基本要求（表3-1-4.1） —— 2021-007、2021-082、2019-082、2018-010、2017-006

建筑场地条件分析与设计要求

公共建筑的场地选址要求（表3-1-4.2）
2019-008、2018-084、2014-007、2012-006
- 集散剧场类 —— 2019-081
- 展馆类
- 商业、办公服务类 —— 2019-004、2013-008
- 学校类
- 医院类 —— 2013-082
- 交通类

场地的空间组织与总平面设计要点（表3-1-4.3）
- 建筑组合布局 —— 2020-003、2014-011
- 总平面的交通组织 —— 2017-081
- 工业建筑总平面设计要求 —— 2018-011、2017-005、2017-007、2017-008
- 工业建筑与民用建筑总平面设计要求比对（表3-1-4.4）—— 2017-005

竖向设计及场地排水（表3-1-4.5）
- 竖向设计
  - 形式 —— 2018-012、2017-083、2012-007、2012-082
  - 标高 —— 2014-008
- 场地排水

图 3-1-4.1　建筑场地条件分析与设计要求思维导图

内容	考点	考查思路
基本原则	① 建设项目要符合所在地域、城市、乡镇的总体规划； ② 节约用地，不占良田； ③ 保护环境与景观	特征理解
基本要求 ★	① 资源：建设项目应尽可能充分利用自然资源条件； ② 场地面积：含建筑基底面积、广场道路和停车场面积、露天堆放场地面积，以及绿化面积等； ③ 地界与地貌条件：场地边界外形应因地制宜、尽可能简单； {平坡表格} ④ 气象条件：气温（热工分区包括严寒地区、寒冷地区、夏热冬冷地区、夏热冬暖地区、温和地区）、降水量、风（下风部位受污染的程度与该方向的风向频率成正比，与风速大小成反比。建筑涡流：在建筑物的背风面、屋顶和两侧，由于气流曲绕过程中形成空气稀薄的现象，该处压力小于大气压，形成负压区的现象）、云雾及日照等因素； ⑤ 水文地质条件； ⑥ 工程地质条件：了解场地的冻土深度；避免在九度地震区、泥石流、流沙、溶洞、三级湿陷黄土、一级膨胀土、古井、古墓、坑穴、采空区以及有开采价值的矿藏区和承载力低于 0.1MPa 的场地作开发项目； ⑦ 交通运输条件； ⑧ 给水排水条件（靠近水源，保证供水的可靠性；污水净化环保要达标）、能源供应条件、电信需求条件； ⑨ 安全保护条件：建设项目场地与相邻环境的间距应满足安全、卫生、视觉、环保各项规定，避免于洪泛地段、通信微波走廊、高压输电通廊与地下工程管道区域内建筑； ⑩ 景观与环境：对于场地上的文物古迹及自然景观，应按当地文物部门的要求采取相应的保护措施，动、植物自然保护区不能破坏； ⑪ 施工条件：了解当地及外来建材供应、产量、价格，当地施工技术力量、水平，机械起重能力数量以及施工期水、电、劳动力供应条件	特征理解

其中③地界与地貌条件中的表格为：

平坡	缓坡	中坡	陡坡
0.3%～5%	5%～10%	10%～25%	25%～100%
场地较理想	场地要错落	场地要台地	场地不宜建设

内容	考点	考查思路
集散剧场类 ★★★	① 剧场：与城镇规划相协调，交通便利，剧场的类型与所在区域居民的文化素养、艺术情趣相适应、儿童剧场应位置适中，环境安静，重要剧场应位于城市重要地段； ② 电影院：交通方便、结合商业网点、临近道路或广场	特征理解
展馆类 ★★★	① 文化馆：交通便利、环境优美、安静、远离污染、符合文化产业和城市规划的布点要求； ② 档案馆：远离污染区、场地干燥、排水通畅、环境安静（不宜建在城市的闹市区，但不是远离市区！）； ③ 博物馆：交通便利、公用设施完备、远离易燃易爆物，并应具有适当的用于博物馆自身发展的扩建用地； ④ 展览馆：位于城市中心或近郊、交通便利、可利用荒废建筑改造或扩建	

内容	考点	考查思路
商业、办公服务类 ★★★	① 旅馆：交通联系方便、一面邻接城市道路，考虑使用现有市政设施，与风景区及周边环境相协调（应符合保护规划的要求！）； ② 电台、电视台：交通便利、远离高压架空电线和高频发生器，有足够的发展用地； ③ 百货商店：位于城市商业区及主要道路适宜位置，与城市道路相邻设集散场地及停车场； ④ 银行：交通方便的便民位置； ⑤ 办公楼：交通便利、公用设施完备、远离易燃易爆物及有害场所，避免人流集中及噪声嘈杂处	特征理解
学校类 ★★	① 高校校址：环境优美，自然条件好，基础设施完善，土地充足及地貌适宜； ② 中小学：符合规划分布，公用设施完备，避免设主要道路及铁路处，环境优美，避免噪声、化学、生物、物理、精神等污染，远离易燃易爆物及有害场所； ③ 托儿所、幼儿园：符合规划分布，交通便利，远离污染，设施完善，环境优美	
医院类 ★★★	综合医院：符合规划布局，交通方便，宜相邻两条城市道路，基础设施完善，远离污染，远离易燃易爆物及高压线场所，远离密集场所，地形力求规整，以解决多功能分区和多出入口的合理布局	
交通类 ★★	① 停车库：交通方便，避免城市主干道及交叉路，避免靠近医院、学校、住宅等建筑； ② 停车场：各区域中心处，旧城区，商业中心、主要枢纽附近，可设地下停车场； ③ 汽车客运站：交通联系方便，地点适中，场地富余，市政设施完善	

场地的空间组织与总平面设计要点　　　　　　表 3-1-4.3

内容	考点	考查思路
建筑组合布局 ★	建筑朝向与日照影响： ① 北纬 45°以北——亚寒带、寒带：争取冬季大量日照，用东西朝向； ② 北纬 40°一带：要大量朝阳面，避免西北季风，南北向、东南向常被选用	特征理解
	不同分布区位的居住建筑： ① 严寒地区：主要解决防寒问题，包括采暖与保温两方面。保温有效措施：加大建筑的进深，缩短外墙长度。减少每户所占的外墙面，朝向应争取南向，利用东向、西向，避免北向； ② 炎热地区：主要解决建筑遮阳、隔热与通风问题设计，朝向选择依次为南向、南偏东向、南偏西向、东向、西向，尽量避免西向； ③ 坡地：平面组合有错叠、跌落、掉层、错层几种形式	
总平面的交通组织 ★	《民用建筑设计统一标准》GB 50352—2019 ① 建筑基地机动车出入口与大中城市主干道交叉口的距离，自道路红线交叉点量起不应小于 70m； ② 建筑基地机动车出入口与人行横道线、人行天桥、人行地道（包括引道、引桥）的最边缘线不应小于 5m； ③ 建筑基地机动车出入口距地铁出入口、公共交通站台边缘不应小于 15m； ④ 建筑基地机动车出入口距公园、学校、儿童及残疾人使用建筑的出入口不应小于 20m； ⑤ 大型、特大型交通、文化、体育、娱乐、商业等人员密集的建筑基地与城市道路邻接的总长度不应小于建筑基地周长的 1/6； ⑥ 建筑基地的出入口不应少于 2 个，且不宜设置在同一条城市道路上	数字记忆

内容	考点	考查思路
工业建筑总平面设计要求 ★★	① 适应物料加工流程，运距短捷，尽量一线多用（单纯指物流线的一线多用，不是物流与人流！）； 与竖向设计、管线、绿化、环境布置协调，符合有关技术标准； ② 满足生产、安全、卫生、防火等特殊要求，特别是有危险品的工厂，不能使危险品通过安全生产区； ③ 主要货运路线与主要人流线路应尽量避免交叉； ④ 力求缩减道路敷设面积，节约投资与土地； ⑤ 工业建筑的适宜坡度为 0.5%～2.0%	特征理解 数字记忆

工业建筑与民用建筑总平面设计要求比对　　　　　表 3-1-4.4

内容	工业建筑	民用建筑
流线复杂	人流与物流、人流与机器	人流为主
环境影响	废水、废气、烟尘、噪声、射线、工业垃圾	环境影响较小
尺度多样	体量决定于生产净空要求	以人为尺度
工种配合	技术性要求高	—

竖向设计及场地排水　　　　　表 3-1-4.5

内容	考点	考查思路
竖向设计 ★★★	设计地面形式：可分为平坡式、台阶式和混合式三种 ① 小于 5% 的自然坡，一般选择平坡式； ② 大于 8%，一般拟定台阶式，台阶式在连接处可作挡土墙或护坡处理； ③ 选择设计地面连接形式，要综合考虑： ◇ 自然地形的坡度大小； ◇ 建筑物的使用要求及运输联系； ◇ 场地面积大小； ◇ 土石方工程量多少等	类型记忆 特征理解 数字记忆
	设计标高确定的主要考虑因素： ① 建设项目性质； ② 设计标高应高出设计洪水位 0.5m 以上； ③ 地下水、地质条件影响：地下水位很高的地段不宜挖方，冻土深度大的地方地基应深埋； ④ 交通联系的可能性，场地内、外道路铁路连接的可能性； ⑤ 减少土石方工程量	类型记忆 特征理解
场地排水 ★★★	① 形式：暗管排水、明沟排水，其中明沟排水坡度为 0.3%～0.5%； ② 最小坡度为 0.3%，最大坡度不大于 8%； ③ 道路与建筑物标高一般要求（图 3-1-4.2）	数字记忆

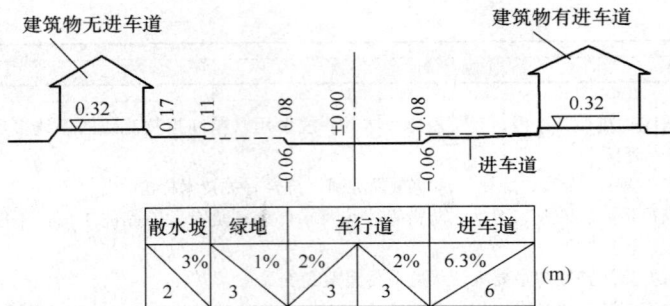

建筑物无进车道　　　　　　建筑物有进车道

散水坡	绿地	车行道	进车道
3% 2	1% 3	2% 3	2% 3	6.3% 6

(m)

图 3-1-4.2　道路与建筑物标高布置示意图

五、建筑材料与结构的类型与适用情况

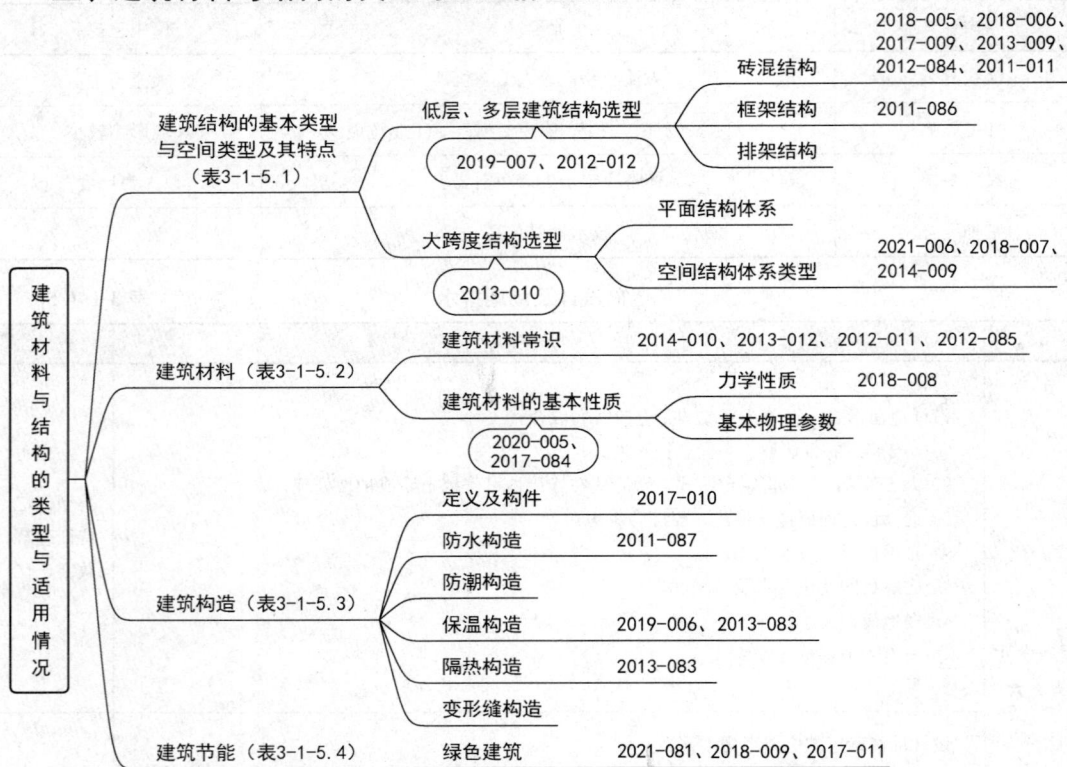

图 3-1-5　建筑材料与结构的类型与适用情况思维导图

建筑结构的基本类型与空间类型及其特点　　　　　　　　**表 3-1-5.1**

内容		考点	考查思路
低层、多层建筑结构选型 ★★★	砖混结构	砖混结构是采用砖墙来承重，钢筋混凝土梁柱板等构件构成的混合结构体系；使用最早、最广泛的一种建筑结构形式。经济适用；有利于因地制宜和就地取材； ① 纵向承重体系： ◇ 相对横向承重体系，楼盖材料用量较多，墙体材料用量较少； ◇ 荷载的主要传递路线是：板—梁—纵墙—基础—地基；	类型记忆 排序记忆 特征理解 概念对比 数字记忆

234

内容	考点			考查思路
低层、多层建筑结构选型 ★★★	砖混结构	② 横向承重体系： ◇ 横墙是主要承重墙，纵墙起维护、隔断和将横墙连成整体的作用； ◇ 横墙间距短，空间刚度很大，整体性好，房屋的空间刚度比纵向承重体系好； ◇ 楼盖做法简单，施工方便，材料用量少，墙体用料多； ◇ 利于抵抗风力、地震作用等水平荷载作用和调整地基的不均匀沉降； ◇ 荷载的主要传递路线是：板—横墙—基础—地基； ③ 内框架承重体系： ◇ 墙和柱都是主要承重构件，使用上能有较大空间； ◇ 缺点：刚度较差，架构容易产生不均匀变形，柱和墙材料及施工方法不同，施工麻烦； ◇ 荷载的主要传递路线是："板—梁—外纵墙—外纵墙基础—地基"或者"板—梁—柱—柱基础—地基"		类型记忆 排序记忆 特征理解 概念对比 数字记忆
	框架结构	① 由楼板、梁、柱及基础 4 种承重构件组成，以刚接或者铰接相连接而成； ② 其墙体仅起到维护和分隔作用，一般用轻质材料砌筑或板材装配而成； ③ 空间分割灵活，自重轻，有利于抗震，有较好的结构延性，节省材料； ④ 框架节点应力集中显著；侧向刚度小，结构所产生水平位移较大		
	排架结构			
大跨度结构选型 ★★	平面结构体系	① 单层钢架：跨度可达 76m，结构简单		
		②拱式结构：一种较早为人类开发的结构体系，广泛应用于房屋建筑和桥梁工程中；是一种有推力的结构，它的主要内力是轴向压力，适宜跨度为 40～60m；适用于建筑体育馆、展览馆、散装仓库		
		③ 简支梁结构：跨度在 18m 以下的屋盖适用		
		④ 屋架：排架结构的主要构件所有的杆件只受拉力和压力，常适用于 24～36m 的跨度		
	空间结构体系类型	网架结构	主要承受轴力；多次超静定空间结构；整体性强，稳定性好，抗震性能好；空间工作，传力途径简捷；重量轻，刚度大，施工安装简便；网架杆件和节点便于定型化、商品化；网架平面布置灵活，屋盖平整，有利于吊顶，安装管道、设备	
		薄壳	形式丰富多彩，有旋转曲面、平移曲面、直纹曲面	
		折板	跨度可达 27m，类似于筒壳薄壁空间体系	
		悬索	主要承受其垂度方向的拉力；材料用量大，结构复杂，施工困难，造价很高；形式多样，布置灵活，但其结构复杂限制了它的广泛运用	
		网壳结构	兼有杆系结构与薄壳结构的主要特性，杆件比较单一，受力比较合理；结构的刚度大，跨越能力强，安装简便，综合经济指标较好；造型丰富多彩	
		膜结构	自重轻，跨度大；建筑造型自由丰富；施工方便；具有良好的经济性、较高的安全性，耐久性较差	

建筑材料　　　　　　　　　　　　　　　　　　　　　　　表 3-1-5.2

内容		考点	考查思路
建筑材料常识 ★		按材料的化学组成分类： ① 无机材料：金属材料，非金属材料：天然石材、烧土制品、胶凝材料、玻璃烧融制品、硅酸盐制品胶凝材料、砂浆及混凝土等； ② 有机材料（可燃）：植物质材料、沥青材料、合成高分子材料； ③ 复合材料：金属—非金属复合材料（钢筋混凝土）、无机非金属—有机复合材料玻纤增强塑料、金属—有机复合材料 PVC 涂层钢板等	代表记忆
		按在建筑物中的功能分类： ◇ 建筑工程的三大材料：木材、水泥、钢材； ① 结构材料：混凝土； ② 围护和隔绝材料：加气混凝土（绝热材料）； ③ 装饰材料：露骨混凝土、彩色混凝土等； ④ 其他功能材料：包括耐高温、抗强腐蚀、太阳能转换等特种功能材料，它们多用于特种工业厂房和民用建筑	
建筑材料的基本性质 ★	力学性质	① 强度：经受外力作用时抵抗破坏的能力； ◇ 抗拉：抗拉强度指材料在拉断前承受最大应力值； ◇ 抗压：抗压强度指外力是压力时的强度极限； ◇ 抗弯：抗弯强度是指材料抵抗弯曲不断裂的能力； ◇ 抗剪：抗剪能力数值等于剪切破坏时滑动的剪应力； ② 弹性：物体受外力作用发生形变、除去作用力能恢复原来形状性质； ③ 塑性：塑性是一种在某种给定载荷下，材料产生永久变形的特性； ④ 脆性：材料在外力作用下仅产生很小的变形即断裂破坏的性质； ⑤ 韧性：材料在断裂前吸收能量和进行塑性变形的能力	概念对比
	基本物理参数	① 密度：材料在绝对密实状态下单位体积内所具有的质量； ② 表观密度：材料在自然状态下单位体积内所具有的质量； ③ 堆积密度：散粒状材料在自然堆积状态下单位体积的质量； ④ 孔隙率：材料中孔隙体积占材料总体积的百分率； ⑤ 空隙率：散粒材料在自然堆积状态下，颗粒之间空隙体积占总体积的百分率； ⑥ 吸水率：材料由干燥状态变为饱水状态所增加的质量与材料干质量之比的百分率； ⑦ 含水率：材料内部所包含水分的质量占材料干质量的百分率	

建筑构造　　　　　　　　　　　　　　　　　　　　　　　表 3-1-5.3

内容	考点		考查思路
定义及构件 ★★	定义：建筑构造是研究建筑物中各建筑构件的组成原理和方案的学科。	八大构件 　竖向构件—基础、墙体、门、窗 　水平构件—屋顶、楼面、地面 　交通构件—楼梯	类型记忆

内容	考点		考查思路
防水构造 ★★	侵入房间的水须予以防止，水的来源有地下水、天落水及用水房间（厨房、卫生间及厕所等）的溢水； ① 地下室防水构造，目前常采用材料防水（在外墙和底板表面敷设防水材料）和混凝土自防水两种； ② 屋顶防水构造，为了排除雨天落水，屋面必须设置坡度，坡度大则排水快，对屋面的防水要求可降低；反之则要求高		类型记忆 特征理解
防潮构造	当地下水最高水位高于地下室地坪时，则应采用地下室防水构造；高出最高水位 0.5～1.0m 以上的地下室外墙部分需做防潮处理		
保温构造 ★★	平屋顶保温层有两种位置： ① 将保温层放在结构层之上，防水层之下，成为封闭的保温层，称为内置式保温层 ② 将保温层放在防水层之上，称为外置式保温层	解决建筑保温问题： 设计措施：加大建筑的进深，缩短外墙长度，尽量减少每户所占的外墙面； 工程措施：增加墙体厚度	
隔热构造 ★★	隔热的主要手段为：采用浅色光洁的外饰面，采用遮阳——通风构造，合理利用封闭空气间层，绿化植被隔热		
变形缝构造	变形缝可分为伸缩缝、沉降缝和防震缝三种		

建筑节能   表 3-1-5.4

内容	考点	考查思路
绿色建筑 ★★	① 理念：在建筑的全寿命周期内，最大限度地节约资源、保护环境和减少污染，为人们提供健康、适用和高效的使用空间，与自然和谐共生的建筑； ② "四节一环保"：是指"节能、节地、节水、节材和环境保护"； ③ 常见的国外绿色建筑评价标准：美国—能源与环境设计先锋（LEED）、英国—绿色建筑评估体系（BREEM）、德国—可持续建筑评价标准（DGNB）、新加坡—绿色建筑标志认证（Green Mark）、日本—绿色建筑评价体系（CASBEE）	特征理解 类型记忆

六、建筑美学的基本知识

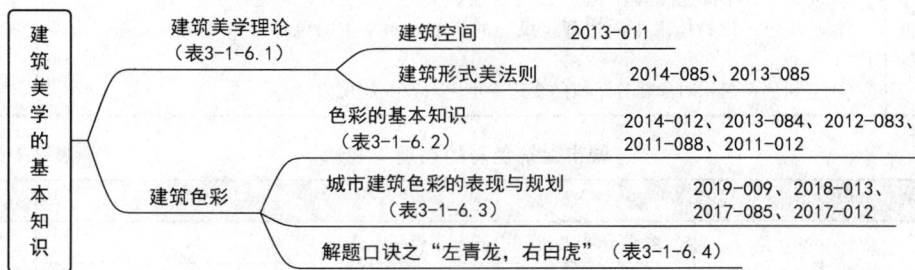

图 3-1-6 建筑美学的基本知识思维导图

（思维导图内容：）

建筑美学的基本知识
- 建筑美学理论（表3-1-6.1）
  - 建筑空间　2013-011
  - 建筑形式美法则　2014-085、2013-085
- 建筑色彩
  - 色彩的基本知识（表3-1-6.2）　2014-012、2013-084、2012-083、2011-088、2011-012
  - 城市建筑色彩的表现与规划（表3-1-6.3）　2019-009、2018-013、2017-085、2017-012
  - 解题口诀之"左青龙，右白虎"（表3-1-6.4）

建筑美学理论   表 3-1-6.1

内容	考点	考查思路
建筑空间 ★	空间定义：点、线、面、体占据、扩展或围合而成的三维虚体，具有形状、大小、色彩、材料等视觉要素，以及位置、方向、中心等关键因素	概念对比

内容	考点	考查思路
建筑空间 ★	① 建筑空间是由组成其界面的人工和利用自然物质元素所围合供人们生存活动的空间; ② 建筑空间提供从不同距离和角度观赏建筑实体形象的条件,其本身存在独立的审美价值; ③ 人工与天然的物质元素围合的空间形成单一的和组合的空间结构,构成了建筑环境; ④ 空间的秩序、围合物的材料与肌理、光影与色彩以及空间中的各种物体都影响着建筑空间的质量	特征理解
建筑形式美法则 ★	① 对比与微差:对比是显著的差异,微差则是细微的差异; ② 比例与尺度:协调的比例可以引起人们的美感; ③ 均衡与稳定: ◇ 均衡的方式包括对称均衡、不对称均衡和动态均衡; ◇ 均衡着重处理建筑构图中各要素左右或前后之间的轻重关系,稳定则着重考虑建筑整体上下之间的轻重关系; ④ 韵律与节奏:可分为连续韵律、渐变韵律、起伏韵律和交错韵律; ⑤ 重复与再现:在建筑中,往往可以借某一母题的重复或再现来增强整体的统一性;一般说来,重复或再现总是同对比和变化结合在一起,这样才能获得良好的效果; ⑥ 渗透与层次:各部分空间互相连通、贯穿、渗透,呈现出极其丰富的层次变化	类型记忆 概念对比 特征理解

色彩的基本知识   表 3-1-6. 2

内容	考点		考查思路
色彩三原色 ★★★	① 色彩三原色:红色、黄色和蓝色; ② 色光三原色:红色、绿色和蓝色(不能由其他色光混合而成); ③ 色料三原色:青色、品红色和黄色		概念对比 类型记忆
色彩三要素 ★★★	① 色相:各种色彩的相貌 ② 明度:指色彩的明暗程度 ③ 彩度(纯度):色彩纯净和鲜艳的程度	与色彩感的关系: ① 色彩的重量感以明度影响最大; ② 色彩的距离感以色相、明度影响最大,高明度的暖色系色彩感觉凸出、扩大,称为凸出色或近感色,反之给人凹进和收缩感	概念对比 特征理解
客观环境中影响色彩变化的因素	① 固有色:即物体的本色,一般可理解为日光下所显示的颜色; ② 光源色:不同光源具有不同的光色,在其照射下,会使固有色发生相应的改变; ③ 环境色:指物体由于周边环境反光的影响,而发生的色彩细微变化,又称"条件色"; ④ 空间色:色彩对象随着距离的变远发生色彩改变的现象		特征理解

城市建筑色彩的表现与规划   表 3-1-6. 3

内容	考点		考查思路
建筑色彩的应用历史 ★★	中国古代的建筑色彩	彩画分 3 大类——五彩、青绿、朱白	类型记忆 时期变化
		① 唐朝——朱白色配上灰瓦:自唐代开始,黄色成为皇室专用的色彩,皇宫寺院用黄、红色调,绿、青、蓝等为王府官宦之色; ② 北宋——绿色琉璃瓦大量生产; ③ 明清——黄绿瓦面、青绿梁枋、朱红墙柱、白色栏杆	
	西方古代的建筑色彩	① 希腊罗马——色彩强烈华丽,明快对比表达欢乐情绪; ② 中世纪(拜占庭罗马风及哥特建筑)——色彩显得阴暗沉重; ③ 文艺复兴——色彩明朗; ④ 巴洛克——用色大胆,对比强烈	

内容	考点	考查思路
色彩在城市建筑中所起的作用 ★	① 物理功能：黄、白色等反射系数最高，浅蓝、淡绿等浅淡色彩次之，紫、黑色反射系数最小，因此在建筑外墙上采用高反射系数的色彩可以增加环境的亮度； ② 装饰作用； ③ 标识作用：色彩在不同的建筑之间和同一建筑的不同组成部分之间起着重要的区分标识作用，增加了建筑的可识别性； ④ 情感作用：居住建筑——高明度、低彩度、偏暖的颜色， 　　　　　　　办公建筑——中性或偏冷的颜色，如白色、淡蓝、浅灰、灰绿等； ⑤ 文化意义：希腊——红色火，青色大地、绿色水、紫色空气， 　　　　　　　西周——正色。魏晋——金色佛教色彩	特征理解

解题口诀之"左青龙，右白虎"　　　　　　　　　　表 3-1-6.4

口诀	左青龙，右白虎，前朱雀，后玄武，中土行
理解	五色观以青、白、（朱）赤、（玄）黑、（土）黄组成，对应五方五行，在西周时期，统治阶级规定青、赤、黄、白、黑谓"五方正色"； 需要注意的是，古人的方位为坐北朝南时的左右前后，与我们现代认知的方位相反 （快去真题训练中的 2017-085 感受一下吧！）
延伸	"左祖右社"代表着宫殿的左边（东）是祖庙、右边（西）是社稷坛

七、建设程序及设计阶段的工作要求

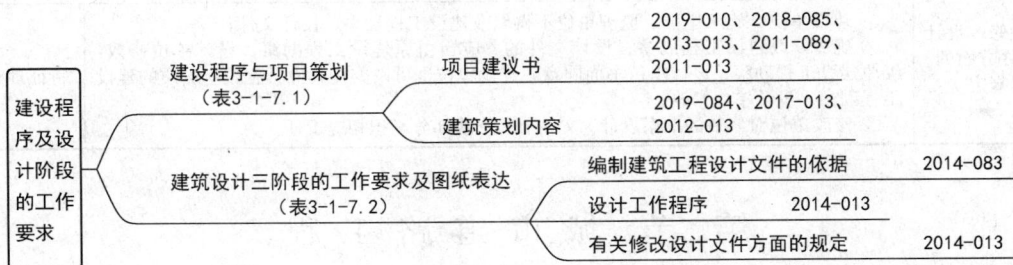

图 3-1-7　建设程序及设计阶段的工作要求思维导图

建设程序与项目策划　　　　　　　　　　表 3-1-7.1

内容	考点	考查思路
项目建议书 ★★★	① 建设项目提出依据和缘由，背景材料，拟建地点的长远规划，行业及地区规划资料； ② 拟建规模和建设地点初步设想论证； ③ 资源情况、建设条件可行性及协作可靠性； ④ 投资估算和资金筹措设想（≠工程预算！）； ⑤ 设计、施工项目进程安排； ⑥ 经济效果和社会效益的分析与初估	类型记忆概念对比

内容	考点	考查思路
建筑策划内容 ★	① 总体布局； ② 建筑设计考虑； ③ 结构选型； ④ 设备选择； ⑤ 建筑工程造价的估算。（★）； ◇ 环境投资包含：国有土地有偿使用费、地方市政配套费、动迁费以及小环境配套项目补偿费等； ◇ 建筑投资费包含：实际建筑直接费、人工费、各种调增费、施工管理费、临时设施费、劳保基金、贷款差价、税金乃至地方规定； ◇ 设备投资：建设项目涉及电梯、空调、强弱电、消防设备费用； ◇ 设计费率：不同性质工业、民用建筑按行业收费； ⑥ 建筑周期：包括前期工作、设计招标、建筑设计、施工招标、施工组织、配套装修、试运验收、工程决算	类型记忆

建筑设计三阶段的工作要求及图纸表达　　　　　　　　　　表 3-1-7.2

内容	考点	考查思路
编制建筑工程 设计文件的 依据 ★	① 项目批准文件； ② 城市规划； ③ 工程建设强制性标准； ④ 国家规定的建设工程勘察、设计深度要求	类型记忆
设计工作程序 ★	① 方案设计阶段：编制方案设计文件，应当满足编制初步设计文件和控制概算的需要； ② 初步设计阶段：小型建筑设计可以用方案设计阶段代替初步设计阶段； ③ 施工图设计阶段：编制施工图设计文件。施工图设计应注明建设工程合理使用年限； ④ 各阶段的深度应符合建设部（2003）84 号文件《建筑工程设计文件编制深度的规定》	类型记忆 特征理解
有关修改设计 文件方面的 规定 ★	① 建设单位、施工单位、监理单位不得修改建设工程勘察、设计文件； ② 确需修改建设工程勘察、设计文件的，应当由原建设工程勘察、设计单位修改，经原建设工程勘察、设计单位书面同意，建设单位也可以委托其他具有相应资质的建设工程勘察、设计单位修改； ③ 修改单位对修改的勘察设计、文件中的修改部分承担相应责任	特征理解

第二节　城市道路工程

本节特征：自 2019 年后，考查重点为相关规范，真题重复率高。

题号及规范索引如下：

《城市综合交通体系规划标准》GB/T 51328—2018：2021-11、2021-013、2021-014、2021-016、2021-017、2021-018、2021-020、2019-011、2019-012、2019-013、2019-014、2019-085、2019-086。

《城市对外交通规划规范》GB 50925—2013：2019-015、2021-015。

《城市停车规划规范》GB/T 51149—2016：2019-016。

《城市综合交通调查技术标准》GB/T 51334—2018：2021-019、2020-086。

《城市综合交通体系规划编制指导导则》2019-086。

《公路工程技术标准》JTG B01—2014：2021-012。

《铁路线路设计规范》TB 10098—2017：2021-083。

《城市轨道交通线网规划标准》GB/T 50546—2018：2021-84。

增加热点内容的考查，题号及文件索引如下：

《交通强国建设纲要》：2020-083。

一、城市道路规划设计

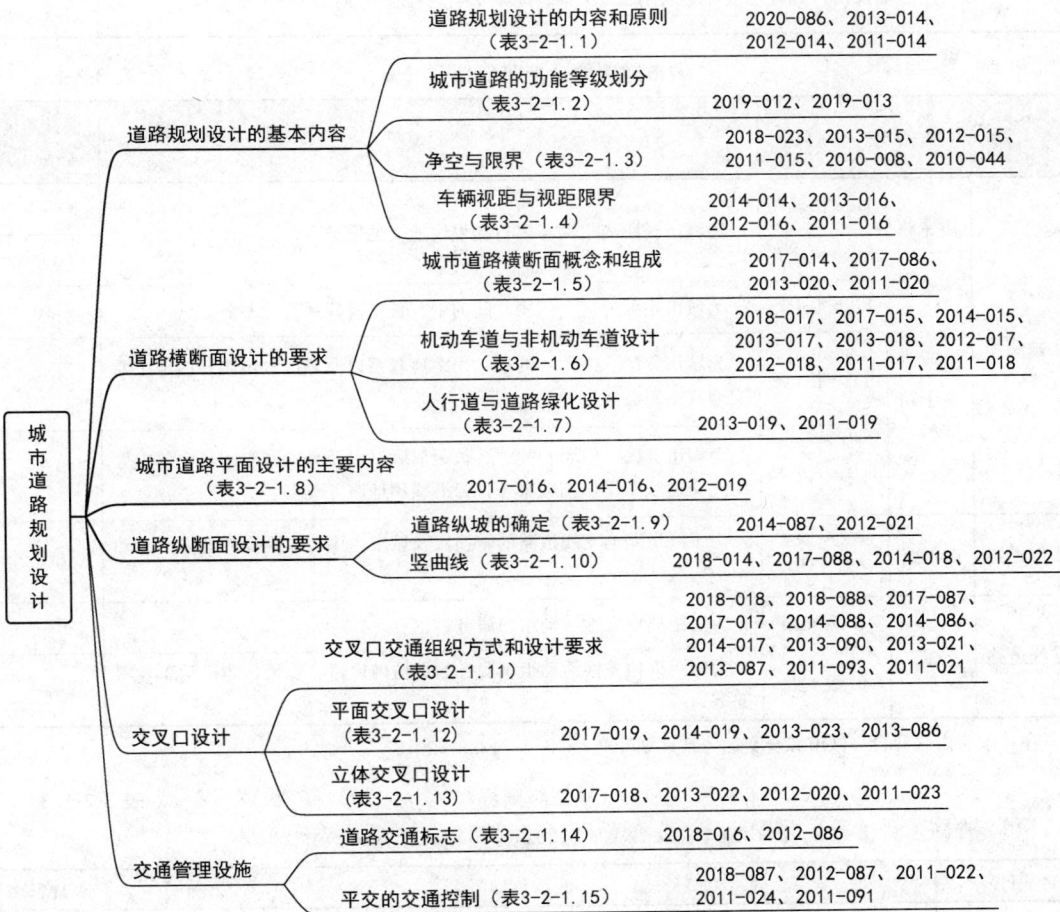

图 3-2-1.1　城市道路规划设计思维导图

（一）道路规划设计的基本内容

道路规划设计的内容和原则　　　　　　　　　　　表 3-2-1.1

基本内容 ★	一般包括：①线路设计、②交叉口设计、③道路附属设施设计、④路面设计、⑤交通管理设施设计； 　其中属于城市总体规划和详细规划的重要内容：道路选线、道路横断面组合、道路交叉口选型	类型记忆
设计原则 ★	① 符合上位规划； ② 充分考虑道路建设的远近结合、分期实施，尽量避免不符合规划的临时性建设； ③ 满足一定时期内交通发展需求； ④ 综合考虑道路平面线形、纵断面线形、横断面组合、道路交叉口等方面要求； ⑤ 兼顾道路两侧城市用地及与周边环境协调； ⑥ 合理使用各项技术标准，除特殊情况外，应避免采用极限标准	特征理解

交通调查对象 ★	居民出行、车辆出行、道路交通运行、公交运行、出入境交通、停车、吸引点、货运等调查项目	特征理解
居民出行调查的取样方法 ★	《城市综合交通调查技术标准》GBT 51334—2018； 居民出行调查应按等距抽样或分类抽样原则来确定调查的居民住户	类型记忆

城市道路的功能等级划分（★） 表 3-2-1.2

3 大类	4 中类	8 小类	功能说明	设计速度（km/h）
干线道路	快速路	Ⅰ 级快速路	为城市长距离机动车出行提供快速交通服务	80~100
		Ⅱ 级快速路		60~80
	主干路	Ⅰ 级主干路	为城市主要分区（组团）间的中、长距离联系交通服务	60
		Ⅱ 级主干路	为城市分区（组团）的中、长距离联系以及分区（组团）内部主要交通联系服务	50~60
		Ⅲ 级主干路	为城市分区（组团）的中、长距离联系以及分区（组团）内部中等距离交通联系提供辅助服务，为沿线用地服务较多	40~50
集散道路	次干路	次干路	为干线道路与支线道路的转换以及城市内中、短距离的地方性活动组织服务	30~50
支线道路	支路	Ⅰ 级支路	为短距离地方性活动组织服务	20~30
		Ⅱ 级支路	为短距离地方性活动组织服务的街坊内道路、步行、非机动车专用路等	—

注：本表内容源自《城市综合交通体系规划标准》GB/T 51328—2018

净空与限界 表 3-2-1.3

相关真题：2018-023、2013-015、2012-015、2011-015、2010-008、2010-044

内容	考点			考查思路
净空要求（宽×高）★	行人净空	自行车净空	机动车净空	类型记忆 数字记忆
	2.2m 0.75~1m 行人净空	2.2m 1m 自行车	1.6m 2m 小汽车　3m 2.6m 公共汽车　4m 3m 大货车	
道路桥洞通行限界 ★★	行人和自行车高度限界 2.5m，考虑其他非机动车通行及在非机动车桥洞内雨天通行公共汽车，高度限界为 3.5m			数字记忆
铁路通行限界 ★	宽度限界：4.88m； 高度限界：内燃机车为 5.5m；高速列车为 7.25m；通行双层集装箱时为 7.96m			

内容	考点									考查思路
行车视距 ★★	① 停车视距：									数字记忆
	计算行车速度 （km/h）	120	100	80	70	60	50	40	30	20	
	停车视距（m）	210	160	115	95	75	60	45	30	20	
	② 会车视距＝停车视距×2									
视距限界 ★	（图 3-2-1.2） ① 平面弯道视距限界：弯道内侧，一系列保证停车视距的视线所形成的包络线，曲线内侧限界内必须清除高于 1.2m 的障碍物，以保证安全； ② 纵向视距限界：纵向视距限界≈两车的停车视距之和； ③ 交叉口视距限界：视距三角形界范围内应清除高于 1～2m 的障碍物									

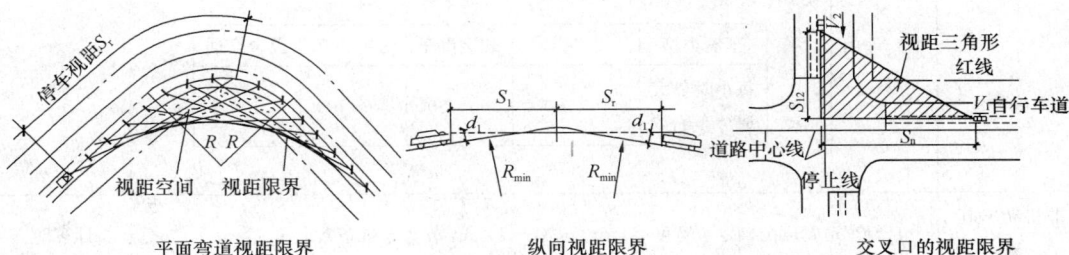

图 3-2-1.2　车辆视距与视距限界

（二）道路横断面设计的要求

城市道路横断面概念和组成　　　　　　　　　　　　　　　表 3-2-1.5

内容	考点	考查思路
相关概念 ★	① 城市道路横断面：指垂直于道路中心线的剖面； ② 路幅宽度：道路横断面的规划宽度； ③ 道路红线规划宽度：道路用地控制的总宽度	概念对比
路拱★	基本形式：抛物线形、直线形和折线形三种，常用的是抛物线形	类型记忆
组成部分★	车行道、人行道、分隔带、绿地（注意：不要考虑路边停车！）	
形式选择 考虑因素 ★★	① 符合城市道路体系对道路规划的要求，包括道路性质、道路红线、道路等级等； ② 满足交通顺畅和安全要求； ③ 充分考虑道路绿化布置； ④ 满足各种工程管线布置要求； ⑤ 与沿路建筑相协调； ⑥ 对现有道路改建，应采用工程措施与交通组织管理措施相结合的办法，保证交通安全； ⑦ 注意节省建设投资、节约和集约城市用地	

内容		考点	考查思路
机动车道 ★★	车道宽度和数量	车道数量的计算依据：单向高峰小时交通量除以一条车道的通行能力，确定单向车道数，乘以 2 为双向所需机动车道数	特征理解 数字记忆
		①主干路小型车车道宽度选用 3.5m； 大型车车道（公交车属于大型车）或混合车道选用 3.75m； 支路车道最窄不宜小于 3.0m； ② 道路两个方向的机动车车道数一般不宜超过 4～6 条； 两板道路的单向机动车车道数不得少于 2 条； 四板道路的单向机动车车道数至少为 2 条； ③ 高速公路硬路肩最小宽度要求：2.5～3.0m	
	通行能力	通行能力从中心车道往右依次减少，依次为 1、0.80～0.89、0.65～0.78、0.50～0.65 | 车辆类型	小汽车	载重汽车	公共汽车	混合交通
---	---	---	---	---
每小时最大通行车辆数	500～10000	300～600	50～100	400		
非机动车道 ★		自行车道宽度的确定：宽度＝1.5m＋（$n-1$）m，n 为车带条数	计算题

内容	考点	考查思路
人行道 ★	步行交通宽度和通行能力： | 所在地点	宽度（m）	最大通行能力（人/h）
城市道路上	0.75	1800
车站码头、天桥、地道	0.90	1400 | 人行道的组成部分： 人行道的主要功能是为满足步行交通的需要，同时也用来布置绿化和道路附属设施，有时还作为拓宽车行道的备用地； 注意：人行道不能作为路边的停车带！	数字记忆 计算题 特征理解
道路绿化	① 树枝侵入道路限界或在视距三角形范围内种植高度＜2m 的植物； ② 在宽度大于 40m 的滨河路或主干路上，当交通条件许可时，可考虑沿道路两侧或一侧成行种树； ③ 行道树的最小布置宽度一般为 1.5m，道路分隔带兼作公共车辆停靠站台或供行人过路临时驻足之用时，宽度一般为 4.5～6m 以上	特征理解

（三）城市道路平面设计的主要内容

城市道路平面设计的主要内容

表 3-2-1.8

内容	考点	考查思路
主要内容 ★	① 依据城市道路系统规划、详细规划及城市用地现状，确定道路中心线的具体位置； ② 选定合理的平曲线； ③ 论证设置必要的超高、加宽和缓和路段； ④ 进行必要的行车安全视距验算； ⑤ 按照道路标准横断面和道路两旁的地形、用地、建筑、管线要求，详细布置道路红线范围内道路各组成部分，包括道路排水设施（雨水进水口等）、公共交通停靠站等其他设施和交通标志标线的布置； ⑥ 确定与两侧用地联系的各路口、相交道路交叉口、桥涵等的具体位置和设计标准、选型、控制尺寸等	类型记忆
道路平曲线	道路平曲线半径≤250m 时，在平曲线内侧加宽	特征理解
超高	超高缓和段：长度不宜过短，一般不小于 15～20m	

（四）道路纵断面设计的要求

道路纵坡的确定

表 3-2-1.9

内容	考点	考查思路
道路纵坡的确定 ★	最大纵坡： ① 机动车道的最大纵坡决定于道路的设计车速，对于平原城市，机动车道路的最大纵坡宜控制在 5% 以下； ② 非机动车道的最大纵坡控制在 2.5% 以下为宜； ③ 等级高的道路设计车速高，需要尽量采用平缓的纵坡；等级低的道路设计车速低，对纵坡的要求就不很严格	特征理解 数字记忆
	最小纵坡： ① 主要取决于：道路排水和地下管道的埋设要求，也与雨量大小、路面种类有关； ② 一般希望道路最小纵坡控制 0.3% 以上，纵坡小于 0.2% 时，应设置锯齿形街沟解决排水问题	

竖曲线

表 3-2-1.10

内容	考点	考查思路
分类★	凸形竖曲线：满足视线视距的要求。凹形竖曲线：满足车辆行驶平稳的要求。	概念对比
设置要求 ★★	① 可以不设置竖曲线的条件：当城市干路相邻坡段的坡度差小于 0.5% 或外距小于 5cm 时； ② 城市道路设计时一般希望将平曲线与竖曲线分开设置，如果确实需要重合设置时，通常要求将竖曲线在平曲线内设置，而不应有交叉现象； ③ 应避免将小半径的竖曲线设在长的直线段上	特征理解

245

（五）交叉口设计

交叉口交通组织方式和设计要求　　　　　　　　　　表 3-2-1. 11

内容	考点	考查思路
交叉口交通组织方式 ★★★	① 无交通管制：适合于交通量很小的次要道路交叉口； ② 渠化交通： ◇ 适用于交通量较小的次要交叉口、交通组织复杂的异形交叉口和城市边缘地区的道路交叉口； ◇ 目的：在交通量比较大的交叉口，配合信号灯组织渠化交通，有利于交叉口的交通秩序，增大交叉口的通行能力； ③ 交通指挥：常用于一般平面十字交叉口； ④ 立体交叉：适用于快速、有连续交通要求的大交通量交叉口	类型记忆 特征理解
常用交叉口改善方法 ★	① 渠化、拓宽路口、组织环形交叉和立体交叉； ② 错口交叉改为十字交叉； ③ 斜角交叉改为正交交叉； ④ 多路交叉改为十字交叉； ⑤ 合并次要道路，再与主要道路相交	
交叉口设计的基本要求 ★	① 确保行人和车辆的安全； ② 使车流和人流受到的阻碍最小； ③ 使交叉口通行能力适应各道路交通量要求； ④ 考虑与地下管线、绿化、照明等的配合和协调	类型记忆
自行车交通组织方法 ★	① 自行车右转专用车道； ② 设置左转候车区； ③ 停车线提前法； ④ 两次绿灯法； ⑤ 设置自行车横道	

平面交叉口设计　　　　　　　　　　　　　　　表 3-2-1. 12

内容	考点	考查思路
分类	按相交道路连接的形式分为：十字交叉口、X 形交叉口、丁字形（T 形）交叉口、Y 形交叉口、多路交叉口及环形交叉口 十字交叉口　　X 形交叉口　　丁字形 (T形) 交叉口　　Y 形交叉口　　多路交叉口 图 3-2-1.3　平面交叉口的类型	类型记忆
交通控制形式 ★★	交通信号灯法、多路停车法、让路标志法、不设管制	
人行横道 ★	① 人行横道的宽度取决于单位时间内过路行人的数量及行人过路时信号放行的时间，最小宽度为 4m，通常选用经验宽度 4~10m； ② 规范规定机动车车道数大于等于 6 条或人行横道大于 30m 时，应在道路中央设置安全岛	数字记忆

内容	考点		考查思路
停止线 ★	与人行横道关系：停止线设在人行横道外侧面 1～2m 处		
交叉口拓宽	当道路进出口车道数不能适应要求通过的交通量时，就需要对交叉路口进行拓宽，在进口段分别按左转、直行、右转行车方向增设车行道，在出口段也相应进行拓宽	图 3-2-1.4　交叉口拓宽	
环形交叉口 ★	适用于：①多条道路交汇的交叉口；②左转交通量较大的交叉口；③畸形交叉口（不适用于城市主干路！）		特征理解
	设计要求： ① 相交道路的夹角不应小于 60°； ② 中心岛最小半径须大于 20m； ③ 满足车辆进出交叉口在环岛上的交织距离要求； ④ 环道上一般布置 3 条机动车道（1 条车道绕行，1 条车道交织，1 条作为右转车道），同时还应设置一条专用的非机动车道（注意：机动车道与非机动车道不一定要隔离！）		
	中心岛设计： ① 多采用圆形，主、次干路相交的环形交叉口也可采用椭圆形的中心岛，并使其长轴沿主干路的方向； ② 中心岛的半径应满足设计车速的需要，与车辆进出交叉口的交织距离有关； ③ 中心岛上不应设置人行道，岛上的绿化不应影响绕行车辆的视距		

立体交叉口设计

表 3-2-1.13

内容	考点	考查思路
分类★	分离式立交、互通式立交	类型记忆
立体交叉设置条件 ★★	① 快速道路与其他道路相交； ② 主干路交叉口高峰小时流量超过 6000 辆 PCU（当量小汽车）时； ③ 城市干路与铁路干线交叉； ④ 其他安全等特殊要求的交叉口和桥头； ⑤ 具有用地和高差条件	类型记忆 特征理解

内容	考点		考查思路
立体交叉的组成	① 跨线桥（或下穿式隧道）：是立体交叉的主体； ② 匝道：是连接相交两条道路，为转弯行驶的车流而设置的交换车道； ③ 加速道； ④ 减速道； ⑤ 集散道：为车辆进出快速道路而设置的车道，常由加速道和减速道相连组成	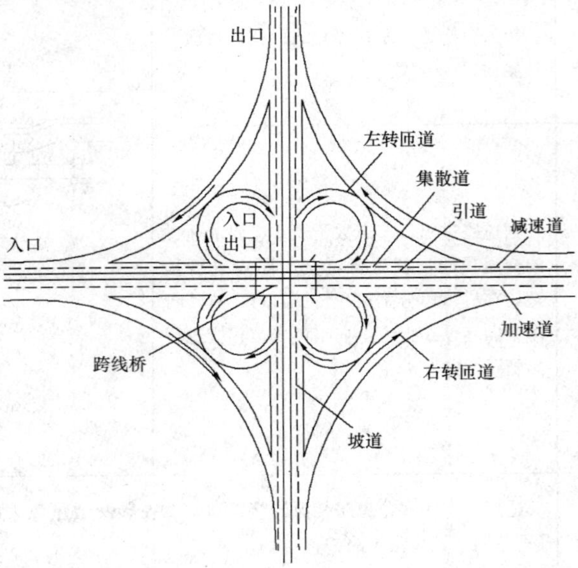 图 3-2-1.5 苜蓿叶式立体交叉的组成	类型记忆
分离式立交	主要用于铁路干线与城市干路的交叉和城市快速路（或高速公路）与城市一般道路的交叉		特征理解
互通式立交 ★	① 互通式立交的间距：在设计车速为 80km/h 的城市快速路上，设置互通式立交的最小净距为 1000m； ② 相交道路的上下位置：一般等级高、速度快的道路宜布置在下面，等级低、速度慢的道路宜布置在上面； ③ 车道布置：道路主线机动车行驶车道双向不少于 4 条； ④ 变速车道：有平行式与直接式两种		数字记忆

（六）交通管理设施

道路交通标志　　　　　　　表 3-2-1.14

内容	考点			考查思路
	7 类	形状	特征描述	
道路标志分类及特征 ★	警告标志	▲	警告车辆、行人交通行为的标志。形状为等边三角形，顶角朝上，颜色为黄底黑边、黑图案	类型记忆特征理解
	禁令标志	●	禁止或限制车辆、行人交通行为的标志。形状为圆形；禁止驶入标志和停车让行标志是红底、白杠或白字；解除限速和超车禁令标志是白色、黑圈、黑图案；会车让路标志是白底、红圈、红黑两色图案	
	指示标志	● 和 ▬	形状为圆形和矩形，其颜色为蓝底、白图案	
	指路标志	▬	除地点识别标志外均为矩形。指路标志除里程碑、百米桩、公路界碑外，一般道路为蓝底、白图案，高速公路为绿底、白图案	

内容	考点			考查思路
道路标志 分类及 特征 ★	旅游区标志	■ 或 ▬	方形或长方形，底色棕色，文字图案为白色	类型记忆 特征理解
	道路施工 安全标志	▬	主要为长方形蓝底、白字的标志，此外还有黄黑相间的路栏、红白相间的锥形交通标志	
	辅助标志	▬	其形状为矩形。辅助标志的颜色为白底、黑字或黑图案、黑边框	

平交的交通控制 表 3-2-1. 15

内容	考点	考查思路
交通控制形式 ★★	交通信号灯法、多路停车法、让路标志法、不设管制； ① 主干路与次干路相交时，可采用多路停车； ② 次干路与支路相交时，采用二路停车或让路的形式； ③ 进入交叉口的交通量大于 300PCU/h，应设置多路停车； ④ 进入交叉口的交通量大于 600PCU/h，应设交通信号灯； ⑤ 进入交叉口的交通量小于 200PCU/h，可不设管制	类型记忆 特征理解
人行横道 ★	① 人行横道的宽度取决于单位时间内过路行人的数量及行人过路时信号放行的时间，最小宽度为 4m，通常选用经验宽度 4～10m； ② 规范规定机动车车道数大于等于 6 条或人行横道大于 30m 时，应在道路中央设置安全岛	数字记忆

二、城市停车设施的规划设计

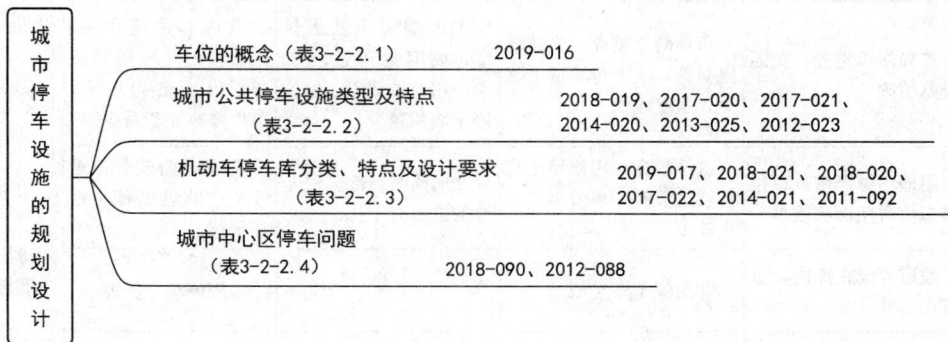

城市停车设施的规划设计

- 车位的概念（表3-2-2.1） 2019-016
- 城市公共停车设施类型及特点（表3-2-2.2） 2018-019、2017-020、2017-021、2014-020、2013-025、2012-023
- 机动车停车库分类、特点及设计要求（表3-2-2.3） 2019-017、2018-021、2018-020、2017-022、2014-021、2011-092
- 城市中心区停车问题（表3-2-2.4） 2018-090、2012-088

图 3-2-2 城市停车设施的规划设计思维导图

车位的概念 表 3-2-2. 1

内容	考点	考查思路
车位的概念 ★	《城市停车规划规范》GB/T 51149—2016 中，按照停车需求将停车位分为基本车位和出行车位两种类型： ① 基本车位：满足车辆拥有者在无出行时车辆长时间停放需求的相对固定停车位； ② 出行车位：满足车辆拥有者在有出行时车辆临时停放需求的停车位	概念对比

城市公共停车设施类型及特点　　　　　　　　　　　　　　　表 3-2-2.2

内容	考点	考查思路
停车场分类 ★	《城市停车规划规范》GB/T 51149—2016： ① 按照规划管理方式分为：城市公共停车场和建筑物配建停车场； ② 按服务对象分为：机动车停车场和非机动车停车场	类型记忆
分类★★	城市公共停车设施分类：路边停车带、路外停车场	
路边停车带 ★★	① 用途：供临时停车/短时停车； ② 特点：车辆停放没有一定规律，多系短时停车，随到随开； ③ 城市主干路旁不应设置路边停车带；次干路旁设置路边停车带时，应布置为港湾式，或设分隔带与车行道分离；支路旁设置路边停车带也宜布置为港湾式； ④ 城市繁华地区道路用地比较紧张，路边停车带多供不应求，所以以多采用计时收费的措施来加速停车泊位的周转，以供更多的车辆停放； ⑤ 规划面积：路边停车带为 16～20m²/停车位	特征理解 数字记忆
路外停车场 ★	① 概念：是指道路以外专设的露天地面停车场和坡道式、机械提升式的多层、地下停车库； ② 露天地面停车场为 25～30m²/停车位，室内停车库为 30～35m²/停车位	数字记忆

机动车停车库分类、特点及设计要求　　　　　　　　　　　　表 3-2-2.3

内容	考点				考查思路
停车库分类 ★	坡道式停车库		机械停车库		类型记忆

分类	直坡道式停车库	螺旋坡道式停车库	错层式停车库	斜楼板式停车库	
优点 ★★	布局简单整齐，交通线路明确	布局简单整齐，交通线路明确；上下行坡道干扰少，速度较快	大大缩短了坡道长度，坡度也可适当加大；用地较节省，单位停车面积较少	坡道和通道合一，无需再设置专用的坡道，用地最为节省，单位停车面积最少	特征理解 概念对比
缺点 ★★	用地不够经济，单位停车位占用面积较多	造价较高，用地稍比直行坡道节省，单位停车面积较多	交通路线对部分停车位的进出有干扰	交通线路较长，对停车位的进出普遍存在干扰	
其他特点	坡道可设在库内，也可在库外	常用停车库类型	—	常用停车库类型	
图片示例	 双行库外直坡　分离式库内直坡道 **直坡道式停车库设计**	 螺旋形斜楼板（带快速出口） **螺旋坡道式停车库设计**	 错层—双坡道 错层—单坡道 **错层式（半坡式）停车库设计**	 双行斜楼板　中间有双行水平通道的斜楼板 中间有单行水平通道的斜楼板　带快速出口的斜楼板 **斜楼板式停车库设计**	
设计要求 ★	① 室内停车库为 30～35m²/停车位； ② 小型汽车停车库的设计最小净高度要求为 2.2m				数字记忆

250

城市中心区停车问题   表 3-2-2.4

内容	考点	考查思路
城市中心商业区停车问题的措施 ★	① 在中心区外围设置截流性机动车停车场； ② 在中心区建立停车诱导系统； ③ 在中心区限制停车泊位的数量； ④ 提高收费标准，加快停车泊位的周转； ⑤ 设置地下停车库。(不可在步行街或广场上设置机动车停车场！)	类型记忆

三、交通枢纽规划设计

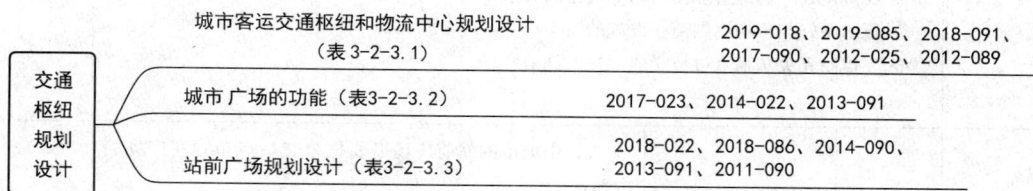

	城市客运交通枢纽和物流中心规划设计（表3-2-3.1）	2019-018、2019-085、2018-091、2017-090、2012-025、2012-089
交通枢纽规划设计	城市广场的功能（表3-2-3.2）	2017-023、2014-022、2013-091
	站前广场规划设计（表3-2-3.3）	2018-022、2018-086、2014-090、2013-091、2011-090

图 3-2-3 交通枢纽规划设计思维导图

城市客运交通枢纽和物流中心规划设计   表 3-2-3.1

内容	考点		考查思路
分类 ★	① 城市客运交通枢纽（城市中心附近客运交通枢纽）：轨道交通线路、公交线路、小汽车、自行车和步行等； ② 货运交通枢纽（物流中心）：衔接功能、信息功能、管理功能		类型记忆
	城市客运交通枢纽规划设计	物流中心规划设计	
设计的主要内容 ★	① 根据城市客运交通枢纽总体布局，进一步确定枢纽的具体选址与功能定位； ② 枢纽的客流预测及各种交通方式之间的换乘客流量预测； ③ 枢纽的平面布置与空间设计； ④ 内部交通组织； ⑤ 外部交通组织	① 选址和功能定位； ② 规模的确定与运量预测； ③ 平面设计与空间设计； ④ 内部交通组织； ⑤ 外部交通组织	

城市广场的功能   表 3-2-3.2

内容	考点	考查思路
广场按功能分类 ★	① 集散广场：大型体育馆、展览馆等的门前广场，机场、车站等交通枢纽站前广场（不是交通广场！）；②商业广场；③公共活动广场；④交通广场：为几条主要道路汇合的大型交叉路口，常见形式为环形交叉路口；城市跨河桥桥头与滨河路相交形成的桥头广场；⑤纪念性广场	类型记忆
站前广场的功能 ★	① 交通（主要功能！）——综合了多种方式并在换乘枢纽前供各种车辆停靠以及乘客利用的空间；②防灾（紧急避难）；③环境景观；④某些商业功能；⑤体现城市面貌的窗口	

站前广场规划设计

表 3-2-3.3

内容			考点	考查思路
设计原则 ★			① 公交优先——以最少的车辆交通量集散最大的客流。 ◇ 要为旅客优先选择公交换乘提供最大的便利性：公交枢纽（包括公交站点和轨道交通车站）应尽量靠近出站口、站房，出租车停车场次之，社会车辆停车场最远； ◇ 公交线路配置要完善，力争设置通往各个主要方向的公交车。 ② 人车分离、减少冲突——尽量排除人流、车流的干扰。 ◇ 行人流线要简单、明确； ◇ 要完善诱导（标识）系统，将不同交通方式之间的冲突降到最低； ◇ 要协调好广场周边道路与内部道路的关系； ◇ 要协调好与广场周围商业设施的关系； ◇ 要控制无关车辆（过境交通）进入站前广场	特征理解 类型记忆
规划设计 的内容 ★★	静态交通 组织	公交站点布置	◇ 大、中城市的站前广场需要把公交站点布置在广场的内部； ◇ 一般都把轨道交通的车站设置在站前广场的地下（或高架位置）	类型记忆 特征理解
		社会车辆停车场布置	◇ 考虑到实际情况，社会车辆停车场可以修建在广场的地下，而且可多层	
		出租车停车场布置	◇ 布置形式可考虑采用停车场与接送站台相结合的方式； ◇ 小型火车站没必要设置出租车专用停车场，甚至还可以采用接、送客站点合并的方式； ◇ 流量特别大或者站前用地比较宽余的火车站一般都把出租车停车场、接客区和送客区分开来设置	
		自行车停车场布置	◇ 站前广场按需配置相应的大型自行车停车场是非常必要的； ◇ 一般设置在站前广场外围的左右两侧，停车泊位数量根据实际确定	
		长途汽车站布置	长途汽车站作为枢纽内的一种换乘方式应该放在整个站前广场中来考虑	
	动态交通 组织与 管理	行人交通组织	◇ 人行空间、诱导系统、无障碍人行系统	
		车辆交通组织	◇ 控制过境车辆通过站前广场； ◇ 社会车辆组织与管理； ◇ 出租车组织与管理； ◇ 长途汽车行车路线组织	
	景观功能 设计	景观设计	要给旅客一个开阔的感觉，做到舒适方便、功能完善； 应该与城市的整体环境相协调，体现城市的风貌和特色	

四、城市轨道交通

图 3-2-4　城市轨道交通思维导图

城市轨道交通的分类　　　　表 3-2-4.1

内容	考点	考查思路
城市公共交通走廊的分类 ★	《城市综合交通体系规划标准》GB/T 51328—2018： **层级 / 客流规模** 高客流走廊：高峰小时单向客流量＞6万人次/h 或客运强度≥3万人次/(km·d) 大客流走廊：高峰小时单向客流量3万～6万人次/h 或客运强度2万～3万人次/(km·d) 中客流走廊：高峰小时单向客流量1万～3万人次/h 或客运强度1万～2万人次/(km·d) 普通客流走廊：高峰小时单向客流量0.3万～1万人次/h	数字记忆
城市轨道交通的分类 ★	按运输能力分类： **高运量 / 大运量 / 中运量 / 低运量** 单向运输能力：4.5万～7万人次/小时　2.5万～5万人次/小时　1万～3万人次/小时　小于1万人次/小时	

城市轨道交通系统的技术特征　　　　表 3-2-4.2

内容	考点		考查思路
地铁系统 ★	采用全封闭线路，独立专用路权	大运量城市轨道交通（单向运输能力在2.5万人次/小时以上。高运量地铁：4.5万～7万人次/小时）	特征理解排序记忆
轻轨系统 ★	采用全封闭线路或部分封闭线路，基本为独立路权	中运量（单向运输能力一般为1万～3万人次/小时）	
有轨电车 ★★	路权：轨道主要铺设在城市道路路面上，车辆与其他地面交通混合运行	低运量的城市轨道交通	
城市铁路 ★	《城市对外交通规划规范》GB 50925—2013：城镇建成区外高速铁路两侧隔离带规划控制宽度应从外侧轨道中心线向外不小于50m；普速铁路干线两侧隔离带规划控制宽度应从外侧轨道中心线向外不小于20m；其他线路两侧隔离带规划控制宽度应从外侧轨道中心线向外不小于15m		

内容	考点	考查思路
磁浮系统 ★	中低速磁浮磁悬浮系统的主要特征： ① 曲线和道岔性能与单轨等新交通系统相近； ② 噪声小，轨道的维护费用少； ③ 车辆载荷平均分布、车身较轻，桥梁等构造建筑的费用相应减少； ④ 车辆费用较高； ⑤ 属于中运量系统	特征理解 排序记忆

轨道交通线网规划设计 表 3-2-4.3

内容	考点	考查思路
线网规划布局的主要内容 ★	① 确定各条线路的大致走向和起讫点位置，提出线网密度等技术指标； ② 确定换乘车站的规划布局，明确各换乘车站的功能定位； ③ 处理好城市轨道交通线路之间的换乘关系，以及城市轨道交通与其他交通方式的衔接关系； ④ 在充分考虑城市规划和环境保护等方面要求的基础上，根据沿线地形、道路交通和两侧土地利用的条件，提出各条线路的敷设方式； ⑤ 提出城市轨道交通分期建设时序；按照城市轨道交通分期建设时序和车辆基地规划等要求，确定线网中联络线的分布	类型记忆
线网功能层次 ★	《城市轨道交通线网规划标准》GB/T 50546—2018： 城市轨道交通普线 → 按运量划分 → 大运量 / 中运量 → 全封闭系统 / 部分封闭系统 ◇ 城市轨道交通快线——按旅行速度可划分： <table><tr><td>速度等级</td><td>旅行速度（km/h）</td><td>服务功能</td></tr><tr><td>快线 A</td><td>＞65</td><td>服务于区域、市域、商务、通勤、旅游等多种目的</td></tr><tr><td>快线 B</td><td>15～60</td><td>服务于市域城镇连绵地区或部分城市的城区，以通勤为主等多种目的</td></tr></table>	类型记忆 数字记忆
线网形态 ★	网格式线网 特点： ◇ 线路分布平均，客流吸引范围较高； ◇ 换乘站较多，线路连通性好； ◇ 线路走向较单一，对角线方向出行绕行距离较大，市中心与郊区之间出行常需换乘 无环放射式线网 特点： ◇ 市中心与郊区之间联系方便； ◇ 加剧中心区的交通拥堵； ◇ 造成郊区与郊区之间的交通联系不畅； ◇ 有利于防止郊区之间"摊大饼"式蔓延 有环放射式线网 特点： 有环放射式线网由穿越城市中心区的径向线和环绕市区的环线共同构成	类型记忆 特征理解

内容	考点	考查思路
线路走向的选择 ★★	① 线路应沿主客流方向选择，并通过大客流集散点； ② 线路应考虑全日客流效益、通勤客流规模，宜有大型客流点的支撑。车站应服务于重要客流集散点，起讫点车站应与其他交通枢纽相配合； ③ 线路起、终点不要设在市区内大客流断面位置； ④ 超长线路一般以最长交通运行 1h 为目标，旅行速度达到最高运行速度的 45%～50% 为宜； ⑤ 支线长度不宜过长，宜选在客流断面较小的地段； ⑥ 当采用全封闭方式时，在城市中心区宜采用地下线，但应注意对地面建筑、地下资源和文物的保护；在城市中心区外围，且道路宽阔地段，宜选择高架线。有条件地段也可采用地面线； ⑦ 在线路长、大陡坡地段，不宜与平面小半径曲线重叠； ⑧ 充分考虑停车场和车辆基地的位置和联络线	类型记忆 特征理解
车站布局 ★	① 车站应布设在主要客流集散点和各种交通枢纽点上，其位置应有利乘客集散，并与其他交通换乘方便； ② 高架车站应控制造型和体量，中运量轨道交通的车站长度不宜超过 100m。站厅落地的高架车站宜设置站前广场； ③ 在全封闭线路上，市中心区的车站间距不宜小于 1km，市区外围的车站间距宜为 2km 左右。在超长线路上，应适当加大车站间距； ④ 当线路经过铁路客运车站时，应设站换乘	

第三节　城市市政公用设施工程

本节特征：与前两节一样，重复率高，考细节，补规范。不过这一节的记忆内容一般不考数据，理解原理即可，重点关注量的计算方法和站场建设要求。

题号及规范索引如下：

《室外排水设计规范》GB 50014—2006：2021-022。

《环境卫生设施设置标准》CJJ 27—2012、《城市公共厕所设计标准》CJJ 14—2016：2021-025。

《城市工程管线综合规划规范》GB 50289—2016 ：2021-026。

《城市节水评价标准》GB/T 51083—2015 ：2021-085。

《城市综合管廊工程技术规范》GB 50838—2015：2021-086。

《防洪标准》GB 50201—2014：2021-029。

一、城市供水工程规划

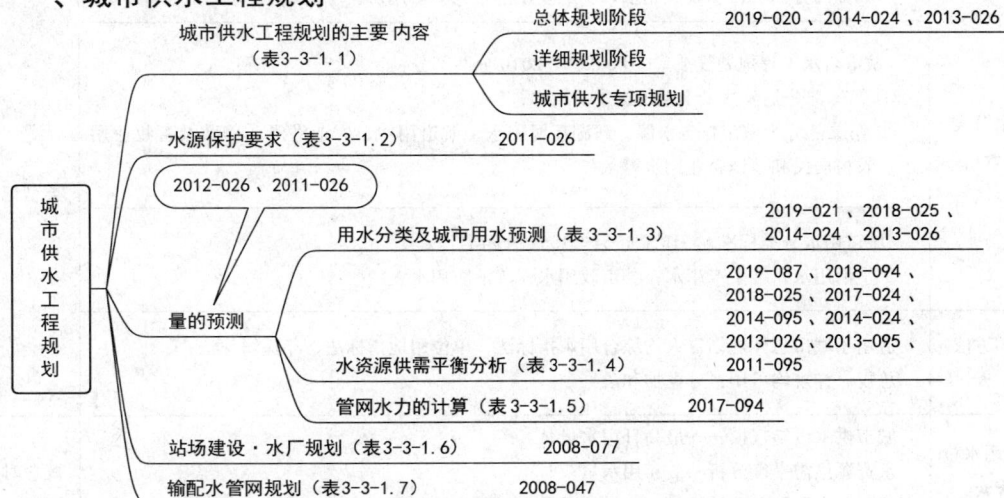

图 3-3-1　城市供水工程规划思维导图

城市供水工程规划的主要内容   表 3-3-1.1

内容	考点	考查思路
总体规划阶段 ★	① 预测城市用水量； ② 进行水资源供需平衡分析； ③ 确定城市自来水厂布局和供水能力； ④ 布置输水管渠、配水干管和其他配水设施； ⑤ 划定城市水源保护区范围，提出水源保护措施	特征理解
详细规划阶段	① 计算规划区用水量； ② 落实总体规划确定的供水设施位置和用地； ③ 布置配水管网，确定管径以及管道的平面和竖向位置； ④ 确定规划区其他配水设施位置、配水能力、用地面积或用地标准	
城市供水专项规划	① 规划内容一般都比总体规划中的供水专业规划丰富； ② 规划深度在其他条件具备的情况下还可能达到详细规划的深度	

水源保护要求   表 3-3-1.2

内容	考点	考查思路
水源保护要求 ★	地表水源一级保护区规定： ① 禁止向水体排放污水； ② 禁止从事旅游、游泳和其他可能污染水体的活动； ③ 禁止新建、扩建与供水设施和保护水源无关建设项目； ④ 保护区内现有排污口应限期拆除或限期治理	特征理解

用水分类及城市用水预测   表 3-3-1.3

内容	考点	考查思路
用水分类 ★	水利部门分四类：①农业用水；②工业用水；③生活用水；④生态用水	类型记忆
	《城市给水工程规划规范》GB 50282—2016 分两部分： ① 第一部分是公共供水系统提供的用水； ② 第二部分为城市自备水源、河湖环境用水、航道用水、农业灌溉和养殖及畜牧业用水、农村居民和乡镇企业用水等	
	《城市用水分类标准》GB/T 4754—1994 分四类： ①生活用水；②生产用水；③市政用水；④消防用水	
预测方法 ★	适用于城市总体规划：人均综合用水指标法、单位用地指标法、年递增率法； 总规、详规均可用：分类加和法	
城市用水量 ★★	城市供水设施规模——最高日用水量； 水资源供需平衡分析——年用水量； 城市配水管网的设计流量——最高日最高时用水量	概念对比

水资源供需平衡分析

表 3-3-1.4

内容	考点	考查思路
供水条件 ★★	水资源总量：指一年中通过降水和其他方式产生的地表径流量和地下径流量。保证率越高，相应的水资源总量越小	特征理解
	水质： **地表水水质 | 地下水水质** • Ⅰ类：源头水、国家自然保护区； • Ⅱ类：集中式生活饮用水地表水源地一级保护区、珍稀水生生物栖息地、鱼虾类产卵场、仔稚幼鱼的索饵场等； • Ⅲ类：集中式生活饮用水地表水源地二级保护区、鱼虾类越冬场、洄游通道、水产养殖区等渔业水域及游泳区； • Ⅳ类：一般工业用水区及人体非直接接触的娱乐用水区； • Ⅴ类：农业用水区及一般景观要求水域 | • Ⅰ类和Ⅱ类：适用于各种用途； • Ⅲ类：集中式生活饮用水水源及工、农业用水； • Ⅳ类：农业和部分工业用水，处理后可作生活饮用水； • Ⅴ类：不宜饮用	
水资源供需平衡分析	① 了解所在地区不同保证率情况下的水资源总量、水质及其空间分布； ② 了解各类供水工程的供水能力和一定保证率情况下可以提供的水量； ③ 如果可供水量小于城市用水量，要提出对策措施，称为二次平衡	
解决水资源供需矛盾的措施 ★★★	◇ 缺水类型：资源型缺水、水质型缺水、工程性缺水； ◇ 解决措施： **针对资源型缺水 | 针对水质型缺水** 开源和节流，包括： ① 加强企业和居民节水，如搬迁高耗水产业； ② 推广农业滴灌喷灌； ③ 推广城市污水再利用； ④ 外流调水 | ① 水污染治理——根本措施是将污染物控制在环境容量范围内； ② 改进净水工艺——包括在水厂常规处理前增加预处理，或在常规处理后增加深度处理等工艺 开源，即利用非传统水资源——江河水系和浅层地下含水层中的淡水资源之外的水资源，包括雨水、污水、微咸水、海水等	类型记忆 特征理解

管网水力的计算

表 3-3-1.5

内容	考点	考查思路
设计流量 ★	按城市最高日最高时用水量计算。城市最高日用水量＝平均日用水量×日变化系数，最高时用水量＝平均每小时用水量×时变化系数	特征理解
设计流速 ★	① 设计流速要考虑管网造价和运行费，流量一定的情况下，流速越小，管径越大，管网工程投资也越高； ② 水管流速与压力有关，所以设计流速也要考虑水厂出厂水压	

	站场建设·水厂规划	表 3-3-1.6
内容	考点	考查思路
地表水取水构筑物位置选择★	① 根据地表水源的水文、地质、地形、卫生、水力等条件综合考虑。其中，应有足够的水源和水深，一般不小于 2.5～3.0m； ② 弯曲河段上，宜设在河流的凹岸，但应避开凹岸主流的顶冲点	特征理解

	输配水管网规划	表 3-3-1.7
内容	考点	考查思路
配水管网★	① 配水管分三类： ◇ 干管：主要承担水量转输作用，管径≥220mm； ◇ 支管：主要是把干管输送来的水分配给接户管和消火栓，大城市一般在 150～200mm 之间，中小城市在 100～150mm 之间； ◇ 接户管：不宜小于 20mm； ② 管网两种基本形式： ◇ 环状管网：城市中心地区干、支管； ◇ 枝状管网：城市边缘地区和接户管	特征理解

二、城市排水工程规划

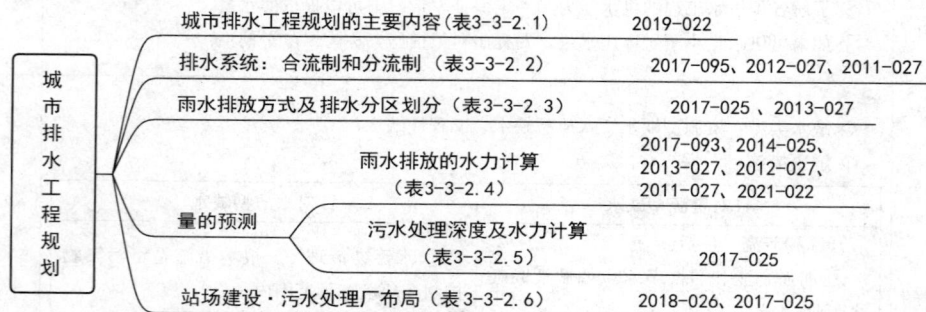

图 3-3-2　城市排水工程规划思维导图

	城市排水工程规划的主要内容	表 3-3-2.1
内容	考点	考查思路
总体规划阶段★	① 确定排水体制； ② 提出雨水、污水利用原则； ③ 划分排水分区； ④ 确定雨水系统设计标准； ⑤ 布置雨水干管（渠）及其他雨水设施； ⑥ 估算污水量，确定污水处理率和处理深度； ⑦ 确定污水处理厂布局，布置污水干管和其他污水设施	特征理解
详细规划阶段	① 落实总体规划确定的排水干管位置和其他排水设施用地，并在管径、管底标高方面与周边排水管道相衔接； ② 布置规划区内雨水、污水支管及其他排水设施； ③ 确定规划区雨水、污水支管管径和控制点标高	

258

内容	考点	考查思路
城市供水专项规划	① 落实和深化总体规划，为编制详细规划阶段的排水专业规划创造条件； ② 为了治理城市水环境，对原有直排式合流制排水系统进行改造； ③ 为了解决城市局部地段排水困难而进行的排水改造	特征理解

排水系统：合流制和分流制　　　　　　　　　　表 3-3-2.2

内容	考点	考查思路
城市排水系统分类 ★	 合流制排水系统：① 直排式合流制：水体污染严重，但投资节省。不少老城区都采用这种方式，目前一般不宜采用；② 截流式合流制：在直排式合流制基础上，沿排放口附近新建截流管，将污水截留到污水处理厂处理或输送到下游排放，雨水通过附属的溢流井仍排入原来的水体 分流制排水系统：① 完全分流制：卫生条件较好，但仍有初期雨水污染问题，其投资较大；② 不完全分流制：只有完整的污水设施而没有完整的雨水设施的排水系统；◇ 采用不完全分流制的情况：a. 早期的城市建设；b. 降水量很小的城市；c. 地形起伏变化较大的城市	特征理解
合流制和分流制优缺点比对 ★	工程投资：截流式合流制在整个排水系统的工程投资一般低于分流制； 施工建设：合流制排水系统施工难度比分流制简单； 运行管理：截流式合流制比分流制复杂； 环境影响：合流制与分流制各有利弊，应综合考虑	

雨水排放方式及排水分区划分　　　　　　　　　　表 3-3-2.3

内容	考点	考查思路
雨水排放方式 ★	自排：是城市雨水排放的主要方式； 强排：是解决低洼地区排水的方式之一，如：我国南方多雨城市应采用强排	特征理解
排水分区划分原则 ★★	① 充分利用地形和水系，以最短的距离靠重力流将雨水排入附近水系适度集中排放； ② 高水高排，低水低排，避免将地势较高、易于排水的地段与低洼区划分在同一排水分区	

雨水排放的水力计算　　　　　　　　　　表 3-3-2.4

内容	考点	考查思路
设计重现期 ★★	设计重现期越高、发生积水的概率就越低、但工程投资也相应增加； ◇ 规范规定，重要干道、重要地区或短期积水能引起严重后果的地区，重现期宜采用 3～5 年，其他地区采用 1～3 年	特征理解
径流系数 ★★	① 概念：降落在地面上的雨水，只有一部分径流入雨水管道，其径流量与降雨量之比就是径流系数； ② 影响径流系数的因素有：地面渗水性、植物和洼地的截流量、集流时间和暴雨雨型等。道路路面的径流系数＞绿地径流系数	

污水处理深度及水力计算 表 3-3-2.5

内容	考点	考查思路
处理深度★	分为一级处理、二级处理和深度处理	特征理解 数字记忆
水力计算★	① 污水设计流量：城市污水量包括城市生活污水量和部分工业废水量，通常生活污水量约占生活用水量的 70%～80%； ② 设计流速：污水管道、非金属管道和金属管道各有最小设计流速； ③ 最小管径不小于 200mm，最小设计坡度为 0.004	

站场建设·污水处理厂布局 表 3-3-2.6

内容	考点	考查思路
污水出路★	① 直接排放到水体或土壤； ② 处理后排放到水体或土壤； ③ 将污水作为一种水资源，经处理后再利用，称为再生水或中水	特征理解
选址与布局★★	① 污水处理厂应设在地势较低处，便于城市污水自流入厂内，厂址选择应与排水管道系统布置统一考虑，充分考虑城市地形的影响； ② 污水厂处理厂宜设在水体附近，便于处理后的污水就近排入水体，尽量无提升，合理布置出水口。排入的水体应有足够环境容量，减少处理水对水域的影响； ③ 厂址必须位于集中给水水源的下游，并应设在城市、工厂厂区及居住区的下游和夏季主导风向的下方。厂址与城市、工厂和生活区应有 300m 以上距离，并设卫生防护带； ④ 厂址尽可能少占或不占农田，但宜在地质条件较好的地段，便于施工、降低造价。充分利用地形，选择有适当坡度的地段，以满足污水在处理流程上的自流要求； ⑤ 结合污水的出路，考虑污水回用于工业、城市和农业的可能，厂址应尽可能与回用处理后污水的主要用户靠近； ⑥ 厂址不宜设在雨季易受水淹的低洼处。靠近水体的污水处理厂要考虑不受洪水的威胁； ⑦ 污水处理厂选址应考虑污泥的运输和处置，宜近公路和河流；要有良好的水电供应，最好是双电源； ⑧ 选址应注意城市近、远期发展问题，近期合适位置与远期合适位置往往不一致，应结合城市总体规划，并考虑扩建的可能	

三、城市供电工程规划

图 3-3-3　城市供电工程规划思维导图

城市供电工程规划的主要内容　　　　　　　　　　　　　表 3-3-3.1

内容	考点	考查思路
总体规划阶段 ★	① 预测城市规划目标年的用电负荷水平； ② 预测市域和市区（或市中心区）规划用电负荷； ③ 电力平衡； ④ 确定城市供电电源种类和布局； ⑤ 确定城网供电电压等级和层次； ⑥ 确定城网中的主网布局及其变电所（站）容量、数量； ⑦ 确定 35kV 及以上高压送、配电线路走向及其防护范围； ⑧ 提出城市规划区内的重大电力设施近期建设项目及进度安排； ⑨ 绘制市域和市区（或市中心区）电力总体规划图； ⑩ 编写电力总体规划说明书	特征理解
详细规划阶段 ★	① 确定详细规划区中各类建筑的规划用电指标，并进行负荷预测； ② 确定详细规划区供电电源的容量、数量及其位置、用地； ③ 布置详细规划区内中压配电网或中、高压配电网，确定其变电所（站）、开关站的容量、数量、结构形式及位置、用地； ④ 绘制电力控制性详细规划图； ⑤ 编写电力控制性详细规划说明书	

城市供电系统分类　　　　　　　　　　　　　　　　　表 3-3-3.2

考点	考查思路
城市供电系统 —— 城市电源 —— 发电厂 / 变电所；　城网 —— 送电网 / 配电网	类型记忆

负荷预测　　　　　　　　　　　　　　　　　　　　　表 3-3-3.3

内容	考点		考查思路
	城市电力总体规划阶段	城市电力详细规划阶段	
电力负荷预测方法选择 ★★	◇ 宜选用电力弹性系数法、回归分析法、增长率法、人均用电指标法、横向比较法、负荷密度法、单耗法等； ◇ 经济指标相关分析法、电力弹性系数，这两种方法其误差是一次性的，并且误差值也较小，也是较为先进的预测方法	① 宜选用单位建筑面积负荷指标法； ② 点负荷宜选用单耗法，或由专业部门提供负荷、电量资料	概念对比
负荷分布图 ★	① 负荷点少、负荷分布又均匀的城市，可以不绘制负荷分布图； ② 电网系统较复杂的城市，要绘制 35kV 以上电网现状图； ③ 电网系统比较简单的城市，又在规划中反映了现状，或在城市建设现状图中清楚地反映了现状城市电网和供电设施的城市可以不绘制城市电网系统现状图		

发电厂布局 表 3-3-3.4

内容	考点	考查思路
火力发电厂 选址要求 ★★	① 符合城市总体规划要求； ② 应尽量利用劣地或非耕地，或安排在三类工业用地内； ③ 应尽量靠近负荷中心； ④ 经济合理，以便缩短热管道的距离，燃油电厂一般布置在炼油厂附近； ⑤ 电厂铁路专用线要尽量减少对国家干线通过能力的影响； ⑥ 大型电厂首先应考虑靠近水源，直流供水； ⑦ 贮灰场址应尽量利用荒、滩地或山谷； ⑧ 电厂选址应在城市环境容量允许条件下，满足环保要求； ⑨ 厂址选择应充分考虑出线条件，留有适当出线走廊宽度； ⑩ 厂址应满足地质、防震、防洪等要求	特征理解
核电厂 选址要求 ★	① 靠近负荷中心，以减少输电费用； ② 在人口密度较低的地方，以核电厂为中心。半径 1km 内为隔离区； ③ 核电厂比同等容量的矿物燃料电厂需要更多的蓄水； ④ 选择足够的场地，留有发展余地； ⑤ 地形要求平坦，尽量减少土石方； ⑥ 厂址不能选在地质条件不良的地带，以免发生地震时地基不稳定； ⑦ 要求有良好的公路、铁路或水上交通条件，以便运输发电厂设备和建筑材料； ⑧ 应考虑防洪、防泄、环境保护等要求	

变电所（站） 表 3-3-3.5

内容	考点	考查思路
概念 ★	变电所是电力系统中对电能的电压和电流进行变换、集中和分配的场所。城市变电所包括：变压变电所和变流变电所两种形式	类型记忆
选址 ★★★	① 符合城市总体规划用地布局要求； ② 靠近负荷中心； ③ 便于进出线； ④ 交通运输方便； ⑤ 应考虑对周围环境和邻近工程设施的影响和协调，宜避开易燃、易爆区和大气严重污秽区及严重盐雾区； ⑥ 应满足防洪标准要求； ⑦ 应满足抗震要求； ⑧ 应有良好地质条件，避开断层、滑坡、塌陷区、溶洞地带、山区风口和易发生滚石场所等不良地质构造	特征理解
结构型式 选择 ★★★	<table><tr><td>区位</td><td>采用结构</td></tr><tr><td>市区边缘或郊区、县</td><td>紧凑、占地较少的全户外式 或半户外式结构</td></tr><tr><td>市区内规划新建的</td><td>户内式或半户外式结构</td></tr><tr><td>市中心地区规划新建的</td><td>户内式结构</td></tr><tr><td>在大、中城市的超高层公共建筑群区、中心商务 区及繁华金融、商贸街区规划新建的</td><td>小型户内式结构</td></tr></table>◇ 变电所（站）可与其他建筑物混合建设，或建设地下变电所（站）	概念对比 特征理解

内容	考点	考查思路
架空电力线路 ★	① 35kV 及以上高压架空电力线路应规划专用通道并加以保护； ② 66kV 及以上高压架空电力线路不应经过市区中心或重要风景区。应避开空气严重污染或有爆炸危险品的地区； ③ 220kV 供电架空走廊下不得布置城市管道	特征理解
电缆的敷设与保护 ★	① 地下电缆：保护区为电缆线路两侧各 0.75m 的两平行线内的区域； ② 江河电缆：保护区一般不小于线路两侧各 100m 的两平行线内的水域，中、小河流一般不小于线路两侧各 50m 的两平行线内的水域； ③ 海底电缆：保护区一般为线路两侧各 2 海里（港内为两侧各 100m）的两平行线内的区域。若在港区内，则为线路两侧各 100m 的两平行线内的区域； ④ 电信线路与供电线路通常不合杆架设	

四、城市燃气工程规划

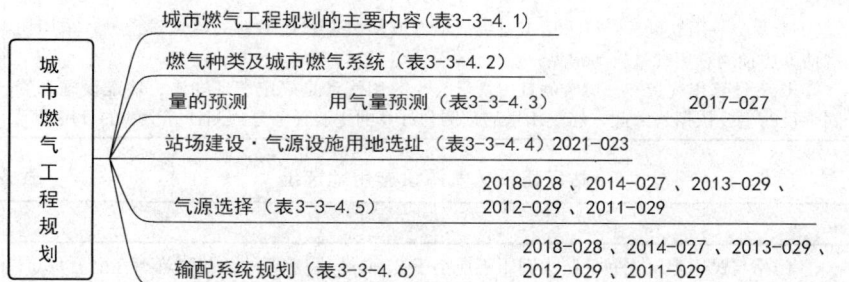

图 3-3-4 城市燃气工程规划思维导图

城市燃气工程规划的主要内容 表 3-3-4.1

内容	考点	考查思路
总体规划阶段	① 现状城市燃气系统和用气情况分析； ② 选择城市气源种类，确定气源结构和供气规模； ③ 确定城市气化率，预测城市燃气负荷； ④ 确定气源厂、储配站、调压站等主要工程设施的规模、数量、用地及位置； ⑤ 确定输配系统的供气方式、管线压力级制、调峰方式； ⑥ 布局输气干管和城市输配系统； ⑦ 确定区域调压站、储配站的规模、用地及位置； ⑧ 提出近期燃气设施建设项目安排	特征理解
详细规划阶段	① 现状燃气系统和用气情况分析，上一层次规划要求及外围供气设施； ② 计算燃气用量； ③ 落实上一层次规划的燃气设施； ④ 规划布局燃气输配设施，确定其位置、容量和用地； ⑤ 规划布局燃气输配管网； ⑥ 计算燃气管网管径	

燃气种类及城市燃气系统　　　　表 3-3-4.2

内容	考点	考查思路
燃气种类	按来源分：天然气　人工煤气　液化石油气　生物气；按热值分：高热值　中热值　低热值	类型记忆
城市燃气系统	包括：气源、输配系统、用户系统	

用气量预测　　　　表 3-3-4.3

内容	考点	考查思路
预测方法	① 总体规划阶段：分项相加法、比例估算法 ② 详细规划阶段：不均匀系数法	类型记忆
用气量 ★	① 居民生活用气负荷和公共建筑用气负荷——居民生活用气负荷和公共建筑用气负荷一般采用居民耗热指标和用气不均匀系数进行预测； ② 居民生活年用气量； ③ 采暖用气量——对于用燃气进行采暖的城市和地区，依据采暖的热指标计算燃气用量； ④ 工业企业用气量——可采用工业用气定额或历史上其他燃料的耗热量预测；采用比例估算法预测总用气量较为常见； ⑤ 燃气计算用气量——燃气的日用气量与小时用气量是确定燃气气源、输配设施和管网管径的主要依据。因此，燃气用量的预测与计算的主要任务是预测计算燃气的日用量	特征理解

站场建设·气源设施用地选址　　　　表 3-3-4.4

内容	考点	考查思路
天然气门站站址的选择	① 门站与民用建筑之间的防火间距不应小于 25.0m，距重要的公共建筑不宜小于 50m； ② 门站站址应具有适宜的地形、工程地质、供电、给排水和通信等条件； ③ 门站站址宜靠近城镇用气负荷中心地区，与城市景观协调； ④ 门站站址应结合长输管线位置确定； ⑤ 门站的控制用地一般为 1000～5000m²	
煤气制气厂选址	① 煤气制气厂属于一级负荷，应该设置有两个独立电源供电，采用双回线路； ② 大型煤气厂宜采用双同的专用线路，避开高压输电线路的安全空隙间隔地带，留有扩建用地	特征理解
液化石油气供应基地的选址	① 液化石油气供应基地应位于城市边缘，与服务站之间的平均距离不宜超过 10km，并位于全年最小风频的上风向； ② 液化石油气气化站与混气站的布置原则： ◇ 站址应靠近负荷区。作为机动气源的混气站可与气源厂、城市煤气储配站合设； ◇ 站址应与站外建筑物保持规范所规定的防火间距要求； ◇ 站址应处在地势平坦、开阔、不易积存液化石油气的地段，同时应避开地震带、地基沉陷、废气矿井和雷区等地区	

气源选择　　　　表 3-3-4.5

内容	考点	考查思路
选择原则 ★★	① 遵照国家能源政策和燃气发展方针，结合本地区燃料资源的情况，选择技术上可靠、经济上合理的气源； ② 根据城市的地质、水文、气象等自然条件和水、电、热的供应情况，选择合适的气源； ③ 合理利用现有气源，积极利用厂矿企业余气； ④ 根据城市规模和负荷，确定气源数量和主次分布； ⑤ 考虑各种燃气间的互换性（即城市气源应尽可能选择多种气源！）； ⑥ 气源厂之间与其他工矿企业必须协作	特征理解

内容	考点		考查思路
输气管网 ★★	① 一级管网系统：适用于新城区或安全距离可以保证的地区； ② 二级管网系统：适用于城市中街道狭窄、房屋密集的地区； ③ 三级管网系统：适用于情况复杂的大、中城市； ④ 混合管网系统：一、二、三级管网系统同时存在上述两种系统以上的称为混合管网系统。适用于情况复杂的大、中城市		类型记忆 特征理解
燃气储配站 ★★	功能： ① 调峰； ② 使多种燃气混合，达到适合的热值等燃气质量指标； ③ 加压。	选址： ① 符合防火规范的要求； ② 远离居民稠密区、大型公共建筑、重要物资仓库、通信和交通枢纽等重要设施； ③ 有较好的交通、煤电、供水和供热条件； ④ 应少占农田、节约用地； ⑤ 注意与城市景观等协调； ⑥ 储配站用地一般与罐容和储罐的类型有关，占地 0.6～4.8hm²	特征理解
调压站 ★★	功能： ① 调峰； ② 加压； ③ 调压。	布置原则： ① 调压站供气半径以 0.5km 为宜，当用户分布较散或供气区域狭长时，可考虑适当加大供气半径； ② 调压站应尽量布置在负荷中心； ③ 调压站应避开人流量大的地区，并尽量减少对景观环境的影响； ④ 调压站布局时应保证必要的防护距离	
液化石油气瓶装供应站 ★	① 在条件允许时，液化石油气应尽量实行区域管道供应，输配方式为：液化石油气供应基地→气化站（或混气站）→用户。但在条件不允许的情况下，只能设置液化石油气的瓶装供应站； ② 当由液化石油气供应基地供气时，其贮罐设计容量可按计算月平均日用气量的 2～3 倍计算； ③ 瓶装供应站主要为居民用户和小型公建服务，供气规模以 5000～7000 户为宜，一般不超过 10000 户。供应站的液化石油气总储量一般不超过 10m³； ④ 瓶装供应站的站址选址有以下要求： ◇ 站址应选择在供应区域的中心，以便于居民换气。供应半径一般不宜超过 0.5～1.0km。与民用建筑保持 10m 以上的距离； ◇ 有便于运瓶汽车出入的道路		特征理解 数字记忆

五、城市供热工程规划

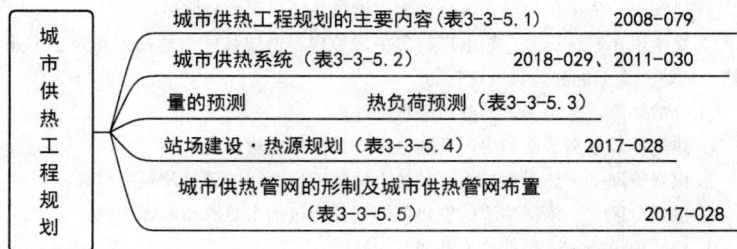

图 3-3-5　城市供热工程规划思维导图

内容	考点	考查思路
总体规划阶段 ★	① 现状调查，包括热源、供热用户、供热管网、现状用热指标以及未来工业用热用户； ② 选定各种建筑物的采暖面积热指标，确定集中供热范围，预测城市热负荷； ③ 划分供热分区，确定各供热分区的热负荷； ④ 选择供热方式，确定热源的种类、供热能力、供热参数，确定供热设施的分布、数量、规模、位置和用地面积； ⑤ 布局城市集中供热干线管网； ⑥ 各种热能转换设施（热力站等）的布置； ⑦ 计算城市供热干管的管径； ⑧ 提出近期供热设施建设项目安排	特征理解
详细规划阶段	① 分析供热现状，了解规划区内可利用的热源； ② 计算规划范围内热负荷； ③ 落实上一层次规划确定的供热设施； ④ 确定本规划区的锅炉房、热力站等供热设施数量、供热能力、位置及用地面积； ⑤ 布局供热管网； ⑥ 计算供热管道管径，确定管道位置	

内容	考点	考查思路
城市供 热分类	集中供热： 按热媒分：蒸汽供热、热水供热 按用户分：工业企业供热、民用供热 按热源分：热电厂供热、集中锅炉房供热 分散供热：一般以单台过路不小于 10t/h 或供热面积不小于 10 万 m² 为界区分集中供热和分散供热	类型记忆
城市集中 供热系统 ★★	包括：热源、供热管网、用户、热转换设施 ① 热源——依据供热形式区分为集中供热系统热源和分散热源。 ◇ 集中供热系统热源：热电厂、集中锅炉房、低温核能供热站、热泵、工业余热、地热、太阳能和垃圾焚化厂； ◇ 分散热源：专用锅炉、分户采暖炉等； ◇ 热电厂效率高于锅炉房，且热电厂应尽量靠近热负荷中心。 ② 供热管网——热源至热力站和热力站至用户之间的管道及附件组成。 ③ 供热分区——依据热源的供热范围划分，包括主热源和调峰热源。 ④ 热转换设施——包括热力站和制冷站。 ⑤ 热用户——由供暖、生活及生产用热系统组成的热用户系统	类型记忆 特征理解

热负荷预测 表 3-3-5.3

内容	考点	考查思路
热负荷种类	按分类法分： ① 室温调节包括采暖、通风、空气调节，属于季节性热负荷，其用量在全日中是稳定的，全年变化却很大； ② 生活热水和生产用热为常年性热负荷，其用量在全日中变化很大，而在全年中变化相当稳定	特征理解
	按性质分： ① 民用用热负荷，主要为采暖热负荷，特别是冬季的采暖热负荷； ② 工业用热负荷	
热负荷预测方法	概算指标法：没有详细准确资料时，可采用概算指标法来估算	类型记忆
	热负荷分类计算法：可用于计算或预测较小范围内有确定资料地区的热负荷。用采暖通风热负荷、生产热负荷、生活热水负荷、空调冷负荷分类计算与预测	特征理解

站场建设·热源规划 表 3-3-5.4

内容	考点	考查思路
热电厂选址 原则 ★	① 厂址应符合城市总体规划的要求； ② 应尽量靠近热负荷中心； ③ 要有方便的交通条件； ④ 要有良好的供水条件和可靠的供水保证率； ⑤ 要有妥善解决排灰的条件； ⑥ 要有方便的出线条件； ⑦ 要有一定的防护距离； ⑧ 厂址应占用荒地、次地和低产田，不占或少占良田； ⑨ 厂址应避开滑坡、溶洞、塌方、断裂带、淤泥等不良地质的地段	
集中锅炉房 布置原则 ★★	① 近热负荷比较集中的地区； ② 便于引出管道，并使室外管道的布置在技术、经济上合理； ③ 便于燃料贮运及灰渣排除，并宜使人流和煤、灰车流分开； ④ 有利于自然通风与采光； ⑤ 位于地质条件较好的地区； ⑥ 有利于减少烟尘和有害气体对居民住区和主要环境保护区的影响（全年运行的锅炉房宜位于居住区和主要环境保护区的全年最小频率风向的上风侧）； ⑦ 有利于凝结水的回收； ⑧ 锅炉房位置应根据远期规划在扩建端留有余地	

内容	考点		考查思路
城市供热管网的形制 ★	热网分类： ① 根据热源与管网之间的关系：区域式、统一式； ② 根据输送介质的不同：蒸汽管网、热水管网、混合式管网； ③ 按平面布置类型：枝状管网、环状管网； ④ 根据用户对介质的使用情况：开式、闭式		类型记忆
	一级管网：从热源到热力点（或制冷站）间的管网。往往采用闭式、双管或多管制的蒸汽管网	二级管网：从热力点（制冷站）至用户间的管网，根据用户的要求确定	概念对比
城市供热管网布置 ★	平面布置原则： ① 主要干管应该靠近大型用户和热负荷集中的地区，避免长距离穿越没有热负荷的地段； ② 供热管道要尽量避开主要交通要道和繁华的街道，以免给施工和运行管理带来困难； ③ 供热管道通常敷设在道路的一边，或者是敷设在人行道下面； ④ 供热管道穿越河流或大型渠道时，可随桥架设或单独设置管桥，也可采用虹吸管由河底（或渠底）通过； ⑤ 和其他管线并行敷设或交叉时，为了保证各种管道均能方便地敷设和维修，热网和其他管线之间应有必要的距离		特征理解
	竖向布置原则： ① 一般地沟管线敷设深度最好浅一些，以减少土方工程量； ② 热力管道埋设在绿化地带时，埋深应大于 0.3m； ③ 热力管道与其他地下设备相交时，应在不同的水平面上互相通过； ④ 在地上热力管道与街道或铁路交叉时，管道与地面之间应保留足够的距离，此距离根据通行不同交通工具所需高度来确定； ⑤ 地下敷设必须注意地下水位，沟底的标高应高于近 30 年来最高地下水位 0.2m； ⑥ 在没有准确地下水位资料时，应高于已知最高地下水位 0.5m 以上；否则地沟要进行防水处理； ⑦ 热力管道和电缆之间的最小净距为 0.5m，电缆地带的土壤受热的附加温度在任何季节都不大于 100T，如果热力管道有专门的保温层，则可减少净距		

六、城市通信工程规划

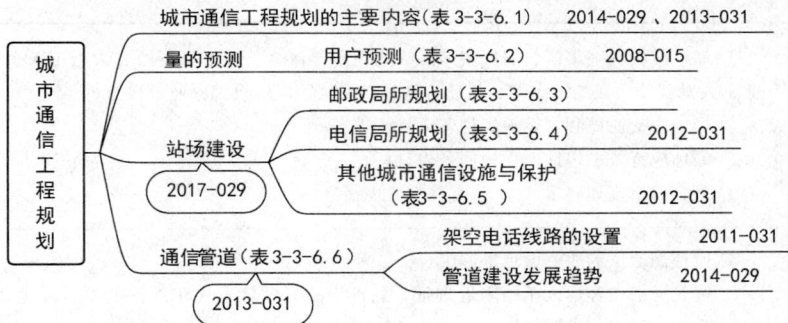

图 3-3-6 城市通信工程规划思维导图

城市通信工程规划的主要内容 表 3-3-6.1

内容	考点	考查思路
总体规划阶段 ★	① 宏观预测城市近远期通信需求量，确定邮政、通信、广播、电视等发展目标和规模； ② 提出城市通信规划原则和主要技术措施； ③ 确定城市电信局数量、规模及面积； ④ 研究确定近远期邮政、电信局所的分区范围和规模； ⑤ 确定近远期广播和电视台、站的规模和选址； ⑥ 划分无线电收发信区，制定相应主要保护措施； ⑦ 确定城市微波通道，制定相应的控制保护措施； ⑧ 提出近期电信设施建设项目安排	特征理解 概念对比
详细规划阶段 ★	① 分析研究城市通信现状； ② 预测规划区各类通信需求量； ③ 落实总体规划在规划区内布置的通信设施； ④ 确定规划区通信管道和其他通信设施布置方案； ⑤ 划定规划范围内电台、微波站等设施控制保护界线； ⑥ 提出近期建设项目	

用户预测 表 3-3-6.2

内容	考点		考查思路
电话需求量统计工作 ★	运用社会需求调查法。为了做好统计工作，一般将用户分为 6 大类：①机关团体、专业部门；②工厂企业；③商业服务业；④科研、教育、文化卫生；⑤农、林、牧、渔业；⑥住宅和公用电话		特征理解 类型记忆
用户预测方法	固定电话需求量的预测： ① 简易市话需求量相关预测，即寻找城市电信增长与国内生产总值增长的关系； ② 国际推荐预测方法； ③ 根据我国规定的发展目标预测； ④ 单项指标套算法	移动电话需求量及普及率预测： ① 用移动电话占市话的百分比来预测，一般而言，移动电话与市话之间存在一定的比率； ② 弹性系数预测法； ③ 移动电话普及率法	

邮政局所规划　　　　　　　　　　　表 3-3-6.3

内容	考点	考查思路
邮政局所选址	① 局址应设在闹市区、居民集聚区、文化游览区、公共活动场所、大型工矿企业、大专院校所在地。车站、机场、地口以及宾馆内应设邮电业务设施； ② 局址应交通便利，运输邮件车辆易于出入； ③ 局址应有较平坦地形，地质条件良好； ④ 符合城市规划要求	特征理解
邮政通信枢纽选址原则 ★★	① 应遵循通信局所一般选址原则； ② 优先考虑在客运火车站附近选址，局址应有方便接发火车邮件的邮运通道，有方便出入枢纽的汽车通道； ③ 如果主要靠公路和水路运输时，可在长途汽车站或港口码头附近选址	

电信局所规划　　　　　　　　　　　　　表 3-3-6.4

内容	考点	考查思路
电信局所选址原则 ★★	① 接近计算的线路网中心； ② 避开靠近 110kV 以上变电站和线路的地点，避免强电对弱电干扰； ③ 便于进局电缆两路进线和电缆管道的敷设； ④ 兼营业服务点的局所和单局制局所一般宜在城市中心选址； ◇ 单局制：通常将电信局所设在区域中心或靠近中心处或用户交换中心处； ◇ 多局制：则将电信局所设在各个中心位置； ⑤ 电信局所可与邮政局等其他市政设施共建以便于集约利用土地	特征理解
电信局所的规划分区 ★	① 电信局楼的分类一般分为综合电信枢纽楼、一般电信局楼和综合电信楼三种； ② 局所规划趋向少局所，大容量，多模块； ③ 电话局所分区界线应结合自然地物线划分，一般在两个局的等距线上；交换区域的形状尽可能呈矩形，最好接近正方形	

其他城市通信设施与保护　　　　　　　　表 3-3-6.5

内容	考点	考查思路
城市无线通信设施 ★★	① 宜布置在交通方便、地形平坦的地带，周围环境无干扰；无线电收、发信区一般选择在大城市两侧的远郊区，并使通信主向避开市区； ② 新划分的无线电收发信区距居民集中区边缘 10km 左右，距工业区边缘 11km 左右；新建各类无线电台应建在无线电收发信区内； ③ 新建 60kV 以上的高压输电线路时，要避免穿越无线电收发信区	特征理解 数字记忆
微波站址规划 ★★	① 微波路由走向应呈折线形，各站路径夹角宜为钝角，以防同频越路干扰（避免本系统干扰）； ② 在传输方向的近场区内，天线口面边的锥体张角为 20°，前方净空距离为天线口面直径的 10 倍范围内，应无树木、房屋和其他障碍物（避免外系统干扰）	

内容	考点	考查思路
架空电话线路的设置 ★★	① 架空电话线路不应与电力线路、广播明线线路合杆架设。如果必须与 1～10kV 电力线合杆时，电力线与电信电缆之间的距离不应小于 2.5m；与 1kV 电力线合杆时，电力线与电信电缆之间的距离不应小于 1.5m。一般情况下，市话线路的杆距为 35～40m，郊区杆距为 45～50m； ② 市区 35～500kV 高压（单杆单回水平排列或单杆多回垂直排列）架空电力线路规划走廊宽度如下： {线路电压表格}	特征理解 数字记忆
管道建设发展趋势 ★★	① 管道集中建设是主流趋势； ② 管道集约使用是发展趋势； ③ 收取管道费用是实施差异化管理政策	特征理解

其中架空电力线路规划走廊宽度表：

线路电压等级（kV）	500	330	220	66、110	35
高压线走廊宽度（m）	60～75	35～145	30～140	15～25	15～20

七、城市环卫工程规划

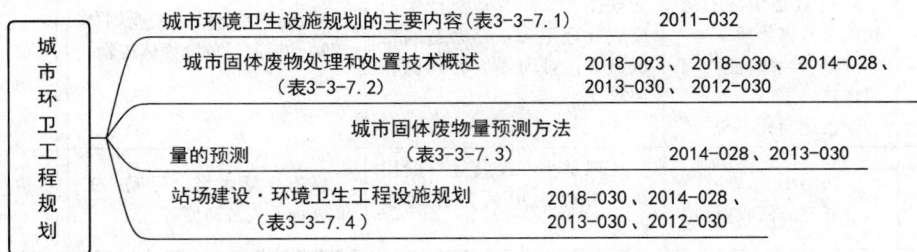

城市环卫工程规划思维导图：

- 城市环境卫生设施规划的主要内容（表3-3-7.1）　2011-032
- 城市固体废物处理和处置技术概述（表3-3-7.2）　2018-093、2018-030、2014-028、2013-030、2012-030
- 量的预测　城市固体废物量预测方法（表3-3-7.3）　2014-028、2013-030
- 站场建设·环境卫生工程设施规划（表3-3-7.4）　2018-030、2014-028、2013-030、2012-030

图 3-3-7　城市环卫工程规划思维导图

城市环境卫生设施规划的主要内容　表 3-3-7.1

内容	考点	考查思路
总体规划阶段 ★	① 测算城市固体废弃物产量，分析组成和发展趋势，提出污染控制目标； ② 确定城市固体废弃物的收运方案； ③ 选择城市固体废物处理和处置方法； ④ 布局各类环境卫生设施，确定服务范围、设置规模、设置标准、运作方式、用地标准等； ⑤ 进行可能的技术经济方案比较	特征理解 概念对比
详细规划阶段 ★	① 估算规划范围内固体废物的产量； ② 提出规划区的环境卫生控制要求； ③ 确定垃圾收运方式； ④ 布局废物箱、垃圾箱、垃圾收集点、垃圾转运点、公厕、环卫管理机构等，确定其位置、服务半径、用地、防护隔离措施等	

城市固体废物处理和处置技术概述　　　　　　　　　　　　　　　表 3-3-7.2

内容	考点	考查思路
城市固体废弃物种类★	城市生活垃圾、建筑垃圾、一般工业固体废物、危险固体废物	
原则★★	应考虑减量化、资源化、无害化	

处理方式	优点	缺点	适用	
自然堆存	—	对环境污染极大	废石、炉渣、尾矿、部分建筑垃圾等	
土地填埋★	✓技术比较成熟、操作管理简单 ✓处置量大 ✓投资和运行费用低	垃圾减容效果差，需占用大量土地；产生的渗沥水易造成环境污染，产生的沼气易爆炸或燃烧	各种废物、如生活垃圾、粉尘、废渣、污泥、一般固化块等	
堆肥	✓投资较低 ✓无害化程度较高 ✓产品可以用作肥料	占地较大，卫生条件差，运行费用较高，在堆肥前需要分选掉不能分解的物质（如石块、金属、玻璃、塑料等）	生活垃圾、粪便、污水污泥、农林废物、食品加工废物等	特征理解
焚烧★	✓能迅速而大幅度地减少容积 ✓有效地消除有害病菌和有害物质 ✓所产生的能力可以供热、发电 ✓占地面积小	投资和运行管理费用高，管理操作要求高；所产生的废气处理不当，容易造成二次污染；对固体废物热值有要求	城市生活垃圾、工业固体废物、污泥、危险固体废物	
热解	✓污染小 ✓能充分回收资源	处理量小，投资运行费用高，工程应用尚处在起步阶段	城市生活垃圾、污泥、工业废物、人畜粪便等	

内容	考点	考查思路
一般工业固体废物处理利用	工业固体废物具有巨大的资源潜力、应该作为二次资源综合利用	
危险废物的处理处置	① 常用的方式有：减少体积（如沉淀、干燥、分离）；有害成分固化；化学处理，焚烧去毒，生物处理； ② 常用的处置手段有：安全土地填埋、焚化、投海、地下或深井处置	
固体废物最终处置	① 最终处置的目的就是使之与生物圈隔离，减少对环境的污染； ② 通常用的方法有海洋倾倒、海洋焚烧、深井灌注、土地填埋、工程库贮存等，其他的处理处置方法有用垃圾饲养蚯蚓，以垃圾作燃料等	

城市固体废物量预测方法　　　　　　　　　　　　　　　　表 3-3-7.3

内容	考点	考查思路
城市生活垃圾产生量	① 人均指标法：目前我国城市人均生活垃圾产量为 0.6～1.2kg。我国城市生活垃圾的规划人均指标以 0.9～1.4kg 为宜； ② 增长率法：根据基准年数据和年增长率预测规划年的城市生活垃圾总量，该方法要求根据历史数据和城市发展的可能性确定合理的增长率	特征理解 概念对比
工业固体废物产生量★★	① 单位产品法：规划时，若明确了工业性质和计划产量，则可预测出产生的工业固体废物； ② 万元产值法：根据规划的工业产值乘以每万元的工业固体废物产生系数；参照我国部分城市规划指标，可选用 0.04～0.1t/万元的指标	

内容	考点	考查思路
生活垃圾及卫生填埋场 ★★	① 应在城市建成区外建设，使用年限≥10 年； ② 良好的地质条件，便于运输和取土； ③ 人口密度低，并且土地及地下水利用价值不高； ④ 不得在水源保护区内建设（但可以靠近污水处理厂，便于综合处理垃圾渗滤液!）； ⑤ 距大、中城市建成区应＞5km，距小城市建成区应＞2km，距居民点应＞0.5km； ⑥ 场地内应设宽度≥20m 的绿化隔离带且沿周边设置； ⑦ 场地四周宜设宽度≥100m 的防护绿地或生态绿地	特征理解 数字记忆
生活垃圾焚烧厂 ★★	① 生活垃圾热值＞5000kJ/kg 且填埋场选址困难时，设生活垃圾焚烧厂； ② 宜布置在城市建成区以外或城市边缘； ③ 厂区周边设宽度≥10m 绿化隔离带	
生活垃圾堆肥厂 ★★	① 可生物降解的有机物含量＞40％时，可采用堆肥处理； ② 应布置在城市规划建成区以外； ③ 应考虑与垃圾填埋或焚烧工艺相结合，便于垃圾综合处理； ④ 厂区周边设宽度≥10m 绿化隔离带	

八、城市防灾规划

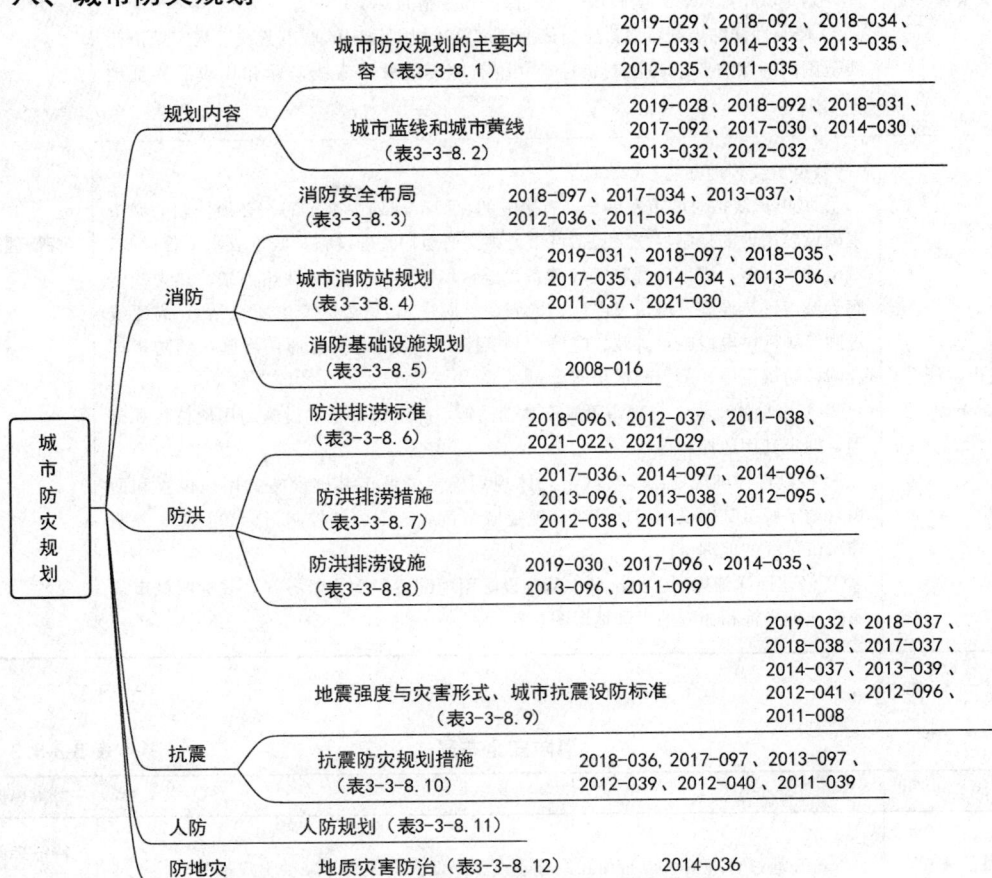

图 3-3-8　城市防灾规划思维导图

（一）规划内容

城市防灾规划的主要内容　　　　　　　　　　　　　　　　表 3-3-8.1

内容考点★★			考查思路
城市总体规划阶段	城市详细规划阶段	专项规划阶段	
① 确定防洪和抗震设防标准； ② 提出防灾对策措施； ③ 布置防灾设施； ④ 提出防灾设施规划建设标准	① 落实总体规划布置的防灾设施位置和用地； ② 按照防灾要求合理布置建筑、道路； ③ 合理配置防灾基础设施	落实和深化总体规划的相关内容，规划范围和规划期限一般与总体规划一致	特征理解

城市蓝线和城市黄线　　　　　　　　　　　　　　　　表 3-3-8.2

内容	考点	考查思路
城市蓝线 ★★★	《城市蓝线管理办法》（2006）： ① 城市蓝线指城市规划确定的江、河、湖、库、渠和湿地等城市地表水体保护和控制的地域界线； ② 城市总体规划阶段：确定城市规划区范围内需要保护和控制的主要地表水体，划定城市蓝线，并明确城市蓝线保护和控制的要求； ③ 控制性详细规划阶段：应当依据城市总体规划划定的城市蓝线，规定城市蓝线范围内的保护要求和控制指标，并附有明确的城市蓝线坐标和相应的界址地形图	特征理解
城市黄线 ★★★	《城市黄线管理办法》（2006）： ① 城市黄线指对城市发展全局有影响的、城市规划中确定的、必须控制的城市基础设施用地的控制界线。包括城市公共交通运输基础设施，城市取水工程设施，城市排水设施，城市气源和燃气储备设施，城市热源、区域性热力站、热力线走廊等城市供热设施，城市发电厂、区域变电所（站）、市区变电所（站）、高压线走廊等城市供电设施，邮政、电信、卫星接收、广播电视等通信设施，消防指挥设施，防洪设施，避震疏散场所等； ② 城市总体规划：合理布置城市基础设施，确定城市基础设施的用地位置和范围，划定其用地控制界线； ③ 控制性详细规划：落实城市总体规划确定的城市基础设施的用地位置和面积，划定城市基础设施用地界线，规定城市黄线范围内的控制指标和要求，并明确城市黄线的地理坐标； ④ 修建性详细规划：提出城市基础设施用地配置原则或者方案，并标明城市黄线的地理坐标和相应的界址地形图	

（二）消防

消防安全布局　　　　　　　　　　　　　　　　表 3-3-8.3

内容	考点	考查思路
目的★	通过合理的城市布局和设施建设，降低火灾风险，减少火灾损失	特征理解 类型记忆

内容	考点		考查思路
城市消防站分类 ★	① 按地域类型分：陆上消防站、水上消防站和航空消防； ② 按扑救火灾的类型分： ◇ 普通消防站； ◇ 特勤消防站：除一般性火灾扑救外，还要承担高层建筑火灾扑救和危险化学物品事故处置的任务		特征理解
城市消防站设置基本要求 ★	① 所有城市都应设置一级普通消防站，在现状建成区内设置一级普通消防站确有困难的区域可设置二级普通消防站； ② 中等及中等以上城市、经济发达的县级市和经济发达且有特勤需要的城镇应设置特勤消防站； ③ 城市规划区内的河流、湖泊、海洋等，有水上消防需要的水域，应结合港口、码头设置水上消防站，水上消防站应有陆上基地； ④ 特大城市、大城市宜设置航空消防站，航空消防站也应有陆上基地		特征理解
消防站责任区划分的基本原则 ★★	① 陆上消防站在接到火警后，按正常行车速度 5min 内可以到达辖区边缘；水上消防站在接到火警后，按正常行船速度 30min 可以到达辖区边缘； ② 考虑火灾发生后消防车到达现场的时间，普通消防站和兼有辖区消防任务的特勤消防站，在城区内辖区面积不大于 7km²，在郊区辖区面积不大于 15km²；水上消防站至辖区水域边缘距离不大于 30km²		
消防站选址要求 ★	陆上消防站	①布置在辖区适中位置便于车辆迅速出动的主、次干路临街地段，距道路交叉口不宜小于 30m；②主体建筑距医院、学校、幼儿园、托儿所、影剧院、商场等人员较多的公共建筑的主要疏散出口不小于 50m；③若辖区内有危险化学品设施，消防站应布置在常年主导风向的上风或侧风处，距危险化学品设施不小于 200m；④距道路红线不小于 15m	特征理解 数字记忆
	水上消防站	①宜布置在城市口、码头等设施的上游，不应布置在河道转弯处及电站、大坝附近；②若辖区水域或沿岸有危险化学品设施，消防站应布置在上游处，消防站陆上基地距危险化学品设施不小于 200m；③消防站趸船和上基地之间的距离不大于 500m，且没有铁路、城市主干路、快速路和高速公路分隔	
	航空消防站	航空消防站一般结合民用机场布局和建设，其陆上基地宜独立建设，若陆上基地设置在机场建筑内，应有独立的功能分区	
	用地标准★	① 陆上消防站建设用地标准为： ◇一级普通消防站，拥有 6～7 辆消防车，占地 3300～4800m²； ◇二级普通消防站，拥有 4～5 辆消防车，占地 2000～3200m²； ◇特勤消防站 4900～6300m²； ② 水上消防站应有不小于 100m 的岸线供消防艇靠泊，其陆上基地建设用地标准与一级普通消防站相同	

内容	考点	考查思路
消防通信	现代化的消防通信是城市消防综合能力的主要标志之一	特征理解 数字记忆
消防供水	在下列地区必须设置消防水池：①无消火栓或消防水鹤的城市区域；②无消防车道的城市区域；③消防供水不足的大面积棚户区和其他耐火等级低的建筑密集区、历史文化街区、文物保护单位等	
消防车通道 ★	① 按中心线计消防车通道间距不宜超过160m； ② 当建筑物沿街部分长度超过150m或总长度超过220m时，应设置穿过建筑物的消防车通道； ③ 高层建筑宜设环形消防车道，或沿两长边设消防车道； ④ 超过3000个座位的体育馆、超过2000个座位的会堂、占地面积大于3000m²的展览馆等公共建筑，宜设置环形消防车通道； ⑤ 尽端式消防车道的回车场面积应大于12m×12m，对于高层建筑，不宜小于15m×15m，供重型消防车使用时，不宜小于18m×18m； ⑥ 消防车通道净宽和净空高度应大于4m	

（三）防洪

内容	考点	考查思路
防洪标准 ★★	① 在防洪工程中，设防标准用洪水的发生频率或重现期来表示。洪水发生频率和重现期是互为倒数关系，例如100年一遇的洪水，其频率为1%。并不表示在100年中必然发生一次或必然只发生一次； ② 城市防护区应根据政治、经济的重要性、常住人口规模、当量经济规模指标分为四个防护等级 {表见下}	特征理解 类型记忆
排涝标准 ★	① 在降雨期间，雨水不能及时排出，形成较长时间的积水，称为内涝； ② 排涝标准由降雨历时、重现期和雨水排除时间3个因素构成 ③ 按城区类型划分中心城区、非中心城区、中心城区的重要地区、中心城区地下通道和下沉式广场等划分不同的雨水管渠设计重现期	类型记忆

重要程度	城市人口	防洪标准（重现期年）		
	（万人）	河洪、海潮	山洪	泥石流
特别重要城市	＞150	2200	100～50	＞100
重要城市	150～50	200～100	50～20	100～50
中等城市	50～20	100～50	20～10	50～20
一般城镇	＜20	50～20	10～5	20

内容	考点	考查思路
防洪安全布局 ★★	① 城市建设用地应避开洪涝、泥石流灾害高风险区； ② 城市建设用地应根据洪涝风险差异，合理布局。将城市中心区、居住区、重要的工业仓储区、重要的基础设施和公共设施布置在洪涝风险相对较小的地段，而将生态湿地、公园绿地、广场、运动场等重要设施少，便于人员疏散的用地布置在洪涝风险相对较高的地段； ③ 在城市建设中，应当根据防洪排涝需要，为行洪和雨水调蓄留出足够的用地	特征理解

内容	考点	考查思路
防洪排涝 工程措施 ★	防洪排港工程措施可分四类： ① 挡洪：主要包括堤防、防洪闸等，其功能是将洪水挡在防洪保护区外； ② 泄洪：主要包括现有河道整治、新建排洪河道和截洪沟等，其功能是增强河道排洪能力，将洪水引导到下游安全区域； ③ 蓄滞洪：主要包括分蓄洪区、调洪水库等，其功能是暂时将洪水存蓄，削减下游洪峰流量； ④ 排涝：主要是排涝泵站，其功能是通过动力强排低洼区积水	特征理解 类型记忆
	洪水致灾的形式与城市的地形地貌有关，特殊如： ◇山区和丘陵地区的城市——地形和洪水位变化较大，防洪工程重点是河道整治和山洪防治，应加强河道护岸工程和山洪疏导，防止河岸坍塌和山洪对城市的危害；根据建设条件，在城市上游建设具有防洪功能的水库，削减洪峰流量，降低洪水位可发挥重要作用	
非工程措施 ★	① 行洪通道管理：规划确定的行洪通道及两侧一定陆域应划入城市蓝线进行保护和控制，在用地空间管制中应属于限制建设用地； ② 蓄滞洪区管理：蓄滞洪区应作为限制建设区进行规划控制，限制人口和经济向蓄滞洪区集中； ③ 超标洪水应急措施：超标洪水应急措施包括防洪工程的应急排险、重要物资和人员转移； ④ 防洪排涝设施保护：城市防洪排涝设施主要有防洪堤、截洪沟、排涝泵站等，是城市重要的基础设施，应当将其划入城市黄线范围	特征理解

防洪排涝设施 表3-3-8.8

内容	考点	考查思路
防洪堤 ★	① 防洪堤的堤型主要受建设和水流速度影响； ② 堤距：也受建设条件控制，同时将影响堤顶标高； ③ 堤顶标高：由设计洪水位和设计洪水位以上超高组成； ◇设计洪水位：根据防洪标准、相应洪峰流量、河道断面分析计算； ◇设计洪水位以上超高：包括风浪爬高和安全超高，风浪爬高根据风力资料分析计算，安全超高根据堤防级别选取； ◇可采用在堤顶设置防浪墙的方式降低堤顶标高，但堤顶标高不应低于设计洪水位加0.5m	特征理解 类型记忆
截洪沟★	截洪沟应在地势较高的地段，基本平行于等高线布置	
排涝泵站 ★	排涝泵站规模（即排水能力）根据①排涝标准、②服务面积、③排水分区内调蓄水体调蓄能力确定	特征理解

（四）抗震

地震强度与灾害形式、城市抗震设防标准　　　　　　　表 3-3-8.9

内容	考点		考查思路
地震强度与灾害形式 ★★	衡量地震的大小有两个指标：地震震级、地震烈度		特征理解概念对比
	地震震级	① 反映地震过程中释放能量大小的指标； ② 释放能量越多，震级越高，强度越大	
	地震烈度	① 反映地震对地面和建筑物造成破坏的指标； ② 烈度越高，破坏力越大； ③ 与地质条件、距震源地距离、震源深度等多种因素有关； ④ 同一次地震，主震震级只有一个，而烈度在空间上呈现明显差异； ⑤ 我国地震烈度区划图是各地确定抗震设防基本烈度的依据； ⑥ 地震基本烈度与地震动峰值加速度对应关系：	

地震基本烈度	<Ⅵ	Ⅵ	Ⅶ	Ⅶ	Ⅷ	Ⅷ	≥Ⅸ
地震动峰值加速度（g）	<0.05	0.05	0.10	0.15	0.20	0.30	≥0.40

内容	考点	考查思路
抗震设防标准 ★	① 我国城市抗震防灾的设防区为地震基本烈度六度及六度以上的地区； ② 一般建设工程应按照基本烈度进行设防，建筑抗震设防以 50 年为基准期； ③ 重大建设工程和可能发生严重次生灾害的建设工程，必须进行地震安全性评价，并根据地震安全性评价结果确定抗震设防标准	特征理解数字记忆

抗震防灾规划措施　　　　　　　表 3-3-8.10

内容	考点	考查思路
城市用地布局 ★★	① 尽量选择对抗震有利的地段进行城市建设； ② 城市建设用地必须避免选择在地震危险地段； ③ 重要建筑尽量避开对抗震不利的地段； ④ 容易发生次生灾害的危险化学物品生产、储存设施必须布置在独立的安全地带 ◇ 对抗震有利的地段包括：坚硬土或开阔、平坦、密实、均匀的中硬土； ◇ 地震危险地段包括：地震时可能发生滑坡、崩塌、地陷、地裂、泥石流的地段；活动型断裂带附近，地震时可能发生地表错位的部位； ◇ 对地震不利的地段包括：软弱土、液化土、河岸和边坡边缘；平面上成因、岩性、状态明显不均匀的土层，如故河道、断层破碎带、暗埋的湖塘沟谷、填方较厚的地基等	特征理解类型记忆
建筑物抗震设防 ★	现有未采取抗震措施的建筑应提出加固、改造计划（不必拆除重建）	
抗震防灾基础设施建设 ★	① 避震疏散场地： ◇ 临时性紧急避难：这类疏散场地要尽量靠近人员密集区。如：具有安全保障，不会发生次生灾害的广场、运动场、公园、绿地等开敞空间。临时性紧急避难场地疏散半径在 500m 左右为宜； ◇ 用于破坏性地震发生后的人员安置：这类疏散场地应当具有较大的容纳空间，配置水电等基本生活设施； ② 避震疏散通道：避震疏散通道与疏散场地相连，应考虑两侧建筑物垮塌堆积后仍有足够的可通行宽度； ③ 生命线工程：是指地震发生后，保障紧急救援所需的交通、通信、消防、医疗救护设施和维持居民生活所需的供水、供电等设施，要从站点和系统布局、抗震设防、应急措施等方面加强抗震能力	特征理解

内容	考点	考查思路
次生灾害防治 ★	可能发生严重次生灾害的建设工程，根据地震安全性评价结果确定抗震设防标准。首先要合理布局，降低次生灾害风险，同时要加强抗震设防，提高抗震能力；此外，还应制定应急处置预案，有效处置可能发生的次生灾害	特征理解
场地设计中防震措施 ★	① 考虑防火、防爆、防有毒气体扩散措施； ② 建筑物间距适当放宽； ③ 道路最好不修成刚性混凝土路面，以便地下管道断裂时及时开挖抢修； ④ 场地内一切管道，采用抗震强度较高的材料架空管道，管道与设备连接处或穿墙体处，既要连接牢固，又要采用软接触以防管道折断	

（五）人防

人防规划 表 3-3-8.11

内容	考点	考查思路
建设标准	按照标准规定，在成片居住区内应按建筑面积的 2％设置防空工程，或按地面建筑总投资的 6％左右安排	
防空工程设施布局要求	① 防空工程设施布局： ◇ 避开易遭到袭击的军事目标，如军事基地、机场、码头等； ◇ 避开易燃易爆品生产储存设施，控制距离应大于 50m； ◇ 避开有害液体和有毒气体储罐，距离应大于 100m； ◇ 人员掩蔽所距人员工作生活地点不宜大于 200m； ② 指挥通信设施布局： ◇ 尽可能避开火车站、机场、码头、电厂、广播电台等重要目标； ◇ 充分利用地形、地物、地质条件，提高工程防护能力； ◇ 城市指挥通信宜靠近政府所在地建设，便于战时转入地下指挥，街道指挥所宜结合小区建设。 ③ 医疗救护设施：包括急救医院和救护站，应按人防分区配置	特征理解 类型记忆

（六）防地灾

地质灾害防治 表 3-3-8.12

内容	考点	考查思路
种类	常见地质灾害主要有：滑坡、崩塌、地面沉降、地面塌陷、泥石流等	
地面沉降 ★	① 成因：地壳运动、地下矿藏开采、地下水开采等； ② 根本措施：控制地下水开采量	特征理解

九、城市工程管线综合规划及竖向规划

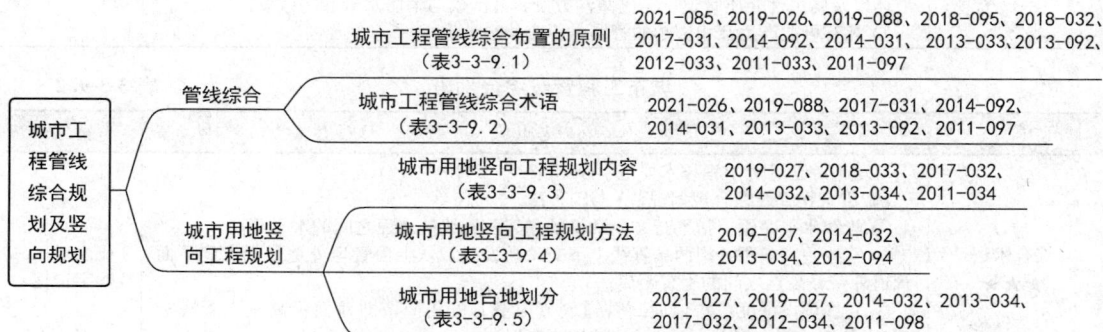

图 3-3-9　城市工程管线综合规划及竖向规划思维导图

（一）管线综合

城市工程管线综合布置的原则（★★★）

表 3-3-9.1

内容	考点	考查思路
工程管线综合布置的设计原则	① 规划中各种管线的位置都要采用统一的城市坐标系统及标高系统； ② 管线带的布置应与道路或建筑红线平行，同一管线不宜自道路一侧转到另一侧； ③ 应减少管线与铁路，道路及其他干管的交叉； ④ 管线综合布置时应设在用户较多的一侧或将管线分类布置在道路两侧	特征理解
	《城市工程管线综合规划规范》GB 50289—2016： ① 当工程管线交叉敷设时，自地表面向下的排列顺序宜为：电力管线、热力管线、燃气管线、给水管线、雨水排水管线、污水排水管线； ② 工程管线在交叉点的高程应根据排水管线的高程确定	
	《城市工程管线综合规划规范》GB 50289—2016： 当遇下列情况之一时，工程管线宜采用综合管沟集中敷设： ① 交通运输繁忙或工程管线设施较多的机动车道，城市主干道及配合兴建地下铁路、立体交叉等工程地段； ② 广场与主要道路的交叉口； ③ 道路与铁路或河流的交叉口； ④ 不宜开挖地面的路段； ⑤ 需要敷设两种以上工程管线及多回路电缆的通路； ⑥ 道路宽度难以满足直埋敷设多种管线的路段	
	特殊： ① 电信线路与供电线路通常不合杆架设。在特殊情况下，征得有关部门同意，采取相应措施后（如电线线路采用电缆或皮线等），可合杆架设； ② 同一性质的线路应尽可能合杆，如高低压供电线等； ③ 高压输电线路与电信线路平行架设时，要考虑干扰的影响	
高压、中压A管网布线原则	① 宜布置在城市的边缘或规划道路上，高压管网应避开居民点； ② 对高压、中压A管道直接供气的大用户，应尽量缩短用户支管的长度； ③ 连接气源厂（或配气站）与城市环网的枝状干管，一般应考虑双线，可近期敷设一条，远期再敷设一条； ④ 长输高压管线一般不得连接用气量很小的用户	
城市地下工程管线避让原则	①压力管让自流管；②管径小的让管径大的；③易弯曲的让不易弯曲的；④临时性的让永久性的；⑤工程量小的让工程量大的；⑥新建的让现有的；⑦检修次数少的、方便的让检修次数多的、不方便的	
城市工程管线共沟敷设原则	① 热力管不应与电力、通信电缆和压力管道共沟； ② 排水管道应布置在沟底，当沟内有腐蚀性介质管道时，排水管道应位于其上面； ③ 腐蚀性介质管道的标高应低于沟内其他管线； ④ 火灾危险性属于甲、乙、丙类的液体，液化石油气，可燃气体，毒性气体和液体以及腐蚀性介质管道，不应共沟敷设，并严禁与消防水管共沟敷设； ⑤ 凡有可能产生互相影响的管线，不应共沟敷设	

城市工程管线综合术语

表 3-3-9.2

内容	考点	考查思路
综合术语 ★★★	《城市综合管廊工程技术规范》GB 50838—2015 《城市工程管线综合规划规范》GB 50289—2016 ① 管线水平净距：指平行方向敷设的相邻两管线外表面之间的水平距离； ② 管线垂直净距：指两条管线上下交叉敷设时，从上面管道外壁最低点到下面管道外壁最高点之间的垂直距离； ③ 管线埋设深度：指地面到管道底（内壁）的距离，即地面标高减去管底标高。（管道的覆土深度大于1.5m被称为深埋）； ④ 管线覆土深度：指地面到管道顶（外壁）的距离	概念对比 数字记忆

（二）城市用地竖向工程规划

城市用地竖向工程规划内容 表 3-3-9.3

内容	考点	考查思路
总体规划阶段 ★★	① 确定城市规划建设用地； ② 确定防洪排涝及排水方式； ③ 确定防洪堤顶及堤内江河湖海岸最低的控制标高； ④ 根据排洪通行需要，确定大桥、港口、码头的控制高程； ⑤ 确定城市主干道与公路、铁路交叉口的控制标高； ⑥ 确定道路及控制标高； ⑦ 选择城市主要景观控制特点，确定其控制标高	特征理解
控制性详细规划阶段 ★	① 确定主、次、支三级道路范围的全部地段的排水方向； ② 确定主、次、支三级道路交叉点、转折点控制标高，道路长度和坡度； ③ 确定用地地块或街坊用地的规划控制标高； ④ 补充与调整其他用地的控制标高	
修建性详细规划阶段 ★	① 落实防洪、排涝工程设施的位置、规模及控制指标； ② 确定建筑室外地坪规划控制标高； ③ 进一步分析、落实各级道路标高等技术数据；落实街区内外联系道路的控制标高，保证车道及步行道路的可行性； ④ 结合建筑物布置、道路交通、工程管线敷设，进行街区其他用地的竖向规划，确定各区用地标高； ⑤ 确定挡土墙、护坡等室外防护工程的类型、位置、规模、估算土石方及防护工程量	

城市用地竖向工程规划方法（★★） 表 3-3-9.4

内容	考点	考查思路
高程箭头法	箭头表示各类用地排水方向； 工作量较小，图纸制作快，易于变动与修改，为竖向规划常用方法	特征理解 概念对比
纵横断面法	需在规划区平面图上根据需要的精度绘制方格网； 多用于地形比较复杂地区的规划	
设计等高线法	多用于地形变化不太复杂的丘陵地区的规划	

城市用地台地划分 表 3-3-9.5

内容	考点	考查思路
城市用地台地划分 ★★	① 地面规划形式：根据城市用地的性质、功能，可将地面规划为平坡式、台阶式、混合式三种形式； ② 台地规划原则： ◇ 台地的长边宜平行于等高线布置，台地高度宜在 1.5～3.0m 或以其倍数递增； ◇ 在多层居住或一般公共建筑用地中，一排建筑的宽度约需要 20m，每增加一排建筑应增加一个建筑进深与间距，依次来确定台地的宽度； ◇ 用地自然坡度小于 5% 时，宜规划为平坡式； ◇ 用地自然坡度大于 8% 时，宜规划为台阶式； ◇ 丘陵地随起伏规划成平坡与台地相间的混合式	特征理解 数字记忆

第四节　信息技术在城市规划中的应用

本节特征：自 2019 年后，增加了较多城乡规划相关信息技术应用的指导文件考查，以及国内热门卫星（如北斗卫星导航系统、高分二号卫星、高分七号卫星等）的考查，并同时需要拓展新科技带来的相关技术革新（如空间大数据、5G 等）。

题号及热点文件索引如下：

《智慧城市时空大数据平台建设技术大纲（2019）》：2021-033。

《国土空间规划城市体检评估规程》：2021-035。

《自然资源调查监测体系构建总体方案》：2021-036。

《国土空间规划"一张图"实施监督信息系统技术规范》：2021-087。

《第三次全国国土调查成果国家级核查方案》：2021-037。

《第三次全国国土调查技术规程》：2021-034、2020-040。

《第三次全国国土调查县级数据库建设技术规范（修订稿）》（2019）：2019-074。

《第三次全国国土调查实施方案》：2019-099。

一、信息技术基础和 GIS

图 3-4-1　信息技术基础和 GIS 思维导图

信息系统和数据库管理系统　　　　　　　　　　表 3-4-1.1

内容	考点	考查思路
常见信息系统 ★	① 事务处理系统（TPS）：用以支持操作人员日常活动辅助作业活动的日常基本事务处理工作的自动化，例如商场的 POS 机系统； ②管理信息系统（MIS）：包含组织中的事务处理系统，并提供了内部综合形势的数据，例如单位的人事关系系统； ③ 决策支持系统（DSS）：从管理信息系统中获得信息，帮助管理者制定好的决策； ④ 人工智能和专家系统（ES）：专家系统是模仿人工决策的基于计算机的信息系统	特征理解 概念对比

内容	考点	考查思路
常见信息系统 ★	区别： ① 管理信息系统能提供信息帮助制定决策，决策支持系统能帮助改善决策质量，只有专家系统能应用智能推理作决策，并解释决策理由； ② 管理信息系统、决策支持系统、专家系统等都需要数据合成，而事务处理系统只是单纯地分析及管理某事	特征理解 概念对比
数据库管理系统的特点 ★	①关系模型：目前最典型、最常用的存储、管理属性数据的技术是采用关系模型的数据库件； ② 对关系表基本查询功能有： ◇ 通用的集合操作，如并、交、差运算； ◇ 去除关系表的某些部分，包括选择和投影，前者去除某些元组，后者则用于除去某些属性； ◇ 两个关系表的合并包括各种方式的连接运算；对于单个数据表而言，最为常用的是选择和投影操作	特征理解

网络技术　　　　　　　　　　　　　　　　　　　　　　表 3-4-1.2

内容	考点	考查思路
互联网技术 ★★	① 因特网通过 IP 地址标识计算机。 ② 域名：形如 pku.edu.cn，采用树状结构组织，最右侧的段为顶级域名，通常表示国家，例如 cn 表示中国； 　常见域名代表的含义：org 代表公益组织、非营利机构，com 是代表商业组织的顶级域名，gov 代表政府机构，edu 代表教研机构。 ③ 通用资源标识符：在因特网中定位一份文档或数据。 ④ Internet 能为用户提供的服务项目很多： 　主要包括电子邮件（Email），远程登录（Telnet），文件传输（FTP）以及信息查询服务，例如用户查询服务（Finger），文档查询服务（Archie），专题讨论（Usenet news），查询服务（Go-pher），广域信息服务（WAIS）和万维网（WWW）； ◇ 在 WWW 中，采用超文本标注语言 HTML（Hyper text markup language）来书写支持跳转的文档，超文本主要是指带有超链接的文本 ◇ 用于操纵 HTML 和其他 WWW 文档的协议被称为超文本传输协议（HTTP）； ◇ 基于 HTTP 访问 WWW 资源的软件称为浏览器（Browser）	特征理解
网络通信技术和计算机相结合的典型作用★	信息发布和公众讨论，数据共享，处理功能共享，设备资源共享； 分散而协同地工作	

地理信息系统概念及功能　　　　　　　　　　　　　　　　表 3-4-1.3

内容	考点	考查思路
地理信息技术基本功能 ★	① 将分散收集到的各种空间、属性信息输入到计算机中，建立起有相互联系的数据库，提供空间查询、空间分析以及表达的功能，为规划、管理、决策服务； ② 当外界情况变化时，只要及时更新局部数据，就可维持数据库的有效性和现势性，数据库的规模内容可逐步扩大、充实（也可缩减），查询、分析、表达功能也可逐步增加（动态监测！）	特征理解

内容	考点	考查思路
GIS 在城乡规划中的实际应用 ★	就国内目前的情况，GIS 在城乡规划中的实际应用主要表现在： ① 空间查询、专题制图； ② 空间和属性数据的综合管理和及时更新方面； ③ 可利用互联网络向公众发布规划上的图形、属性信息； ◇ 城市规划系统必须借助三维 GIS 实现	特征理解 类型记忆

空间数据和属性数据　　　　　　　　表 3-4-1.4

内容	考点	考查思路
数据分类★	空间数据、属性数据	类型记忆
空间数据 ★★	① 关于事物空间位置的数据，一般用图形、图像表示，也称地图数据、图形数据、图像数据； ② 最基本的表示方法是点、线、面和三维体，符号可以自行设计； ◇ 点是该事物有确切的位置； ◇ 线是该事物的长度、走向很重要； ◇ 面是该事物具有封闭的边界、确定的面积，一般为不规则多边形； ③ 空间数据可以分层储存； ④ 矢量模型的空间数据：其输入、修改，可以分开，也可以同时进行；能实现连续、不分幅地储存，而且提供快速的空间索引	特征理解
属性数据 ★	① 和空间位置有关，反映事物某些特性的数据，一般用数值、文字表示，也称文字数据、非空间数据； ② 典型的属性数据如：环保监测站的各种监测资料，道路交叉口的交通流量，道路路段的通行能力、路面质量，地下管线的用途、管径、埋深，行政区的常住人口、人均收入，房屋的产权人、质量、层数等； ③ 它们通常存放于关系数据库管理系统中，并基于一个唯一标识码与相应几何体进行连接； ④ GIS 在绘图时可按要素的属性来控制符号的表达；可以将要素的属性以文字形式注记到地图上；可以将要素的多重属性变为圆饼图、直方图、趋势线绘到地图上，制成统计地图	特征理解 类型记忆

数据来源与输入　　　　　　　　表 3-4-1.5

内容	考点	考查思路
信息来源与数据输入方法 ★	① 野外实地测量： ◇ 野外工作量大，适合局部、零星、小范围、高精度的测量； ◇ GPS 尤其对野外、移动的物体特别有效。 ② 摄影测量和遥感： ◇ 技术原理上一致，都是利用地面对电磁波的反射、吸收、辐射来判断地表物体的位置和属性，传统摄影测量获得的是感光照片（最常用是航空摄影照片）； ◇ 遥感数据总是具有精度问题； ③ 现场考查和实地踏勘：是城市规划工作必不可少的信息获取途径； ④ 社会调查与统计：也是地理信息系统的重要数据来源，但目前国内绝大多数的统计资料缺乏确切的地理定位，给 GIS 在人文、社会领域的应用带来诸多不便； ⑤ 利用已有材料：可以高效开展力所能及的工作，但已有资料的局限性在于其时效性、适用性是否足够	特征理解

内容	考点	考查思路
数据输入 ★	属性数据输入计算机的方法：和非 GIS 的信息系统没有差异，一般是键盘输入，特殊情况下可以扫描输入、语音输入、汉字手写输入等	特征理解
	空间信息输入计算机的途径：野外实地测量的信息转为矢量地图，目前实用而先进的办法是由测绘专业人员用光电测量仪器，再加特殊软件来实现	
	纸质地图输入计算机，常用方法为手工数字化仪输入和扫描仪输入； ① 手工数字化输入： ◇ 优点是可以和地图的分类、取舍结合起来；直接获得矢量图形； ◇ 缺点是手工劳动时间长，疲劳后容易产生误差，此方法对原图需作较大取舍的情况很适合； ② 扫描输入：速度快，精度高，但会带入原图上的污迹、杂点，一般不能自动分类、自动取舍； 注意：纸质地图输入计算机之前往往因图纸不均匀涨缩而带来坐标误差；有时，多途径获得的空间数据拼接到一起时，会有少量错位；解决问题的常用办法是图幅变形校正和图幅接边处理	
数据质量问题 ★	① 位置精度：测量工作存在误差是必然的，在很多情况下，不可能为了提高精度而增加很多工作量，投入很多设备； ② 属性精度：属性数据在调查、登记、分类、编码过程中往往因疏忽而产生误差； ③ 逻辑上的一致性：从调查至输入计算机的过程中，往往存在数据分类不严密、数据定义模棱两可、多种解释或多重定义的问题； ④ 完整性：基础资料在地理空间上不能全覆盖，不同的历史资料在时间上无法同步等，也是常见的数据质量问题； ⑤ 人为因素：为了某种利益或保密上的原因，需要人为地制造缺陷、增加误差	

地理信息的分析   表 3-4-1.6

内容	考点		考查思路
地理信息的分析 ★★	几何量算	GIS 软件可以自动计算以下指标：不规则曲线的长度，不规则多边形的周长、面积，不规则地形的设计填挖方等	特征理解
	叠合分析	① 栅格和栅格的叠合是最简单的叠合，在叠合的同时还可加入栅格之间的算术运算，这种方法常用于社会、经济指标的分析，资源、环境指标的评价； ② 矢量叠合主要有三类： ◇ 点和面的叠合：公共服务设施和服务区域之间的关系分析； ◇ 线和面的叠合：计算道路网的密度，分析管线穿越地块的问题； ◇ 面和面的叠合：分析和规划地块有关的动迁人口、拆除的建筑物；评价土地使用的适宜性等； ③ 模型比较：矢量模型数据量小、位置精度高；栅格模型数据量大、位置精度低，但数据结构简单，多个栅格相互叠合很方便	
	邻近分析	产生离开某些要素一定距离的邻近区是 GIS 的常用分析功能（英语称 Buffer，直译为缓冲区）	

内容	考点		考查思路
地理信息的分析 ★★	网络分析	◇ 估计交通的时间、成本，选择运输的路径； ◇ 计算网络状公共设施的供需负荷； ◇ 寻找最近的服务设施； ◇ 产生在一定交通条件下的服务范围； ◇ 沿着交通线路、市政管线分配点状供应设施的资源等； ◇ 危机状况下人口的疏散	特征理解
	栅格分析	格网分析是专门针对栅格数据的，比较常用的功能有：坡度、坡向、日照强度的分析，地形的任意断面图的生成，可视性检验，工程填挖计算，根据点状样本产生距离图、密度图等	

二、遥感技术在城市规划中的应用

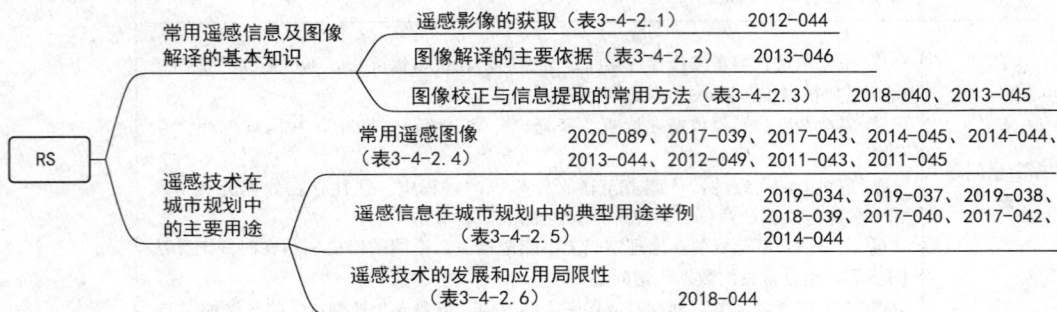

图 3-4-2 遥感技术在城市规划中的应用思维导图

（一）常用遥感信息及图像解译的基本知识

遥感影像的获取　　　　　　　　表 3-4-2.1

内容	考点	考查思路
遥感概念 ★	◇ 遥感技术就是利用运载工具，携带各种遥感仪器，远距离无接触地探测地面景物电磁波特性的一种方法； ◇ 理论基础：利用物体反射或辐射电磁波的固有特性	特征理解
遥感平台 ★	探测、记录电磁波的仪器称传感器，搭载这些传感器的移动体叫做遥感平台。 ① 用机载平台的为航空遥感； ② 用星载平台的为航天遥感； ③ 地面遥感指在地面上或海面上利用汽车、高台或船舶作为平台，或由人直接携带和操作遥感仪器对地面、地下或水下进行的遥感	类型记忆
波长选择 ★	① 由于大气对电磁波具有吸收、散射、反射的作用，影响到传感器对地物观察的透明度，因此，传感器选择的探测波段一般是反射、吸收散射率少而透射率较高的波段； ② 根据应用的要求，经选择的波长范围称"大气窗口"	特征理解

图像解译的主要依据

内容	考点	考查思路
波谱特征 ★	① 在遥感图像上，水泥路呈灰白色，反射率最高，其次为土路，沥青路反射率较低； ② 污水排放口的水体和附近的无污染水往往也可分辨出来； ③ 在彩色红外像片上，植被的颜色是红的，极易和周围物体相区别	特征理解 类型记忆
物理特征★	影像的物理特征主要指影像的色调差异，它显示影像的亮暗程度	
几何特征 ★	① 影像的几何特征主要指影像的空间分布特征，如影像的形状、大小、阴影、纹理、位置和布局等； ② 建筑群的范围、建成区和非建成区的界线、郊区农田和市内绿地等，均可在影像图上依据几何特征比较容易地判读出来； ③ 利用建筑物立面的成像，可以数出建筑的层数； ④ 利用阳光的阴影，可估计建筑物的大致高度等	

图像校正与信息提取的常用方法

表 3-4-2.3

内容		考点	考查思路
图像预处理★	几何校正	因飞行器姿态的变化、观测角度的限制、成像过程的种种干扰以及传感器自身投影方式的局限，造成遥感图像的几何坐标往往和实际应用有很大差异，需要进行几何坐标的校正	特征理解 类型记忆
	辐射校正★	受大气环境、传感器性能、投影方式、成像过程等因素的影响，会造成同一景物图像上电磁辐射水平的不均匀或局部失真	
	图像增强	为了某种应用上的需要，用光学或数学的方法，使某类地物在图像上的信息得到增强	
对比分析		同一景物图像中不同波段的信息，相同地物范围内不同时相的图像都可进行对比分析	
统计分析		对图像单元的亮度、色彩及其分布进行统计分析	
图像分类		借助计算机或目视的方法对图像单元或图像中的地物进行分类	

（二）遥感技术在城市规划中的主要用途

常用遥感图像

表 3-4-2.4

内容	考点	考查思路
彩色红外航空像片★	比一般可见光（真彩色或黑白）航空像片的色彩饱和度高，对比度强，清晰度好，所包含的城市景物信息量更大，尤其对植被、水体的分辨能力高	特征理解 概念对比
微波雷达图像 ★	微波可穿透云层，能分辨地物的含水量、植物长势、洪水淹没范围等情况	
MSS 和 TM 图像	由美国的陆地卫星（Landsat）提供	
SPOT5 卫星数据	特点在于出色的星上存储能力使得数据的存储、记录、回放都得到了优化处理	
气象卫星图像 ★	气象卫星可一日数次对同一地点扫描，可用它观察城市热岛的变化情况，也适用于林火监测； ◇ 中国自己发射的气象卫星、美国气象卫星（NOAA）	

内容	考点	考查思路
高空间分辨率卫星影像 ★	随着遥感技术的发展，高空间分辨率卫星影像逐渐得到了广泛应用，以较低的成本提供了城市监测更为详尽的信息； ◇ QuickBird 卫星上的多光谱传感器	特征理解 概念对比
高光谱遥感卫星影像 ★	高光谱分辨率遥感的简称，是在电磁波谱的可见光、近红外、中红外和热红外波段范围内，获取许多非常窄的光谱连续的影像数据技术； ◇ Terra 卫星的中分辨率成像光谱仪 MODIS	
激光雷达 LiDAR 数据	激光雷达（LiDAR）是一种通过位置、距离、角度等观测数据直接获取对象表面点三维坐标的观测技术	
中巴地球资源卫星和北京一号小卫星★	CBERS-2 搭载了 19.5m 的中分辨率多光谱 CCD 相机和 258m 的宽视场成像仪（WFI），提高了城市路面车辆分布状况的分析精度	

遥感信息在城市规划中的典型用途举例　　　　表 3-4-2.5

内容	考点	考查思路
地形测绘	目前，1：2000 至 1：50000 的地形测绘广泛利用航空影像实现，更小比例的地形测绘可利用卫星影像	特征理解 数字记忆
城市规划现状用地调查与更新 ★★	经实际操作证明，利用 0.61m 分辨率的卫星遥感影像，可以分辨出绝大多数类型的城市建设用地。在规划的执行过程中，也可以利用卫星遥感影像及时发现变化，掌握各类用地的变化是否符合城市规划	
绿化、植被调查	城市绿化覆盖率、绿地率、植物生长状态可通过影像判读	
环境调查 ★	利用遥感信息可以调查大气污染、水体污染的分布情况或扩散状况，还可调查城市"热岛"、固体废弃物的分布	
交通调查★	在影像图上可以统计某一瞬间的车辆、行人的分布，进而估计交通流量。将两个间隔时间很短、同一地景的图像进行对比，可以测出车辆、行人的运动速度和停车状况	
景观调查	可用光学立体镜直接、立体地观察地面景观；可以将上述影像图转换成三维立体的数字高程模型，用于大范围的城市景观调查	
人口估算	在大比例航空相片上，可以观察到住宅的立面，从而累计住宅单元数，再利用人口和住房的有关统计资料，估算出人口在空间上的大致分布	
城市规划动态监测★	根据不同时相的遥感影像进行对比，将变化与规划对比，判断其是否符合城市规划，可以依此发现非法建设与非法用地	

遥感技术的发展和应用局限性　　　　表 3-4-2.6

内容	考点	考查思路
发展优势 ★	计算机能完成大比例航空影像的信息获取、信息处理，大大缩短了调查、解译、判读的周期，并降低成本	特征理解
局限性 ★	① 图像判读、解译后获得的往往是对地物的大致估计或间接信息，会和实际情况有出入； ② 城市规划中需要地物的社会属性，但靠遥感只能间接获取，主要还得靠实地调查解决； ③ 遥感信息的获取、解译技术还比较复杂，成本还比较高，需要多种专业人员的配合才能实现	

三、CAD 及信息技术的综合应用

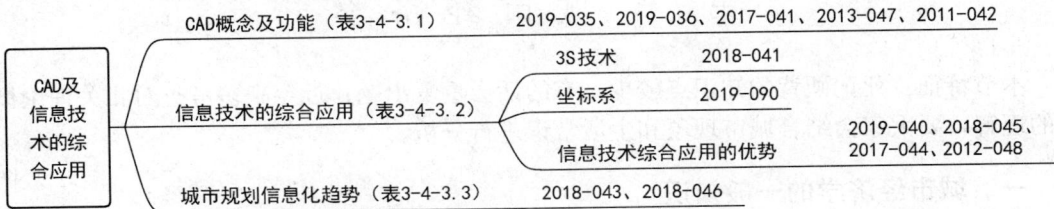

图 3-4-3　CAD 及信息技术的综合应用思维导图

CAD 概念及功能　　　　　　　　　　　　　　　　　　　表 3-4-3.1

内容	考点	考查思路
CAD 概念★	计算机辅助设计（简称 CAD），是指利用电子计算机系统具备的图形功能来帮助设计人员进行设计，它能提高设计工作的自动化程度，缩短设计时间	特征理解
CAD 系统功能★★	①交互式图形输入、编辑与生成：CAD 设置绘图界限（Limits）可使界限外不能绘制；②CAD 数据储存与管理；③图形计算与分析；④可视化表现与景观仿真：可以利用 CAD 软件，产生二维与三维设计图、动画渲染图	

信息技术的综合应用　　　　　　　　　　　　　　　　　　表 3-4-3.2

内容	考点	考查思路
3S 技术★	全球定位系统（GPS）、遥感技术（RS）、地理信息系统（GIS）	类型记忆
坐标系★	① 我国三大常用坐标系为：北京 54、西安 80 和 WGS84 ② 2000 国家大地坐标系：是我国当前最新的国家大地坐标系，英文名称为 China Geodetic Coordinate System 2000，英文缩写为 CGCS2000	类型记忆
信息技术综合应用的优势★★	① CAD 和 GIS 相结合 CAD 适合设计过程的计算机处理；GIS 则适合对客观事物的查询、分析，GIS 软件具有的优势是实现图形、属性的统一。二者可以取长补短，减少不同软件之间的数据转换，有利于减少软件购买的负担和技术更新方面的培训	特征理解
	② 遥感和 GIS 结合 GIS 的栅格空间数据主要来自遥感；遥感图像在完成了基本的处理和解译之后，应成为 GIS 的基础数据，用于更深层次的查询、分析和表达	
	③ 互联网和 CAD、GIS、遥感的结合具有以下优势： ◇ 使远程协同设计得到发展； ◇ 使空间信息的查询以及简单的分析远程化、社会化、大众化，将大大促进空间信息的共享和利用； ◇ 使遥感图像的共享程度提高，应用更加广泛	

城市规划信息化趋势　　　　　　　　　　　　　　　　　　表 3-4-3.3

内容	考点	考查思路
未来发展趋势★	① 技术应用法制化； ② 规划信息标准化； ③ 基础数据共享化：有助于避免数据重复建设，降低成本，主要的障碍是不同系统建立的标准不统一； ④ 技术应用集成化和智能化	特征理解

第五节 城市经济学

本节特征：死记硬背的知识点较少，有的话会重复出题；近年来多考查对相关理论概念的理解，要大家会结合城市现象和生活常识进行分析。

一、城市经济学的一般知识

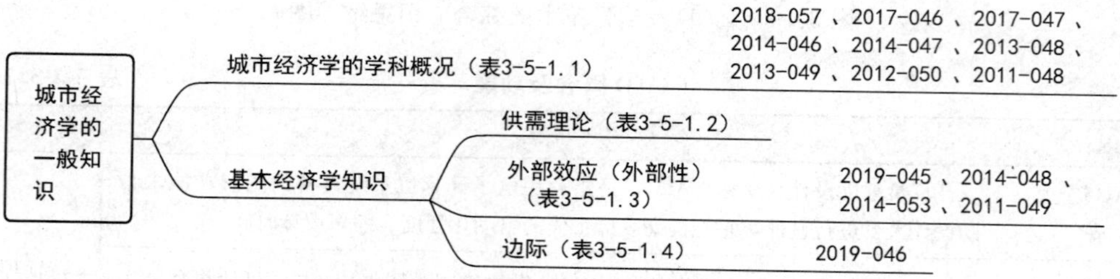

图 3-5-1　城市经济学的一般知识思维导图

城市经济学的学科概况　　　　　　　　　　　　　　　表 3-5-1.1

内容	考点	考查思路
发展历程 ★	① 1924 年，美国的伊利和莫尔豪斯合著的《土地经济学原理》问世，这本书被认为是土地经济学从政治经济学中独立出来的标志； ② 美国学者威伯尔·汤普逊（Wilbur R. Thompson）在 1965 年出版了《城市经济学导论》一书，是学科独立的标志； ③ 1960 年代阿隆索（Alonso）、穆斯（Muth）和谬尔斯（Mills）三位学者提出的城市土地和住房理论为城市经济学奠定了坚实的理论基础	代表记忆
学科性质 ★★	① 经济学的一门分支学科： ◇ 经济学研究的核心问题：市场中的资源配置问题； ◇ 城市经济学：论证了经济活动在空间上如何配置可以使土地资源得到最高效率的利用，并扩展到对劳动及资本利用效率的研究； ② 城市经济学主要表现在对经济活动空间关系的分析； ③ 应用性经济学：为医治"城市病"提供了基本思路	特征理解
具体研究内容 ★	① 基础理论：包括宏观的城市化和城市经济增长理论＋微观的城市内部空间理论＋城市公共经济理论。其中，城市内部空间结构理论是城市经济学的核心理论，以土地市场中的资源配置机制推导出了城市经济活动的空间分布规律； ② 城市问题：主要针对城市病，如城市失业、城市交通拥堵、城市贫困、城市犯罪等问题，城市病的成因与外部效益有关的则是交通拥堵	
研究的三种经济关系 ★	① 市场经济关系：效率是市场经济学中价值判断的评断标准； ② 公共经济关系：政府与社会之间的经济关系。例如，城市中的供水、道路、消防、交通管理等，而政府的钱是通过税收从居民和企业受众中获取的； ③ 外部效应关系：外部效应关系是指由于外部效应的存在使得经济活动主体之间发生的经济关系	类型记忆特征理解

内容	考点	考查思路
供求曲线与市场均衡	在完善的市场条件下，当产品市场和要素市场都实现了均衡时，生产者就都实现了利润最大化，消费者也实现了效用最大化，社会资源的利用效率就达到了最高 市场均衡价格的决定图	特征理解

外部效应（外部性）　　　　　　　　　　　　　　　　　　　　表 3-5-1.3

内容	考点	考查思路
正负外部性 ★★	① 正的外部效应：指某项经济活动使其他人受益，而受益者无需支付任何代价，如某单位投资改善其周围环境，周围邻居也随之收益； ② 负的外部效应：指某项经济活动使其他人受损，而受损者无法得到任何补偿，如某些工厂的污染使周围居民受损	特征理解

边际　　　　　　　　　　　　　　　　　　　　　　　　　　　表 3-5-1.4

内容	考点	考查思路
边际概念与运用 ★	① 消费者多购买一单位的商品，都会给他带来新的效用，这新增加的一单位商品带来的效用称为"边际效用"，边际效用会随着购买量的增加而减小，称为"边际效用递减律"； 　　② 相应地，生产中每增加一单位的某种要素投入，就会带来产出的增加，其增加量称为"边际产出"。随着投入量的增加，边际产出会下降，称为"边际产出递减律"	③ 利润最大化的总成本分配：由各种要素边际产出相等的特点决定的； 边际产出与总成本分配	特征理解 计算题
边际效益递减性★	在技术不变或在技术一定的条件限制下，在一定面积的土地上连续追加投资超过一定限度后，每单位面积投资额增量从土地所获得收益较前递减	特征理解

二、供需理论在城市问题研究中的应用

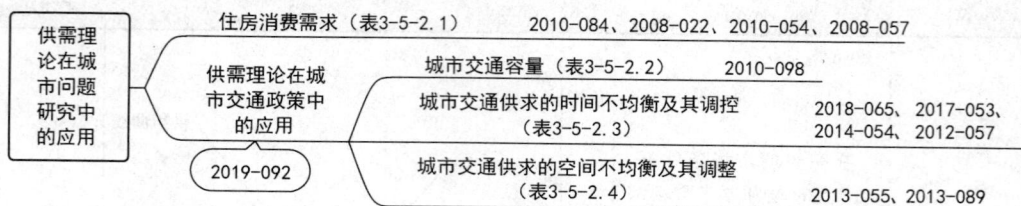

图 3-5-2　供需理论在城市问题研究中的应用思维导图

住房消费需求　　　　　　　表 3-5-2.1

内容	考点	考查思路
需求的刚性与弹性★	① 刚性：生活必需品；短期内城市住房供应（由于住房供应需要有一定的建设周期）； ② 弹性：非必需品及奢侈品，长期的城市住房供应	类型记忆
影响住房消费需求的因素★	①家庭收入情况；②宏观经济状况；③家庭人口的构成；④人们传统的居住文化等社会因素等	
住房制度★	从中华人民共和国成立后直至 1978 年，城市住房制度的特征可以概括为：低租金、分配制、福利型	特征理解

城市交通容量　　　　　　　表 3-5-2.2

内容	考点	考查思路
城市交通容量★	① 城市交通容量是指现有或规划道路所能容纳的车辆数； ② 城市交通容量受以下因素影响： 城市道路网形式及面积、机动车与非机动车占路网面积比重、出车率、出行时间及有关折减系数	特征理解 类型记忆

城市交通供求的时间不均衡及其调控　　　　　　　表 3-5-2.3

内容	考点	考查思路
交通供求时间不均衡的解决措施★★	基本思路是要减少需求的时间波动性，减少出行的时间集中度。 ① 用价格来调节，不过因为大部分人的上班时间具有刚性，所以需求曲线的弹性较小，靠价格调整到供求完全平衡是困难的； ② 调整上班时间，或改为弹性上班时间，交通的需求曲线就会更平缓，降低需求的时间波动性； ◇ 增修道路不能解决交通供求关系的根本问题！	特征理解

城市交通供求的空间不均衡及其调整　　　　　　　表 3-5-2.4

内容	考点	考查思路
交通供求空间不均衡的解决措施★★	① 从增加供给的方面来说，可以在主要的就业中心和主要的居住中心之间建设大运量的公共交通，如地铁或快速公交系统（BRT）； ② 对就业中心周边的道路实行分方向调控，上班时间多数车道分配给流入车流，下班时间多数车道分配给流出车流； ③ 采用价格的杠杆，对进入拥堵区的车辆收费	特征理解

三、外部性经济问题

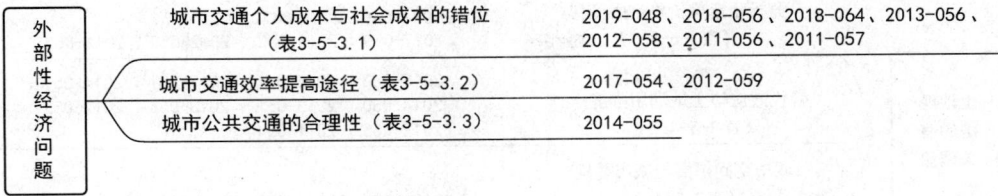

图 3-5-3　外部性经济问题思维导图

城市交通个人成本与社会成本的错位 　　表 3-5-3.1

内容	考点	考查思路
负外部性与边际成本的关系 ★★	在负外部性的情况下：个人边际成本（MCP）＜社会边际成本（MCS），这时私人活动水平高于社会所要求的水平，会造成物品的过度生产，如交通拥堵	特征理解
私家车的使用问题 ★	城市交通拥堵的一个原因是个人成本和社会成本的错位。对于开私家车上下班的人来说，除了要付出货币成本（汽油和车辆磨损等），还要付出时间成本，当遇到交通拥堵时，时间成本是上升的，但因为城市道路是大家共同使用的，所以道路上每增加一辆车带来的总的时间成本的增加是由道路上所有的车辆共同承担的	特征理解
货币成本调控 ★	① 对拥堵路段收费，如对进入城市中心区的车辆收费，从而把驾车者的成本由平均成本提高到边际成本； ② 征收汽油税，提高所有驾车者的出行成本，使得他们减少自驾车出行	

城市交通效率提高途径 　　表 3-5-3.2

内容	考点	考查思路
城市交通效率提高途径★	人们在城市中出行时要支付两种成本，货币成本和时间成本； 时间的价值对于每个人是不同的。所以要通过尽可能提供多种交通方式、多种道路系统来改善，使每一个人接近于最优选择	特征理解

城市公共交通的合理性 　　表 3-5-3.3

内容	考点	考查思路
公共交通的合理性表现 ★	一般来说，随着客流量的增加，交通工具运行的平均成本是下降的。但不同的交通方式初始成本不同，平均成本下降的速度也不同，这与交通工具的容量有关。城市越大，公共交通的优越性就会越加显示出来	特征理解

不同交通方式的成本差异

四、土地经济的有关理论

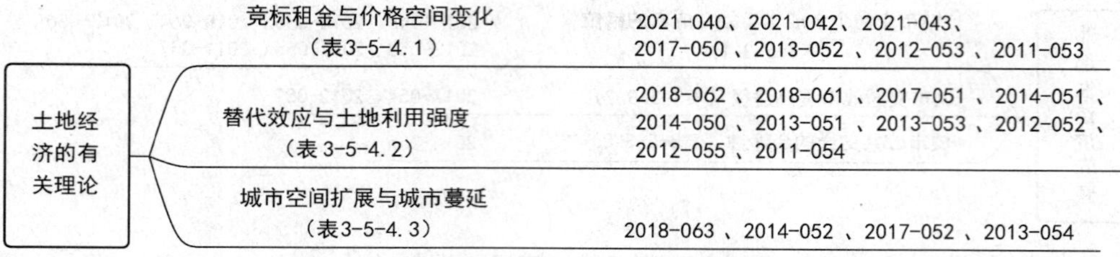

土地经济的有关理论
竞标租金与价格空间变化（表3-5-4.1）
2021-040、2021-042、2021-043、2017-050、2013-052、2012-053、2011-053
替代效应与土地利用强度（表3-5-4.2）
2018-062、2018-061、2017-051、2014-051、2014-050、2013-051、2013-053、2012-052、2012-055、2011-054
城市空间扩展与城市蔓延（表3-5-4.3）
2018-063、2014-052、2017-052、2013-054

图 3-5-4　土地经济的有关理论思维导图

竞标租金与价格空间变化　　　**表 3-5-4.1**

<table>
<tr><th>内容</th><th colspan="3">考点</th><th>考查思路</th></tr>
<tr><td>地租与地价
★★</td><td colspan="3">① 竞标租金：是厂商对单位面积土地的投标价格；
② 决定经济活动的不同地理位置称为区位；
③ 租用价格（R）和购买价格（P）之间有一个基本关系，即：
$$p=\sum_{n=0}^{n}\frac{R}{(1+i)^t}$$
公式中，i 是贴现率（利率），t 代表年份</td><td rowspan="3">特征理解</td></tr>
<tr><td rowspan="2">竞价曲线
★</td><td>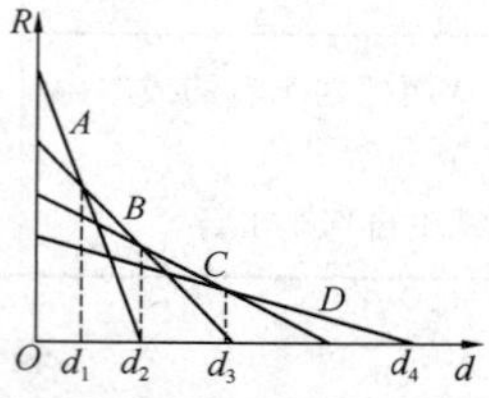R
A
B
C
D
O
d1
d2
d3
d4
d
租金梯度线的形成</td><td>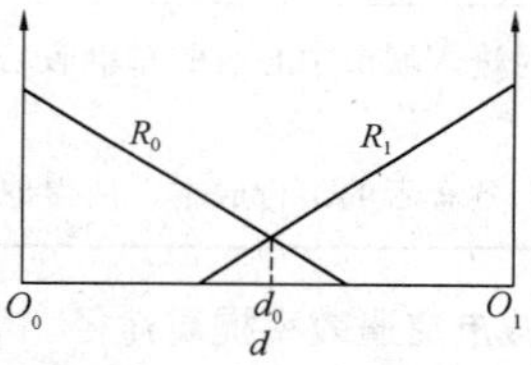R0
R1
O0
O1
d0
d
中心区吸引范围的划分</td><td>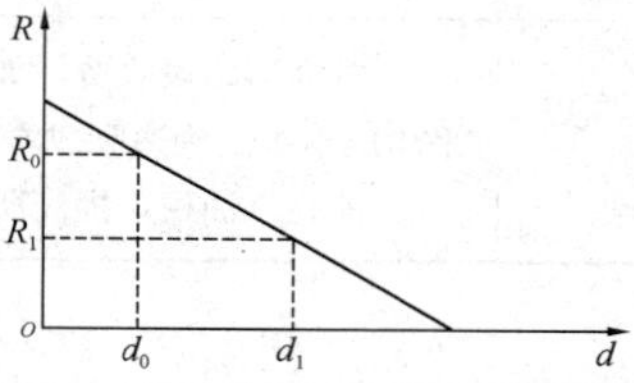R
R0
R1
O
d0
d1
d
厂商的竞标租金市场</td></tr>
<tr><td>A、B、C、D 代表四个不同的厂商，根据“价高者得”的原则，每一块的土地都分配给出价最高的厂商来使用</td><td>O_0 和 O_1 是两个就业中心，R_0 及 R_1 和即是各自的房租曲线</td><td>斜率由单位距离的交通成本所决定，图中的 R 代表某个厂商的竞标租金，O 是市中心，d 代表距市中心的距离</td></tr>
</table>

替代效应与土地利用强度　　　**表 3-5-4.2**

内容	考点	考查思路
三种替代关系★	地租与交通成本的替代，资本与土地的替代，住房与其他消费品的替代； 这三种替代模式决定了人口密度从城市中心区向外递减	类型记忆
替代效应与土地利用强度 ★★	① 替代效应：土地与资本之间的替代，导致了土地利用强度从中心区向外递减，资本密度的下降；从景观上看人口密度、建筑高度是下降的； ② 城市经济学中用“资本密度”来代替容积率，定义为单位土地面积上的资本投入量； ③ 建设用地增长率＝资本增长率/资本密度	特征理解

内容	考点	考查思路
城市规划结论★	① 中心区容积率在规划中应该尽量给予最大的弹性，或者交由市场来决定； ② 交通条件决定了土地价格，进而是土地利用强度，所以交通是引导城市土地利用最有效的手段	
住房与其他生活品的替代 ★	 住房与其他生活品的替代	特征理解 住房和其他生活品之间的替代，意味着从中心区向外，居民的住房面积是上升的

城市空间扩展与城市蔓延　　　　　　　　　　　表 3-5-4.3

内容	考点	考查思路
导致城市空间扩展的两种理论情况 ★★	① 城市地租曲线平行上移。 原因：城市的人口增长、经济发展。 ② 城市地租曲线斜率变得更平缓——郊区化现象，也称为"城市蔓延"。 原因：城市交通改善带来的交通成本下降、城市居民收入的上升 城市边界的形成与变化	特征理解

五、城市公共经济问题

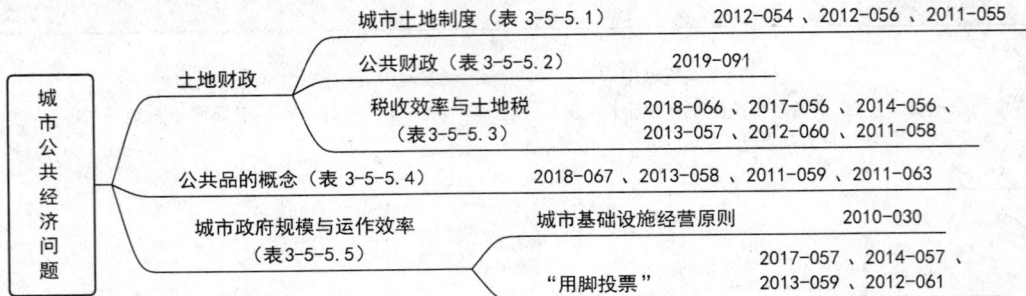

图 3-5-5　城市公共经济问题思维导图

城市土地制度

表 3-5-5.1

内容	考点	考查思路
土地产权制度 ★★	一个国家土地制度的首要内容就是对土地产权的规定（即中国城市土地市场建设在土地所有权的基础之上）。 ◇ 我国城市土地归国家所有，农村土地由农民集体所有； ◇ 城市土地市场交易的是土地使用权	特征理解

公共财政

表 3-5-5.2

内容	考点	考查思路
三大职能★	市场经济下的公共财政具有资源配置、收入分配、经济稳定与增长三大职能	类型记忆
城市财政收入★	城市财政收入的主要来源有税收收入、利润收入、规费收入及债务收入。 ◇ 规费收入体现了发生在城市中的各种权利和利益关系	类型记忆 特征理解
地方财政收入 ★	① 地方财政预算收入； ◇ 地方所属企业收入； ◇ 各项税收收入（包括营业税、地方企业所得税、个人所得税、城镇土地使用税、固定资产投资方向调节税、土地增值税、城镇维护建设税、房产税、车船使用税、印花税、农牧业税、农业特产税、耕地占用税、契税，增值税、证券交易税（印花税）的 25％部分和海洋石油资源税以外的其他资源税）； ◇ 中央财政的调剂收入，补贴拨款收入及其他收入； ② 地方财政预算外收入：主要有各项税收附加，城市公用事业收入，文化、体育、卫生及农、林、牧、水等事业单位的事业收入，市场管理收入及物资变价收入等； ③ 土地出让金是不在财政预算之内的收入！目前国内地方政府财政格局：预算内靠城市扩张带来的产业税收效应，预算外靠土地出让收入	类型记忆

税收效率与土地税

表 3-5-5.3

内容	考点	考查思路
"无谓损失" ★	在选择税种时要尽量选择那些"无谓损失"小的税，经济学家认为征收土地税是最好的选择	特征理解
"单一土地税"理论 ★★	① 土地税成为效率最高税种的原因："供给无弹性"； ② 优点：这样既可以实现社会公平，也可以减少土地闲置，提高土地的利用效率（即兼顾公平与效率两个目标）	

公共品的概念　　　　　　　　表 3-5-5.4

内容	考点		考查思路
社会消费物品分类 ★★		竞争性	非竞争性	特征理解

		竞争性	非竞争性
社会消费物品分类 ★★	排他性	私人物品：如面包	自然垄断物品：如供水管网
	非排他性	共有资源：水资源	公共品：如不拥挤的 城市道路、城市绿地

考查思路：特征理解

城市政府规模与运作效率　　　　　　　　表 3-5-5.5

内容	考点	考查思路
城市基础设施 经营原则★	① 对提供的基础设施服务有明确、连贯的目的性； ② 拥有经营自主权，企业的管理者和生产者都对经营承担一定程度的责任（注意：提供基础设施服务的政府和部门是法规制定者但不是经营者）； ③ 享有财务上的独立性	类型记忆 特征理解
"用脚投票" ★	① 政府征收人头税、迁移成本很低、居民消费偏好差异大，"用脚投票"都能带来效率的提高； ②"用脚投票"选择公共品，消费者可以根据自己的偏好来选择购买哪一家的产品，因此形成消费偏好相同的社区	

六、城市与区域发展的经济分析

城市与区域发展的经济分析	城市规模与最佳规模（表 3-5-6.1）	2019-042 、2018-058 、2017-048 、2017-049 、 2014-049 、2013-050 、2012-051 、2011-050
	城市经济增长及其调控（表 3-5-6.2）	2018-059 、2017-055 、2011-051
	城市产业发展与产业结构（表 3-5-6.3）	2019-041 、2018-060 、2011-052

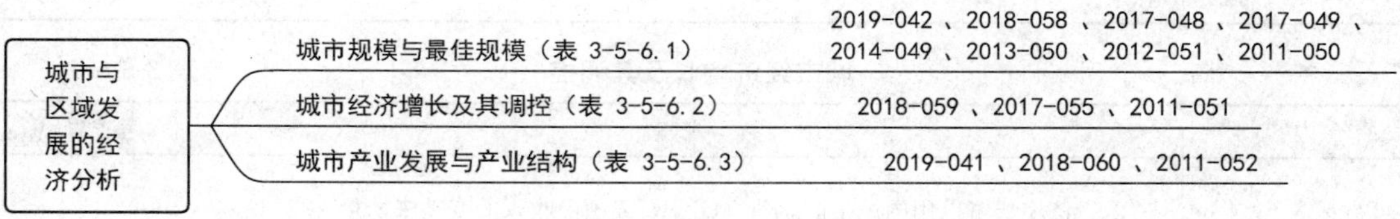

图 3-5-6　城市与区域发展的经济分析思维导图

城市规模与最佳规模　　　　　　　　表 3-5-6.1

内容	考点	考查思路
城市规模衡量指标★	① 就业规模（代表其经济规模）；②人口规模；③用地规模。 ◇ 通常人口规模是衡量城市规模的决定性指标	类型记忆
解释城市形成的经济学原理 ★	① 生产要素组合原理：用不同的经济活动中使用的生产要素组合不同来说明其空间特征。 ◇ 基本的生产要素是土地、劳动和资本； ◇ 现代经济的发展从产业的角度看是工业化的过程，从地域空间的角度看就是城市化的过程； ② 规模经济原理：是指某些生产活动（主要指工业生产）具有规模越大成本越低的特点。 ③ 集聚经济原理：是指经济活动在空间上相互靠近可以提高效益。 ◇ 一种是地方化经济：是指同一行业的企业在空间上集聚； ◇ 一种是城市化经济：是指不同行业的企业或经济单位在空间上集中； ◇ 城市规模越大，服务业的规模也越大，这也是属于城市化经济	类型记忆 特征理解

内容	考点	考查思路
均衡规模与 最佳规模 ★★★	① 最佳规模：边际成本＝边际效益，集聚力大于分散力。 ② 均衡规模：平均成本＝平均效益。 ③ 城市的均衡规模＞最佳规模，造成其不等的原因：城市中存在的大量外部效应。 ④ 政府可以通过财政手段来调控城市规模，使城市的均衡规模向最佳规模靠近。 ◇ 对负的外部性征税，如污染税、拥挤税； ◇ 对正的外部性给予补贴，如节能补贴、减排补贴	特征理解
	 MC——边际成本 AC——平均成本 MR——边际收益 AR——平均收益 N_1 是最佳城市规模 N_2 是城市的均衡规模 最佳规模与均衡规模	

城市经济增长及其调控　　　　　　　　　　表 3-5-6.2

内容	考点	考查思路
经济增长的 衡量指标 ★	① 经济增长可以用国民生产总值（GNP）或国民收入的变动来衡量； ② 总产出通常用国内生产总值（GDP）来衡量，国内生产总值是指一个国家一定时期内（通常为一年）在国家的领土范围内所生产的产品和劳务的市场价值总和	特征理解
生产要素 ★★	现代经济理论将资源分为有形资源和无形资源两种形式。 ◇ 有形资源：包括资本、劳动、土地等要素资源； ◇ 无形资源：技术工艺、人力资本和企业的无形资产等	类型记忆
	生产中需要投入的生产要素一般为资本、劳动和土地三大要素。 ① 资本有两种形式，即金融资本和实物资本； ② 劳动是指人的劳动能力，是生产过程主导因素，任何生产过程都是由人来组织和操作； ③ 在这三项生产要素中，只有土地是不可再生的，也不具有任何流动性，供给无弹性，在城市经济的长期增长中限制性最大	特征理解

城市产业发展与产业结构		表 3-5-6.3

内容	考点	考查思路
产业成长阶段 ★	根据第一、第二、第三产业占国民生产总值的比例和人均国民生产总值的高低，经济发展阶段可划分为农业化、工业化、后工业化三大时期	类型记忆
基本部门与非基本部门★	① 基本部门：其产品是输出到外部市场上去的； ② 非基本部门（也称服务部门）：其产品是销售在城市内部市场中的	特征理解
"区位熵"方法 ★	区位熵大于 1 的行业属于基本部门，其余行业则属于非基本部门。 某行业区位熵 = $\dfrac{该行业就业人数/城市总就业人数}{全国该行业就业人数/全国总就业人数}$	
基本部门下的行业分类★	① 工业：采掘业、重化工业、轻型工业和高新技术产业。 ② 服务业：生产者服务业、交通服务业、行政管理业和旅游业。 ◇ 其中生产者服务业需要大量面对面的活动，其收益也高，可以支付较高的地价，所以往往在空间上高度集聚，形成了城市的中心商务区（CBD）； ◇ 墨菲和万斯在对美国 9 个城市 CBD 的土地利用进行细致深入的调查后，提出界定指标：中心商务高度指数，简称 CBHI；中心商务强度指数，简称 CBII	类型记忆 特征理解

第六节　城市地理学

本节特征：第一章为城市地理学的背景知识概述，考查较少。后两章是本节重点，尤其是城市地理学的主要理论需要熟记掌握。

题号及热点文件索引如下：

"十四五"规划纲要：2021-092。

《关于培育发展现代化都市圈的指导意见》：2021-050、2020-056。

一、城市地理学的一般知识

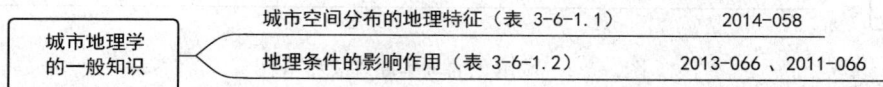

城市地理学的一般知识 —— 城市空间分布的地理特征（表 3-6-1.1）　2014-058

地理条件的影响作用（表 3-6-1.2）　2013-066、2011-066

图 3-6-1　城市地理学的一般知识思维导图

城市空间分布的地理特征		表 3-6-1.1

内容	考点	考查思路
城市空间分布地理特征 ★	典型的不均匀性，即城市在地域空间上的分布呈典型的集聚分布的特征。 ◇ 世界城市的主要分布地明显集中在中纬度地带； ◇ 中国的城市分布具有明显的东密西疏的整体性空间特征	特征理解

地理条件的影响作用		表 3-6-1.2

内容	考点	考查思路
影响城市形成和发展的要素 ★	① 影响城市形成发展的根本要素：社会生产力发展水平和社会生产方式。 ② 影响和制约城市发展的基本要素： ◇ 城市发展自身的具体条件（地理条件）； ◇ 城市发展的区域经济基础	特征理解

内容	考点	考查思路
城市与区域的关系 ★	① 城市是区域的中心，城市对区域发展具有辐射带动作用； ② 区域是城市发展的腹地和支撑，区域是城市生产的原料供应地和产品市场； ③ 城市与区域之间相互联系，相互制约； ④ 区域地理条件是城市形成发展的基础和背景； ⑤ 区域的经济资源、经济发展基础和交通等基础设施是城市发展的根本性支撑条件和动力保障	特征理解
从城市及其腹地之间的相对位置关系区分 ★	① 中心位置：城市位于某一区域中央，城市与各个方向的联系距离都比较近； ② 重心位置：当一个地理区内人口分布和开发条件差异较大时，如果按不均匀性进行加权，中心位置就会发生变形，就会有一个偏向于优势区域的重心位置。在这里形成的中心城市也具有和中心位置一样的总联系距离最短的效果； ③ 邻接位置：与中心位置相对的是邻接位置； ④ 门户位置：一种特殊的邻接位置可叫门户位置或出入口位置； ◇ 中心位置利于区域内部的联系和管理，门户位置利于区域与外部的联系，各有优势；矿业城市要求邻接矿区，河口港是最典型的门户位置	

二、城镇化的基本原理

城镇化的基本原理

- 城镇化的概念和类型（表3-6-2.1） 　　2018-050、2014-060、2011-060、2011-064
- 城镇化与经济发展的相关关系（表3-6-2.2） 　　2019-093、2017-058、2013-060、2011-068
- 世界城镇化进程（表3-6-2.3） 　　2019-050、2013-063
- 当代世界城镇化特点（表3-6-2.4） 　　2019-051、2019-062、2018-047、2018-049、2017-058、2017-059、2014-061、2014-059、2013-061、2012-062、2012-066、2012-068、2011-061

图 3-6-2　城镇化的基本原理思维导图

城镇化的概念和类型　　　　　　　　　　表 3-6-2.1

内容	考点	考查思路
城镇化的概念 ★	① 从城镇化的转化主体看，城镇化可分为有形城镇化和无形城镇化； ② 从城镇化的过程看，城镇化过程区分为城镇化Ⅰ和城镇化Ⅱ	特征理解 概念对比
	城镇化率：一般用区域内城镇常住人口占区域总人口的百分比来表示	特征理解 计算题
	城镇化的推进过程按照以下两种方式反映在地表上： ① 城市范围的扩大；②城市数目的增多	类型记忆
城镇化现象的空间类型 ★★	① 向心型城镇化与离心型城镇化（以大城市为中心来考查）： ◇ 向心型城镇化：城市中的商业和政府部门都有不断向城市中心集聚的特性，也称集中型城镇化； ◇ 离心型城镇化：有些城市设施和部门则自城市中心向外缘移动扩散，也称扩散型城镇化；郊区化和逆城市化都属于离心型城镇化。	特征理解

内容	考点	考查思路
城镇化现象的空间类型 ★★	② 外延型城镇化与飞地型城镇化（按照城市扩展形式的不同）： ◇ 外延型城镇化：城市"摊大饼"式发展； ◇ 飞地型城镇化：如果在推进过程中，出现了空间上与建成区断开，职能上与中心城市保持联系的城市扩展方式，则称为飞地型城镇化。 ③ 景观型城镇化与职能型城镇化： ◇ 景观型城镇化：是传统的城镇化表现形式，也称直接城镇化； ◇ 职能型城镇化：是当代出现的一种新的城镇化表现形式，这种城镇化表现了地域推进的潜在意识，不从外观上直接创造密集的市区景观，如郊区化、逆城镇化、农村城市化。 ④ 积极型城镇化和消极型城镇化（根据城镇化水平和经济发展水平的关系）。 ⑤ 自上而下型城镇化和自下而上型城镇化（分析我国城市化动力机制）	特征理解

城镇化与经济发展的相关关系 表 3-6-2.2

内容	考点	考查思路
相关关系★	区域城镇化水平与经济发展水平之间呈对数相关关系	特征理解
消极型城镇化问题 ★★	① 与经济发展同步的城镇化称之为积极型城镇化（又称"健康的城镇化"）。 ② 过度城镇化和低度城镇化都属于消极型城镇化（又称"病态城镇化"）。 ◇ 过度城镇化：先于经济发展水平的城镇化，导致人口过多涌进城市，城市基础设施不堪重负，城市就业不充分等问题； ◇ 低度城镇化：滞后于经济发展水平需要的城镇化，导致城市产业发展不协调，城市服务能力不足，乡村劳动力得不到充分转移等问题	特征理解 概念对比

世界城镇化进程 表 3-6-2.3

内容	考点		考查思路
城镇化曲线 ★	① 城镇化水平较低、发展较慢的初期阶段：国民经济中农业占大比重，乡村人口占绝对优势，农业生产水平较低； ② 人口向城镇迅速集聚、城镇化水平快速提高的中期加速阶段：随着工业化基础的逐步建立，经济实力有所增长，各项建设的规模和速度明显超过前一阶段，城镇需要大量劳动力； ③ 进入高度城镇化以后提高速度趋缓甚至停滞的后期阶段：人口增长进入低出生率、低死亡率、低自然增长率的现代人口再生产阶段	城镇化曲线	特征理解

内容	考点	考查思路
世界城镇化进程 ★	工业革命之前：城镇化率提高速度非常缓慢	特征理解 代表记忆
	工业革命以来：以英国等西方国家为发端，世界范围内逐步开始了城市快速发展、城镇化快速推进的过程。 ① 1900 年城镇人口超过乡村人口的国家只有英国、澳大利亚和德国三国，其中英国成为世界上第一个高度城镇化的国家。 ② 近代世界城镇化特点： ◇ 工业化带动城镇化； ◇ 由一元的封建城市体系向封建城市与近代城市并存的二元结构转化	

当代世界城镇化特点　　　　　　　　　　　　　　　　　　　　　　　　　　　表 3-6-2.4

内容	考点		考查思路
当代世界的城镇化特点 ★★	① 城镇化进程大大加速，发展中国家逐渐成为城镇化的主体； ② 大城市快速发展趋势明显，大都市带得以形成和快速发展。出现了超级城市、巨城市、城市集聚区和大都市带等新的城市空间组织形式； ③ 郊区化、逆城镇化现象的出现（零售业郊区化是 20 世纪 50 年代以后逐步发展的）； ④ 发展中国家的城镇化仍以人口从乡村向城市迁移为主； ⑤ 经济全球化与世界城市体系		特征理解 类型记忆
世界城市体系 ★★	（1）主要层次 ① 全球城市：为非常大的全球性领土服务； ② 亚全球城市：在某些专业化服务中发挥全球性服务功能、发达大国的主要城市； ③ 有较高国际性的大量具体进行生产和装配的城市	（2）支配与从属关系 ① 核心区； ② 半边缘区； ③ 边缘区：即仍然贫穷落后，以农业为主的地区；特征：空间变化相对迟缓	
当代中国城镇化特征 ★	① 城镇化经历了起点低、速度快的发展阶段； ② 城市化动力机制由一元转变为多元； ③ 城市规模结构变化明显； ④ 沿海城市群成为带动经济快速增长的主要平台； ⑤ 城镇化过程吸纳了大量农村劳动力转移就业。流动人口已成为中国城镇人口增长的主体。 当代中国城镇化程度出现了地域差异，东部沿海城市发展迅速，而西部偏远地区发展缓慢，省级差异大。城乡居民的收入差距也不断扩大		特征理解

三、城镇体系的基本理论

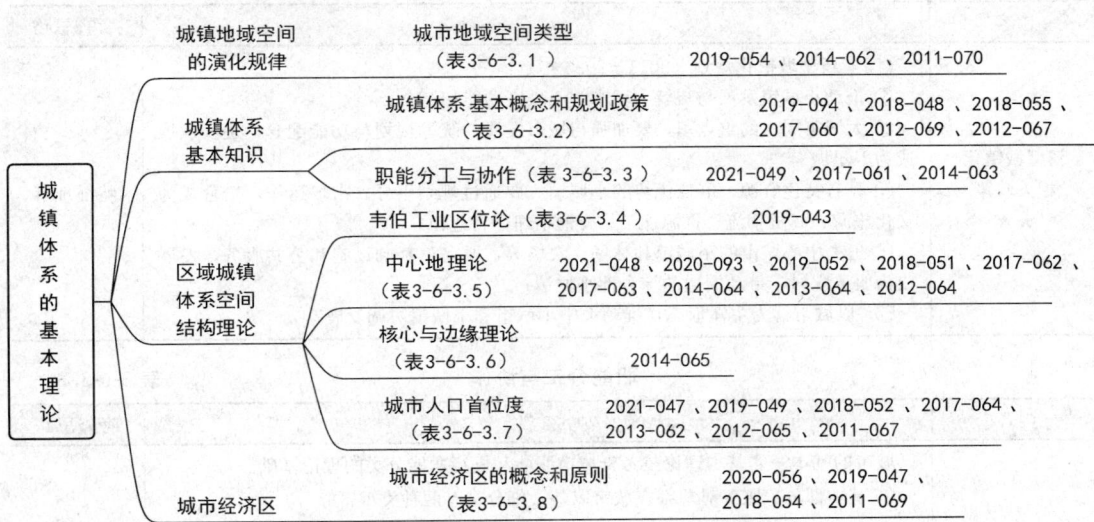

图 3-6-3 城镇体系的基本理论思维导图

（一）城镇地域空间的演化规律

城市地域空间类型　　　　　　　　　　表 3-6-3.1

内容	考点	考查思路
城市地域类型 ★★	① 实体地域（城市建成区）：是城市研究中基本的城市地域概念，边界是明确的，边界随着城市的发展不断向外拓展； ② 行政地域：界限清晰，相对稳定的地域范围； ③ 功能地域：城市功能地域一般比实体地域要大！（包括了连续的建成区外缘以外的一些城镇和城郊，也可能包括一部分乡村地域）	特征理解

（二）城镇体系基本知识

城镇体系基本概念和规划政策　　　　　　表 3-6-3.2

内容	考点	考查思路
概念★	城镇体系也称为城市体系或城市系统，指的是在一个相对完整的区域或国家中，由不同职能分工、不同等级规模、联系密切、互相依存的城镇组成的集合；它以一个区域内的城镇群体为研究对象	特征理解
城镇体系规划的基本内容 ★	① 综合评价区域与城市的发展和开发建设条件； ② 预测区域人口增长，确定城市化目标； ③ 确定本区域的城镇发展战略，划分城市经济区； ④ 提出城镇体系的功能结构和城镇分工； ⑤ 确定城镇体系的等级和规模结构规划； ⑥ 确定城镇体系的空间布局； ⑦ 统筹安排区域基础设施，社会设施； ⑧ 确定保护区域生态环境； ⑨ 确定各时期重点发展的城镇，提出近期重点发展城镇的规划建议； ⑩ 提出实施规划的政策和措施	类型记忆

内容	考点	考查思路
新型城镇化相关政策 ★★	《国家新型城镇化规划（2014—2020年）》： ① 推动小城镇发展与疏解大城市中心城区功能相结合； ② 大城市周边的重点镇，要加强与城市发展的统筹规划与功能配套，逐步发展成为卫星城； ③ 具有特色资源、区位优势的小城镇，要通过规划引导、市场运作，培育成为文化旅游、商贸物流、资源加工、交通枢纽等特色镇； ④ 远离中心城市的小城镇和林场、农场等，要完善基础设施和公共服务，发展成为服务农村、带动周边的综合性小城镇； ⑤ "以城市群为主体形态，推动大中小城市和小城镇协调发展"	特征理解

职能分工与协作

表 3-6-3.3

内容	考点	考查思路
城市的基本—非基本理论 ★★	城市的基本—非基本理论是考查城市职能和进行职能分类的理论基础。 ① 基本部分：服务对象都在城市以外，细分又有两种类型： ◇ 一种是离心型的基本活动。具有离心倾向的部门有的需要宽敞用地，如大型企业、自来水厂等；有的需要防止灾害和污染，如煤气厂；有的需要安静，如精神病院等； ◇ 另一种是向心型的基本活动。 ② 城市的非基本部分：为本城市的需要服务的	特征理解 代表记忆
	基本/非基本比率（简称 B/N）：城市经济活动的基本部分与非基本部分的比例关系。 常用的计算 B/N 比的方法主要有：普查法、残差法、区位商法、正常城市法和最小需要量法等。 ◇ 残差法是霍伊特为了简化直接调查的程序而提出	代表记忆
	B/N 的影响因素： ① 随着城市人口规模的增大，非基本部分的比例有相对增加的趋势。城市越大，城市内部各种经济活动之间的依存关系越密切，城市内的交换量越多，城市居民对各种消费和服务的要求也越高； ② 在规模相似的城市，B/N 也会有差异。专业化程度高的城市 B/N 大，而地方性的中心一般 B/N 小（主要因素！）； ③ 大城市郊区开发区可以依附于母城，从母城取得本身需要的大量服务，非基本部分就可能较小，B/N 大； ④ 老城市在长期的发展历史中，已经完善和健全了城市生产和生活的体系，B/N 可能较小，而新城市则可能还来不及完善内部的服务系统，B/N 可能较大	特征理解
城市职能与城市性质 ★★	城市职能的三要素：①专业化部门；②职能强度；③职能规模	类型记忆
	城市性质的概念内涵包括：①城市的宏观区位意义；②城市的主导职能。 城市性质一般是表示城市规划期内希望达到的目标或方向，代表了城市的个性，特点和发展方向	类型记忆 特征理解
	城市性质和城市职能的联系与区别： ① 城市性质是城市主要职能的概括； ② 确定城市性质一定要进行城市职能分析； ③ 城市性质并不等同于城市职能。城市职能可能有好几个，职能强度和影响的范围各不相同，而城市性质关注的是最主要、最本质的职能	特征理解

（三）区域城镇体系空间结构理论

韦伯工业区位论

表 3-6-3.4

内容	考点	考查思路
三个基本假定条件 ★	① 已知原料供给地的地理分布； ② 已知产品的消费地与规模； ③ 劳动力存在于多数的已知地点，不能移动；各地的劳动成本是固定的，在这种劳动花费水平下可以得到劳动力的无限供应	类型记忆

中心地理论

表 3-6-3.5

内容	考点			考查思路
克里斯塔勒中心地体系 ★★★	在理想地表上的聚落分布模式，各级供应点必须达到最低数量以使商人的利润最大化；一个地区的所有人口都应得到每一种货物的提供或服务			特征理解
	衡量中心地重要性，确定其等级的指标是中心度			
	支配克里斯塔勒中心地体系形成的原则：			
	市场原则	交通原则	行政原则	
	要求以最少的中心地满足覆盖区域	要求以最少的交通线路联系尽可能多的高等级中心	要求便于行政管理	类型记忆 特征理解
	不同规模中心地出现的等级序列是：1、2、6、18……	市场区数量的等级序列是：1、4、16、64……	市场区的等级序列则是：1、7、49、343……	
	克里斯塔勒中心地理论的三种体系			

核心与边缘理论

表 3-6-3.6

内容	考点	考查思路
增长极理论 ★	根据佩鲁的观点，增长极是否存在决定于有无发动型工业。所谓发动型工业就是能带动城市和区域经济发展的工业部门； 增长极理论的边缘效应：核心与边缘间有前向联系和后向联系，前者主要是核心向更高层次核心的联系和从边缘区得到原料等；后者是核心向边缘提供商品、信息、技术等。通过两种联系，发展核心，带动边缘	特征理解

内容	考点	考查思路
核心与边缘模式 ★	① 核心和边缘的关系是一种控制和依赖的关系； ② 初期是核心区的主要机构对边缘的组织有实质性控制，是依赖的强化，核心区通过控制效应、咨询效应、心理效应、现代化效应、关联效应以及生产效应等强化对边缘的控制； ③ 在边缘获得效果的阶段，革新由核心区传播到边缘，核心与边缘间的交易、咨询、知识等交流增加，促进边缘发展	特征理解

2021 年中国省会城市人口首位度　　　　　表 3-6-3.7

省会	2020 年人口首位度（%）	人口全省排名	省会	2020 年人口首位度（%）	人口全省排名
西宁*	40.30	1	兰州	17.42	1
银川	39.70	1	贵阳	15.53	3
长春	37.66	1	合肥	15.35	1
西安	32.77	1	太原	15.19	1
哈尔滨	31.43	1	长沙	15.12	1
海口	28.50	1	石家庄	15.06	2
成都	25.02	1	广州	14.82	1
拉萨	23.79	1	呼和浩特	14.33	2
武汉	21.34	1	南昌	13.84	3
沈阳	21.20	1	乌鲁木齐*	13.74	—
福州	19.96	2	郑州	12.68	1
杭州	18.49	1	南京	10.99	2
昆明	17.92	1	济南	9.06	4
南宁	17.44	1			

注：数据口径均以各地 2020 年普查口径为准。带 * 城市为 2019 年数据。数据来源为各省市统计局。

（四）城市经济区

城市经济区的概念和原则　　　　　表 3-6-3.8

内容	考点	考查思路
城市经济区 ★	城市经济区既是客观存在的地域单元，又是国民经济空间结构的基本组成部分，是以城市为核心对空间经济的组织形式。 城市经济区由四个要素构成： ① 中心城市：在政治经济、文教科技、商业服务、交通运输、金融信息等方面都具有吸引力和辐射力的，具有一定规模的综合性城市； ② 腹地：一个城市的吸引力和辐射力对城市周围地区的社会经济联系起着主导作用的地域； ③ 经济联系：其方向和程度的变化影响到城市经济区的发展变动； ④ 空间通道：是城市经济区形成的支撑系统，城市与腹地之间各种形式的经济联系，必须依托一定的空间通道网才能得以实现	特征理解

内容	考点	考查思路
城市经济区组织的原则 ★	① 中心城市原则：处于支配地位的中心城市是城市经济区组织的首要原则； ② 联系方向原则：主要联系方向原则是在中心城市与腹地间建立联系的主要依据。这一原则不仅体现在国家内部区域之间的经济联系中，也体现在对外经济联系中； ③ 腹地原则：腹地原则强调了经济区范围与中心城市吸引范围的一致性。经济区的范围也不能与中心城市腹地范围完全一致，城市腹地范围主要是对城市影响现状的分析和界定，城市经济区则具有一定的规划意义； ④ 可达性原则：区域之间的相互作用与可达性呈正相关关系，可达性越好，相互作用越强，反之，则空间相互作用越弱； ⑤ 过渡带原则：因为城市吸引范围理论上的断裂点在现实世界中并不存在，所以很难用一条明确的界线来表示城市影响范围的边界； ⑥ 兼顾行政区单元完整性的原则	类型记忆 特征理解
都市圈★	《关于培育发展现代化都市圈的指导意见》发改规划〔2019〕328 号	特征理解

四、城市地理学的研究方法

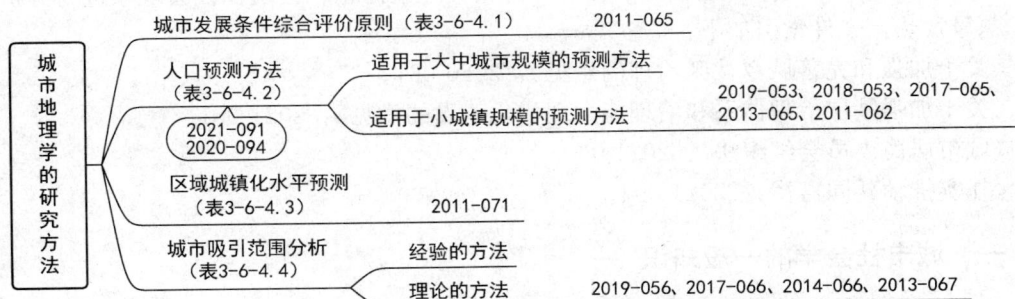

图 3-6-4　城市地理学的研究方法思维导图

城市发展条件综合评价原则　　　　　　　　　　表 3-6-4.1

内容	考点	考查思路
城市发展条件评价的原则 ★	① 应选取有比较意义的指标，在比较的背景下赋值； ② 指标体系应在重点反映城市所在经济区或行政区域整体特征的同时，兼顾城市建设的发展条件； ③ 指标体系应涵盖包括区域经济、社会、人口、交通等影响城市发展的各因素，对其进行综合评价； ④ 发展条件评价应有动态的眼光	特征理解

人口预测方法　　　　　　　　　　表 3-6-4.2

内容	考点	考查思路
适用于大中城市规模的预测方法	回归模型、增长率法、分项预测法	类型记忆
适用于小城镇规模的预测方法★★	区域人口分配法、类比法、区位法	

区域城镇化水平预测   表 3-6-4.3

内容	考点	考查思路
区域城镇化水平预测方法★	综合增长法；时间趋势外推法，又称时间相关回归法；相关分析和回归分析法；联合国法	类型记忆

城市吸引范围分析   表 3-6-4.4

内容	考点	考查思路
经验的方法	① 通过线上的调查即调查交通线上各点的车流资料，找到两个城市之间车流量最小的地方即为两城市吸引范围的分界点； ② 通过面上调查的方法，即通过访问消费者，了解居民购物或出行行为的指向来确定城市的吸引范围； ③ 通过点上的调查即调查城市的商业、服务业等各种企业顾客来源来确定吸引范围	类型记忆
理论的方法★★	断裂点公式、潜力模型	

第七节 城 市 社 会 学

本节特征：第一章城市社会学的一般知识早年有考过，但近几年除了调查研究方法每年考 1 题外，其他的知识点基本已经不考了。本节考查重点是在第二章与城市规划有关的主要社会问题中，不需要死记硬背，但要理解相关理论概念，会结合社会现象进行分析。

题号及热点文件索引如下：

《关于加强和完善城乡社区治理的意见》：2020-061。

《关于加强基层治理体系和治理能力现代化建设的意见》：2021-061。

《城市居民委员会组织法》：2021-060。

《扎实推动共同富裕》：2021-094。

一、城市社会学的一般知识

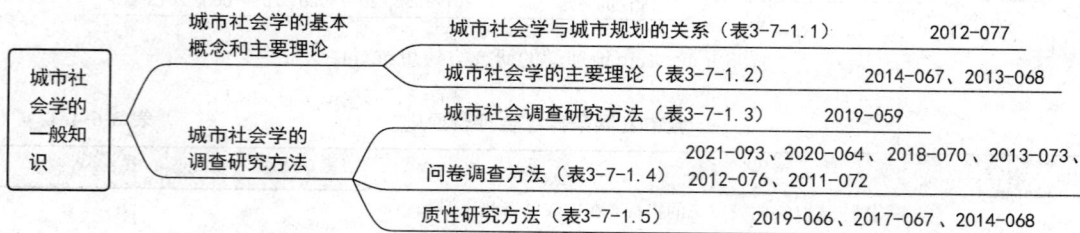

图 3-7-1 城市社会学的一般知识思维导图

（一）城市社会学的基本概念和主要理论

城市社会学与城市规划的关系   表 3-7-1.1

内容	考点	考查思路
城市社会学与城市规划的关系★	① 城市规划与城市社会学的研究对象和研究载体都是城市，使得一些城市现象和问题成为两个学科共同关注的问题；如对城市化的关注、对城市人口结构的关注、对城市社会阶层分化的关注等； ② 每个时代的每个阶段都会有新的社会问题，一个合格的城市规划首先必须要反映出这些新的社会问题及其空间表现，并在规划中提出适宜的解决方案； ③ 城市社会学的很多理念和学派丰富了规划师的规划思路	特征理解

城市社会学的主要理论（★）　　　　　　　　　　　　　表 3-7-1.2

内容	考点	考查思路
芝加哥学派与古典城市生态学理论	芝加哥学派创建了古典城市生态学理论，他们对新兴的芝加哥城市的社会问题展开实证研究，开创了美国社会学经验研究的传统	
马克思主义学派和城市空间的政治经济学理论	① 列斐伏尔是城市空间政治经济学理论分析的创始人：城市空间是政治的，是资本主义的产物，应该考虑一种在资本主义社会里空间被生产以及生产过程中矛盾是如何产生的理论； ② 哈维：认为城市过程具有辩证特征，一方面，时间和空间塑造城市过程，另一方面，城市过程也在塑造城市空间和时间	特征理解 类型记忆 代表记忆
韦伯学派和新韦伯主义城市理论	① 认为个人行为在社会结构中是相对自主的； ② 社会行为理论，人的社会行为可分为感性行为、传统行为和理性行为； ③ 阶级理论，认为社会分层包括三类，即阶级、社会地位和权力	
全球化与信息化城市理论	① 全球化，即经济全球化； ② 以互联技术为代表的信息技术革命正在拉开信息时代的序幕，在这个过程中，城市会失去原来的城区概念，突破原有的物理空间。向郊区拓展，由信息网络构成的流动空间正逐渐取代原有的城市空间； ③ 全球化是信息化城市发展的重要动力	

（二）城市社会学的调查研究方法

城市社会调查研究方法　　　　　　　　　　　　　表 3-7-1.3

内容	考点	考查思路
实验法和观察法★	① 社会实验法可以说是观察法的进一步发展； ② 和观察法相同的是，实验研究者也靠自己的感受去搜集对象的信息； ③ 不同在于：首先，实验的观察不再是自然状态下的观察，而是在人工环境中，在人为控制中进行的观察；其次，自然观察的内容是难以重复的，而实验的内容却可以不断反复	特征理解
社会调查类型★	按照社会调查对象的范围可分为： ① 全面调查：对调查对象的总体的全部单位进行的调查——普查。 ② 非全面调查，包括： ◇ 典型调查：从调查对象的总体中选取一个或几个具有代表性的单位，如个人、群体、组织、社区等等，进行全面、深入的调查； ◇ 重点调查：通过对总体中那些在某一或某些数量指标上占有较大比重的个体的调查来大致地掌握总体的基本数量情况； ◇ 抽样调查：从调查对象的总体中抽取一些个人或单位作为样本，通过对样本的调查研究来推论总体的状况； ◇ 个案调查：一是专项调查，即调查的对象只有一个个体。二是从某一社会领域中选择一两个调查对象进行深入细致的研究	概念对比

问卷调查方法

表 3-7-1.4

内容	考点	考查思路
调查问卷的设计 ★★	① 问卷应包括被调查者基本属性特征和针对研究问题内容的调查; ② 问卷设计要考虑到被调查者的填写时间。大多数应该采取"选择题"的形式进行调查。对少数问题,也可以采取填空式方法进行调查; ③ 问卷一经确定最好不要改变,如果确要改变,那么就使用改变后的问卷重新开始调查	特征理解
问卷的发放 ★	① 任何调查都应要有针对性和目的性,调查问卷不可随意发放; ② 问卷的发放有当面发放、邮寄发放、电话调查等方式; ③ 为了使问卷更有代表性,应注意调查样本的抽样问题。非随机抽样包括三种类型:随意抽样、判断抽样、分层配比抽样,总体上看,分层配比抽样更为科学,也比较常用	
回收有效率 ★★	① 回收率,即回收来的问卷数量占总发放问卷数量的比重; ② 有效率,即有效率问卷数量占所有回收问卷数量的比重	
调查样本的抽样方式 ★	① 随机抽样:抽取样本没有标准和原则,完全是随意的; ② 系统抽样:又叫作等距抽样法或机械抽样法,是依据一定的抽样距离,从总体中抽取样本; ③ 定额抽样:也称为分层配比抽样; ④ 多段抽样:指将从调查总体中抽取样本的过程,分成两个或两个以上阶段进行,将各种抽样方法结合使用	概念对比

质性研究方法

表 3-7-1.5

内容	考点	考查思路
质性研究方法★	① 质性研究属于定性研究的一种; ② 概念:质性研究是以研究者本人作为研究工具,在自然情境下,采用多种资料收集方法(访谈、观察、实物分析),对研究现象进行深入的整体性探究,从原始资料中形成结论和理论,通过与研究对象互动,对其行为和意义建构获得解释性理解的一种活动	特征理解
深度访谈★	① 深度访谈方法也是质性研究中最重要的一种方法; ② 与部门访谈法的调查对象不同的是,质性研究中的深度访谈法的调查对象多数针对的是被调查的个人	

二、城市人口结构与人口问题

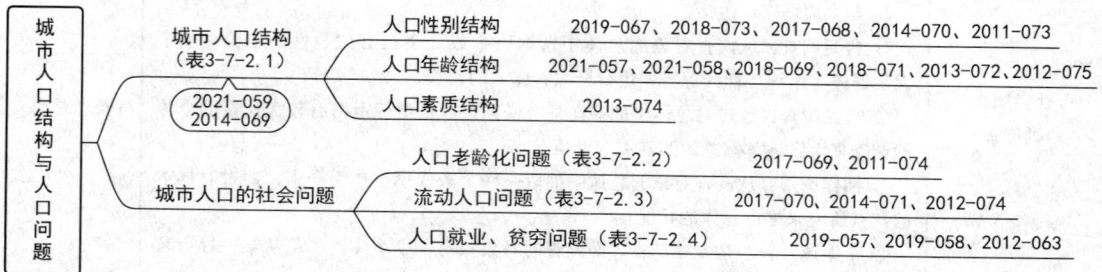

图 3-7-2 城市人口结构与人口问题思维导图

(一) 城市人口结构

城市人口结构 表 3-7-2.1

内容	考点	考查思路
人口性别结构 ★	① 性别比指标：一般以女性人口为 100 时相应的男性人口数来定义。 ② 人口性别结构的问题：性别比偏高，即男性人口过多。 ◇ 较高的总人口性别比会造成所谓的"婚姻挤压"现象； ◇ 较高的出生人口性别比反映了区域的"重男轻女"的陋习程度； ◇ 人口迁移或流动会导致人口性别比发生变化	特征理解
人口年龄结构 ★★	进入老龄化社会的指标： ① 65 岁以上人口比重超过 7%； ② 60 岁以上人口比重超过 10%； ③ 老少比（老年人口数量与 0~14 岁人口数量之比）大于 30%； ④ 少年儿童比重（0~14 岁人口数量占总人口数量的比重）小于 30%	类型记忆 数字记忆
人口素质结构 ★	① 人口素质，又称为人口质量。 ② 衡量人口素质的指标包括： ◇ PQLI 指数，即人口素质指数； ◇ ASHA 指数，反映社会经济水平在满足人民基本需要方面的成就； ◇ HDI 指数，即人类发展指数。 ③ 在城市规划中，一般用居民的文化教育水平来衡量	特征理解 类型记忆

(二) 城市人口的社会问题

人口老龄化问题 表 3-7-2.2

内容	考点	考查思路
中国老龄化特点★★	与发达国家相比，中国的老龄化存在四个显著特点：① "少子老龄化"；② "轻负老龄化"；③ "长寿老龄化"；④ "快速老龄化"	类型记忆

流动人口问题 表 3-7-2.3

内容	考点	考查思路
流动人口的人口学特征 ★★	① "流动人口"数量既包括了流入人口数量，又包括了流出人口数量； ② 从性别特点上看，流动人口总体上以男性为主； ③ 从年龄结构上看，流动人口以青壮年为主，流动人口的加入在一定程度上延缓了流入城市的老龄化步伐； ④ 在文化水平方面，流动人口的总体文化水平偏低，流动人口的加入在一定程度上降低了流入城市总体的文化水平	特征理解
负面效应 ★	① "留守儿童"是人口流动所造成的社会问题； ② 流动人口对流入城市基础设施的使用产生了较大影响； ③ 流动人口会增加流入城市计划生育管理的难度； ④ 与常住户籍人口相比，流动人口的刑事犯罪率相对较高	

内容	考点	考查思路
人口就业问题★	① 影响就业的社会因素：科学技术的进步、季节性工作、人口发展控制程度和劳动力流动等； ② 城镇人口失业的原因：结构性失业、摩擦性失业、贫困性失业； ③ 未签订劳动合同，但已形成事实劳动关系的就业行为，称为"非正规就业"；非正规就业获取收入的过程是无管制或缺乏管制的	特征理解
贫穷问题★★	① 绝对贫穷：在研究贫穷问题时，一些研究者企图制定一个比较固定的标尺以衡量贫穷，这就是所谓的"贫穷线"，贫穷线以下即为绝对贫穷； ② 收入贫困：指用于人们日常生活的物质匮乏，是贫困的表现形式； ③ 能力贫困：指人们获取生活资料的能力的不足，即挣钱能力的缺乏，是贫困的直接原因； ④ 动机贫困：与"福利依赖"即"高福利养懒人"相对应的是城市贫困的成因之一； ⑤ 权利贫困：是贫困的社会后果	特征理解 概念对比

三、城市社会阶层与社会空间结构

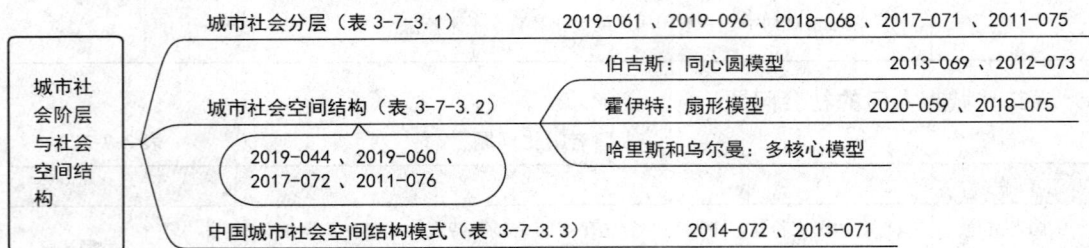

城市社会阶层与社会空间结构	城市社会分层（表 3-7-3.1）	2019-061、2019-096、2018-068、2017-071、2011-075

城市社会空间结构（表 3-7-3.2）
- 伯吉斯：同心圆模型 2013-069、2012-073
- 霍伊特：扇形模型 2020-059、2018-075
- 哈里斯和乌尔曼：多核心模型

2019-044、2019-060、2017-072、2011-076

中国城市社会空间结构模式（表 3-7-3.3） 2014-072、2013-071

图 3-7-3 城市社会阶层与社会空间结构思维导图

内容	考点	考查思路
城市社会分层★	① 概念：社会分层是指建立在法律或规则和结构基础上的、已经制度化的比较持久稳定的社会不平等体系； ② 马克思阶级理论，揭示了私有制下社会不平等的根源； ③ 韦伯提出划分社会层次结构的三重标准，即财富、威望和权力； ④ 社会分层反映了社会上下、高低不等的垂直结构	特征理解
城市社会阶层分异动力★★	① 收入差异与贫富分化； ② 职业的分化； ③ 分割的劳动力市场； ④ 权利的作用和精英的产生	类型记忆
社会排斥★	社会排斥维度：经济排斥、政治排斥、文化排斥、关系排斥、制度排斥	

内容	考点		考查思路
伯吉斯：同心圆模型（★★）	环带I代表中央商务区，是城市商业、社会和文化生活的焦点； 环带II是离中央商务区最近的过渡地带，犯罪率及精神疾病比例全市最高； 符合人口迁居的侵入——演替理论	 伯吉斯的芝加哥城市土地利用的同心圆模型	
霍伊特：扇形模型（★★）	交通线对土地利用的影响是形成霍伊特（Hoyt）扇形城市空间结构特征的动因； 住房向低级阶层住户过渡，而居民向高级居住区过渡； 人口迁移的过渡理论便来自霍伊特的扇形模型	 霍伊特的森德兰城市土地利用的扇形模型	特征理解 概念对比
哈里斯和乌尔曼：多核心模型（★）	观察到多数大城市的生长并非围绕单一的 CBD，而是综合了多个中心的作用； 多核心模型与现实更为接近	 哈里斯和乌尔曼的城市土地利用多核心模型	

313

内容	考点	考查思路
中国城市内部空间结构模式特点 ★	① 计划经济时代：相似性大于差异性，整体上带有一定的同质性色彩； ② 市场转型时期（20 世纪 90 年代末）：差异性大于相似性，带有多中心结构的特点，整体上表现出明显的异质性特征； ③ 改革开放以来：中国城市正经历着从计划经济时期的同质性社会空间结构，向市场经济时期的异质性社会空间结构的转变。最中心仍然是中心商业区或中央商务区	时期变化特征理解
中国城市社会空间结构动力 ★	① 改革开放以后，中国城市社会空间结构的形成和发展，既有来自经济层面的动力，又有来自社会、政府和居民个体层面的动力； ② 市场经济体制的确立与完善，推动了城市住房制度改革，居民收入增长和收入差距加大，以及职业类型的多样化发展	特征理解

四、城市社区及城市规划的公众参与

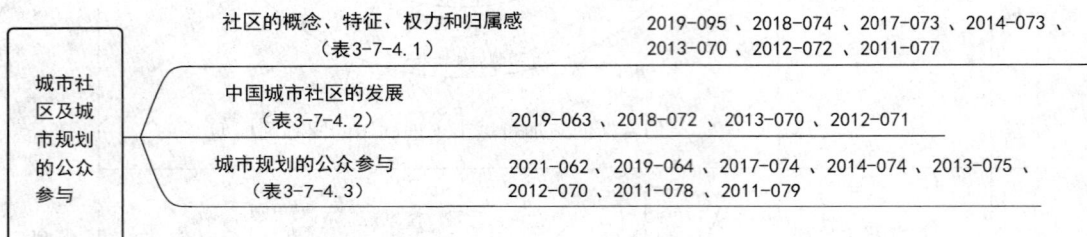

城市社区及城市规划的公众参与

社区的概念、特征、权力和归属感
（表3-7-4.1）　　2019-095 、2018-074 、2017-073 、2014-073 、2013-070 、2012-072 、2011-077

中国城市社区的发展
（表3-7-4.2）　　2019-063 、2018-072 、2013-070 、2012-071

城市规划的公众参与
（表3-7-4.3）　　2021-062 、2019-064 、2017-074 、2014-074 、2013-075 、2012-070 、2011-078 、2011-079

图 3-7-4　城市社区及城市规划的公众参与思维导图

社区的概念、特征、权力和归属感 表 3-7-4.1

内容	考点	考查思路
社区的概念 ★★	① 社区：存在于以相互依赖为基础的、具有一定程度社会内聚力的地区，指代与社会组织特定方面有关的内部相关条件的集合； ② 邻里：一种在地缘关系的基础上，结合了友好交往和亲缘关系而形成的共同生活的典型的初级社会群体； ③ "邻里"和"社区"最大的区别就在于有没有形成"社会互动"	特征理解类型记忆
社区的特征 ★★	① 地：它是一个有明确边界的地理区域； ② 社会互动：这也是社区不同于邻里的地方； ③共同纽带：心理的认同和归属感	
城市社区权力★	① 精英论； ② 多元论：认为社区政治权力分散在多个团体或个人的集合体中	
社区归属感 ★	重要的影响因素：居民自身的社会经济地位、在社区内居住时间的长短、社会关系的好坏、对社区活动的参与程度等	特征理解
社会群体 ★	社会群体是以一定的社会关系为纽带的个人的集合体，有明确的成员关系，有持续的相互交往，有一定的分工协作，有一致行动的能力	

内容	考点	考查思路
中国城市社区组织的演变★	① 在 20 世纪 50 年代："社区和单位齐头并进"； ② 在 20 世纪六七十年代："社区单位化"和"单位社区化"； ③ 在 20 世纪的八九十年代及以后：社区向"非单位化"方向发展	时期变化
社区规划★	① 社区规划是为了有效地利用社区资源，合理配置生产力和城乡居民点，提高社会经济效益，保持良好的生态环境，促进社区开发与建设，从而制定比较全面的发展计划； ② 公众参与是社区规划的基础； ③ 社区规划是改善社区环境，提高社区生活质量的过程	特征理解
社区自治★	① 社区自治的主体是居民； ② 社区自治的核心是居民权利表达与实现的法制化、民主化、程序化； ③ 社区自治的对象包括与居民权利有关的所有活动和所有事务	特征理解
社区开发计划★	1952 年联合国经济社会理事会通过了"社区开发计划"。其宗旨是加强社区间联系，充分发挥社区成员的积极性，利用社区自身的力量提高社区经济、社区发展水平，改善居民生活，解决社区存在的社会问题	数字记忆
社区治理★	《中共中央 国务院关于加强和完善城乡社区治理的意见》（2017）	特征理解

城市规划的公众参与 表 3-7-4.3

内容	考点	考查思路
城市规划公众参与的作用★★	① 公众参与使城市规划有效应对利益主体的多元化，有利于城市规划实现空间利益的公平； ② 公众参与能够有效体现城市规划的民主化和法制化； ③ 公众参与将促进城市规划的社会化； ④ 公众参与可以保障城市空间实现利益的最大化	特征理解
主要理论★	① 戴维多夫和瑞纳提出了规划的选择理论； ② 戴维多夫提出倡导性规划； ③ 安斯汀发表《市民参与的梯子》，被视为公众参与的最佳指导文章	代表记忆
城市规划公众参与的要点★★	① 重视城市管治和协调思路的运用； ② 强调市民社会的作用； ③ 发挥各种非政府组织的作用并重视保障其利益	特征理解
公众参与城市规划的形式★	① 城市规划展览系统； ② 规划方案听证会、研讨会； ③ 规划过程中的民意调查； ④ 规划成果网上咨询	类型记忆

第八节　城市生态与城市环境

本节特征：近年出现了较多超出旧大纲和教材的题目，需要结合常识进行判断。

一、生态及城市生态学的一般知识

图 3-8-1　生态及城市生态学的一般知识思维导图

（一）生态学的概念及研究内容

生态学的基本概念　　　　　　　　　　　　　　　表 3-8-1.1

内容	考点	考查思路
生态学的概念★	生态学研究的基本对象是两个方面的关系：其一为生物之间的关系，其二为生物与环境之间的关系	特征理解
生态因子★	组成生境的因素称为生态因子； 生态因子影响了动物、植物、微生物的生长、发育和分布，影响了群落的特征	
生态位★	生态位（Niche）是指种群在群落中的时空位置及其与相关种间的功能关系与作用。生物群落或生态系统中，每一个物种都拥有自己的角色和地位，即群落中各种群具有各自的生态位，占据一定的空间，发挥一定的功能，亲缘关系接近的、具有同样生活习性的物种，不会在同一地方竞争同一生存空间	
生态学的一般规律★	① 相互依存相互制约； ② 微观与宏观协调发展； ③ 物质循环转化与再生； ④ 物质输入输出的动态平衡； ⑤ 相互适应与补偿的协同进化； ⑥ 环境资源的有限	类型记忆

生物与生物之间的相互关系　　　　　　　　　　　表 3-8-1.2

内容	考点	考查思路
种群★	① 概念：指在一定时空中同种个体的总和； ② 种群是物种存在的基本单位，是生物群落的基本组成单位； ③ 生物个体与种群既相互联系又相互区别	特征理解
群落★	① 概念：生物群落简称群落，指一定时间内居住在一定空间范围内的生物种群的集合；它包括植物、动物和微生物等各个物种的种群，共同组成生态系统中有生命的部分。 ② 特点： ◇ 群落内的各种生物不是偶然散布的、孤立的，相互之间存在物质循环和能量转移的复杂联系，群落具有一定的组成和营养结构； ◇ 在随时间变化的过程中，生物群落经常改变其外貌，并具有一定的顺序状态，即具有发展和演变的动态特征； ◇ 群落的特征不是其组成物种特征的简单总和； ◇ 群落是生态学研究对象中的一个高级层次，它是一个新的整体，是一个新的复合体，具有个体和种群层次所不能包括的特征和规律； ◇ 在一个群落中，物种是多样的，生物个体的数量是大量的	

316

| | 生态系统与生态系统服务 | 表 3-8-1.3 |

内容	考点	考查思路
生态系统 ★	① 概念：生态系统指包括特定地段中的全部生物和物理环境的统一体； ② 生态系统的边界有的是比较明确的，有的则是模糊、人为的； ③ 生态系统的基本功能是由生物群落来实现的。基本功能包括：生物生产、能量流动、物质循环、传递信息	特征理解
生态系统服务 ★	内容包括： ① 供给服务：如提供食物、纤维、淡水、遗传资源和生物化学用品等； ② 调节服务：包括如调节大气质量、调节气候、减轻侵蚀、净化水、调节疾病、调节病虫害、授粉作用和调节自然灾害等； ③ 文化服务：包括如精神和宗教价值、知识系统、教育价值、灵感、审美价值、社会联系、地方感、休闲和生态旅游； ④ 支持服务：指生态系统为提供其他服务而必需的一种服务功能，如生产生物、生产大气氧气、形成和保持土壤、养分循环、水循环、提供栖息地	类型记忆
	基本原则： ① 生态系统服务性能是客观的存在； ② 系统服务性能与生态过程密不可分； ③ 自然作为进化的整体，是生产性功能的源泉； ④ 自然生态系统是多种性能的转换； ◇ 人类的生存依赖于生态系统服务，离开了生态系统这种生命支持系统的服务，人类的生存就会受到威胁，全球经济的运行将会停滞	特征理解

（二）城市生态系统的基本特征

| | 城市生态系统的基本特征 | 表 3-8-1.4 |

内容	考点	考查思路
城市生态系统的基本特征 ★	① 城市是以人为主体的生态系统； ② 城市是具有人工化环境的生态系统； ③ 城市是流量大、容量大、密度高、运转快的开放系统； ④ 城市是依赖性很强，独创性很差的生态系统； ⑤ 对城市生态系统的研究必须与人文社会科学相结合	特征理解
区别于自然生态系统的根本特征★	系统的组成成分；系统的生态关系网络；生态位；系统的功能；调控机制；系统的演替	类型记忆

（三）城市生态系统的功能

| | 城市生态系统基本功能 | 表 3-8-1.5 |

内容	考点	考查思路
生产功能	包括初级生产、次级生产、流通服务、信息生产	
生活功能	应能满足城市居民的基本需求、发展需求及自我实现的需求	
还原功能 ★	① 污染物在进入水体、大气、土壤后，或者在绿色植物的作用下，污染物的浓度有自然降低的现象，称为自然净化功能。 ② 城市的自然净化功能脆弱而且有限，必须进行人工的调节措施： ◇ 综合治理城市水体、大气和土壤环境污染； ◇ 建设城乡一体化的城市绿地与开放空间系统，一般绿地与建筑用地比例为 2：1； ◇ 改善城市周围区域的环境质量； ◇ 保护乡土植被和乡土生物多样性	类型记忆 特征理解 数字记忆
区域主导功能	具体包括城市的经济主导功能、城市的政治主导功能、城市的社会文化主导功能、环境主导功能	

内容	考点	考查思路
城市生态系统的能量流动★	① 能量来源除了生物能源，还包括大量非生物能源； ② 在传递方式上，城市生态系统的能量流动方式要比自然生态系统多； ③ 在能量流运行机制上，自然生产系统的能量流动是自发的，而城市生态系统能量流动以人工为主； ④ 能量生产和消费活动过程造成热污染和"三废"，使城市环境遭受污染； ⑤ 能量利用方式多为一次性，也可以通过多级利用方式提高利用效率； ⑥ 除部分能量是由辐射传输外(热损耗)，其余的能量都是由各类物质携带	特征理解
城市生态系统的物质循环★★	① 城市生态系统所需物质对外界有依赖性(输入＞输出、输入＞实际需求)； ② 城市生态系统物质既有输入又有输出； ③ 生产性物质远远大于生活性物质； ④ 城市生态系统的物质流缺乏循环； ⑤ 物质循环在人为干预状态下进行(生物循环＜人类生产循环)； ⑥ 物质循环过程中产生大量废物	

二、环境影响评价的内容

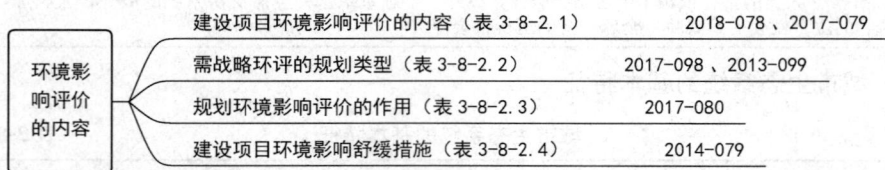

环境影响评价的内容

- 建设项目环境影响评价的内容（表 3-8-2.1）　　2018-078 、2017-079
- 需战略环评的规划类型（表 3-8-2.2）　　2017-098 、2013-099
- 规划环境影响评价的作用（表 3-8-2.3）　　2017-080
- 建设项目环境影响舒缓措施（表 3-8-2.4）　　2014-079

图 3-8-2　环境影响评价的内容思维导图

建设项目环境影响评价的内容　　表 3-8-2.1

内容	考点	考查思路
建设项目环境影响报告书的基本内容★	① 建设项目的一般情况； ② 建设项目周围地区的环境状况； ③ 建设项目对周围地区的环境影响； ④ 建设项目环境保护可行性技术经济论证意见	类型记忆
环境影响评价的主要技术内容★	① 分析该项目环境影响的来源； ② 调查该项目所在地区的环境状况，定量、半定量或定性地预测该项目在施工过程、投产运行及服务期满后等阶段对环境的影响； ③ 在前述工作的基础上对实施与执行此项目作出全面评价和结论，并进行预测与评价； ④ 提出减少或预防环境影响的措施，有时还对方案选择提出建议	特征理解
建设项目环境影响评价注意事项★	① 重视建设项目多方案论证； ② 重视建设项目的技术问题； ③ 重视环境预测评价； ④ 避免环境影响评价的滞后性； ⑤ 重视建设项目环境保护措施的科学性和可行性	

需战略环评的规划类型　　表 3-8-2.2

内容	考点	考查思路
规划环境影响评价范围★	《中华人民共和国环境影响评价法》(2013)： 该法明确要求对：①土地利用规划；②区域、流域、海域开发规划；③工业、农业、畜牧业、林业、能源、水利、交通、城市建设、旅游、自然资源开发等十类专项规划进行环境影响评价	类型记忆

内容	考点	考查思路
规划环境影响评价的作用 ★	① 规划环境影响评价注重分析规划中对环境资源的需求，并根据环境资源对规划实施过程中的实际支撑能力提出相应措施； ② 规划环境影响评价提倡开发活动全过程中的循环经济理念； ③ 规划环境影响评价是保证规划与环境政策、法规的协调性的基础； ④ 规划环境影响评价考虑规划区域内的环境累积影响； ⑤ 规划环境影响评价可以提升公共政策制定的前瞻性和公平性； ⑥ 规划环境影响评价能综合考虑间接连带性的环境影响； ⑦ 规划环境影响评价能促进政务公开和公众参与	特征理解

建设项目环境影响舒缓措施　　表 3-8-2.4

内容	考点	考查思路
基于工程建设特点的舒缓措施 ★	① 替代方案：主要有场址或线路走向的替代、施工方式的替代、工艺技术替代、环境保护措施的替代等。 ② 生产技术改革：采用清洁和高效的生产技术是从工程本身来减少污染和减少环境影响或破坏的根本性措施。 ③ 环境保护工程措施： ◇ 一般工程性措施：防治污染和解决污染导致的生态效应问题； ◇ 生态工程措施：专为防止和解决生态环境问题或进行生态环境建设而采取的措施，包括生物性的（如植树造林）和工程性的（如地下水回灌）措施在内。 ④ 加强管理：建设项目的环境管理主要包括建设期和生产运营期两个时段，有时还包括项目死亡期，如矿山闭矿、工厂报废、废物堆场复垦等	特征理解

三、城市环境问题

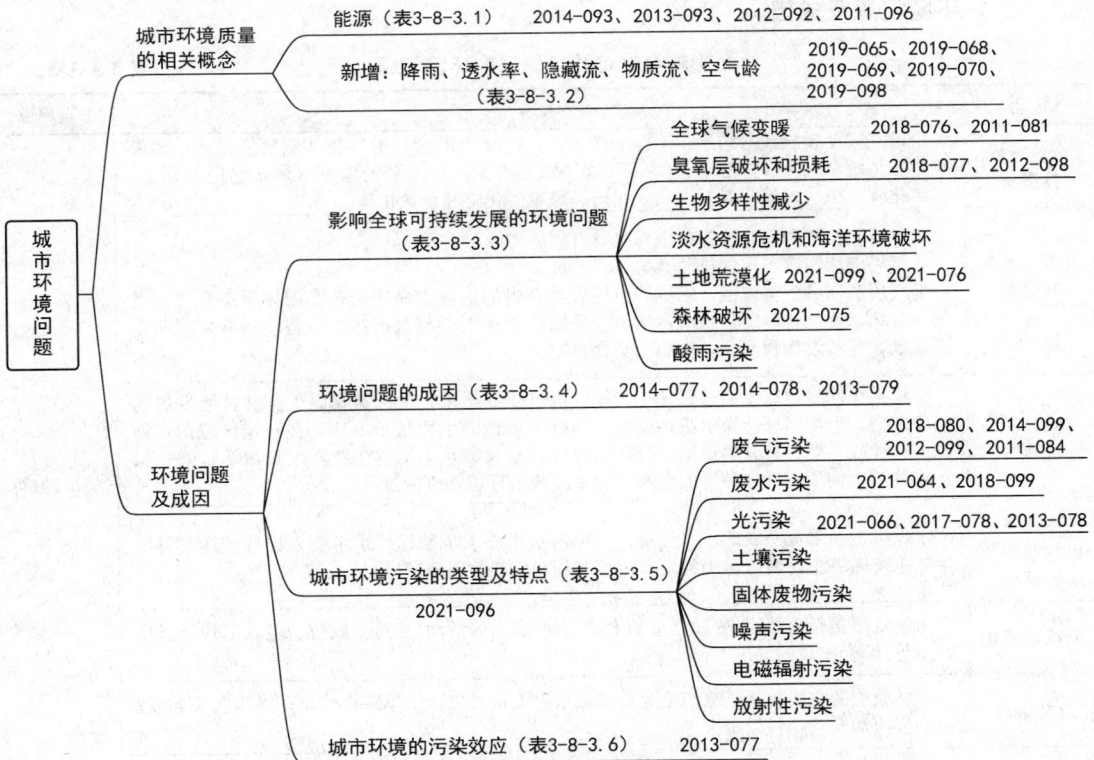

图 3-8-3　城市环境问题思维导图

（一）城市环境质量的相关概念

能源　　　　　　　　　　　　　　　　　　　　　　　　　　　表 3-8-3.1

内容	考点	考查思路
可再生能源 ★	指自然界中可以不断利用、循环再生的一种能源，例如太阳能、风能、水能、生物质能（如沼气）、海洋能、潮汐能、地热能等	类型记忆
非再生能源 ★	在自然界中经过亿万年形成，短期内无法恢复且随着大规模开发利用，储量越来越少，例如煤、原油、天然气、油页岩、核能等	

新增：降雨、透水率、隐藏流、物质流、空气龄　　　　　　　　表 3-8-3.2

内容	考点	考查思路
降雨★	城市上风向降雨量小于城市下风向降雨量	特征理解
透水率 ★	非透水表面积越大，热岛效应越明显，故城市下垫面不透水率与平均地表温度关系为正向关系	
隐藏流★	隐藏流是能源系统运行时不可避免的损耗	
物质流 ★	一次人为物质流是人工对地壳物质，包括岩石、土壤、化石燃料（煤、石油、天然气）、地下水等的开采和直接搬运	
空气龄 ★	空气龄是某空间内新鲜空气从入口到达某一点所耗费的时间；当新鲜空气进入某空间后，某一点的空气龄越小说明该点的空气越新鲜	

（二）环境问题及成因

影响全球可持续发展的环境问题　　　　　　　　　　　　　　　表 3-8-3.3

内容	考点	考查思路
全球气候变暖★	全球气候变暖导致的结果：①海平面上升；②加剧洪涝、干旱和其他气候灾害；③影响生态系统和人类身体健康。《京都议定书》规定了六种主要的温室气体，它们分别是：二氧化碳、甲烷、氧化亚氮、六氟化硫、氢氟碳化物和全氟化碳	特征理解
臭氧层破坏和损耗 ★	臭氧层阻挡了太阳紫外辐射中对生物有害的射线；臭氧层破坏与汽车尾气排放有关；臭氧层破坏的危害包括：①威胁包括人类在内的地球生命安全；②破坏生态系统：臭氧层破坏，紫外线增加，将对自然生态系统的物种生存与繁衍造成危害；将破坏农业生态系统，导致农作物减产，威胁人类食物安全	
生物多样性减少	生物多样性是地球生命经过几十亿年发展进化的结果，是人类赖以生存和持续发展的物质基础。生物多样性指示物种指的是通过多样性的生物指示方法，在一定区域内，筛选出一种或一类容易分类识别、对环境敏感、易观察及采集的生物。生物指示指通过指示物种的生物学特征、种群或群落变化来反映出环境状态的过程	
淡水资源危机和海洋环境破坏	水危机包括水资源缺乏、水污染、湿地河水生态系统破坏，水生物多样性破坏。海洋生态系统破坏主要由海洋生物资源过度利用、海洋污染造成	
土地荒漠化	土地荒漠化是自然因素（如严重的干旱气候）和人为活动（如过度放牧、滥砍滥伐、过度开垦等）综合作用的结果	
森林破坏	森林减少的危害包括：绿洲沦为荒漠；水土大量流失；干旱缺水严重；洪涝灾害频发；温室效应加剧；物种纷纷灭绝	
酸雨污染	酸雨的危害包括：损害生物和自然生态系统；腐蚀建筑材料和金属结构；对人体健康的影响；间接加剧"温室效应"	

环境问题的成因　　　　　　　　　　　　　　　表 3-8-3.4

内容	考点	考查思路
环境问题的成因★	①人类自身发展膨胀；②人类活动过程规模巨大；③生物地球化学循环过程变化效应；④人类影响的自然过程不可逆改变或者恢复缓慢	类型记忆

城市环境污染的类型及特点　　　　　　　　　表 3-8-3.5

内容	考点	考查思路
废气污染★★	① 气溶胶会引起呼吸器官疾病； ② 硫化物：二氧化硫为无色有刺激性的气体，对环境起酸化作用。三氧化硫是无色易挥发的固体； ③ 氮氧化物：一氧化氮和二氧化氮是大气中常见的重要污染物。二氧化氮可引发慢性支气管炎、神经衰弱症等，有时可导致肺部纤维化； ④ 碳氧化物：一氧化碳无色、无臭、无味、无刺激性，有剧毒。二氧化碳无色、无臭、有酸味； ⑤ 飘尘和降尘：飘尘不易沉降，粒径变化范围小。降尘成分复杂； ⑥ 光化学烟雾：光化学烟雾一般最易发生在大气相对湿度较低、微风、日照强、气温为 24~32℃的夏季晴天，并有近地逆温的天气(是一种循环过程，白天生成，傍晚消失)	特征理解
废水污染★	① 有机物质的污染； ② 无机物质的污染：包括氧化物、硫化物、卤化物、酸、碱、盐类等； ③ 有毒物质的污染； ④ "富营养化"污染：由于水体中氮、磷、钾、碳增多，使藻类大量繁殖，耗去水中溶解氧，从而影响鱼类的生存； ⑤ 油类污染物； ⑥ 热污染：热污染指人类活动危害热环境的现象； ⑦ 含色、臭、味的废水； ⑧ 病原微生物污染； 地下水污染的原因主要包括四个方面，一是过度开采地下水沿海地区海水入侵和倒灌导致淡水变咸而无法饮用，二是工业污染，三是农业污染，四是生活污染。自然因素引起的地下水质变化不属于地下水污染主要原因	
光污染★	白色的粉刷墙面反射系数为 69%~80%，镜面玻璃的反射系数达 82%~90%，比绿色草地、森林、深色或毛面砖石装修的建筑物的反射系数大 10 倍左右； 建筑物的钢化玻璃、釉面砖墙、铝合金板、磨光花岗石、大理石和高级涂料等装饰反射的强光，会伤害人的眼睛，引起视力下降，增加白内障的发病率； 长时间受到光污染，还会造成人心理恐慌和生理机能失调；光污染还会改变城市植物和动物生活节律，误导飞行的鸟类，从而对城市动植物的生存造成危害；光污染干扰天文观测中的天体摄影及光谱分析，分为可见光污染和不可见光污染。强红外光即红外线，是一种热辐射，对人体可造成高温伤害。眩光是指视野中由于不适宜亮度分布，或在空间或时间上存在极端的亮度对比，以致引起视觉不舒适和降低物体可见度的视觉条件，眩光的光源分为直接的，如太阳光、太强的灯光等，和间接的，如来自光滑物体表面(明亮的阳光海滩、积雪的山顶、高速公路路面等)的反光	
土壤污染	土壤污染物主要通过固体废物向土壤表面堆放和倾倒，废水向土壤中渗透，大气中的污染物通过降尘或随雨水降落到土壤中等途径进入土壤；土壤化学性质分析包括土壤中的石膏、土壤养分、土壤有机质、土壤中的碳酸钙、土壤交换性能、离子交换总量、水解性总酸度、交换性酸、交换性盐基、土壤碱化度、石灰需用率	
固体废物污染	固体废物侵占土地并对环境造成多方面影响，如侵蚀土壤、破坏土壤结构、散发恶臭、污染大气、污染地下水和地表水等	
噪声污染	城市噪声主要有交通噪声、工业噪声、建筑施工噪声、社会生活噪声等	
电磁辐射污染	电磁辐射会对健康造成危险，电磁辐射已成为我国城市新的污染源，并逐渐从大城市向中小城市及农村扩展	
放射性污染	随着放射性物质和射线装置广泛应用，放射性泄漏事故近几年时有发生	

城市环境的污染效应　　　　　　　　　　　　　　　　　　　　表 3-8-3.6

内容	考点	考查思路
城市环境的污染效应★	大气污染引起的环境变化可分为物理效应、化学效应和生物效应三种。 ① 物理效应包括温室效应、局部地区降雨增多、热岛效应等； ◇ 城市热岛效应与大量生产、生活燃烧放热有关、与城市建成区地面硬化率高有关、与空气中存在大量污染物有关，对大气污染物有影响，会引起城乡间的局地环流，在夜间易导致污染物浓度的增大。 ② 化学效应如光化学生成的烟雾、硫酸盐和气溶胶等会降低大气能见度； ③ 生物效应会导致生态系统变异，造成各种急性或慢性中毒等	类型记忆

四、生态学在城乡规划与建设中的应用途径

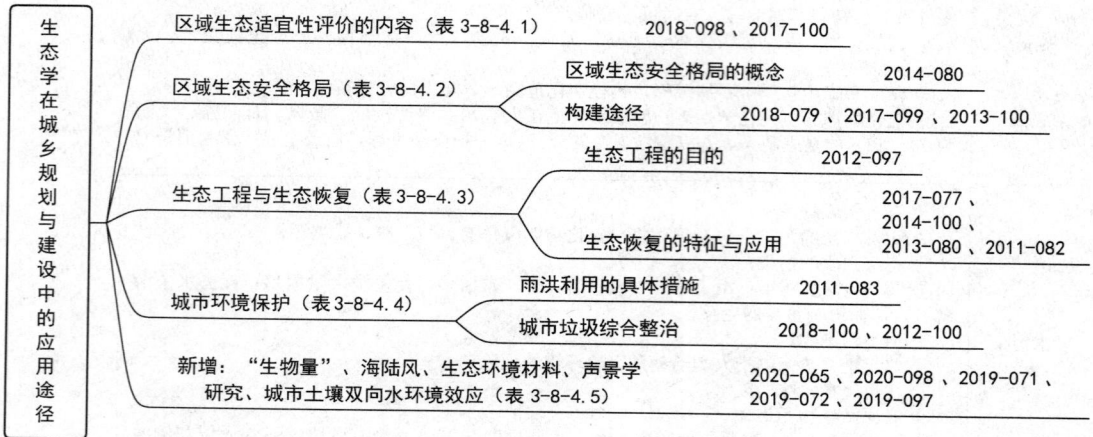

图 3-8-4　生态学在城乡规划与建设中的应用途径思维导图

区域生态适宜性评价的内容　　　　　　　　　　　　　　　表 3-8-4.1

内容	考点	考查思路
区域生态适宜性评价的内容★	① 以规划范围内生态类型为评价单元； ② 根据区域资源与生态环境特征、发展需求与资源利用要求、现有代表性的生态特性，将各要素进行叠加分析； ③ 从规划对象尺度的独特性、抗干扰性、生物多样性等之间的关系，确定范围内生态类型对资源开发的适宜性和限制性，进而划分适宜性等级	特征理解

区域生态安全格局　　　　　　　　　　　　　　　　　　　表 3-8-4.2

内容	考点	考查思路
区域生态安全格局的概念★	以景观生态学理论和方法为基础，基于区域的景观过程和格局的关系，通过景观过程的分析和模拟，来判别对这些过程的健康和安全具有关键意义的景观格局	特征理解
构建途径★	① 协调城市发展； ② 农业与自然保护用地之间的关系； ③ 维护生态栖息地的整体空间格局； ④ 维护区域生态过程的完整性	

生态工程与生态恢复 表 3-8-4.3

内容	考点	考查思路
生态工程的目的★	① 生态工程是多目标的，能够使资源得以合理利用，并有利于生态保护； ② 恢复已经被人类活动严重干扰的生态系统； ③ 通过利用生态系统具有自我维护的功能建立具有人类和生态价值的持久性生态系统； ④ 通过维护生态系统的生命支持功能保护生态系统； ⑤ 生态工程是综合效益的，经济效益、生态效益和社会效益相协调； ⑥ 具有鲜明的伦理学特征，体现人类对自然的关怀而做出的正确选择	特征理解
生态恢复的特征★	① 生态恢复不完全是自然的生态系统次生演替，人类可以有目的地对生态系统进行干预； ② 生态恢复并不是物种的简单恢复，而是对系统的结构、功能、生物多样性和持续性进行全面的恢复； ③ 演替是生态系统的基本过程和特征，生态恢复本质上是生物物种和生物量的重建，以及生态系统基本功能恢复的过程	
生态恢复的应用★	自然或者人为影响下的生态破坏、被污染土地的治理，包括灾后重建、棕地恢复、湿地保护、城市绿地建设等	

城市环境保护 表 3-8-4.4

内容	考点	考查思路
雨洪利用的具体措施★	城市自然排水系统、雨水花园、生物净化池、绿色街道、可渗透铺装、雨水收集、屋顶花园、乡土植物、雨洪水再利用和管理等	
城市垃圾综合整治★	① 主要目标是"无害化、减量化和资源化"； ② 综合利用包括分选、回收、转化三个过程； ③ 卫生填埋存在两个问题：一是沥滤作用，二是填埋地层中的废物经生物分解会产生大量气体(沼气)； ④ 垃圾焚烧会产生新的大气污染，如烟气、污水、炉渣、飞灰、臭气等	特征理解

新增："生物量"、海陆风、生态环境材料、声景学研究、
城市土壤双向水环境效应 表 3-8-4.5

内容	考点	考查思路
"生物量"★	生物量指某一时间单位面积或体积内所含一个或一个以上生物种，或所含一个生物群落中所有生物种的总个数或总干重(包括生物体内所存食物的重量)	
海陆风★	由于陆地与海水作为下垫面的比热容差异，日下时白天陆地比海洋增温快，近地面陆地气压低于海洋，风从海洋吹向陆地；夜晚陆地比海洋降温快，近地面陆地气压高于海洋，风从陆地吹向海洋；夏季海风始于上午，午后最强，傍晚后转为陆风	特征理解
生态环境材料★	生态环境材料是人类主动考虑材料对生态环境的影响而开发的材料，是充分考虑人类、社会、自然三者相互关系的前提下提出的新概念，其中包括生物降解材料、长寿命高分子材料、仿生物材料等	

内容	考点	考查思路
声景学研究 ★	声景研究从整体上考虑人们对于声音的感受，研究声环境如何使人放松、愉悦，并通过针对性的规划与设计，使人们心理感受更为舒适，有机会在城市中感受优质的声音生态环境	特征理解
城市土壤双向水环境效应 ★	土壤双向水环境效应是指土壤的土壤既能过滤、吸纳降雨和径流中的污染物，又因其积累的污染物对水体构成了污染威胁	

第九节　国土空间规划和其他热点

根据最新三年的真题统计，本节特点为既要掌握国土空间规划体系框架内的知识点，又须拓展视野至"国土空间规划相关知识"的其他热点考点。如第三次全国国土调查的成果将作为各级国土空间规划编制的数据基础，它与国土空间规划的前期工作相关联，此外，国土调查云 app、5G 技术、GIS 空间大数据、三调工作在新技术手段下运用数据的基础要求等均出现在考题中；再如与国土空间修复整治、三条控制线等息息相关的《资源环境承载力》承载力概念、《三条控制线》生态保护红线的概念及其管控要求内容、《全国重要生态系统保护和修复重大工程总体规划》明确的"三区四带"，均作为国土空间开发、保护、利用、修复整治的延伸知识点出现；此外，集约节约利用土地、《土地管理法》征地补偿款定价规则、《土地管理法实施条例》土地调查、占补平衡、耕地税法、耕地指标复垦费标准、严控围海文件、长江保护法、海岛保护法等，对应了国土空间用途管制、资源总量管理等实践体系的延伸，可见自然资源管理中对于水、森林、草原等内容会随着国土空间规划体系知识边界的稳定逐步增加。最后，鉴于最新考情，注规四门科目的真题在国土空间体系知识点上存在一定交叉的"串科目"现象，如原理、法规出现了宅基地"三权"、大棚房整治等属于"国土空间规划相关知识"的内容，实务也出现了土地利用计划管理、用地审批放权等当年行业热点内容，本节也应作为其他三门科目考试复习的拓展部分。

因此，本节建议的学习顺序为先熟读真题考点，再有的放矢去吸收国土空间规划体系框架内容（表 3-9-1）。

国土空间规划和其他热点部分真题考点整理　　　　　　　　　　表 3-9-1

考点	复习文件	相关真题
第三次全国土地调查 ★★	◇《第三次全国国土调查县级数据库建设技术规范（修订稿）》（2019） ◇《第三次全国国土调查实施方案》（国土调查办发〔2018〕3 号） ◇《第三次全国国土调查技术规程》（TD/T 1055—2019） ◇《第三次全国国土调查成果国家级核查方案》（国土调查办发〔2019〕4 号）	2019-074 2019-099 2020-034 2020-040 2021-037

考点	复习文件	相关真题
国空规划编制及实施体系 ★★★	◇《自然资源部关于全面开展国土空间规划的通知》(自然资发〔2019〕87号) ◇《自然资源部办公厅关于加强国土空间规划监督管理的通知》(自然资办发〔2020〕27号) ◇《省级国土空间规划编制指南(试行)》(2020) ◇《中共中央国务院关于建立国土空间规划体系并监督实施的若干意见》(2019) ◇《关于在国土空间规划中统筹划定落实三条控制线的指导意见》(2019) ◇《资源环境承载能力和国土空间开发适宜性评价技术指南(试行)》(2020) ◇《市级国土空间总体规划编制指南(试行)》(2020) ◇《国土空间调查、规划、用途管制用地用海分类指南(试行)》(2020)	2019-076 2020-073 2020-076 2019-077 2020-090 2020-099 2020-100 2021-063 2021-100 2021-079 2021-098
土地利用计划管理和用途管制 ★★	◇《节约集约利用土地规定》(2019修正) ◇《土地管理法》(2019修订) ◇《土地管理法实施条例》(2021) ◇《建设高标准市场体系行动方案》(2021) ◇《关于加快发展保障性租赁住房的意见》(国办发〔2021〕22号) ◇《关于构建更加完善的要素市场化配置体制机制的意见》(2020)	2019-079 2020-078 2021-072 2021-073 2021-074 2021-097
耕地保护—占补平衡 ★★	◇《中华人民共和国耕地占用税法》(2019) ◇《中共中央国务院关于加强耕地保护和改进占补平衡的意见》(2017) ◇《城乡建设用地增减挂钩节余指标跨省域调剂管理办法》(国办发〔2018〕16号)	2019-073 2019-075 2020-052
自然资源保护及利用 ★★	◇《国务院关于加强滨海湿地保护严格管控围填海的通知》(国发〔2018〕24号) ◇《关于建立以国家公园为主体的自然保护地体系的指导意见》(2019) ◇《全国重要生态系统保护和修复重大工程总体规划(2021—2035年)》(2020) ◇《长江保护法》(2021) ◇《海岛保护法》(2010)	2019-078 2019-080 2020-077 2021-077 2021-080
乡村振兴—村庄规划 ★★	◇《关于加强村庄规划促进乡村振兴的通知》(自然资办发〔2019〕35号) ◇《关于保障和规范农村一二三产业融合发展用地的通知》(自然资发〔2021〕16号)	2019-100 2020-074 2021-071
其他热点 ★	◇《中华人民共和国城乡规划法》(2019修订) ◇《关于加强规划和用地保障支持养老服务发展的指导意见》(自然资规〔2019〕3号) ◇《河北雄安新区规划纲要》(2018) ◇《交通强国纲要》(2019) ◇《关于做好住房救助有关工作的通知》(2014)	2012-091 2020-063 2020-080 2020-083 2020-096

一、全面深化改革背景下的国土空间规划体系

国土空间规划是基于当前社会发展阶段的变化、跟社会发展速度的变化,通过对部门合并,调整各部门规划事权范围,通过事权改革、来实现管理方式、管理途径的迭代,建设和实现国家治理能力现代化。

（一）宏观目标

2015 年中共中央国务院印发《生态文明体制改革总体方案》中明确提出国土空间规划宏观目标是从根本上推进生态文明建设，推进生态文明领域国家治理体系和治理能力现代化。新时代的国土空间规划体系重构立足于国家治理视角，建立贯穿中央意志，落实基层治理，面向人民群众的国土空间规划体系，实现国土空间治理体系与治理能力的现代化。国土空间规划成为落实国土空间开发保护政策，实现生态文明的重要手段和工具。生态文明建设成为国土空间规划的核心任务。

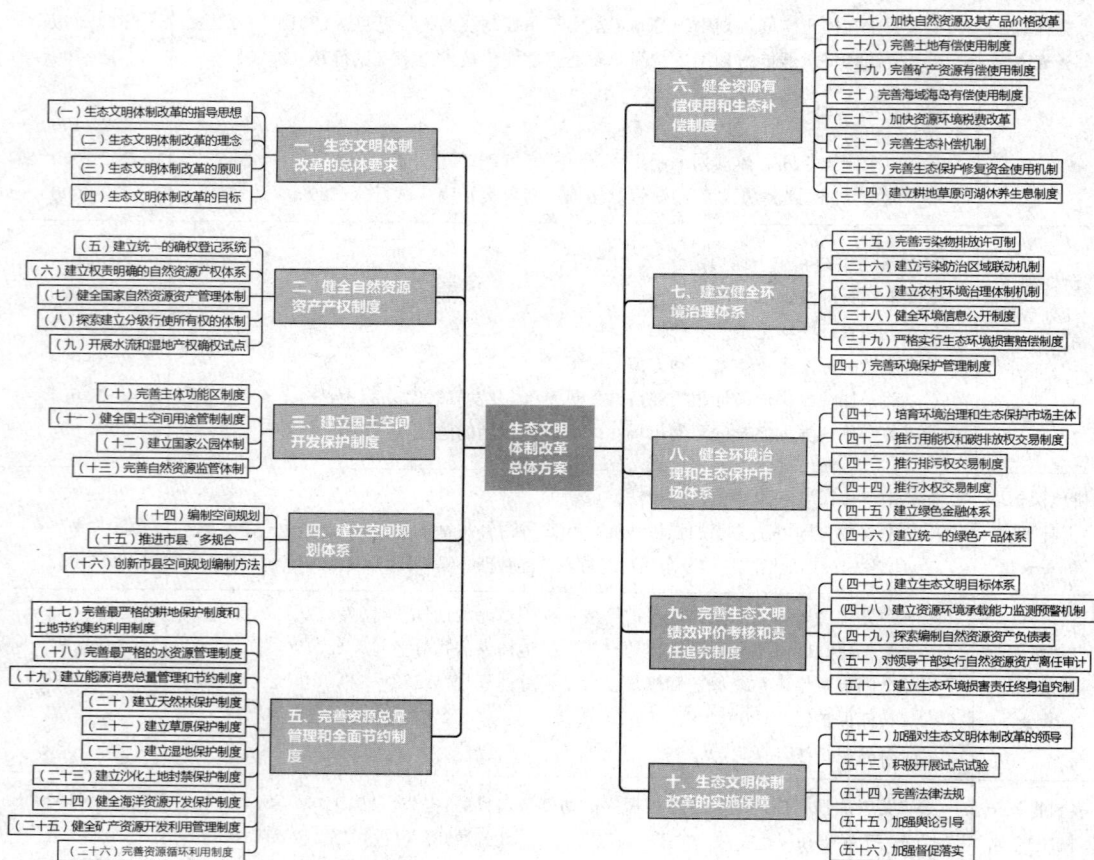

图 3-9-1.1 《生态文明体制改革总体方案》内容框架

（二）最新要求

2021 年 3 月发布的《中华人民共和国国民经济和社会发展第十四个五年规划和 2035 年远景目标纲要》中明确提出当前我国发展所处的环境："当前和今后一个时期，我国发展仍然处于重要战略机遇期，但机遇和挑战都有新的发展变化。当今世界正经历百年未有之大变局，新一轮科技革命和产业变革深入发展，国际力量对比深刻调整，和平与发展仍然是时代主题，人类命运共同体理念深入人心。"随着改革开放 40 多年的经济社会获得了长足的发展，面向未来将如何实现进一步的发展，是需要客观认清对当下发展所存在问题和所处的历史时期发展诉求。

我国已转向高质量发展阶段，制度优势显著，治理效能提升，经济长期向好，物质基础雄厚，人力资源丰富，市场空间广阔，发展韧性强劲，社会大局稳定，继续发展具有多方面优势和条件。同时，我国发展不平衡不充分问题仍然突出，重点领域关键环节改革任务仍然艰巨，创新能力不适应高质量发展要求，农业基础还不稳固，城乡区域发展和收入分配差距较大，生态环保任重道远，民生保障存在短板，社会治理还有弱项。

在主要目标、健全城乡融合发展体制机制、完善城镇化空间布局、全面提升城市品质、优化区域经济布局、促进区域协调发展等方面对国土空间规划编制提出新要求。

主要目标：国土空间开发保护格局得到优化，生产生活方式绿色转型成效显著，能源资源配置更加合理、利用效率大幅提高，单位国内生产总值能源消耗和二氧化碳排放分别降低 13.5%、18%，主要污染物排放总量持续减少，森林覆盖率提高到 24.1%，生态环境持续改善，生态安全屏障更加牢固，城乡人居环境明显改善。

完善城镇化空间布局。优化提升京津冀、长三角、珠三角、成渝、长江中游等城市群，发展壮大山东半岛、粤闽浙沿海、中原、关中平原、北部湾等城市群，培育发展哈长、辽中南、山西中部、黔中、滇中、呼包鄂榆、兰州—西宁、宁夏沿黄、天山北坡等城市群。优化城市群内部空间结构，构筑生态和安全屏障，形成多中心、多层级、多节点的网络型城市群。依托辐射带动能力较强的中心城市，提高 1h 通勤圈协同发展水平，培育发展一批同城化程度高的现代化都市圈。统筹兼顾经济、生活、生态、安全等多元需要，转变超大特大城市开发建设方式，加强超大特大城市治理中的风险防控，促进高质量、可持续发展。

全面提升城市品质。按照资源环境承载能力合理确定城市规模和空间结构，统筹安排城市建设、产业发展、生态涵养、基础设施和公共服务。推行功能复合、立体开发、公交导向的集约紧凑型发展模式，统筹地上地下空间利用，增加绿化节点和公共开敞空间，新建住宅推广街区制。推行城市设计和风貌管控，落实适用、经济、绿色、美观的新时期建筑方针，加强新建高层建筑管控。科学规划布局城市绿环绿廊绿楔绿道，推进生态修复和功能完善工程，优先发展城市公共交通，建设自行车道、步行道等慢行网络，发展智能建造，推广绿色建材、装配式建筑和钢结构住宅，建设低碳城市。保护和延续城市文脉，杜绝大拆大建，让城市留下记忆、让居民记住乡愁。建设源头减排、蓄排结合、排涝除险、超标应急的城市防洪排涝体系，推动城市内涝治理取得明显成效。增强公共设施应对风暴、干旱和地质灾害的能力，完善公共设施和建筑应急避难功能。单列租赁住房用地计划，探索利用集体建设用地和企事业单位自有闲置土地建设租赁住房，支持将非住宅房屋改建为保障性租赁住房。完善土地出让收入分配机制，加大财税、金融支持力度。

优化国土空间开发保护格局。顺应空间结构变化趋势，优化重大基础设施、重大生产力和公共资源布局，分类提高城市化地区发展水平，推动农业生产向粮食生产功能区、重要农产品生产保护区和特色农产品优势区集聚，优化生态安全屏障体系，逐步形成城市化地区、农产品主产区、生态功能区三大空间格局。细化主体功能区划分，按照主体功能定位划分政策单元，对重点开发地区、生态脆弱地区、能源资源富集地区等制定差异化政策，分类精准施策。加强空间发展统筹协调，保障国家重大发展战略落地实施。

以中心城市和城市群等经济发展优势区域为重点，增强经济和人口承载能力，带动全国经济效率整体提升。以京津冀、长三角、粤港澳大湾区为重点，提升创新策源能力和全球资源配置能力，加快打造引领高质量发展的第一梯队。在中西部有条件的地区，以中心城市为引领，提升城市群功能，加快工业化城镇化进程，形成高质量发展的重要区域。破除资源流动障碍，优化行政区划设置，提高中心城市综合承载能力和资源优化配置能力，强化对区域发展的辐射带动作用。

以农产品主产区、重点生态功能区、能源资源富集地区和边境地区等承担战略功能的区域为支撑，切实维护国家粮食安全、生态安全、能源安全和边疆安全，与动力源地区共同打造高质量发展的动力系统。支持农产品主产区增强农业生产能力，支持生态功能区把发展重点放到保护生态环境、提供生态产品上，支持生态功能区人口逐步有序向城市化地区转移并定居落户。优化能源开发布局和运输格局，加强能源资源综合开发利用基地建设，提升国内能源供给保障水平。增强边疆地区发展能力，强化人口和经济支撑，促进民族团结和边疆稳定。健全公共资源配置机制，对重点生态功能区、农产品主产区、边境地区等提供有效转移支付。

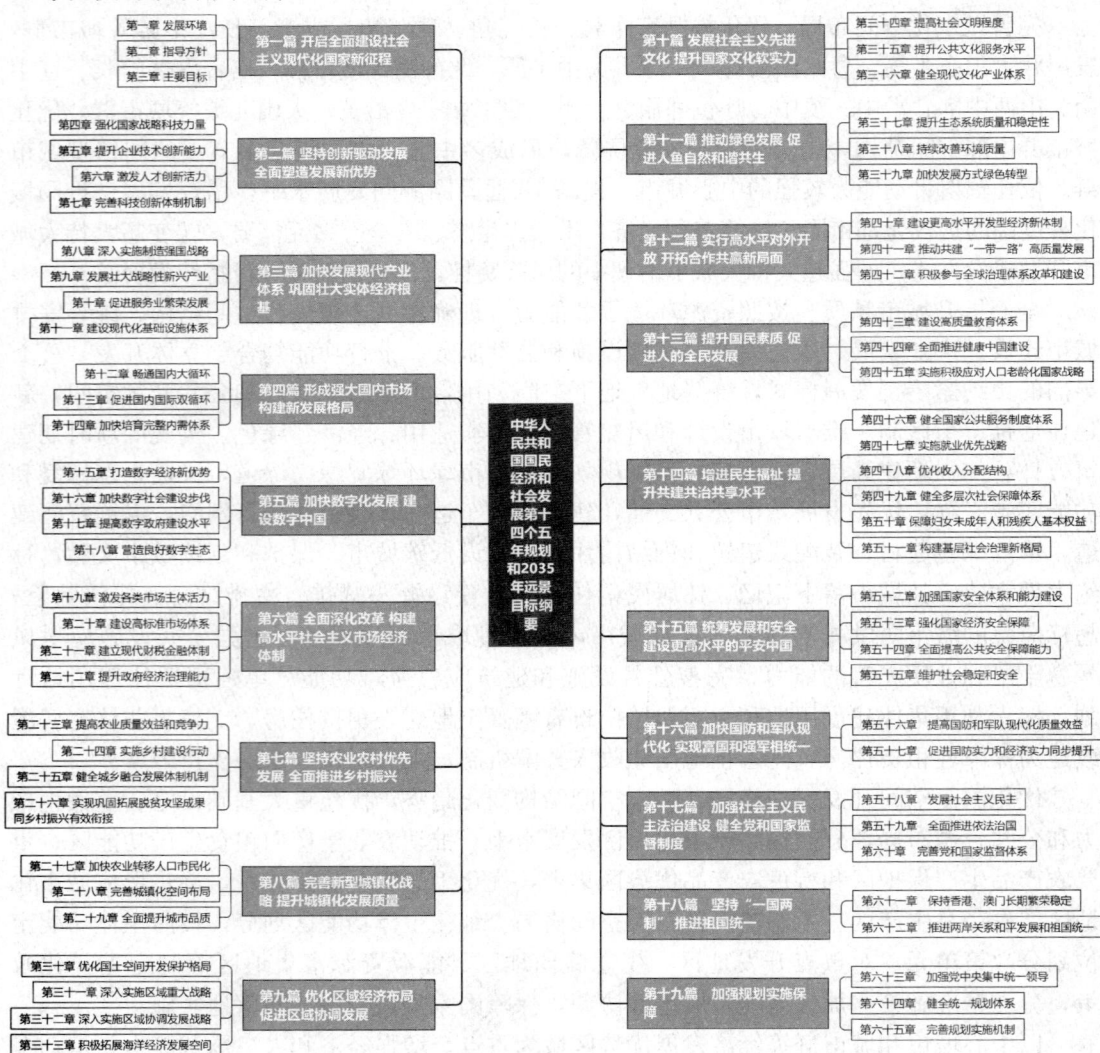

图 3-9-1.2 《中华人民共和国国民经济和社会发展第十四个五年规划和 2035 年远景目标纲要》内容框架

二、国土空间规划改革进程

(一) 国土空间规划的提出背景

规划类型过多：针对不同问题，我国制定了诸多不同层级、不同内容的空间性规划，组成了一个复杂的体系。

内容重叠冲突：由于规划类型过多，各部门规划自成体系，不断扩张，缺乏顶层设计；各类规划在基础数据的采集与统计、用地分类标准及空间管制分区标准等技术方面存在差异，内容的重叠冲突不可避免，且审批流程复杂、周期过长，导致地方规划朝令夕改。

规划类型 表 3-9-2.1

主管部门	规划名称	规划期限	规划层次	规划范围
国家发改委	经济社会发展规划	5 年	国家、省、市、县	全域
国家发改委	主体功能区规划	10～15 年	国家、省	
原国土资源部	土地利用总体规划	15 年	国家、省、市、县、乡	
原国土资源部	国土规划	15～20 年	国家、省	
住房和城乡建设部	城乡规划	15～20 年	城镇	城镇局部
原环保部	生态环境保护规划	5 年	国家、省、市(县)	局部

(二) 国土空间规划的解决方案

国土空间规划的解决方案国土空间规划的解决方案 表 3-9-2.2

问题	解决方案	说明
规划类型过多	多规合一	将主体功能区规划、土地利用规划、城乡规划等空间规划融合为统一的国土空间规划，实现"多规合一"
内容重叠冲突	一张图	完善国土空间基础信息平台。以自然资源调查监测数据为基础，采用国家统一的测绘基准和测绘系统，整合各类空间关联数据，建立全国统一的国土空间基础信息平台；以国土空间基础信息平台为底板，结合各级各类国土空间规划编制，同步完成县级以上国土空间基础信息平台建设，实现主体功能区战略和各类空间管控要素精准落地，逐步形成全国国土空间规划"一张图"，推进政府部门之间的数据共享以及政府与社会之间的信息交互
审批流程复杂、周期过长	成立自然资源部	根据机构改革方案，全国陆海域空间资源管理及空间性规划编制和管理职能被整合进自然资源部
地方规划朝令夕改	一张蓝图干到底	严格执行规划，以钉钉子精神抓好贯彻落实，久久为功，做到一张蓝图干到底

注：依据《中共中央 国务院关于建立国土空间规划体系并监督实施的若干意见》中"二、总体要求（二）主要目标"的内容编制。

（三）国土空间规划的政策进程

国土空间规划的政策进程　　　　　　　　　　　　　　表 3-9-2.3

时间	政策进程
2012 年 11 月 首次提出	中共十八大报告： 　　明确提出"促进生产空间集约高效、生活空间宜居适度、生态空间山清水秀"的总体要求，将优化国土空间开发格局作为生态文明建设的首要举措
2013 年 11 月 地位初现	《中共中央关于全面深化改革若干重大问题的决定》： 　　"加快生态文明制度建设"的要求，首次提出"通过建立空间规划体系，划定生产、生活、生态空间开发管制界限，落实用途管制"。从此，空间规划正式从国家引导和控制城镇化的技术工具上升为生态文明建设基本制度的组成部分，成为治国理政的重要支撑
2015 年 9 月 编制试点	《生态文明体制改革总体方案》： 　　整合目前各部门分头编制的各类空间性规划，编制统一的空间规划，实现规划全覆盖。空间规划是国家空间发展的指南、可持续发展的空间蓝图，是各类开发建设活动的基本依据。空间规划分为国家、省、市县（设区的市空间规划范围为市辖区）三级。研究建立统一规范的空间规划编制机制。鼓励开展省级空间规划试点
2018 年 9 月 26 日	《乡村振兴战略规划（2018—2022 年）》
2018 年 3 月 机构改革	《深化党和国家机构改革方案》： 　　要求组建自然资源部，"强化国土空间规划对各专项规划的指导约束作用；推进多规合一，实现土地利用规划、城乡规划等有机融合"。 《国务院机构改革方案》： 　　明确组建自然资源部，统一行使所有国土空间用途管制和生态保护修复职责，"强化国土空间规划对各专项规划的指导约束作用"，推进"多规合一"；负责建立空间规划体系并监督实施
2019 年 4 月	中共中央办公厅 国务院办公厅印发《关于统筹推进自然资源资产产权制度改革的指导意见》
2019 年 5 月 23 日 正式启动	《中共中央国务院关于建立国土空间规划体系并监督实施的若干意见》（中发〔2019〕18 号） 　　标志着将主体功能区、土地利用规划、城乡规划等空间性规划融合为一体的"国土空间规划体系"的整体框架已经明确。这是一项重要改革成果和具有创新意义的制度建构。同时这份文件是当前国土空间规划体系构建的顶层设计，在《国土空间规划法》尚未出台的情况下，作为当前开展国土空间规划各项工作的依据
2019 年 5 月 28 日	《自然资源部关于全面开展国土空间规划工作的通知》（自然资发〔2019〕87 号）
2019 年 5 月	《市县国土空间规划基本分区与用途分类指南（试行）》
2019 年 5 月 31 日	《自然资源部办公厅关于加强村庄规划促进乡村振兴的通知》
2019 年 6 月	《城镇开发边界划定指南（试行）》
2019 年 6 月	中共中央办公厅 国务院办公厅印发《关于建立以国家公园为主体的自然保护地体系的指导意见》
2019 年 8 月 26 日	《生态保护红线勘界定标技术规程》（生态环境部、自然资源部）

时间	政策进程
2019 年 9 月	《关于以"多规合一"为基础推进规划用地"多审合一、多证合一"改革的通知》（自然资规〔2019〕2 号）
2019 年 11 月 1 日	《关于在国土空间规划中统筹划定落实三条控制线的指导意见》
2019 年 12 月 10 日	《自然资源部关于开展全域土地综合整治试点工作的通知》（自然资发〔2019〕194 号）
2020 年 1 月 17 日	《省级国土空间规划编制指南（试行）》
2020 年 1 月 22 日	《资源环境承载能力和国土空间开发适宜性评价指南（试行）》
2020 年 5 月	《关于加强国土空间规划监督管理的通知》（自然资办发〔2020〕27 号）
2020 年 07 月 29 日	《自然资源部 农业农村部关于农村乱占耕地建房"八不准"的通知》（自然资发〔2020〕127 号）
2020 年 9 月	《市级国土空间总体规划编制指南（试行）》
2020 年 11 月 17 日	《国土空间调查、规划、用途管制用地用海分类指南（试行）》（自然资办发〔2020〕51 号）
2020 年 12 月 15 日	《自然资源部办公厅关于进一步做好村庄规划工作的意见》（自然资办发〔2020〕57 号）
2021 年 1 月 28 日	《自然资源部 国家发展改革委 农业农村部关于保障和规范农村一二三产业融合发展用地的通知》（自然资办发〔2021〕16 号）

三、国土空间规划的基本概念

相关概念来源于《省级国土空间规划编制指南（试行）》及《资源环境承载能力和国土空间开发适宜性评价指南（试行）》的部分内容。

国土空间规划的基本概念　　　　　　　　　　　　　　　　表 3-9-3

术语	定义
国土空间	国家主权与主权权利管辖下的地域空间，包括陆地国土空间和海洋国土空间
国土空间规划	对国土空间的保护、开发、利用、修复作出的总体部署与统筹安排
国土空间保护	对承担生态安全、粮食安全、资源安全等国家安全的地域空间进行管护的活动
国土空间开发	以城镇建设、农业生产和工业生产等为主的国土空间开发活动
国土空间利用	根据国土空间特点开展的长期性或周期性使用和管理活动
生态修复和国土综合整治	遵循自然规律和生态系统内在机理，对空间格局失衡、资源利用低效、生态功能退化、生态系统受损的国土空间，进行适度人为引导、修复或综合整治，维护生态安全、促进生态系统良性循环的活动
国土空间用途管制	以总体规划、详细规划为依据，对陆海所有国土空间的保护、开发和利用活动，按照规划确定的区域、边界、用途和使用条件等，核发行政许可、进行行政审批等
主体功能区	以资源环境承载能力、经济社会发展水平、生态系统特征以及人类活动形式的空间分异为依据，划分出具有某种特定主体功能、实施差别化管控的地域空间单元
国土空间规划分区	国土空间规划分区是以全域覆盖、不交叉、不重叠为基本原则，以国土空间的保护与保留、开发与利用两大管控属性为基础，根据市县主体功能区战略定位，结合国土空间规划发展策略，将市县全域国土空间划分为生态保护区、自然保留区、永久基本农田集中区、城镇发展区、农业农村发展区、海洋发展区等 6 类基本分区，并明确各分区的核心管控目标和政策导向；同时，还可对城镇发展区、农业农村发展区、海洋发展区等规划基本分区进行细化分类

术语	定义
国土空间规划一张图	国土空间规划一张图是指以自然资源调查监测数据为基础，采用国家统一的测绘基准和测绘系统，整合各类空间关联数据，建成全国统一的国土空间基础信息平台后，再以此平台为基础载体，结合各级各类国土空间规划编制，建设从国家到市县级、可层层叠加打开的国土空间规划"一张图"实施监督信息系统，形成覆盖全国、动态更新、权威统一的国土空间规划"一张图"
"三区三线"	"三线"分别对应在城镇空间、农业空间、生态空间划定的城镇开发边界、永久基本农田、生态保护红线三条控制线。其中： 生态空间是指以提供生态系统服务或生态产品为主的功能空间； 农业空间是指以农业生产、农村生活为主的功能空间； 城镇空间是指以承载城镇经济、社会、政治、文化、生态等要素为主的功能空间
	"三区"是指城镇空间、农业空间、生态空间三种类型的国土空间。其中， 生态保护红线是指在生态空间范围内具有特殊重要生态功能，必须强制性严格保护的陆域、水域、海域等区域； 永久基本农田是指按照一定时期人口和经济社会发展对农产品的需求，依据国土空间规划确定的不得擅自占用或改变用途的耕地； 城镇开发边界是指在一定时期内因城镇发展需要，可以集中进行城镇开发建设，重点完善城镇功能的区域边界，涉及城市、建制镇以及各类开发区等
"双评价"	"双评价"是指资源环境承载能力与国土空间开发适宜性评价； 资源环境承载能力评价，指的是基于特定发展阶段、经济技术水平、生产生活方式和生态保护目标，一定地域范围内资源环境要素能够支撑农业生产、城镇建设等人类活动的最大规模； 国土空间开发适宜性评价，指的是在维系生态系统健康和国土安全的前提下，综合考虑资源环境等要素条件，特定国土空间进行农业生产、城镇建设等人类活动的适宜程度
"双评估"	"双评估"是指国土空间开发保护现状评估、现行空间类规划实施情况评估； 国土空间开发保护现状评估一般以安全、创新、协调、绿色、开放、共享等理念构建的指标体系为标准，从数量、质量、布局、结构、效率等角度，找出一定区域国土空间开发保护现状与高质量发展要求之间存在的差距和问题所在。同时可在现状评估基础上，结合影响国土空间开发保护因素的变动趋势，分析国土空间发展面临的潜在风险； 空间规划实施评估是指对现行土地利用总体规划、城乡总体规划、林业草业规划、海洋功能区划等空间类规划，在规划目标、规模结构、保护利用等方面的实施情况进行评估，并识别不同空间规划之间的冲突和矛盾，总结成效和问题
生态单元	具有特定生态结构和功能的生态空间单元，体现区域（流域）生态功能系统性、完整性、多样性、关联性等基本特征

术语	定义
第三次全国国土调查	第三次全国国土调查,简称"三调"。三调于 2017 年 10 月启动,以 2019 年 12 月 31 日为标准时点,全面查清我国陆地国土的利用现状。国土空间规划体系统一采用 CGCS2000 国家大地坐标系和 1985 国家高程基准作为空间定位基础。2021 年 3 月,三调工作已基本完成,待上报党中央、国务院审议通过后,将为各级国土空间规划编制提供翔实的数据支撑

四、国土空间规划体系

国土空间规划体系分为四个体系,即编制审批体系、实施监督体系、法规政策体系和技术标准体系。

(一) 国土空间规划编制审批体系

国土空间规划编制体系(五级三类)   表 3-9-4.1

总体规划	详细规划		相关专项规划
全国国土空间规划	—		专项规划
省国土空间规划			
市国土空间规划	(边界内) 详细规划	(边界外) 村庄规划	
县国土空间规划			
镇(乡)国土空间规划			

注:依据《中共中央 国务院关于建立国土空间规划体系并监督实施的若干意见》中"三、总体框架(三)分级分类建立国土空间规划"的内容编制。

总体规划的编制与审批   表 3-9-4.2

类型	编制重点	编制、审批主体
全国国土空间规划	是对全国国土空间作出的全局安排,是全国国土空间保护、开发、利用、修复的政策和总纲,侧重战略性	由自然资源部会同相关部门组织编制; 由党中央、国务院审定后印发
省国土空间规划	是对全国国土空间规划的落实,指导市县国土空间规划编制,侧重协调性	由省级政府组织编制; 经同级人大常委会审议后报国务院审批
市国土空间规划	市县和乡镇国土空间规划是本级政府对上级国土空间规划要求的细化落实,是对本行政区域开发保护作出的具体安排,侧重实施性	需报国务院审批的城市国土空间总体规划,由市政府组织编制,经同级人大常委会审议后,由省级政府报国务院审批; 其他市县及乡镇国土空间规划由省级政府根据当地实际,明确规划编制审批内容和程序要求; 各地可因地制宜,将市县与乡镇国土空间规划合并编制,也可以几个乡镇为单元编制乡镇级国土空间规划
县国土空间规划		
镇(乡)国土空间规划		

注:依据《中共中央 国务院关于建立国土空间规划体系并监督实施的若干意见》"三、总体框架中"部分内容编制。

规划类型	编制审批主体
海岸带、自然保护地等专项规划及跨行政区域或流域的国土空间规划	由所在区域或上一级自然资源主管部门牵头组织编制，报同级政府审批
涉及空间利用的某一领域专项规划，如交通、能源、水利、农业、信息、市政等基础设施，公共服务设施，军事设施以及生态环境保护、文物保护、林业草原等专项规划	由相关主管部门组织编制
相关专项规划	可在国家、省和市县层级编制
在城镇开发边界内的详细规划	由市县自然资源主管部门组织编制，报同级政府审批
在城镇开发边界外的乡村地区的详细规划	以一个或几个行政村为单元，由乡镇政府组织编制"多规合一"的实用性村庄规划，作为详细规划，报上一级政府审批

注：依据《中共中央 国务院关于建立国土空间规划体系并监督实施的若干意见》中"三、总体框架"中部分内容编制。

2019 年 5 月，自然资源部印发《关于全面开展国土空间规划工作的通知》（自然资发〔2019〕87 号），全面部署开展各级国土空间规划编制，并要求各地加强衔接和上下联动，基于国土空间基础信息平台，搭建从国家到市县级的国土空间规划"一张图"实施监督信息系统，形成覆盖全国、动态更新、权威统一的国土空间规划"一张图"，明确国土空间规划报批审查的要点。

明确各地不再新编和报批主体功能区规划、土地利用总体规划、城镇体系规划、城市（镇）总体规划、海洋功能区划等。已批准的规划期至 2020 年后的省级国土规划、城镇体系规划、主体功能区规划，城市（镇）总体规划，以及原省级空间规划试点和市县"多规合一"试点等，要按照新的规划编制要求，将既有规划成果融入新编制的同级国土空间规划中。

对现行土地利用总体规划、城市（镇）总体规划实施中存在矛盾的图斑，要结合国土空间基础信息平台的建设，按照国土空间规划"一张图"要求，作一致性处理，作为国土空间用途管制的基础。一致性处理不得突破土地利用总体规划确定的 2020 年建设用地和耕地保有量等约束性指标，不得突破生态保护红线和永久基本农田保护红线，不得突破土地利用总体规划和城市（镇）总体规划确定的禁止建设区和强制性内容，不得与新的国土空间规划管理要求矛盾冲突。今后工作中，主体功能区规划、土地利用总体规划、城乡规划、海洋功能区划等统称为"国土空间规划"。

自然资源部关于全面开展国土空间规划工作的通知

一、全面启动国土空间规划编制，实现"多规合一"

二、做好过渡期内现有空间规划的衔接协同

三、明确国土空间规划报批审查的要点

省级国土空间规划审查要点
① 国土空间开发保护目标
② 国土空间开发强度、建设用地规模，生态保护红线控制面积、自然岸线保有率，耕地保有量及永久基本农田保护面积，用水总量和强度控制等指标的分解下达
③ 主体功能区划分，城镇开发边界、生态保护红线、永久基本农田的协调落实情况
④ 城镇体系布局，城市群、都市圈等区域协调重点地区的空间结构
⑤ 生态屏障、生态廊道和生态系统保护格局，重大基础设施网络布局，城乡公共服务设施配置要求
⑥ 体现地方特色的自然保护地体系和历史文化保护体系
⑦ 乡村空间布局，促进乡村振兴的原则和要求
⑧ 保障规划实施的政策措施
⑨ 对市县级规划的指导和约束要求等

市级国土空间总体规划审查要点
① 市域国土空间规划分区和用途管制规则
② 重大交通枢纽、重要线性工程网络、城市安全与综合防灾体系、地下空间、邻避设施等设施布局，城镇政策性住房和教育、卫生、养老、文化体育等城乡公共服务设施布局原则和标准
③ 城镇开发边界内，城市结构性绿地、水体等开敞空间的控制范围和均衡分布要求，各类历史文化遗存的保护范围和要求，通风廊道的格局和控制要求；城镇开发强度分区及容积率、密度等控制指标，高度、风貌等空间形态控制要求
④ 中心城区城市功能布局和用地结构等

其他市、县、乡镇级国土空间规划审批要点
由各省（自治区、直辖市）根据本地实际，参照上述审查要点制定

四、改进规划报批审查方式

五、做好近期相关工作
做好规划编制基础工作
开展双评价工作
开展重大问题研究
科学评估三条控制线

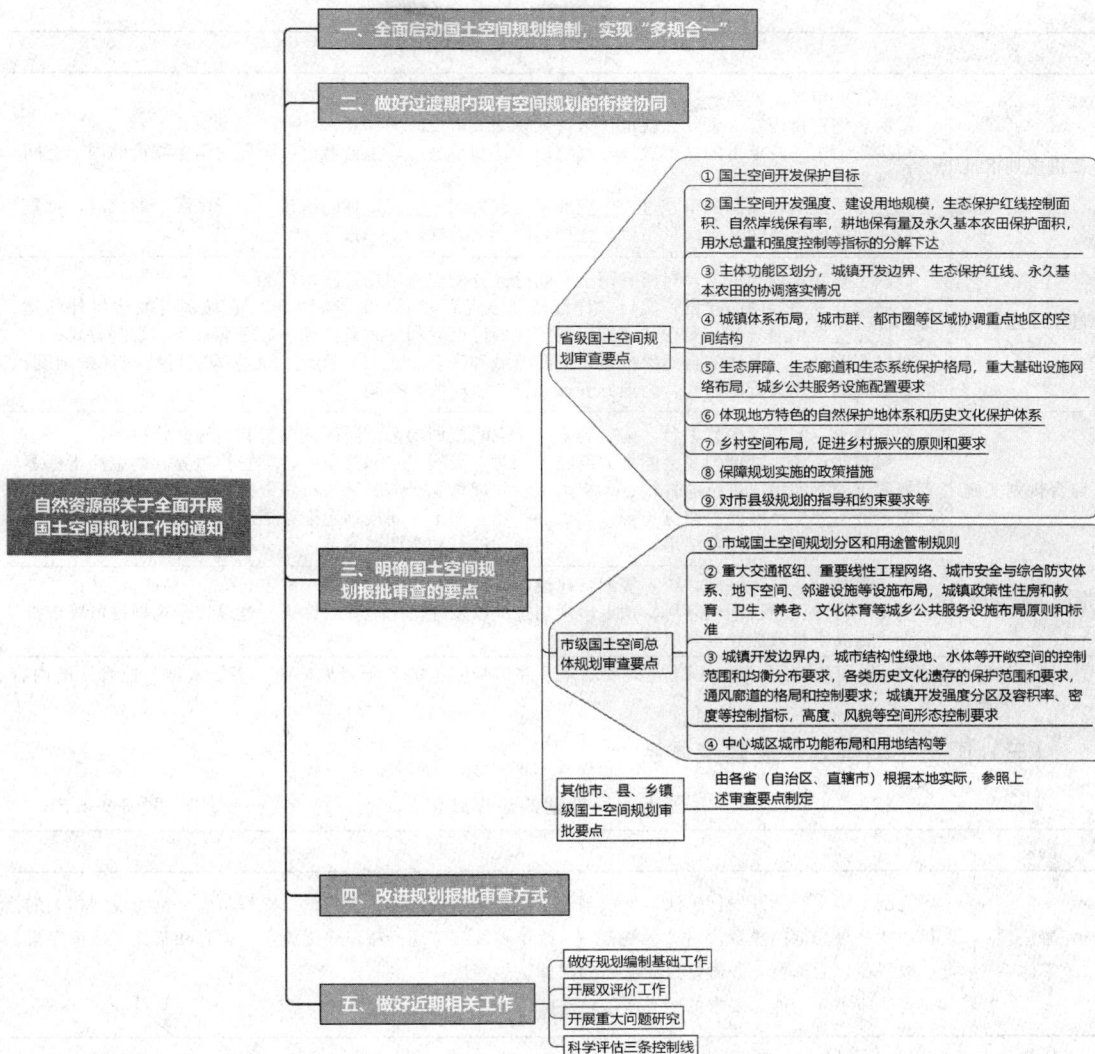

图 3-9-4.1 自然资源部印发《关于全面开展国土空间规划工作的通知》内容框架

（二）国土空间规划实施监督体系

国土空间规划实施与监管 表 3-9-4.4

内容	说明
强化规划权威	规划一经批复，任何部门和个人不得随意修改、违规变更，防止出现换一届党委和政府改一次规划； 下级国土空间规划要服从上级国土空间规划，相关专项规划、详细规划要服从总体规划；坚持先规划、后实施，不得违反国土空间规划进行各类开发建设活动；坚持"多规合一"，不在国土空间规划体系之外另设其他空间规划； 相关专项规划的有关技术标准应与国土空间规划衔接； 因国家重大战略调整、重大项目建设或行政区划调整等确需修改规划的，须先经规划审批机关同意后，方可按法定程序进行修改； 对国土空间规划编制和实施过程中的违规违纪违法行为，要严肃追究责任

内容	说明
改进规划审批	按照"谁审批、谁监管"的原则，分级建立国土空间规划审查备案制度； 精简规划审批内容，管什么就批什么，大幅缩减审批时间； 减少需报国务院审批的城市数量，直辖市、计划单列市、省会城市及国务院指定城市的国土空间总体规划由国务院审批； 相关专项规划在编制和审查过程中应加强与有关国土空间规划的衔接及"一张图"的核对，批复后纳入同级国土空间基础信息平台，叠加到国土空间规划"一张图"上
健全用途管制制度	以国土空间规划为依据，对所有国土空间分区分类实施用途管制； 在城镇开发边界内的建设，实行"详细规划＋规划许可"的管制方式；在城镇开发边界外的建设，按照主导用途分区，实行"详细规划＋规划许可"和"约束指标＋分区准入"的管制方式； 对以国家公园为主体的自然保护地、重要海域和海岛、重要水源地、文物等实行特殊保护制度，因地制宜制定用途管制制度，为地方管理和创新活动留有空间
监督规划实施	依托国土空间基础信息平台，建立健全国土空间规划动态监测评估预警和实施监管机制； 上级自然资源主管部门要会同有关部门组织对下级国土空间规划中各类管控边界、约束性指标等管控要求的落实情况进行监督检查，将国土空间规划执行情况纳入自然资源执法督察内容； 健全资源环境承载能力监测预警长效机制，建立国土空间规划定期评估制度，结合国民经济社会发展实际和规划定期评估结果，对国土空间规划进行动态调整完善
推进"放管服"改革	以"多规合一"为基础，统筹规划、建设、管理三大环节，推动"多审合一""多证合一"； 优化现行建设项目用地（海）预审、规划选址以及建设用地规划许可、建设工程规划许可等审批流程，提高审批效能和监管服务水平

注：依据《中共中央 国务院关于建立国土空间规划体系并监督实施的若干意见》中"五、实施与监管"的内容编制。

（三）国土空间规划法规政策体系

国土空间规划的法规政策　　　　　　　　　　　　　　　表 3-9-4.5

内容	说明
完善法规政策体系	研究制定国土空间开发保护法，加快国土空间规划相关法律法规建设。梳理与国土空间规划相关的现行法律法规和部门规章，对"多规合一"改革涉及突破现行法律法规规定的内容和条款，按程序报批，取得授权后施行，并做好过渡时期的法律法规衔接； 完善适应主体功能区要求的配套政策，保障国土空间规划有效实施

注：依据《中共中央 国务院关于建立国土空间规划体系并监督实施的若干意见》中"六、法规政策与技术保障"的内容编制。

（四）国土空间规划技术标准体系

国土空间规划技术保障　　　　　　　　　　　　　　　表 3-9-4.6

内容	说明
完善技术标准体系	按照"多规合一"要求，由自然资源部会同相关部门负责构建统一的国土空间规划技术标准体系，修订完善国土资源现状调查和国土空间规划用地分类标准，制定各级各类国土空间规划编制办法和技术规程
完善国土空间基础信息平台	以自然资源调查监测数据为基础，采用国家统一的测绘基准和测绘系统，整合各类空间关联数据，建立全国统一的国土空间基础信息平台。以国土空间基础信息平台为底板，结合各级各类国土空间规划编制，同步完成县级以上国土空间基础信息平台建设，实现主体功能区战略和各类空间管控要素精准落地，逐步形成全国国土空间规划"一张图"，推进政府部门之间的数据共享以及政府与社会之间的信息交互

注：依据《中共中央 国务院关于建立国土空间规划体系并监督实施的若干意见》中"六、法规政策与技术保障"的内容编制。

（五）国土空间基础信息平台的建设

同步构建国土空间规划"一张图"实施监督信息系统。基于国土空间基础信息平台，整合各类空间关联数据，着手搭建从国家到市县级的国土空间规划"一张图"实施监督信息系统，形成覆盖全国、动态更新、权威统一的国土空间规划"一张图"。《关于开展国土空间规划"一张图"建设和现状评估工作的通知》明确依托国土空间基础信息平台，开展工作。并强调规划"一张图"实施监督信息系统建设要和规划编制同步进行，未完成系统建设的不得报批规划。2021年3月9日，国家标准《国土空间规划"一张图"实施监督信息系统技术规范》，2021年10月1日实施。

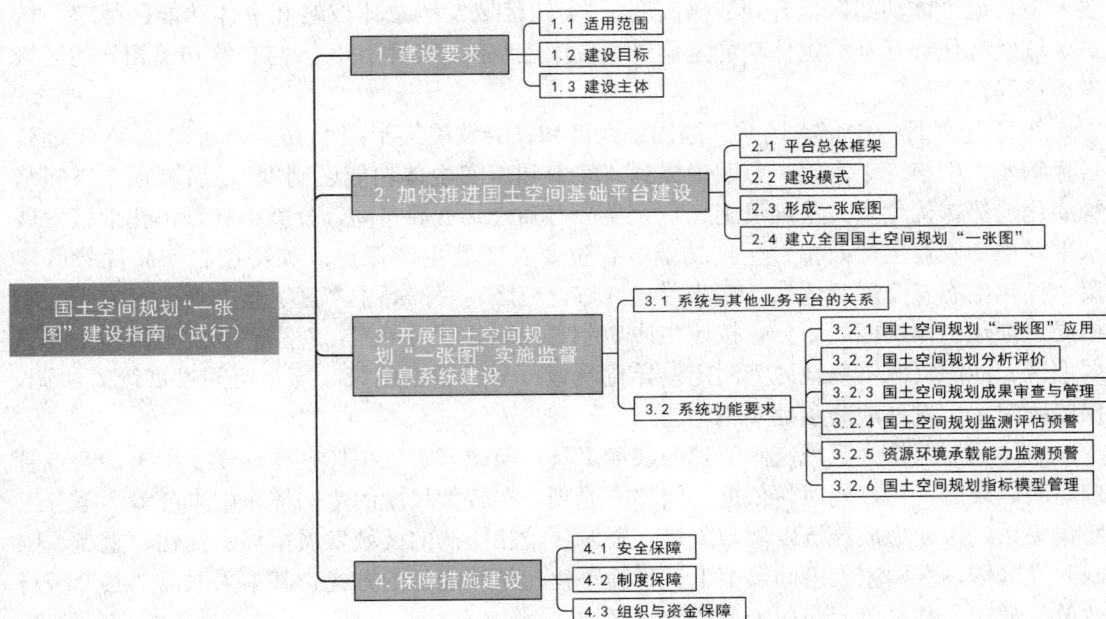

图 3-9-4.2　《国土空间规划"一张图"建设指南（试行）》内容框架

五、国土空间规划编制体系

在生态文明建设与资源紧约束条件下，在新型城镇化与高品质人居环境要求下，我国国土空间规划改革对规划目标协同、自然资源管理、空间品质提升都提出了新的要求。为解决我国规划管理、资源保护和城乡建设中涌现的各类问题，技术标准体系需要突破现有技术瓶颈，实现规划目标传导以及关键要素配置优化，构建一套空间优化和控制的技术方案，具有战略引领和刚性管控双重作用，建立起一定范围区域国土空间规划、建设管理的统一，实现生态文明导向下高质量发展的国土空间格局和结构性控制要求。

因此，在规划编制中需要实现战略引领与刚性管控在各级国土空间总体规划编制中耦合联动，形成系统性、整体性的功能管控与参数管控体系，有效实现下级规划服从上级规划，国家和区域战略有效传导，同时实现各类空间内和区域整体的生产—生活—生态"三生"结构均衡、有序、协调规划与布局，促进形成高质量、可持续的国土空间开发保护格局。

（一）主体功能区制度

主体功能区是宏观大尺度空间区域治理的政策工具，我国拥有960万平方公里的陆域国土，自然地理环境和资源基础的区域差异很大，区位条件和区域间相互关系极其复杂，社会经济发展阶段和基本特征也具有鲜明的地方特色，非常需要"因地制宜""统筹协调""长远部署"。在宏观大尺度区域空间尺度上，亟需这样的一个规划或战略，规划目标是在空间尺度上解决总体布局问题、在时间序列上解决长远部署问题，规划性质是具有战略指导性、又不失控制约束力度，规划要求充分兼顾科学性和可操作性。其核心是战略性、基础性和约束性，主体功能区规划和主体功能区战略就承担了这样的功能。

《中华人民共和国国民经济和社会发展第十一个五年规划纲要》提出了推进形成主体功能区的要求。2011 年，在《中华人民共和国国民经济和社会发展第十二个五年规划纲要》中，把主体功能区提升到战略高度。"实施区域发展总体战略和主体功能区战略，构筑区域经济优势互补、主体功能定位清晰、国土空间高效利用、人与自然和谐相处的区域发展格局。"

2021 年 3 月《中华人民共和国国民经济和社会发展第十四个五年规划和 2035 年远景目标纲要》中第三十章第一节明确提到"完善和落实主体功能区制度"，强调顺应空间结构变化趋势，优化重大基础设施、重大生产力和公共资源布局，分类提高城市化地区发展水平，推动农业生产向粮食生产功能区、重要农产品生产保护区和特色农产品优势区集聚，优化生态安全屏障体系，逐步形成城市化地区、农产品主产区、生态功能区三大空间格局。细化主体功能区划分，按照主体功能定位划分政策单元，对重点开发地区、生态脆弱地区、能源资源富集地区等制定差异化政策，分类精准施策。加强空间发展统筹协调，保障国家重大发展战略落地实施。

主体功能区作为区域空间治理的政策工具，与政府责任主体挂钩，便于中央的宏观管理与明确政府责任，同时，依据空间均衡原则，在较大尺度的空间体系内来统筹考虑分工协作关系，推动形成经济发展与人口、资源环境相协调的区域发展格局。优化、重点、限制开发区域，在国家大空间尺度上进行扁平化、越级定位的方式，基本采取以"县"级行政单位辖区为基本单元，属于典型的"区域"型国土空间。

为保障国土空间管制的有效实施，全国主体功能区规划及各省规划中均提出多样化的配套政策。为实行分类管理的区域政策，形成经济社会发展符合各区域主体功能定位的导向机制，主体功能区规划中确定了适应主体功能区定位的区域政策体系，包含了财政、投资、产业、土地、农业、人口、民族、环境、应对气候变化等多个方面，针对不同类型主体功能区分别提出。

（二）省级国土空间规划

省级国土空间规划是对全国国土空间规划的落实，指导市县国土空间规划编制，侧重协调性，由省级政府组织编制，经同级人大常委会审议后报国务院审批。从发展要求的层面上看，省级空间规划要落实国家和省重大发展战略。从规划的功能发挥层面上看，省级国土空间规划要成为引领"三生空间"科学布局、推动高质量发展和高品质生活的重要手段，也必须落实好重大发展战略，提高规划实施的权威和效应。

省级国土空间规划是对全国国土空间规划纲要的落实和深化，是一定时期内省域国土空间保护、开发、利用、修复的政策和总纲，是编制省级相关专项规划、市县等下位国土空间规划的基本依据，在国土空间规划体系中发挥承上启下、统筹协调作用，具有战略性、协调性、综合性和约束性。

省级国土空间规划目标年为 2035 年，近期目标年为 2025 年，远景展望至 2050 年。编制主体为省级人民政府，由省级自然资源主管部门会同相关部门开展具体编制工作。编制程序包括准备工作、专题研究、规划编制、规划多方案论证、规划公示、成果报批及规划公告等。规划成果则包括规划文本、附表、图件、说明和专题研究报告，以及基于国土空间规划基础信息平台的国土空间规划"一张图"等。

《指南》提出了国土空间规划的重点管控性内容，包括目标与战略、开发保护格局、资源要素保护与利用、基础支撑体系、区域协调与规划传导等六方面内容。自然资源部对规划编制给出了指导性要求。包括探索绿水青山就是金山银山的实现路径，完善生态产品价值实现机制，提升自然资源资产的经济、社会和生态价值。

《指南》特别指出，在进行规划论证和审批时，面对存在重大分歧和颠覆性意见的意见建议，行政层面不要轻易拍板，要经过充分论证后形成决策方案。

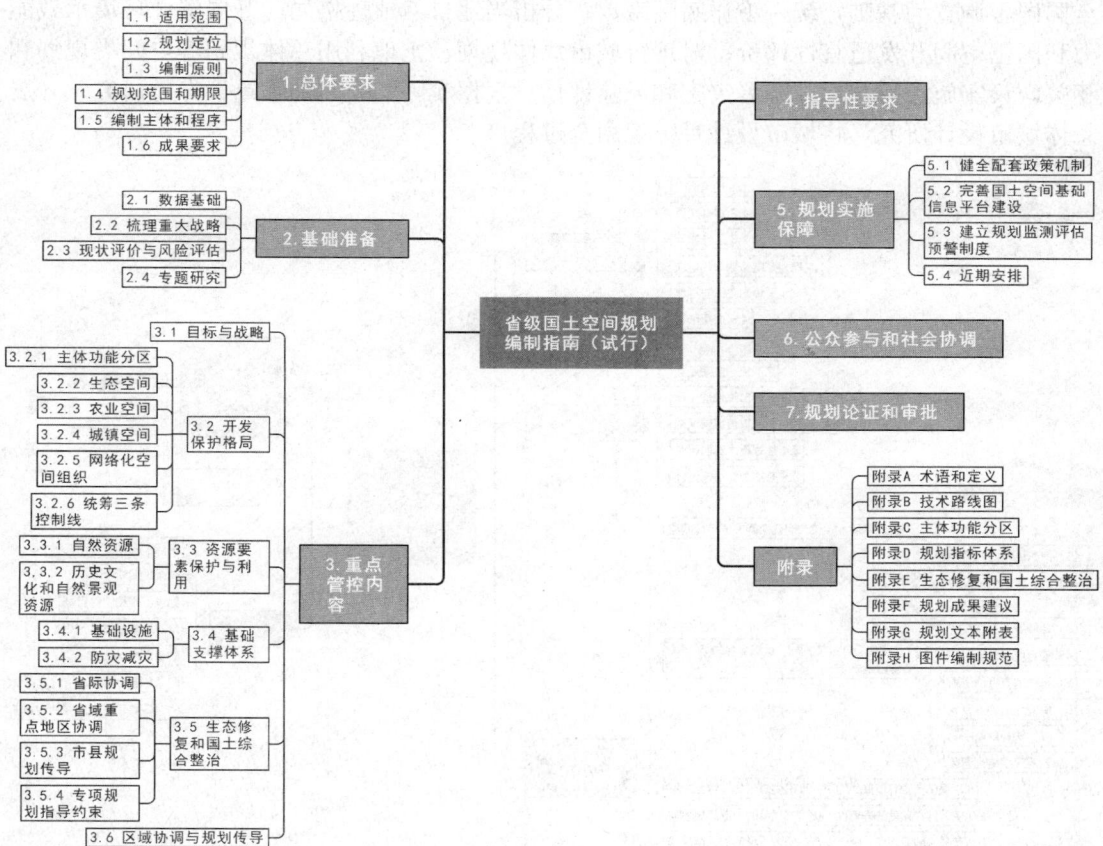

图 3-9-5.1　《省级国土空间规划编制指南（试行）》内容框架

（三）市级国土空间规划

自然资源部办公厅印发《市级国土空间总体规划编制指南（试行）》（以下简称《指南》），指导和规范市级国土空间总体规划编制工作。本轮规划目标年为 2035 年，近期至 2025 年，远景展望至 2050 年。

《指南》旨在贯彻落实《中共中央 国务院关于建立国土空间规划体系并监督实施的若

干意见》《自然资源部关于全面开展国土空间规划工作的通知》，突出体现"多规合一"要求，强调市级国土空间总体规划的战略引领、底线管控作用，从总体要求、基础工作、主要编制内容、公众参与和多方协同、审查要求等 5 个方面，提出了市级国土空间总体规划编制的原则性、导向性要求。

《指南》明确了市级国土空间总体规划的定位、工作原则、规划范围、期限和层次等，并对编制主体与程序、成果形式作出了规定。《指南》强调，市级国土空间总体规划是市域国土空间保护、开发、利用、修复和指导各类建设的行动纲领，应注重体现综合性、战略性、协调性、基础性和约束性。编制市级国土空间总体规划，要坚持以人民为中心、坚持底线思维、坚持一切从实际出发，做好陆海统筹、区域协同、城乡融合，体现市级国土空间总体规划的公共政策属性，注重创新规划工作方法。

《指南》要求，编制市级国土空间总体规划必须建立在扎实的工作基础上：以第三次全国国土调查为基础，统一工作底图底数；分析当地自然地理格局，开展资源环境承载能力和国土空间开发适宜性评价；对现行城市总体规划、土地利用总体规划等空间类规划和相关政策实施进行评估，开展灾害和风险评估；根据实际需要，加强重大专题研究；开展总体城市设计研究，将城市设计贯穿规划全过程。

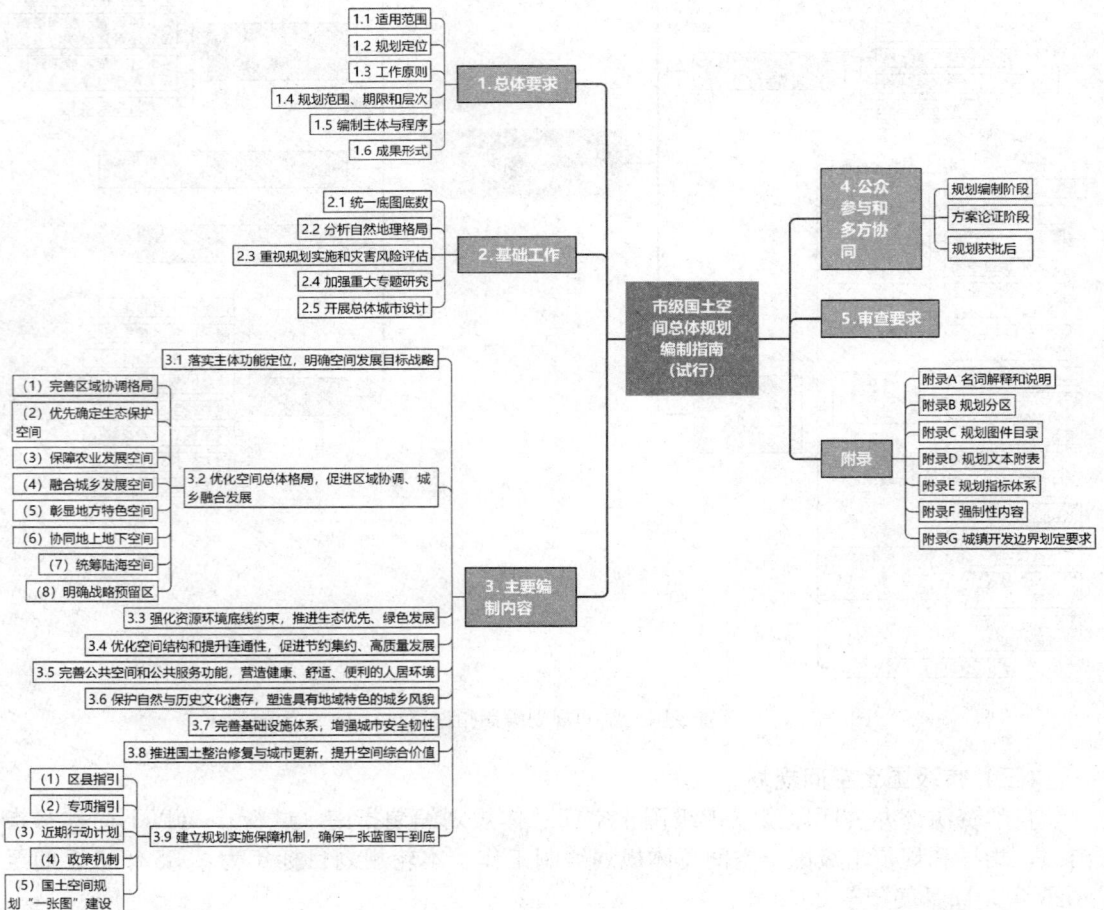

图 3-9-5.2 《市级国土空间总体规划编制指南（试行）》内容框架

《指南》明确了市级国土空间总体规划的主要编制内容：一是落实主体功能定位，明确空间发展目标战略；二是优化空间总体格局，促进区域协调、城乡融合发展；三是强化资源环境底线约束，推进生态优先、绿色发展；四是优化空间结构，提升连通性，促进节约集约、高质量发展；五是完善公共空间和公共服务功能，营造健康、舒适、便利的人居环境；六是保护自然与历史文化，塑造具有地域特色的城乡风貌；七是完善基础设施体系，增强城市安全韧性；八是推进国土整治修复与城市更新，提升空间综合价值；九是建立规划实施保障机制，确保一张蓝图干到底。以上内容体现了新时代国土空间规划鲜明的价值导向。同时，《指南》还明确了市级国土空间总体规划的强制性内容，聚焦底线、民生、安全等，是上级政府审查的重点。《指南》强调，市级国土空间总体规划编制过程中要加强公众参与和多方协同，在规划编制审批全过程中贯彻落实"人民城市人民建，人民城市为人民"理念。

（四）村庄规划与乡村振兴

2019 年 5 月自然资源部办公厅发布《关于加强村庄规划促进乡村振兴的通知》（自然资办发〔2019〕35 号），明确村庄规划是法定规划，是国土空间规划体系中乡村地区的详细规划，是开展国土空间开发保护活动、实施国土空间用途管制、核发乡村建设项目规划许可、进行各项建设等的法定依据。要整合村土地利用规划、村庄建设规划等乡村规划，实现土地利用规划、城乡规划等有机融合，编制"多规合一"的实用性村庄规划。村庄规划范围为村域全部国土空间，可以一个或几个行政村为单元编制。

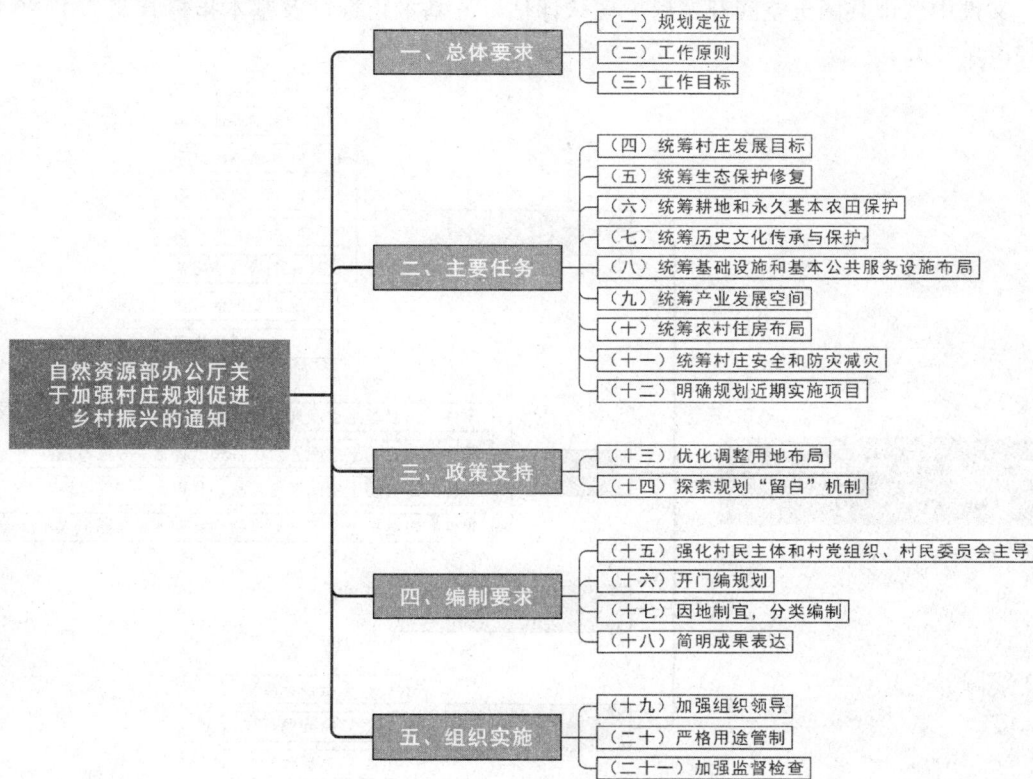

图 3-9-5.3 自然资源部办公厅《关于加强村庄规划促进乡村振兴的通知》内容框架

六、国土空间规划技术支撑

（一）双评估

2019 年 7 月 18 日，自然资源部办公厅印发《关于开展国土空间规划"一张图"建设和现状评估工作的通知》（自然资办发〔2019〕38 号），指出国土空间开发保护现状评估工作将贯彻落实《中共中央国务院关于建立国土空间规划体系并监督实施的若干意见》的重大部署，成为提升国土空间治理体系和治理能力现代化的重要抓手。评估工作将及时发现国土空间治理问题，有效传导国土空间规划重要战略目标，开展国土空间规划编制和动态维护，做好规划实施工作。

评估工作要体现底线要求，反映对生态文明的贡献；要科学评估规划实施现状与规划约束性目标的关系；要客观反映国土空间开发保护结构、效率和宜居水平；要着力发现规划实施中存在的空间维度"重量轻质"、时间维度"重静轻动"、政策维度"重地轻人"等突出矛盾和问题；要结合技术指南要求，统筹兼顾，构建科学有效、便于操作、符合当地实际的评估指标体系。

以指标体系为核心，结合基础调查、专题研究、实地踏勘、社会调查等方法，切实摸清现状，在底线管控、空间结构和效率、品质宜居等方面，找准问题，提出对策，形成评估报告。同时，依据国土空间开发利用现状评估指标，获取相关数据，定期或不定期开展重点城市或地区国土空间开发利用现状评估，为国土空间规划编制、动态调整完善、底线管控和政策供给等提供依据。

文件中《市县国土空间开发保护现状评估——基本指标》及基本指标释义为 2020 年原理考试考点。

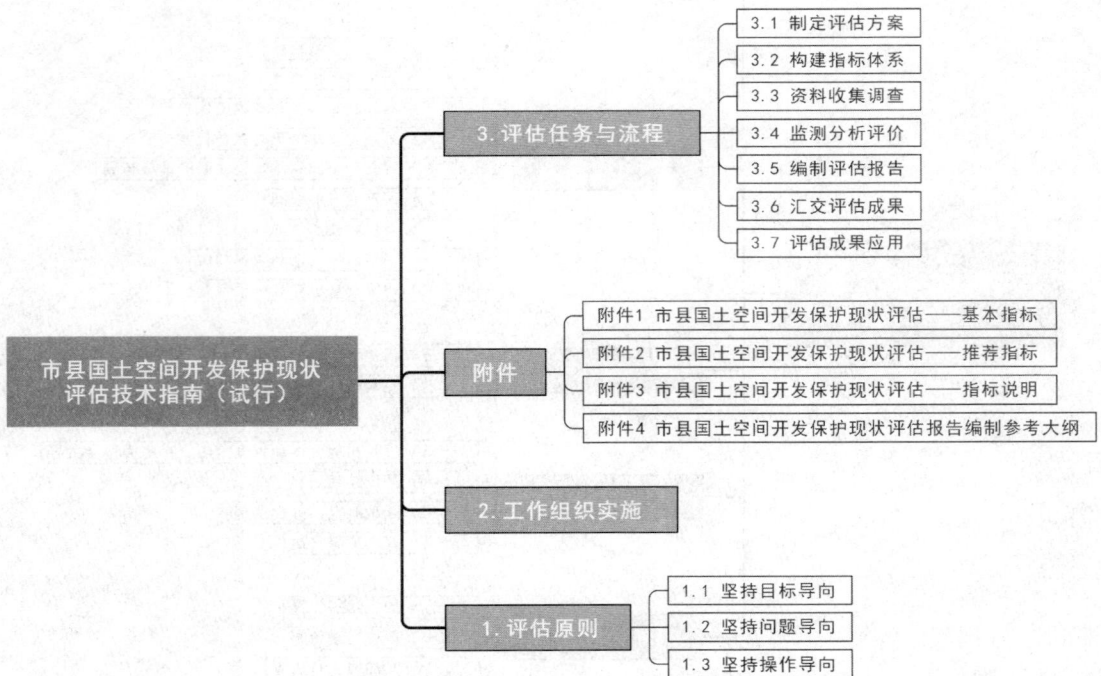

图 3-9-6.1 《市县国土空间开发保护现状评估技术指南（试行）》内容框架

（二）双评价

2020 年 2 月，自然资源部印发了《资源环境承载能力和国土空间开发适宜性评价指南（试行）》，将"双评价"作为编制国土空间规划的前提，强化资源禀赋本底约束，将水、土地、气候、生态、环境、灾害等作为评价指标，研判生态保护极重要区域，以及农业发展和城镇建设适宜区域和规模，为统筹划定三条控制线，优化国土空间开发保护格局提供支撑。

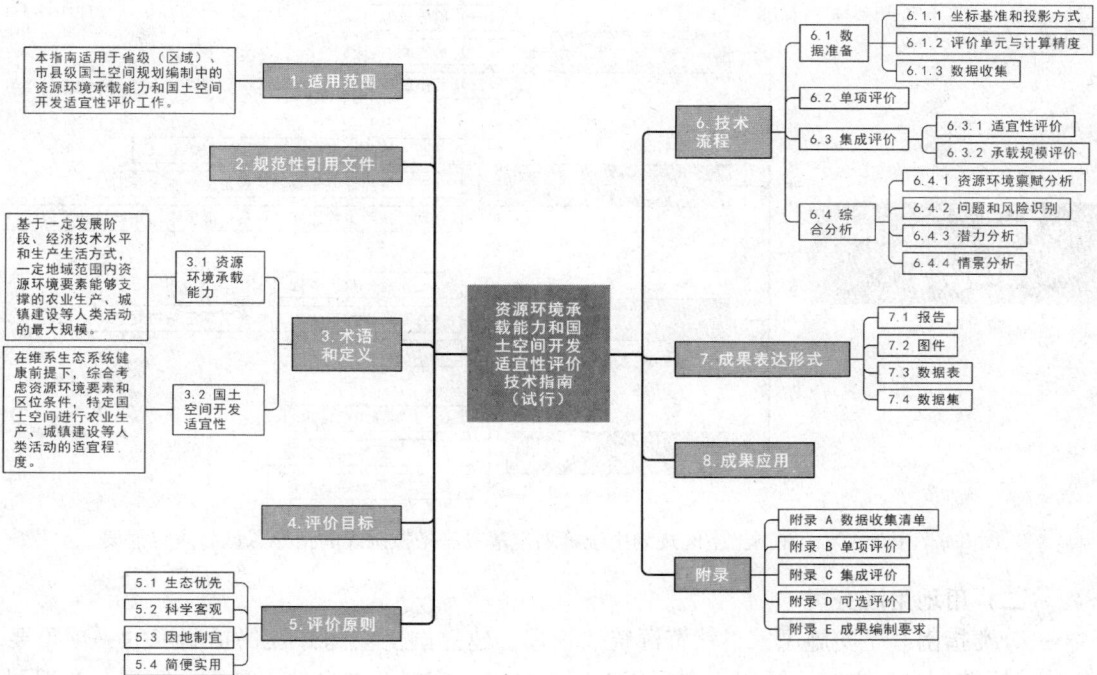

图 3-9-6.2 《资源环境承载能力和国土空间开发适宜性评价指南（试行）》内容框架

七、用途管制与资源总量管理

（一）三条控制线

2019 年，中共中央办公厅 国务院办公厅印发《关于在国土空间规划中统筹划定落实三条控制线的指导意见》，明确随着国土空间规划体系的逐步建立，"三条控制线"划定工作逐渐深入，"三条控制线"作为国土空间规划的核心要素和强制性内容，作为统一实施国土空间用途管制和生态保护修复的重要基础，已经成为共识，同时是考试中的重点文件。同时需要结合规划编制指南，熟悉在省级和市级国土空间规划中如何通过编制和实施国土空间规划对"三条控制线"进行统筹优化，通过分级传导、分类管控，实现对"三条控制线"的落实落地。

对于生态保护红线、永久基本农田、城镇开发边界"三条控制线"在基础数据、划定标准、管理规定等方面存在的统筹协调不足、交叉冲突难落地的现实问题，明确统筹协调"三条控制线"的基本原则、协调规则、落实路径和保障措施。生态保护红线、永久基本农田、城镇开发边界"三条控制线"，是调整经济结构、规划产业发展、推进城镇化不可逾越的红线。

文件中明确了划定生态保护红线、永久基本农田、城镇开发边界的主要依据。其中，优先将具有重要水源涵养、生物多样性维护、水土保持等生态功能极重要区域和生态极敏感脆弱的水土流失、沙漠化、石漠化等区域划入生态保护红线；依据耕地现状分布，根据耕地质量、粮食作物种植情况、土壤污染状况的要素，划定永久基本农田；综合考虑资源承载能力、人口分布、经济布局、城乡统筹等要素，划定城镇开发边界。

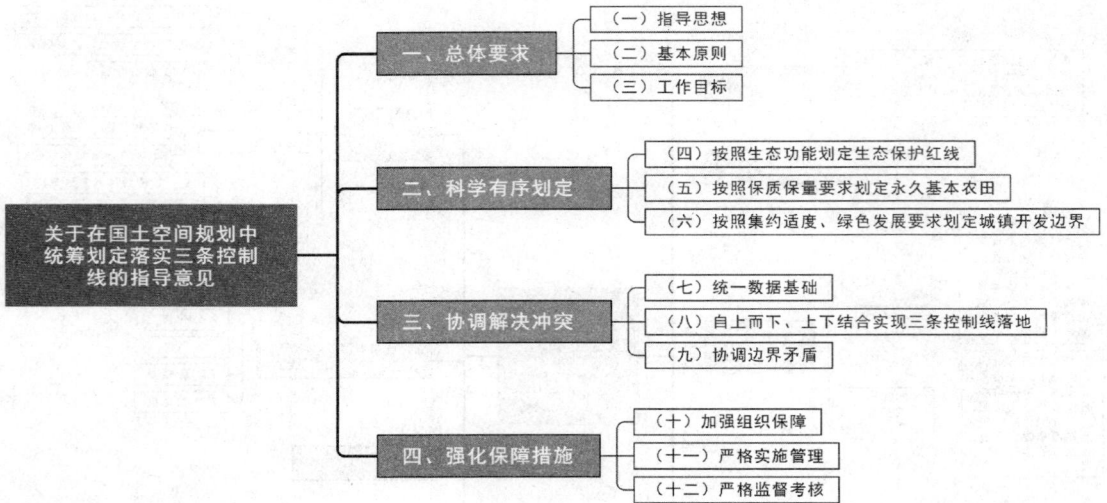

图 3-9-7.1　《关于在国土空间规划中统筹划定落实三条控制线的指导意见》内容框架

（二）用地用海分类

《分类指南》是实施国家自然资源统一管理、建立国土空间开发保护制度的一项重要基础性标准，为建立统一的国土空间用地用海分类，实施全国自然资源统一管理、合理利用和保护自然资源提供了基础。

《分类指南》体现生态优先、绿色发展理念，对国土空间用地用海类型进行归纳、划分，采用三级分类体系，共设置 24 种一级类、106 种二级类及 39 种三级类，反映国土空间配置与利用的基本功能，并满足自然资源管理需要。

《分类指南》适用于自然资源管理全过程，按照"统一底图、统一标准、统一规划、统一平台"要求，适用于国土调查、国土空间规划到用途管制，并延伸到土地审批、不动产登记等工作。实现国土空间全域全要素覆盖，首次将海洋资源利用的相关用途纳入用地用海分类体系，实现陆域、海域全覆盖。设置了"湿地"，并对耕地、园地、林地、草地等含义进行了修改完善，在陆域实现生产、生活、生态等各类用地全覆盖。适应农业农村发展新特点，切实防止耕地"非农化""非粮化"，设置了"农业设施建设用地"，实现建设用地的全覆盖。为满足空间差异化与精细化管理需求，设置了"城镇社区服务设施用地""农村社区服务设施用地""物流仓储用地"。为应对城市未来发展的不确定性，设置了"留白用地"。在使用原则中鼓励土地混合使用和空间复合利用，在细分规定中为制定差别化细则留下空间。

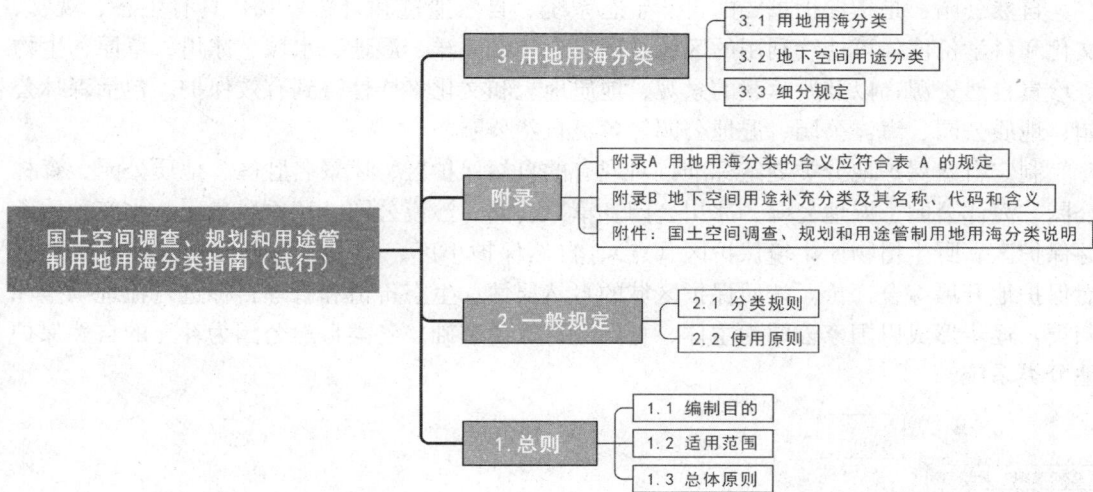

图 3-9-7.2 《国土空间调查、规划和用途管制用地用海分类指南（试行）》内容框架

（三）自然生态空间管制

1. 建立以国家公园为主体的自然保护地体系

2019 年 6 月中共中央办公厅、国务院办公厅印发了《关于建立以国家公园为主体的自然保护地体系的指导意见》建成中国特色的以国家公园为主体的自然保护地体系，推动各类自然保护地科学设置，建立自然生态系统保护的新体制新机制新模式，建设健康稳定高效的自然生态系统，为维护国家生态安全和实现经济社会可持续发展筑牢基石，为建设富强民主文明和谐美丽的社会主义现代化强国奠定生态根基。

明确自然保护地功能定位。自然保护地是由各级政府依法划定或确认，对重要的自然生态系统、自然遗迹、自然景观及其所承载的自然资源、生态功能和文化价值实施长期保护的陆域或海域。建立自然保护地目的是守护自然生态，保育自然资源，保护生物多样性与地质地貌景观多样性，维护自然生态系统健康稳定，提高生态系统服务功能；服务社会，为人民提供优质生态产品，为全社会提供科研、教育、体验、游憩等公共服务；维持人与自然和谐共生并永续发展。要将生态功能重要、生态环境敏感脆弱以及其他有必要严格保护的各类自然保护地纳入生态保护红线管控范围。

科学划定自然保护地类型。按照自然生态系统原真性、整体性、系统性及其内在规律，依据管理目标与效能并借鉴国际经验，将自然保护地按生态价值和保护强度高低依次分为 3 类：

国家公园：是指以保护具有国家代表性的自然生态系统为主要目的，实现自然资源科学保护和合理利用的特定陆域或海域，是我国自然生态系统中最重要、自然景观最独特、自然遗产最精华、生物多样性最富集的部分，保护范围大，生态过程完整，具有全球价值、国家象征，国民认同度高。

自然保护区：是指保护典型的自然生态系统、珍稀濒危野生动植物种的天然集中分布区、有特殊意义的自然遗迹的区域。具有较大面积，确保主要保护对象安全，维持和恢复珍稀濒危野生动植物种群数量及赖以生存的栖息环境。

345

自然公园:是指保护重要的自然生态系统、自然遗迹和自然景观,具有生态、观赏、文化和科学价值,可持续利用的区域。确保森林、海洋、湿地、水域、冰川、草原、生物等珍贵自然资源,以及所承载的景观、地质地貌和文化多样性得到有效保护。包括森林公园、地质公园、海洋公园、湿地公园等各类自然公园。

制定自然保护地分类划定标准,对现有的自然保护区、风景名胜区、地质公园、森林公园、海洋公园、湿地公园、冰川公园、草原公园、沙漠公园、草原风景区、水产种质资源保护区、野生植物原生境保护区(点)、自然保护小区、野生动物重要栖息地等各类自然保护地开展综合评价,按照保护区域的自然属性、生态价值和管理目标进行梳理调整和归类,逐步形成以国家公园为主体、自然保护区为基础、各类自然公园为补充的自然保护地分类系统。

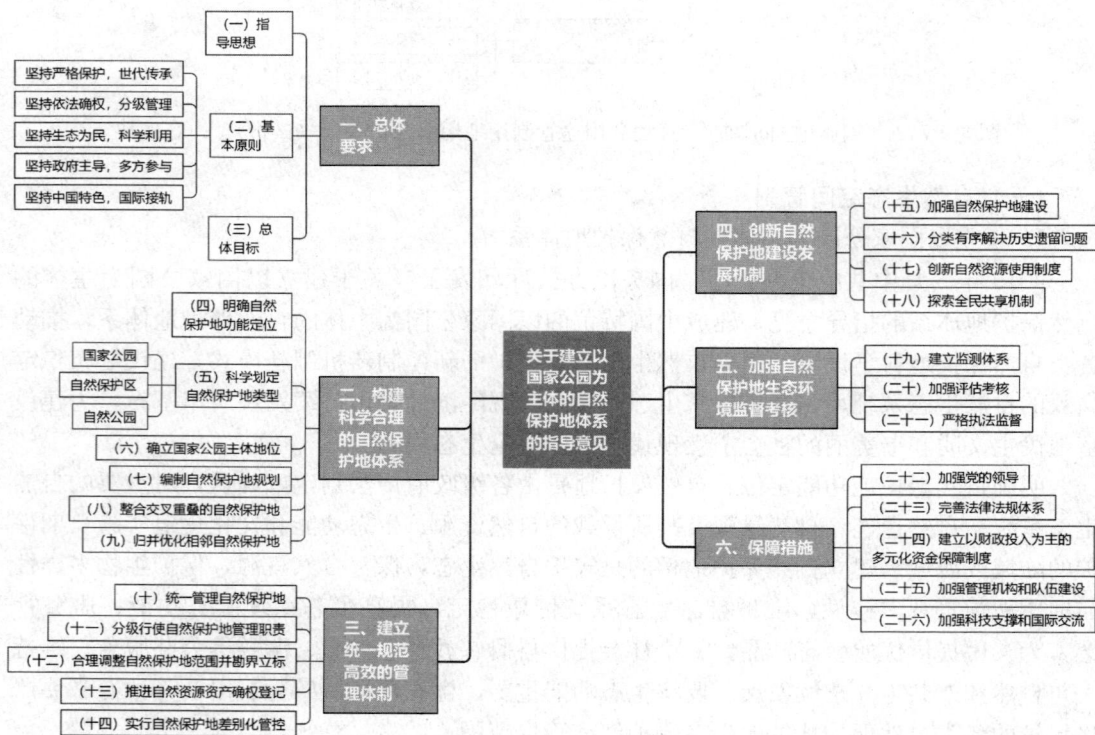

关于建立以国家公园为主体的自然保护地体系的指导意见

一、总体要求
- (一)指导思想
- (二)基本原则
  - 坚持严格保护,世代传承
  - 坚持依法确权,分级管理
  - 坚持生态为民,科学利用
  - 坚持政府主导,多方参与
  - 坚持中国特色,国际接轨
- (三)总体目标

二、构建科学合理的自然保护地体系
- (四)明确自然保护地功能定位
- (五)科学划定自然保护地类型
  - 国家公园
  - 自然保护区
  - 自然公园
- (六)确立国家公园主体地位
- (七)编制自然保护地规划
- (八)整合交叉重叠的自然保护地
- (九)归并优化相邻自然保护地

三、建立统一规范高效的管理体制
- (十)统一管理自然保护地
- (十一)分级行使自然保护地管理职责
- (十二)合理调整自然保护地范围并勘界立标
- (十三)推进自然资源资产确权登记
- (十四)实行自然保护地差别化管控

四、创新自然保护地建设发展机制
- (十五)加强自然保护地建设
- (十六)分类有序解决历史遗留问题
- (十七)创新自然资源使用制度
- (十八)探索全民共享机制

五、加强自然保护地生态环境监督考核
- (十九)建立监测体系
- (二十)加强评估考核
- (二十一)严格执法监督

六、保障措施
- (二十二)加强党的领导
- (二十三)完善法律法规体系
- (二十四)建立以财政投入为主的多元化资金保障制度
- (二十五)加强管理机构和队伍建设
- (二十六)加强科技支撑和国际交流

图 3-9-7.3 《关于建立以国家公园为主体的自然保护地体系的指导意见》内容框架

2. 湿地、草原、森林等生态空间管制要求

自然资源部组建后,推进自然资源生态空间用途管制试点,深入探索构建差别化、分级分类的自然生态空间用途管制规则。试点地区将自然生态空间区分为生态保护红线和一般生态空间,统筹森林、草原、河流、湖泊、湿地、海洋等自然要素,实行分级分类用途管制;按照"区域准入+正负面清单+用途转用"的模式,探索构建了差别化的自然生态空间用途管制规则;积极探索了流域综合治理、生态空间复合利用等生态空间保护新举措。2019 年 6 月,试点基本完成。当前《自然生态空间用途管制办法》仍在修订完善中,需要关注自然资源生态空间管制现行的法律法规和政策文件中

相应的管控要求。

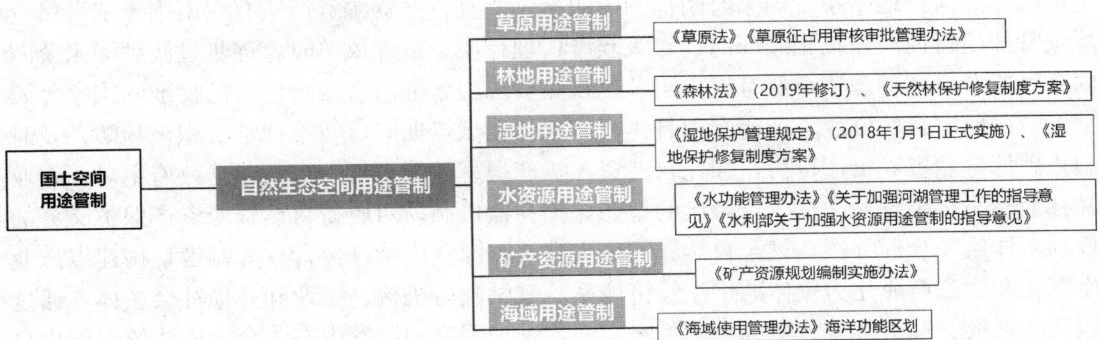

图 3-9-7.4 自然生态空间用途管制内容框架

（四）自然资源产权改革

2019 年 4 月中共中央办公厅、国务院办公厅印发了《关于统筹推进自然资源资产产权制度改革的指导意见》，指出自然资源资产产权制度是加强生态保护、促进生态文明建设的重要基础性制度。改革开放以来，我国自然资源资产产权制度逐步建立，在促进自然资源节约集约利用和有效保护方面发挥了积极作用，但也存在自然资源资产底数不清、所有者不到位、权责不明晰、权益不落实、监管保护制度不健全等问题，导致产权纠纷多发、资源保护乏力、开发利用粗放、生态退化严重。为加快健全自然资源资产产权制度，进一步推动生态文明建设，提出意见。

其中强调健全自然资源资产产权体系。适应自然资源多种属性以及国民经济和社会发展需求，与国土空间规划和用途管制相衔接，推动自然资源资产所有权与使用权分离，加快构建分类科学的自然资源资产产权体系，着力解决权力交叉、缺位等问题。处理好自然资源资产所有权与使用权的关系，创新自然资源资产全民所有权和集体所有权的实现形式。落实承包土地所有权、承包权、经营权"三权分置"，开展经营权入股、抵押。探索宅基地所有权、资格权、使用权"三权分置"。加快推进建设用地地上、地表和地下分别设立使用权，促进空间合理开发利用。探索研究油气探采合一权利制度，加强探矿权、采矿权授予与相关规划的衔接。依据不同矿种、不同勘查阶段地质工作规律，合理延长探矿权有效期及延续、保留期限。根据矿产资源储量规模，分类设定采矿权有效期及延续期限。依法明确采矿权抵押权能，完善探矿权、采矿权与土地使用权、海域使用权衔接机制。探索海域使用权立体分层设权，加快完善海域使用权出让、转让、抵押、出租、作价出资（入股）等权能。构建无居民海岛产权体系，试点探索无居民海岛使用权转让、出租等权能。完善水域滩涂养殖权利体系，依法明确权能，允许流转和抵押。理顺水域滩涂养殖的权利与海域使用权、土地承包经营权，取水权与地下水、地热水、矿泉水采矿权的关系。

强调强化自然资源整体保护。编制实施国土空间规划，划定并严守生态保护红线、永久基本农田、城镇开发边界等控制线，建立健全国土空间用途管制制度、管理规范和技术标准，对国土空间实施统一管控，强化山水林田湖草整体保护。加强陆海统筹，以海岸线为基础，统筹编制海岸带开发保护规划，强化用途管制，除国家重大战略项目外，全面停止新增围填海项目审批。对生态功能重要的公益性自然资源资产，加快构建以国家公园为主体的自然保护地体系。国家公园范围内的全民所有自然资源资产所有权由国务院自然资源主管部门行使或委托相关部门、省级政府代理行使。条件成熟时，逐步过渡到国家公园内全民所有自然资源资产所有权由国务院自然资源主管部门直接行使。已批准的国家公园试点全民所有自然资源资产所有权具体行使主体在试点期间可暂不调整。积极预防、及时制止破坏自然资源资产行为，强化自然资源资产损害赔偿责任。探索建立政府主导、企业和社会参与、市场化运作、可持续的生态保护补偿机制，对履行自然资源资产保护义务的权利主体给予合理补偿。健全自然保护地内自然资源资产特许经营权等制度，构建以产业生态化和生态产业化为主体的生态经济体系。鼓励政府机构、企业和其他社会主体，通过租赁、置换、赎买等方式扩大自然生态空间，维护国家和区域生态安全。依法依规解决自然保护地内的探矿权、采矿权、取水权、水域滩涂养殖捕捞的权利、特许经营权等合理退出问题。

八、规划实施与监督监管

（一）规划用地"多审合一、多证合一"改革

2019 年 9 月 20 日自然资源部发布《关于以"多规合一"为基础推进规划用地"多审合一、多证合一"改革的通知》（自然资规〔2019〕2 号），明确为落实党中央、国务院推进政府职能转变、深化"放管服"改革和优化营商环境的要求，以"多规合一"为基础推进规划用地"多审合一、多证合一"改革的有关事项通知如下：

（1）合并规划选址和用地预审

将建设项目选址意见书、建设项目用地预审意见合并，自然资源主管部门统一核发建设项目用地预审与选址意见书，不再单独核发建设项目选址意见书、建设项目用地预审意见。

涉及新增建设用地，用地预审权限在自然资源部的，建设单位向地方自然资源主管部门提出用地预审与选址申请，由地方自然资源主管部门受理；经省级自然资源主管部门报自然资源部通过用地预审后，地方自然资源主管部门向建设单位核发建设项目用地预审与选址意见书。用地预审权限在省级以下自然资源主管部门的，由省级自然资源主管部门确定建设项目用地预审与选址意见书办理的层级和权限。

使用已经依法批准的建设用地进行建设的项目，不再办理用地预审；需要办理规划选址的，由地方自然资源主管部门对规划选址情况进行审查，核发建设项目用地预审与选址意见书。

建设项目用地预审与选址意见书有效期为三年，自批准之日起计算。

（2）合并建设用地规划许可和用地批准

将建设用地规划许可证、建设用地批准书合并，自然资源主管部门统一核发新的建设用地规划许可证，不再单独核发建设用地批准书。

以划拨方式取得国有土地使用权的，建设单位向所在地的市、县自然资源主管部门提出建设用地规划许可申请，经有建设用地批准权的人民政府批准后，市、县自然资源主管部门向建设单位同步核发建设用地规划许可证、国有土地划拨决定书。

以出让方式取得国有土地使用权的，市、县自然资源主管部门依据规划条件编制土地

出让方案，经依法批准后组织土地供应，将规划条件纳入国有建设用地使用权出让合同。建设单位在签订国有建设用地使用权出让合同后，市、县自然资源主管部门向建设单位核发建设用地规划许可证。

（3）推进多测整合、多验合一

以统一规范标准、强化成果共享为重点，将建设用地审批、城乡规划许可、规划核实、竣工验收和不动产登记等多项测绘业务整合，归口成果管理，推进"多测合并、联合测绘、成果共享"。不得重复审核和要求建设单位或者个人多次提交对同一标的物的测绘成果；确有需要的，可以进行核实更新和补充测绘。在建设项目竣工验收阶段，将自然资源主管部门负责的规划核实、土地核验、不动产测绘等合并为一个验收事项。

（4）简化报件审批材料

各地要依据"多审合一、多证合一"改革要求，核发新版证书。对现有建设用地审批和城乡规划许可的办事指南、申请表单和申报材料清单进行清理，进一步简化和规范申报材料。除法定的批准文件和证书以外，地方自行设立的各类通知书、审查意见等一律取消。加快信息化建设，可以通过政府内部信息共享获得的有关文件、证书等材料，不得要求行政相对人提交；对行政相对人前期已提供且无变化的材料，不得要求重复提交。支持各地探索以互联网、手机 App 等方式，为行政相对人提供在线办理、进度查询和文书下载打印等服务。

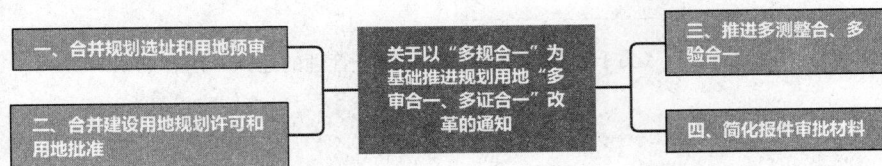

图 3-9-8.1 《关于以"多规合一"为基础推进规划用地"多审合一、多证合一"改革的通知》内容框架

（二）加强国土空间规划监督管理

2020 年 5 月自然资源部办公厅发布《关于加强国土空间规划监督管理的通知》（自然资办发〔2020〕27 号），明确建立健全国土空间规划"编""审"分离机制，建立规划编制、审批、修改和实施监督全程留痕制度。同时要求，规划审查应充分发挥规划委员会的作用，实行参编单位专家回避制度，推动开展第三方独立技术审查；规划修改必须严格落实法定程序要求，深入调查研究，征求利害关系人意见，组织专家论证，实行集体决策。

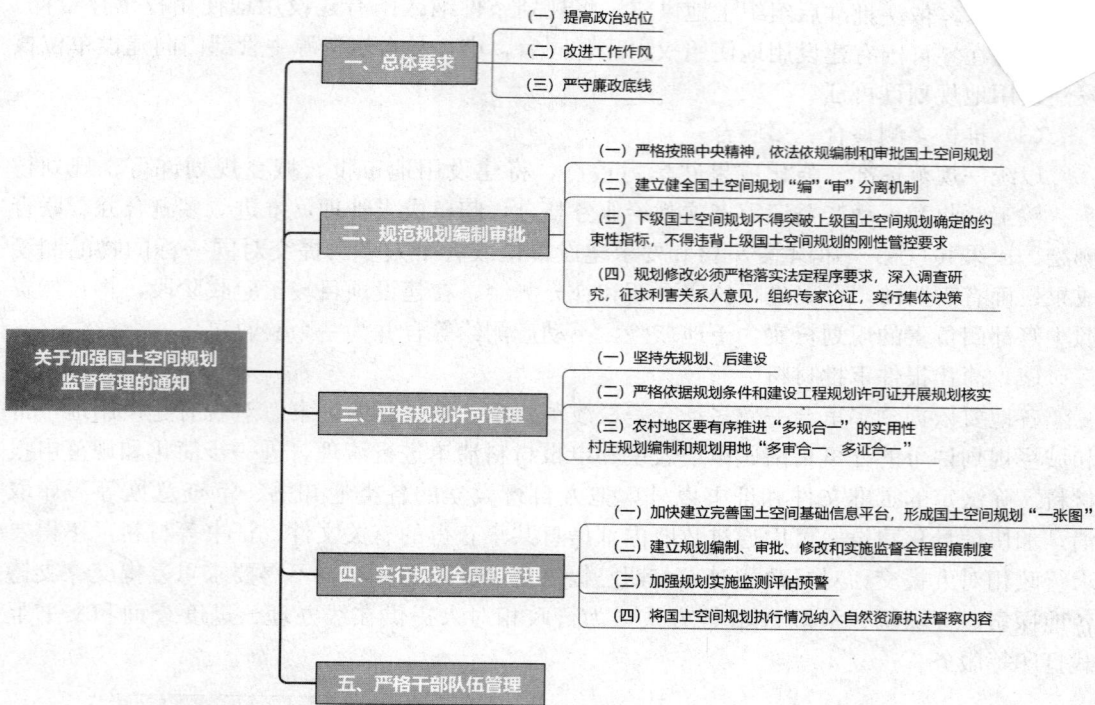

图 3-9-8.2 《关于加强国土空间规划监督管理的通知》内容框架

增值服务说明

　　购买正版图书可免费获取网上增值服务，增值服务包含注册城乡规划师各科目导学课和中国工程建设标准知识服务网（简称"建标知网"）6 个月的标准会员以及在线课程、在线题库、资料等。

　　各科目导学课时长分别为 1～2 小时，内容涵盖行业形势、证书市场需求、证书价值、考试题型分布、章节重难点分布、如何高效通过本科目考试等共性内容，并为考生提供科目重难点及学习规划手册、备考指导（电子版）、2022 考试新大纲（电子版）等。

　　标准会员可享标准在线阅读、智能检索、历史版本对比、部分附件下载等服务；在线课程、在线题库、资料等可与书籍配套使用，提升学习效果。不同书籍增值服务不同，详情请关注公众号并按兑换引导进行操作。

　　"建标知网"依托中国建筑出版传媒有限公司（中国建筑工业出版社）近 70 年来的建筑出版资源，以数字化形式收录了工程建设领域近万余种标准规范（涵盖国标、行标、地标、团标、产标、技术导则、标准英文版等）、两千余种建筑图书；邀请了数百名标准主要起草人、工程建设领域精英律师团队录制了六千余集标准音频、视频课程；提供超万份标准配套资料、标准附件下载等功能。

　　标准会员、导学课等增值服务内容兑换与使用方法如下：

　　1. PC 端用户

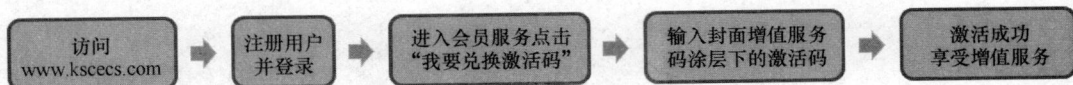

　　2. 移动端用户

扫码关注兑换增值服务

　　注：标准会员自激活成功之日起生效，使用时间为 6 个月，提供形式为在线阅读标准。如果输入激活码或扫码后无法使用，请及时与我社联系。

　　客服电话：4008-188-688（周一至周五 9：00—17：00）

　　Email：biaozhun@cabp.com.cn

　　防盗版举报电话：010-58337026